高分子材料用助剂

郑玉婴　林卓哲　著

科学出版社

北京

内 容 简 介

本书针对高分子材料需要添加助剂以增加其功能性和高性能化的要求，设计和制备了系列高分子材料用助剂，系统研究了助剂结构性能和应用，获得了良好阻燃、阻隔和力学等性能的功能化高分子复合材料。这为实现高分子材料功能化和高性能化的生产及其应用提供了理论指导与实践基础。

本书可供材料科学及相关领域科研和工程技术人员参考阅读。

图书在版编目（CIP）数据

高分子材料用助剂 / 郑玉婴，林卓哲著．—北京：科学出版社，2022.10

ISBN 978-7-03-073125-8

Ⅰ．①高…　Ⅱ．①郑…　②林…　Ⅲ．①高分子材料－助剂　Ⅳ．①TB324

中国版本图书馆 CIP 数据核字（2022）第 168790 号

责任编辑：贾　超　李丽娇 / 责任校对：杜子昂

责任印制：吴兆东 / 封面设计：东方人华

科学出版社出版

北京东黄城根北街 16 号

邮政编码：100717

http://www.sciencep.com

北京中石油彩色印刷有限责任公司 印刷

科学出版社发行　各地新华书店经销

*

2022 年 10 月第　一　版　开本：720×1000　1/16

2023 年　1　月第二次印刷　印张：18

字数：360 000

定价：128.00 元

（如有印装质量问题，我社负责调换）

前　　言

树脂、助剂、加工设备是高分子材料制品成型加工过程中不可或缺的三个基本要素。助剂又称为添加剂，将其加入到高分子材料中并不会严重影响高分子材料的分子结构，但是却可以改善高分子材料本身存在的一些性能缺陷，进而改善其加工性能和使用性能，提高使用价值和工作寿命。另外，塑料助剂还可以赋予高分子材料界面相容性、阻隔性、力学性能等本身不具备的特殊性能。

本书是对所开展部分研究工作和取得成果的详细介绍和总结。

通过双单体固相接枝制备 PP-*g*-St/MAH，并且对接枝反应的温度、时间、单体物质的量比、引发剂浓度、单体浓度等因素进行探讨。

利用双单体悬浮共聚接枝制备 PP-*g*-St/MAH，得到最佳制备工艺条件，并且对分子结构进行表征和分析。此外，初步研究了悬浮接枝的反应动力学。

通过对钙基膨润土进行钠化改性和有机化改性制备有机化膨润土，并且将有机化膨润土加入到聚丙烯(PP)中，制备聚丙烯/有机膨润土纳米复合材料，研究复合材料的力学性能和热性能等。

选用自制硬脂酸盐和癸二酸盐β成核剂对 PP 进行改性。采用 X 射线衍射(XRD)、差示扫描量热(DSC)法和万能试验机对改性材料进行表征分析和性能测试。

分别采用硅烷偶联剂和钛酸酯偶联剂湿法改性四针状氧化锌晶须(T-ZnOw)，并且将其添加到 PP 中，制备 PP/T-ZnOw 复合材料。

以钙基蒙脱土(Ca-MMT)和钠基蒙脱土(Na-MMT)为原料，通过两步法分别制备了具有β晶成核作用的蒙脱土负载庚二酸钙(CaHA-OMMT)、具有α晶成核作用的蒙脱土负载苯甲酸钠(NaB-OMMT)，为层状纳米粒子的功能化改性提供了思路。

采用反应共混法制备了 LCBPP/CaHA-OMMT、LCBPP/NaB-OMMT 复合材料，前者中 CaHA-OMMT 的含量为 0.5%时，β晶含量高达 89%，后者的结晶成核作用主要表现为结晶度高于直接混合法制备的复合材料。

采用模压发泡法制备了 LCBPP/CaHA-OMMT、LCBPP/NaB-OMMT 发泡材料，泡孔结构受基体熔体强度、流变性能和结晶结构的影响。

用 2-对羟基苯基-2-噁唑啉与烯丙基溴在一定条件下发生取代反应生成含有噁唑啉基团和碳碳双键的高分子单体，用过硫酸铵引发碳碳双键聚合成为含有多个噁唑啉基团的大分子扩链剂(POXA)，用来扩链增黏 R-PET。

采用 Hummers 法制备了氧化石墨烯(GO)，利用偶联剂接枝法，以硼酸(H_3BO_3)

为改性剂制备了硼酸改性氧化石墨烯(B-GO)，运用傅里叶变换红外光谱(FT-IR)、X 射线衍射、场发射扫描电子显微镜(FE-SEM)等表征测试方法对其进行分析，并将其应用于充油聚苯乙烯-乙烯-丁二烯-苯乙烯(SEBS)PP 体系，研究其对体系的阻燃性能、耐磨性能和力学性能的影响。

利用硅烷偶联剂γ-氨丙基三乙氧基硅烷(KH-550)对聚磷酸铵(APP)进行接枝改性，得到改性聚磷酸铵(MAPP)，并将 MAPP 协同 B-GO 组成膨胀型阻燃剂，应用于充油 SEBS/PP 体系中，研究它对体系阻燃性能和力学性能的影响。

将还原氧化石墨烯(RGO)原位生长在二氧化硅(SiO_2)上，然后用硅烷偶联剂(KH-550)对其进行表面改性，并将改性后的 RGO-SiO_2 应用于 PET 的原位聚合中，研究改性后的 RGO-SiO_2 对 PET 薄膜的氧气阻隔性能和力学性能的影响，以磷酸盐为酯化剂对淀粉进行改性，得到磷酸酯淀粉。经过正交实验法得出了制备高取代度磷酸酯淀粉的最佳工艺条件。

将磷酸酯淀粉与有机高岭土复配得到糊化磷酸酯淀粉/有机高岭土复合黏结剂。通过正交实验获得了该黏结剂的最佳混砂工艺配方。

在苯酚-淀粉酚醛树脂的制备过程中添加有机蒙脱土得到了有机蒙脱土改性苯酚-淀粉酚醛树脂。采用红外光谱(IR)、XRD、DSC 等对样品进行表征分析。

在木质素-苯酚-淀粉树脂的制备研究中，首先优化了磺木盐酚化改性的反应条件，并通过 IR、^{1}H NMR 等表征手段研究酚化改性对磺木盐结构的影响。而后，将酚化改性后的磺木盐代替一部分的苯酚，与淀粉合成制备了木质-苯酚-淀粉树脂，同时将所制得的树脂作为芯砂黏结剂制备树脂覆膜砂。通过考察不同的木质素用量对木质-苯酚-淀粉树脂的物化性能以及对其树脂覆膜砂力学强度的影响，获取适宜的木质素用量。通过 IR、^{13}C NMR、热重分析(TG)、DSC、SEM 等表征测试手段，分析研究了木质素-苯酚-淀粉树脂的结构和性能。

在蒙脱土/木质素-苯酚-淀粉树脂复合材料的制备研究中，首先利用十八烷基三甲基溴化铵对钠基蒙脱土进行有机化改性处理，然后通过原位插层聚合法制备了蒙脱土/木质素-苯酚-淀粉树脂复合材料，并考察了不同的蒙脱土用量对树脂复合材料的物化性能及对其树脂覆膜砂力学强度的影响。同时通过 FT-IR、XRD、TG、SEM 对蒙脱土/木质素-苯酚-淀粉树脂复合材料的结构、性能进行表征分析。

全书共 18 章，第 1 章介绍了相容剂、有机膨润土改性剂、扩链剂、四针状 ZnO 改性助剂、成核剂、SEBS 改性助剂、阻隔剂、淀粉黏结剂的作用和应用情况等；第 2 章介绍了双单体固相接枝物 PP-*g*-St/MAH 相容剂；第 3 章介绍了双单体悬浮接枝共聚物 PP-*g*-St/MAH 相容剂；第 4 章介绍了有机膨润土改性剂；第 5 章介绍了多噁唑啉扩链剂；第 6 章介绍了四针状 ZnO 晶须改性剂；第 7 章介绍了β成核剂；第 8 章介绍了蒙脱土负载型β晶成核剂；第 9 章介绍了蒙脱土负载型α晶成核剂；第 10 章介绍了 B-GO/充油 SEBS 改性剂；第 11 章介绍了聚磷酸铵阻燃充油 SEBS 改性剂；第 12 章介绍了阻隔剂；第 13 章介绍了磷酸酯淀粉黏结剂；第 14 章介绍了糊化淀粉/有机高岭土复合黏结剂；第 15 章介绍了糊化磷酸酯淀粉/有机高岭土复合黏结剂；第 16 章介绍了热塑性苯酚-淀粉树脂黏结剂；第 17 章介绍了木质素-苯酚-淀粉树脂黏结剂；第 18 章对全书进行了总结。

在本书编写过程中，研究生程雷、曹静、于文泰、田琼、张丽红、李雅泊和吴夏晴提供了研究工作内容，为本书的出版付出了辛勤努力，做出了贡献，在此表示由衷的谢意。

由于作者水平有限，书中难免有不妥和疏漏之处，敬请读者批评指正。

作　者

2022 年 10 月

目　录

前言
第 1 章　绪论 ······ 1
1.1　研究背景及意义 ······ 1
1.2　相容剂 ······ 1
1.2.1　溶液接枝 ······ 2
1.2.2　熔融接枝 ······ 2
1.2.3　辐射接枝 ······ 2
1.2.4　固相接枝 ······ 3
1.2.5　悬浮接枝 ······ 3
1.2.6　溶剂热接枝 ······ 3
1.3　有机膨润土改性剂 ······ 3
1.3.1　层状硅酸盐的结构 ······ 3
1.3.2　有机膨润土改性聚丙烯 ······ 4
1.4　扩链剂 ······ 5
1.4.1　环氧类扩链剂 ······ 5
1.4.2　噁唑啉类扩链剂 ······ 6
1.4.3　异氰酸酯类扩链剂 ······ 6
1.4.4　酸酐类扩链剂 ······ 6
1.4.5　其他扩链剂 ······ 6
1.5　四针状 ZnO 晶须改性助剂 ······ 7
1.6　成核剂 ······ 8
1.6.1　β成核剂的成核机制 ······ 9
1.6.2　β成核剂的种类 ······ 9
1.6.3　β成核剂对聚丙烯的影响 ······ 9
1.6.4　PP 结晶成核剂、负载型成核剂研究现状 ······ 10
1.6.5　结晶成核剂对 PP 发泡行为的影响 ······ 11
1.7　SEBS 改性助剂 ······ 12
1.7.1　SEBS 弹性体的基本结构 ······ 13
1.7.2　SEBS 弹性体的基本性能 ······ 13
1.7.3　SEBS 弹性体的应用 ······ 14

1.8 阻隔剂 …… 15
1.8.1 阻隔性机理 …… 16
1.8.2 气体阻隔 …… 17
1.8.3 水蒸气阻隔 …… 18
1.9 淀粉黏结剂 …… 19
1.9.1 淀粉的基本结构 …… 19
1.9.2 改性淀粉 …… 21
1.10 本书的研究内容及目的 …… 22
1.10.1 研究内容 …… 22
1.10.2 研究目的 …… 23
第 2 章 双单体固相接枝物 PP-*g*-St/MAH 相容剂 …… 26
2.1 引言 …… 26
2.2 双单体固相接枝物 PP-*g*-St/MAH 相容剂的制备过程 …… 26
2.3 双单体固相接枝物 PP-*g*-St/MAH 相容剂的结构与性能表征 …… 27
2.3.1 影响共聚物接枝率的因素 …… 27
2.3.2 接枝条件对 PP-*g*-St/MAH 熔体流动速率的影响 …… 34
2.3.3 PP-*g*-St/MAH 的红外光谱表征 …… 36
2.3.4 XRD 表征 …… 37
2.3.5 DSC 分析 …… 37
2.4 本章小结 …… 38
第 3 章 双单体悬浮法接枝共聚物 PP-*g*-St/MAH 相容剂 …… 39
3.1 引言 …… 39
3.2 双单体悬浮法接枝共聚物 PP-*g*-St/MAH 相容剂的制备过程 …… 39
3.2.1 试剂纯化 …… 39
3.2.2 PP-*g*-St/MAH 接枝共聚物的制备及纯化 …… 40
3.3 双单体悬浮法接枝共聚物 PP-*g*-St/MAH 相容剂的结构与性能表征 …… 40
3.3.1 影响共聚物接枝率和接枝效率的因素 …… 40
3.3.2 红外光谱表征 …… 46
3.3.3 核磁共振谱表征 …… 46
3.3.4 DSC 分析 …… 47
3.3.5 XRD 表征 …… 48
3.4 聚丙烯悬浮接枝反应动力学研究 …… 48
3.4.1 聚丙烯悬浮接枝反应简介 …… 48
3.4.2 影响共聚物接枝速率的因素 …… 51
3.5 本章小结 …… 52

第 4 章　有机膨润土改性剂 ……53
4.1　引言 ……53
4.2　膨润土改性剂的制备过程 ……53
4.2.1　钠基膨润土的制备 ……53
4.2.2　有机膨润土的制备 ……54
4.2.3　膨润土改性剂应用材料的制备 ……54
4.3　膨润土改性剂的结构与性能表征 ……54
4.3.1　钠基膨润土的制备工艺条件分析 ……54
4.3.2　有机膨润土的制备工艺条件分析 ……57
4.3.3　膨润土的红外光谱表征 ……58
4.3.4　膨润土的 XRD 表征 ……59
4.3.5　膨润土的 TG 分析 ……59
4.3.6　膨润土改性剂应用材料——PP/有机膨润土复合材料的 XRD 表征 ……60
4.3.7　膨润土改性剂应用材料力学性能表征 ……62
4.3.8　膨润土改性剂应用材料热性能表征 ……65
4.3.9　膨润土改性剂应用材料熔体质量流动速率表征 ……67
4.4　本章小结 ……67
第 5 章　多噁唑啉扩链剂 ……69
5.1　引言 ……69
5.2　多噁唑啉扩链剂及应用材料的制备过程 ……69
5.2.1　多噁唑啉扩链剂合成 ……69
5.2.2　多噁唑啉扩链剂应用材料制备 ……70
5.3　多噁唑啉扩链剂及应用材料的结构与性能表征 ……70
5.3.1　^{1}H NMR 表征 ……70
5.3.2　扩链剂用量对 R-PET 特性黏度的影响 ……71
5.3.3　扩链剂用量对 R-PET 熔融指数的影响 ……71
5.3.4　扩链剂联用对 R-PET 特性黏度的影响 ……72
5.3.5　扩链剂用量对 R-PET 结晶性能的影响 ……73
5.3.6　扩链剂用量对 R-PET 拉伸性能的影响 ……73
5.3.7　扩链剂用量对 R-PET 弯曲性能的影响 ……74
5.3.8　扩链剂用量对 R-PET 冲击性能的影响 ……74
5.4　本章小结 ……75
第 6 章　四针状 ZnO 晶须改性剂 ……76
6.1　引言 ……76
6.2　T-ZnOw 改性剂的制备过程 ……76

6.2.1　T-ZnOw 的表面改性 …… 76
6.2.2　T-ZnOw 改性剂应用材料——PP/T-ZnOw 复合材料的制备 …… 76
6.3　T-ZnOw 改性剂的结构与性能表征 …… 77
6.3.1　T-ZnOw 的表面改性 …… 77
6.3.2　T-ZnOw 改性剂应用材料——PP/T-ZnOw 复合材料的 XRD 表征 …… 82
6.3.3　PP/T-ZnOw 复合材料的力学性能研究 …… 84
6.3.4　复合材料的热变形温度 …… 88
6.3.5　复合材料的熔体流动性 …… 89
6.3.6　复合材料的熔融和结晶行为 …… 90
6.3.7　复合材料的断面形貌 …… 92
6.4　本章小结 …… 92
第 7 章　β 成核剂 …… 94
7.1　引言 …… 94
7.2　β成核剂应用材料的制备过程 …… 94
7.3　β成核剂应用材料——β-PP 的结构与性能表征 …… 94
7.3.1　XRD 表征 …… 94
7.3.2　DSC 分析 …… 99
7.3.3　PLM 表征β成核剂对 PP 结晶形态的影响 …… 104
7.3.4　β成核剂对聚丙烯力学性能和热变形温度的影响 …… 105
7.4　本章小结 …… 108
第 8 章　蒙脱土负载型 β 晶成核剂 …… 109
8.1　引言 …… 109
8.2　蒙脱土负载型β晶成核剂的制备过程 …… 111
8.2.1　CaHA-OMMT 的制备 …… 111
8.2.2　CaHA-OMMT 成核剂应用材料——PP/CaHA-OMMT 复合材料的制备 …… 111
8.3　蒙脱土负载型β晶成核剂的结构与性能表征 …… 112
8.3.1　Ca-OMMT 与 CaHA-OMMT 的结构表征 …… 112
8.3.2　CaHA-OMMT 成核剂应用材料——PP/CaHA-OMMT 复合材料的结构与性能表征 …… 120
8.4　本章小结 …… 134
第 9 章　蒙脱土负载型 α 晶成核剂 …… 135
9.1　引言 …… 135
9.2　蒙脱土负载型α晶成核剂的制备过程 …… 136
9.3　蒙脱土负载型α晶成核剂的结构与性能表征 …… 137
9.3.1　Na-OMMT 和 NaB-OMMT 的结构 …… 137

9.3.2 NaB-OMMT 中 NaB 负载量的研究 …… 141
9.3.3 蒙脱土负载型α晶成核剂应用材料——PP/NaB-OMMT 复合材料的结构与性能表征 …… 145
9.4 本章小结 …… 156
第 10 章 B-GO/充油 SEBS 改性剂 …… 157
10.1 引言 …… 157
10.2 B-GO/充油 SEBS 改性剂的制备过程 …… 157
10.2.1 GO 的制备 …… 157
10.2.2 B-GO 的制备 …… 158
10.2.3 B-GO/充油 SEBS 改性剂应用材料的制备 …… 158
10.3 B-GO/充油 SEBS 改性剂的结构与性能表征 …… 159
10.3.1 FT-IR 表征 …… 159
10.3.2 XRD 表征 …… 160
10.3.3 FE-SEM 表征 …… 161
10.3.4 阻燃性能测试表征 …… 161
10.3.5 TG 分析 …… 162
10.3.6 耐磨性能测试表征 …… 164
10.3.7 物理力学性能测试表征 …… 164
10.4 本章小结 …… 166
第 11 章 聚磷酸铵(MAPP)阻燃充油 SEBS 改性剂 …… 167
11.1 引言 …… 167
11.2 MAPP 阻燃充油 SEBS 改性剂的制备过程 …… 167
11.3 MAPP 阻燃充油 SEBS 改性剂的结构与性能表征 …… 169
11.3.1 FT-IR 表征 …… 169
11.3.2 XRD 表征 …… 170
11.3.3 FE-SEM 表征 …… 170
11.3.4 阻燃性能测试表征 …… 171
11.3.5 TG 分析 …… 172
11.3.6 物理力学性能测试表征 …… 173
11.4 本章小结 …… 175
第 12 章 阻隔剂 …… 176
12.1 引言 …… 176
12.2 阻隔剂的制备过程 …… 178
12.2.1 RGO-SiO_2 阻隔剂的制备过程 …… 178
12.2.2 改性硅铝酸盐掺杂羧基化壳聚糖阻隔剂的制备过程 …… 179

12.2.3　改性纳米 ZnO 阻隔剂的制备过程 …… 179
12.3　阻隔剂的结构与性能表征 …… 180
12.3.1　RGO-SiO_2 阻隔剂的结构与性能表征 …… 180
12.3.2　改性硅铝酸盐掺杂壳聚糖阻隔剂的结构与性能表征 …… 187
12.3.3　改性 ZnO 阻隔剂的结构与性能表征 …… 193
12.4　本章小结 …… 201
第 13 章　磷酸酯淀粉黏结剂 …… 204
13.1　引言 …… 204
13.2　磷酸酯淀粉黏结剂的制备过程 …… 204
13.3　磷酸酯淀粉黏结剂的结构与性能表征 …… 205
13.3.1　红外光谱表征 …… 205
13.3.2　淀粉及其衍生物磷总含量表征 …… 206
13.3.3　芯砂性能表征 …… 209
13.4　本章小结 …… 210
第 14 章　糊化淀粉/有机高岭土复合黏结剂 …… 211
14.1　引言 …… 211
14.2　糊化淀粉/有机高岭土复合黏结剂的制备过程 …… 211
14.2.1　高岭土的有机化改性 …… 211
14.2.2　糊化淀粉/有机高岭土复合黏结剂的制备 …… 212
14.3　糊化淀粉/有机高岭土复合黏结剂的结构与性能表征 …… 212
14.3.1　红外光谱表征 …… 212
14.3.2　不同偶联剂对复合黏结剂芯砂强度的影响 …… 213
14.3.3　不同偶联剂改性高岭土的效果比较 …… 216
14.3.4　不同偶联剂改性高岭土的混砂工艺性能比较 …… 217
14.4　本章小结 …… 218
第 15 章　糊化磷酸酯淀粉/有机高岭土复合黏结剂 …… 219
15.1　引言 …… 219
15.2　糊化磷酸酯淀粉/有机高岭土复合黏结剂的制备过程 …… 219
15.3　糊化磷酸酯淀粉/有机高岭土复合黏结剂的结构与性能表征 …… 219
15.3.1　红外光谱表征 …… 219
15.3.2　最佳工艺路线的确定 …… 220
15.3.3　不同黏结剂的芯砂性能表征 …… 222
15.3.4　糊化磷酸酯淀粉/有机高岭土复合黏结剂的应用 …… 223
15.4　本章小结 …… 224

第16章　热塑性苯酚-淀粉树脂黏结剂 …… 225
16.1　引言 …… 225
16.2　热塑性苯酚-淀粉树脂黏结剂的制备过程 …… 225
16.3　热塑性苯酚-淀粉树脂黏结剂的结构与性能表征 …… 226
16.3.1　反应条件参数的选取 …… 226
16.3.2　树脂覆膜砂性能分析 …… 230
16.3.3　苯酚-淀粉树脂的FT-IR表征 …… 231
16.3.4　苯酚-淀粉树脂核磁共振谱表征 …… 233
16.3.5　苯酚-淀粉树脂TG分析 …… 234
16.3.6　苯酚-淀粉树脂DSC分析 …… 236
16.3.7　苯酚-淀粉树脂合成反应机理初探 …… 237
16.4　本章小结 …… 238
第17章　木质素-苯酚-淀粉树脂黏结剂 …… 239
17.1　引言 …… 239
17.2　木质素-苯酚-淀粉树脂黏结剂的制备过程 …… 240
17.2.1　木质素磺酸盐的酚化改性实验 …… 240
17.2.2　热塑性木质素-苯酚-淀粉树脂的合成实验 …… 241
17.3　木质素-苯酚-淀粉树脂黏结剂的结构与性能表征 …… 243
17.3.1　酚羟基含量测定的标准曲线 …… 243
17.3.2　正交实验结果分析木质素磺酸盐的酚化改性 …… 244
17.3.3　酚化改性对木质素磺酸盐结构的影响 …… 247
17.3.4　木质素磺酸盐的酚化改性机理推测 …… 250
17.3.5　木质素用量对木质素-苯酚-淀粉树脂性能的影响 …… 251
17.3.6　木质素-苯酚-淀粉树脂的红外光谱表征 …… 253
17.3.7　木质素-苯酚-淀粉树脂 ^{13}C NMR表征 …… 254
17.3.8　木质素-苯酚-淀粉树脂TG分析 …… 255
17.3.9　木质素-苯酚-淀粉树脂固化性能及固化行为分析 …… 257
17.3.10　SEM分析 …… 258
17.3.11　木质素-苯酚-淀粉树脂合成反应机理初探 …… 259
17.4　本章小结 …… 259
第18章　结语 …… 261
参考文献 …… 266
索引词 …… 269
主要符号表 …… 271

第1章 绪　论

1.1 研究背景及意义

树脂、助剂、加工设备是高分子材料制品成型加工过程中不可或缺的三个基本要素。助剂又称为添加剂，将其加入到高分子材料中并不会严重影响高分子材料的分子结构，但是可以改善高分子材料本身存在的一些性能缺陷，进而改善其加工性能和使用性能，提高使用价值和工作寿命。另外，塑料助剂还可以赋予高分子材料界面相容性、阻隔性、光催化自清洁性、力学性能等本身不具备的特殊性能。与聚合物基体相比，助剂只是其加工配方中的一小部分，但却极大地影响这个高分子材料的物理机械性能和使用性能。高分子材料的结构是确定的，但是可以通过加入不同助剂使其功能化，从而使得高分子材料的功能千变万化，而没有添加助剂的高分子材料一般是不具备应用价值的，因而可以说是助剂决定了高分子材料的加工使用方向。随着工业化的进一步发展，高分子材料遍及人们的生活各处，而助剂是塑料制品能够进一步大发展的有力保证[1,2]。

高分子材料助剂分为功能性助剂和工艺性助剂两大类。21世纪以来，高分子材料助剂不断发展、不断完善，现如今已经基本能够符合高分子材料加工技术的进步要求，基本满足了不同高分子材料制品的不同使用需求。高分子材料助剂有增塑剂、增韧剂、增强剂、热稳定剂、抗氧剂、光稳定剂、阻隔剂、阻燃剂、抗静电剂、偶联剂、发泡剂、成核剂、光催化剂、扩链剂及加工改良剂等。目前，我国高分子材料用助剂行业发展较好，产品结构合理，生产规模较大，科研人员配置较为完备，因而助剂产品品种越来越多、性能越来越稳定、应用领域越来越宽广，已经突破了国外公司技术封锁，基本满足了行业需求。

1.2 相　容　剂

相容剂又称增容剂，是指借助于分子间的键合力，促使不相容的两种聚合物结合在一起，进而得到稳定的共混物的助剂，这里是指高分子增容剂[3]。增加两种聚合物的相容性，使两种聚合物间黏结力增大，形成稳定的结构，使分散相和连续相均匀，即相容化[4]。相容剂之所以能使两种性质不同的聚合物相容化，是因为在其分子中具有分别能与两种聚合物进行物理或化学结合的基团。

1.2.1　溶液接枝

溶液接枝法是接枝方法中应用最早的一种，起始于20世纪60年代。溶液法接枝聚丙烯通常采用甲苯、二甲苯、氯苯等作为反应介质，接枝反应在溶液中进行，PP、单体、引发剂全部溶解于反应介质中，构成一个均相体系，反应在较低温度(100～140℃)下进行，介质的极性和单体的链转移常数对接枝反应的影响很大[5]。该法使用的酸性接枝单体一般为甲基丙烯酸(MAA)、丙烯酸(AA)或其盐和马来酸酐(MAH)等，其中以MAH使用最多；碱性接枝单体有甲基丙烯酸缩水甘油酯(GMA)、甲基丙烯酸二甲氨基酯等。此方法具有反应温度较低、副反应少、PP降解程度低、接枝率相对较高、方法简单等优点；但产物后处理比较麻烦，技术要求高，需要使用大量溶剂并需回收，生产成本高，而且环境污染严重。此法适用于小批量生产，在工业生产中已逐渐被淘汰。

1.2.2　熔融接枝

熔融接枝法是指接枝反应在聚丙烯熔融温度以上的接枝方法，始于20世纪70年代，是当今一种较成熟的工业化方法。采用熔融接枝法时，通常将PP、单体、引发剂等在一定条件下加入挤出机、密炼机或开炼机中完成反应，反应过程在PP熔点以上，一般为190～230℃。该法具有反应时间短、设备及工艺简单、无需回收溶剂、可连续化生产等特点，易实现PP接枝改性的工业化。但由于反应温度较高，PP链β断裂倾向大，降解严重，因此反应过程难以控制，产物接枝率低，另外，残余的未反应单体和引发剂会对产物的使用性能产生不良影响。

影响聚丙烯熔融接枝率的主要因素有单体的种类及用量、引发剂的种类及用量、助剂的种类及用量、反应温度和反应时间等。加工设备的影响也很重要，如挤出机的螺杆长度、有效挤出段、螺杆长径比、螺杆转速和加料速度等的影响，密炼机则要考虑转子的转速等因素。这些因素同时影响着接枝率的高低，实际生产中多数只考虑较关键的因素。

1.2.3　辐射接枝

辐射接枝法是用高能射线照射PP产生自由基，自由基再与活性单体反应生成接枝共聚物，用电子加速器产生的电子射线或^{60}Co产生的中子射线引发反应。与其他接枝法比较，辐射接枝法的优点在于适合各种化学、物理性质稳定的树脂，能够快速且均一地产生活性自由基，而且不需加化学引发剂，不过该方法成本较高。根据利用辐射获得接枝活性点的方式可以将其分为同时辐射和预辐射两种方法，预辐射法就是首先辐射PP，使其表面带有活性点，然后再与单体反应。比较两种方法，预辐射法更能减少单体均聚物的生成。辐射接枝法在改善PP膜或纤维的表面极性方面应用广泛。

1.2.4 固相接枝

固相接枝法是20世纪90年代发展起来的一种制备改性聚烯烃的新方法。该方法一般是在N_2保护下，将PP直接与接枝单体、引发剂和少量界面剂接触反应，反应温度一般控制在PP的熔点以下(100～130℃)。固相接枝聚合是在非均相体系中进行的，该过程中，单体和界面剂从液相主体向PP表面及内部进行扩散与渗透形成浸蚀层，并在PP表面以及被单体溶胀的非晶相区域内发生接枝聚合。固相接枝的主要优点是：反应在较低温度(100～120℃)下进行，PP几乎不降解；不使用溶剂或仅使用少量溶剂作为界面活性剂，溶剂被PP表面吸收，不用回收，无环境污染；反应结束后，通过升温和通入N_2等方法，可除去未反应的引发剂和单体；反应时间短，接枝率高且设备简单。

1.2.5 悬浮接枝

悬浮接枝聚合法是发展于20世纪90年代的一种新型接枝共聚技术，该方法是在不使用或只使用少量有机溶剂的条件下，将PP粉末、薄膜或纤维与接枝单体一起在水相中引发反应。反应前通常在较低的温度下使聚合物与单体接触一定时间，而后升温反应。其优点是工艺及设备相对简单，反应温度低且容易控制，PP降解程度低，产物后处理简单，也相对环保，因此，它逐渐受到人们的重视。

1.2.6 溶剂热接枝

溶剂热原本是制备无机材料的有效方法，该方法是在特制的密闭反应容器中，如高压釜内进行，通过对反应容器加热，创造一个高温、高压的反应环境，使前驱体在反应系统中得到充分溶解，并达到一定的饱和度，形成原子或分子生长基元，进行成核结晶生成粉体或纳米晶。近年来，利用高温、高压条件可以提高物质的溶解性和反应活性这一原理，溶剂热法被用于制备接枝共聚物。与溶液接枝相比，它降低了对溶剂选择的要求，而且所得接枝共聚物的接枝率比较高。

1.3 有机膨润土改性剂

1.3.1 层状硅酸盐的结构

在自然界中，有众多的无机矿物具有层状结构，膨润土是2/1型层状硅酸盐结构，它们的结晶晶格是由一个铝氧(镁氧)八面体夹在两个硅氧四面体之间靠共用氧原子而形成的层状结构，每个结构单元厚度为1nm左右，长、宽从30nm到几微米不等，层与层之间靠范德瓦耳斯力结合，并形成范德瓦耳斯沟(又称层间隙)[6,7]。由于 2/1 型层状硅酸盐的晶胞中部分三价铝被二价镁同晶置换，层内表面具有负电荷，过剩的负电荷通过层间吸附阳离子(如 Na^+、K^+、Ca^{2+})来补偿，它们很容易与无机或有机阳离子进行交换。

为了改善层状膨润土与聚烯烃的相容性，必须对其进行有机改性。有机改性是通过阳离子交换来实现的，用有机阳离子(如烷基铵盐或烷基磷盐)取代层状膨润土间的 Na^+、K^+或 Ca^{2+}，使层状膨润土的表面从亲水变为亲油，降低其表面能，同时扩大层间距，增强与聚合物的相容性，有利于在基体中的均匀分散。层间距的增大程度取决于有机膨润土本身的离子交换能力以及插层剂烷基链的长度，同时对插层剂的选择也有一定的条件要求。

1.3.2 有机膨润土改性聚丙烯

根据目前制备层状硅酸盐插层的方式等的不同，又可分为溶液插层复合法、原位插层聚合法、熔体插层法等。

溶液插层复合法是将 PP 溶解在溶剂中，PP 分子链借助于溶剂插层进入层状硅酸盐的片层间，除去溶剂后得到聚丙烯纳米复合材料。该方法的关键是要找到合适的溶剂来同时溶解 PP 和分散层状硅酸盐。近几年来对利用大分子溶液插层制备的 PP/蒙脱土纳米复合材料的报道，比较集中在微观结构，如分散相平均粒径、蒙脱土的层间距扩大程度等参数，而对所获得的纳米复合材料的各项物理力学性能则报道不多。在仅有的一些性能数据中，各项指标也不甚理想，利用蒙脱土填充 PP 后，纳米复合材料对强度提高的程度不高，冲击则有一定程度的下降。此外，溶液插层法虽然可以制得插层型或剥离型的纳米复合材料，但是由于要使用大量的溶剂来作为分散介质或帮助插层剂进入层间，因此，基本上没有什么工业化的前途。

原位插层聚合法是将丙烯单体、引发剂预置入层状硅酸盐片层间，然后在片层间引发丙烯单体聚合，随着聚合的进行，聚丙烯分子量增大而使片层剥离并分散于聚丙烯基质中，得到聚丙烯硅酸盐纳米复合材料。该法克服了极性层状硅酸盐与非极性聚丙烯在热力学上的不相容性，是一种高效生产聚丙烯/层状硅酸盐纳米复合材料的方法。

熔体插层法是目前制备聚丙烯/层状硅酸盐纳米复合材料方法中最接近于工业化的一种。该法是将有机化处理过的层状硅酸盐、含极性基团(酸酐或酰胺等)的相容剂与聚丙烯按一定比例混合均匀，在熔融状态经挤出机剪切作用，聚丙烯链插入硅酸盐片层而使其扩张或剥离形成纳米级的基本单元，并均匀分散在聚丙烯基体中。这种方法具有操作简单、成本较低、不需要溶剂、污染小、易于工业化等优点，有较大的发展前途。

人们普遍认为，当层状硅酸盐填料的长径比越大时，对基体树脂的增韧改性效果就越明显。也就是说，硅酸盐粒子在聚丙烯基体中分散越均匀，堆积层厚度越小甚至达到单片层，就越能达到好的增韧改性效果。

膨润土具有较高的纵横比和较大的比表面积，对力学性能和熔体黏度有明显改善作用,因此也常被用作发泡成核粒子来改善聚合物发泡材料的泡孔结构形态，提高泡孔密度。一方面，适当含量的黏土在聚合物基体中良好分散时能有效改善熔体强度，从而使发泡过程中双轴拉伸时的熔体黏度增大，抑制了高温下的孔壁破裂。另一方面，分散剥离的层状粒子作为发泡成核剂，使气泡成核速率加快，从而得到较为细密、均匀的泡孔结构。

1.4 扩 链 剂

扩链剂是能与线型聚合物链上的官能团发生化学反应而使分子链扩展、分子量增大的一类助剂，又称为链增长剂。扩链剂一般含有两个或多个官能团，容易与含有羧基、羟基和氨基等的聚合物反应，也可以直接与低分子量的齐聚物反应，在两聚合物分子间形成“架桥”，显著增加分子量，提高体系的黏度，从而有效提高产品的力学性能和工艺性能。聚氨酯、聚酯、聚酰胺等热塑性聚合物材料在加工过程中，容易发生热降解和水解等导致分子量降低、端基数量增加，从而导致聚合物的机械性能和抗化学性能降低，适当加入扩链剂可以将断裂的高分子链重新连接起来，使聚合物分子量明显增加。

1.4.1 环氧类扩链剂

环氧基团在一定条件下可以与羧基、羟基、氨基等发生开环反应，因而双、多环氧化合物常用作扩链剂。环氧类扩链剂与端基反应时不会有其他副产物产生，而且可以在产物的侧链上引入羟基来提高聚合物的亲水性，有很好的扩链效果，但是过多的扩链剂会引起支化或是交联反应的发生。常见的环氧类扩链剂有已商品化并占据着主要市场份额的德国巴斯夫公司生产的 ADR4370S、ADR4380，美国 Hunsman 公司生产的环氧 LY3505，以及国产的环氧 771、环氧 TDE85 和其他的双、多环氧乙烷化合物。

本书用自主研发的扩链剂改性聚对苯二甲酸乙二醇酯(PET)，实验结果表明，扩链剂的添加量、挤出反应温度对 PET 力学性能、熔融指数、熔体强度都会产生较大影响。

插层法是制备纳米复合材料的最主要方法之一。与蒙脱土层间有可交换阳离子不同，高岭土的插层主要是依靠极性分子减弱其层间氢键，在热力学上是一个熵减的过程。因此，高岭土的插层反应在热力学上是比较难进行的，需要在一定条件下才能进行。

一般认为，极性有机小分子对高岭土的插层反应是通过破坏其层间的氢键，以及和高岭土结构中的氧或羟基形成新的氢键而实现的。例如，乙酸钾中的羰基和二甲基亚砜中的亚硫酰基可以与铝氧面的羟基形成氢键[8]。尿素中的氨基可以与硅氧面的氧形成氢键。同时尿素中也含有羰基，能够同时形成上述两种氢键。但是上述两类氢键都比较弱，因此插层物很不稳定，能够因水洗、受热等原因造成插层物脱嵌。插层物的稳定性与形成氢键的个数有关，形成的氢键越多也就越稳定。

1.4.2 噁唑啉类扩链剂

双噁唑啉是一种高活性、无低分子物产生、适于熔融反应挤出的优良扩链剂，其反应选择性很高，仅对羧基发生反应，对羟基则显示惰性。双噁唑啉可与聚酯、聚酰胺等聚合物的端羧基反应，使分子链增长，分子量增大，特性黏度增加，进而改善其力学性能。噁唑啉扩链剂对尼龙有较好的扩链效果，扩链改性后的尼龙的特性黏度变大，熔融指数减小，尼龙经扩链改性后冲击强度提高较大。

1.4.3 异氰酸酯类扩链剂

异氰酸酯类扩链剂多运用于高分子熔融挤出扩链过程，其中以二异氰酸酯类居多。氰酸酯基团可与端羟基、端羧基、端氨基等发生反应，但一般与端羟基的反应优先进行，因此将它认为是羟基加成型扩链剂。

异氰酸酯类扩链剂通过熔融挤出扩链改性 PET。实验结果发现，二异氰酸酯扩链剂比缩水甘油酸扩链剂的扩链效果更佳，主要是由于其异氰酸酯官能团反应活性较高，能够与 PET 的端羧基快速高效地进行扩链反应，扩链改性后的 PET 的力学性能更好。

1.4.4 酸酐类扩链剂

酸酐类化合物在反应过程中可以将其酐基打开，形成两个羧基参与反应，一般可用于扩链改性聚酯、聚酰胺等。酸酐类扩链剂扩链改性 PET，有较好的扩链效果，添加量为 1.2wt%(质量分数，后同)时，改性 PET 特性黏度，可以满足工程塑料的使用黏度要求。

1.4.5 其他扩链剂

除了这些主要扩链剂外，还有一些双基团、多基团、杂基团的小分子也被用作扩链剂，如含羟基的酸类、含环氧基团的酸等。单一扩链剂的使用可以在一定程度上扩链改善树脂的基本性能，但是却存在基团利用率不高、容易产生凝胶等问题。扩链剂联用技术已经成为目前研究的重点，扩链剂联用能够在一定程度上提高树脂特性黏度的同时改善其热稳定性。

1.5 四针状 ZnO 晶须改性助剂

四针状 ZnO 晶须(T-ZnOw)是目前发现唯一具有规整三维空间结构的晶须，长径比一般为几十，属六方晶系纤锌矿结构。其微观结构是含有一个中心并从该中心体向三维方向(正四面体顶点)生长出四根针状晶体，每根针状体均为单晶体晶须，且任意两针状体间的夹角为 109°，形貌结构如图 1-1 所示。目前所制备 T-ZnOw 的中心体直径一般为 0.5μm 至几微米，针状体长度为几微米至数百微米。正是 T-ZnOw 的这种特殊结构，使其易于在基体中实现三维均匀分布，不但可以起到各向同性增强作用，而且在实现增强的同时，热稳定性及其他热性能方面有所提高。此外，T-ZnOw 还具有良好的抗静电、抗菌、耐磨、减震、降噪及吸波等优良性能，使其在复合材料中的应用前景广阔[9-11]。

图 1-1 T-ZnOw 扫描电子显微镜形貌

晶须是在人为控制下所形成的单晶纤维材料，高度有序的原子排列结构使其强度接近于材料间的原子间价键理论强度。晶须直径极小，具有接近完整的结晶结构，难以容纳一般晶体存在的缺陷。晶须内在的完整性，使其强度不受表面完整性的严格限制，使晶须同多晶纤维和玻璃纤维相比具有刚强、坚韧和不脆性能。目前一些常见的晶须有钛酸钾晶须、镁盐晶须、硼酸镁晶须、硼酸铝晶须、碳酸钙晶须、硫酸钙晶须、氧化锌晶须、碳化硅晶须、氮化硅晶须等。

作为填充增强材料，无机盐晶须与玻璃纤维相比，具有尺寸细微(具有较大的长径比，长度仅相当于玻璃纤维的直径)，更易于与树脂复合，因而加工流动性好，产品各向同性且外观质量优良，有利于制作形状复杂、尺寸稳定性高、薄壁及表面光洁度好的精密注射制件，并且对设备和模具的磨损较玻璃纤维小的特点。采用晶须增强能够克服玻璃纤维增强所存在的加工流动性差、与树脂的相容性不好、在树脂中分散不均匀、制品表面的平滑性和美观性差、不能用于注射成型加工各种精密部件等缺点。

晶须对复合材料的增强机理主要有拔出效应、载荷效应、界面解离和搭桥效应。拔出效应是指紧靠裂纹尖端的晶须(由于拉伸强度较高而不致断裂)在外应力的作用下沿着它和基体的界面滑出的现象，晶须在拔出的过程中产生能量耗散而使裂纹尖端的应力松弛，从而减缓了裂纹的扩展。载荷效应是指由于荷载或应力能通过基体从晶须传递到晶须，同时，晶须的强度大于基体并具有较大的弹性模量，当应力作用于复合材料时，晶须在周围的基体中局部地抵抗应变，使更强的应力作用于晶须。界面解离是指当裂纹扩展到晶须与基体的界面时，由于晶须周围应力场的存在，裂纹一般难以穿过晶须而按原来的方向继续扩展，它将沿着界面的方向扩展，使晶须与基体的界面发生解离，这样可以起到分散裂纹尖端应力集中的作用，从而改变裂纹走向，以致终止裂纹前进。搭桥效应是指对于取向度较高的晶须，很难发生界面解离，它只能按原来的方向扩展，此时紧靠裂纹尖端处的晶须并未断裂(在裂纹两端搭起一个小桥)，因此会在裂纹表面产生一个压应力，以抵消外拉应力的作用，从而使裂纹难以进一步扩展。

1.6　成　核　剂

成核剂是适用于聚乙烯、聚丙烯等不完全结晶塑料，通过改变树脂的结晶行为，加快结晶速率、增加结晶密度和促使晶粒尺寸微细化，达到缩短成型周期，提高制品透明性、表面光泽、抗拉强度、刚性、热变形温度、抗冲击性、抗蠕变性等物理机械性能的新功能助剂[12,13]。

聚丙烯(PP)是一种结晶度较高的聚合物，其结晶度、晶型以及晶体的结构形态都对其宏观性能有很大的影响。聚丙烯在不同的结晶条件下，能生成不同的晶型结构，主要有α、β、γ、δ等几种形式。一般商业化的聚丙烯都为α晶型，其综合性能良好，在生产中应用广泛。但由于其冲击强度和热变形温度较低，在一定程度上限制了聚丙烯的使用。而β-PP 虽然拉伸强度和弹性模量较低，但因其具有良好的抗冲击性能和高的热变形温度，刚好弥补了α-PP 的缺点。添加β成核剂是目前获得β-PP 的最为有效便捷的方法，因此对β成核剂的研究成为目前的热门课题。

在α-PP 的晶体结构中，主要呈现复杂的交叉孔状排列，而在β-PP 晶体中则为简单的层状形态。同时α型的球晶尺寸大于β型的球晶尺寸，正是这种晶相结构的区别，使α型均聚聚丙烯(iPP)和β型 iPP 的性能区别很大。

1.6.1 β成核剂的成核机制

聚丙烯的成核方式主要为均相成核和异相成核。均相成核是指聚合物熔体在降温过程中自发形成晶核的过程。这种成核方式获得的晶核数目比较少，结晶速率慢，所形成的球晶完整，尺寸较大。异相成核是指在聚合物熔体中加入固相“杂质”作为晶核，聚合物链在这些晶核上结晶形成晶体的过程。异相成核提供更多的晶核，能大大加快聚丙烯的结晶速率，降低球晶尺寸。理解β成核剂的成核机制是提高聚丙烯性能的关键，但是现在只有少数理论来解释成核剂的作用机理及结晶过程。“晶格匹配理论”归结为，聚丙烯的 *c* 轴(0.650nm)和成核剂晶面相应的间距的匹配是诱导β-PP 形成的主要基础。但是，“晶格匹配理论”并不能适用于所有的β成核剂，因此β-PP 的成核机制目前还不成熟。

1.6.2 β成核剂的种类

目前作为有效β成核剂使用的化合物主要有两大类：一类是含有芳香环的部分化合物，如具有准平面结构的稠环化合物和芳香酰胺类化合物；另一类是某些金属盐或与特殊羧酸的复配成核剂，如硬脂酸盐和庚二酸复配，或者复合稀土成核剂。

1.6.3 β成核剂对聚丙烯的影响

β成核剂的加入，能够诱导聚丙烯以β晶态结晶，而聚合物微观形态的不同，表现为宏观性能上有很大的差异。α-PP 球晶之间有明显的边界，这些边界容易被化学能或其他能量所刻蚀，导致材料破坏，是材料的薄弱点。而β-PP 球晶之间没有明显的边界，在相邻球晶边界处，片晶互相交错。银纹的形成主要是因为β球晶是捆束状生长的晶片束，球晶的致密程度比较低，因此晶片束之间的非晶区就容易被拉开形成微银纹。银纹带在受力时能吸收大量的冲击能量，大大提高材料的韧性，显示较好的延展性和韧性。

β-PP 拥有优异的耐化学腐蚀性、抗冲击性能和热稳定性。虽然β-PP 的杨氏模量和屈服强度低于α-PP，但具有较高的冲击强度、热变形温度，拉伸中发生明显应力发白和应变硬化现象，最终断裂强度和断裂伸长率也超过α-PP，在许多领域得到广泛的使用。目前基于β-PP 优异的力学性能，被用于生产管材、车用保险杠、蓄电池槽。β-PP 由于结晶度高，具有比α-PP 更好的防腐蚀能力，在耐化学药品腐蚀性方面更胜于其他材料。β-PP 纤维可以用于制作地毯、各种绳索、包装材料和工业用布等，还可用作抗裂抗渗工程纤维，可提高抗裂、抗震能力。β-PP 纤维相比α-PP 具有更高的冲击强度，更高的软化温度，更好的减缓裂纹发展的能力。在双向拉伸聚丙烯(BOPP)薄膜的应用中，β晶型 BOPP 中的微孔使 PP 薄膜可实现既使气体通过，又能阻止液体透过的功能。

今后应加强对β成核剂机理、β晶结构形态与性能的关系、β→α相转变、不同生产工艺对β-PP 的影响的研究，对开发新的高效β成核剂、提高制品性能、大规模工业化生产有重要意义。

1.6.4 PP 结晶成核剂、负载型成核剂研究现状

众所周知，PP 为多晶型的半结晶聚合物，具有α、β、γ、δ和拟六方等多种晶型。其中γ、δ和拟六方晶为 PP 中不常见晶型，且不稳定。α晶为单斜晶系，是热力学意义上最稳定的晶型，它具有较高的强度，商品 PP 中主要含有α晶型。β晶是热力学意义上的亚稳态晶型，具有良好的韧性。在科研和工业生产中，为了改善 PP 的性能，常采用加入结晶成核剂的方法来调控 PP 结晶过程，改变其结晶形态，从而获得所需要的性能。常用的结晶成核剂有α成核剂和β成核剂，目前研究和应用较多的α成核剂有(芳香)磷酸盐、(芳香)羧酸盐、山梨醇、松香类等，此外无机填料对 PP 结晶过程也可起到α成核作用，但其成核效率和诱导结晶的效果有限，一般不作为专用结晶成核剂使用。在 PP 中加入α成核剂可使 PP 的结晶温度升高，结晶速率增大，同时球晶尺寸变小，从而在一定程度上改善 PP 材料的刚性、透明性和冲击强度，其中关于苯甲酸钠盐及其衍生物诱导 PP α结晶的研究报道较多，促进结晶成核的效果也较好。

与α晶相比，β晶由于热力学亚稳态特征，因此需要借助特定的方法才能生成，如剪切力诱导结晶、特定温度梯度、过冷结晶或添加β成核剂。其中添加β成核剂是最为简便、有效、可获得较高含量β晶的方法。在 PP 的β成核剂中，研究和应用较多的主要有四类，分别是芳香酰胺、稠环芳烃类、稀土类和有机羧酸或羧酸盐类。这些成核剂能够改变 PP 的结晶结构形态和性能，使结晶温度提高，成核速率增大。以上几种成核剂均具有较高的成核效率，仅需较低的添加量就可获得高含量的β晶。一些研究报道了关于双组分复配型成核剂的应用，如庚二酸与硬脂酸钙的复配使用，通过二者之间的反应，生成高效的β成核剂庚二酸钙，研究结果表明这种双组分成核剂具有较高的成核效率和较好的选择性。

此外，还有关于结晶成核剂与无机粒子负载型β成核剂的报道，其中关于 $CaCO_3$ 负载的庚二酸钙的研究报道相对较多，其原理是利用 $CaCO_3$ 与其表面的庚二酸之间的反应，将庚二酸钙负载于 $CaCO_3$ 粒子的表面，由于庚二酸钙是 PP 结晶的β成核剂，同时 $CaCO_3$ 粒子具有较大的比表面积，通过负载提高了庚二酸钙提供给 PP 的β结晶成核位点，从而使 $CaCO_3$ 由α成核粒子转变为β成核粒子。此外还有关于贝壳粉或金属氧化物负载型 PP β晶成核剂，碳纳米管负载芳香酰胺、

碳纳米管负载庚二酸钙、纳米 SiO_2 负载芳香酰胺类β成核剂等的报道。

1.6.5　结晶成核剂对 PP 发泡行为的影响

热塑性泡沫材料的结晶行为，包括熔点(T_m)、结晶温度(T_c)和结晶度(X_c)对挤出发泡过程的各个阶段均有显著影响，是发泡过程中除了熔体性能之外需关注的又一关键问题。如果熔体的结晶发生在气泡成核阶段，则过早地结晶将使用于成核的发泡剂浓度降低，从而使成核速率降低，导致初始气泡数量下降，影响最终的泡孔密度；而如果在气泡的增长和稳定阶段开始结晶，由于结晶行为对熔体的拉伸黏度有显著影响，可使黏度迅速增长，提高材料的熔体强度，从而能够稳定气泡的增长过程，遏制气泡的塌陷；而在固化定型阶段，冷却熔体使其结晶定型，使熔体黏度快速上升，逐渐失去流动性，直至形成玻璃态或结晶态。例如，挤出发泡时，泡孔结构受熔体结晶的影响，在挤出机机头处进行固化定型。因此机头的温度非常重要，如果温度较低，可能使结晶在发泡的早期发生，较早的固化将使推动气泡增长的气体量不足，气泡增长动力不够，影响发泡倍率和制品的密度。如果结晶速率过快，也将造成上述情况的发生。而如果保持很高的机头温度，结晶时间较长，则气体向外扩散逃逸的概率增大，导致发气量不足，影响发泡材料的发泡倍率。因此，发泡体系的结晶温度和结晶速率对发泡制品的质量具有重要影响。

此外，研究表明，在微孔发泡的气泡成核过程中，PP 结晶还可起到异相成核作用，并有助于获得泡孔密度高、平均孔径小的发泡材料。一般来说，适当的结晶度可以提高熔体强度，同时产生更多的气泡成核点，明显增加泡孔密度，对泡孔质量的提高十分有利；但结晶度过高则使发泡剂的溶解度降低，发泡剂溶解和扩散变得困难。因为物理发泡剂如 CO_2 等通常很难溶解于晶区，因此在一些研究中，通过控制结晶速率制备结晶度不同的 PP、高密度聚乙烯(HDPE)、聚丁烯(PB)和 PET，并研究结晶速率对发泡行为的影响，结果发现在较快的冷却速率下制得的样品结晶度较低，发泡材料的泡孔结构更加均匀、致密。而采用较慢的冷却速率制得的样品结晶度较高，球晶直径大，导致泡孔结构不均匀。

既然结晶成核剂对 PP 结晶速率和结晶形态有显著影响，而结晶速率和结晶形态又影响发泡过程和泡孔结构，那么在 PP 中添加结晶成核剂必将影响其发泡行为。近期有研究将α成核剂二(3,4-二甲基二苄叉)山梨醇(DMDBS)改性的 iPP 应用于发泡过程，并采用先保温结晶再升温熔融的方式进行发泡。研究表明，DMDBS 不仅具有促进结晶成核的作用，同时还作为发泡过程的发泡成核剂发挥作用。作者认为 DMDBS 不仅具有极强的促进结晶成核作用，还可提高 PP 的熔体强度，从而得以改善发泡材料的泡孔结构。由于 PP 中的晶片可以作为发泡过程的异相成核点，因此均相成核发泡 PP 的泡孔形态不如添加有成核粒子的异相成核泡孔均匀。研究者指出，普通 PP 制品发泡时，大部分泡孔均在球晶中心、边界和晶面间的非晶区形成。

将β晶成核剂用于发泡过程的例子也比较多，发现无论是芳酰胺、稀土还是羧酸盐类的β晶成核剂，均可改善泡孔质量，提高泡孔密度。这说明β晶成核剂对 PP 体系发泡过程具有积极的促进作用，且其促进作用并不因成核剂的化学成分而异，可见其原因主要是β晶成核剂的异相成核作用。从热力学角度来看，向 PP 中加入β成核剂后，PP 和β晶成核剂之间的界面将形成大量的低势能点，气体析出需要克服的能垒较低，因此在发泡过程的快速卸压阶段，过饱和气体从这些低势能点处迅速析出，形成大量的气泡核。在异相成核过程中，成核剂颗粒的数量决定了熔体中气泡核的数量，因此在一定范围内，随着β成核剂含量的逐渐增加，异相成核点的数量也逐渐增多，泡孔密度随之增大。但β成核剂含量过高时，则容易产生团聚或分布不均匀等现象，使 PP 中产生分布不均匀的泡孔成核位点，导致气泡成核点产生的时间不一致,率先成核的泡孔比其他位置的泡孔尺寸更大，而不同尺寸的泡孔内压不同，内压高的泡孔容易发生破裂，出现泡孔聚结，从而导致泡孔尺寸不均，且泡孔密度下降。

1.7　SEBS 改性助剂

聚苯乙烯-乙烯-丁二烯-苯乙烯(styrene-ethylene/butylene-styrene block copolymer)，简称 SEBS，是由聚苯乙烯-丁二烯-苯乙烯(SBS)分子丁二烯段的双键被氢化为单键而制得的新型高性能弹性体材料，与 SBS 相比性能更加优异，具体表现在热稳定性优异，耐臭氧、耐老化性能极佳，以及出色的电绝缘性和易共混性能等方面，行业内将其称为“橡胶黄金”，可见其发展前景十分光明。最近几年，在体育用品、汽车配件、医疗卫生用具、各类玩具、电线电缆等各个领域都可以见到各式各样的 SEBS 制品，足见其受众程度。但由于 SEBS 分子量非常大，熔体黏度很高，因此采用直接挤出成型等方式对其进行加工难度极高，而且 SEBS 比普通硫化橡胶的刚性更大、压缩变形更剧烈，所以为了使 SEBS 更便于加工，同时也为了提升其力学性能，在加工前一般会对其进行充油，然后再与其他改性剂共混。PP 价格较便宜、来源较为广泛，将它与 SEBS 共混可以使 SEBS 材料的熔体黏度大幅度降低，从而达到提升其加工性能的目的，同时还可以降低材料的成本。

SEBS 与 PP 同大部分高分子材料一样，极易燃烧且燃烧时伴有浓烟及刺激性气味，这显然不利于其应用与推广。根据测试可知，SEBS 或 PP 的极限氧指数为 18%～20%，这意味着当遇到明火时很容易引发火灾等危险，这一缺点无疑影响着其在运动场地材料领域中的应用。随着时代的进步，人民的安全意识也在不断提高，研究出无毒、高效阻燃的 SEBS/PP 材料已成为科研工作者的一个重要研究方向。

作为运动场地用材料，耐磨性自然是需要重点关注的对象。SEBS 和 PP 虽然都具有良好的耐磨性，但是应用在运动场地上显然会使其耐磨性倍受考验，所以针对其耐磨性提升的研究具有重要的意义。

1.7.1　SEBS 弹性体的基本结构

SEBS 是近几年兴起且发展较快的一种新型的苯乙烯类改性热塑性弹性体材料。它是将热塑性丁苯橡胶 SBS 结构中的不饱和双键加氢后得到的，普通橡胶材料和塑料的优点在它身上均有体现。SEBS 是一种结构类型为 A-B-A 型的嵌段式共聚物，SBS 和 SEBS 的结构如图 1-2 所示。

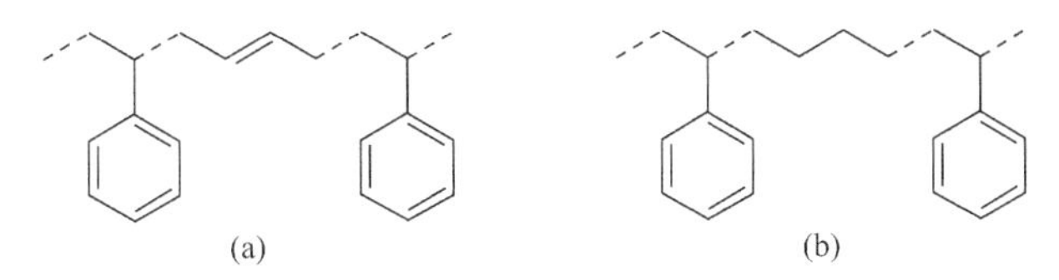

(a)　(b)

图 1-2　SBS(a)和 SEBS(b)的结构式

SEBS 嵌段式共聚物结构中的苯乙烯段因为有苯环存在，很难发生自由旋转，所以强度大且质硬，乙烯-丁烯(EB)段相比之下强度较弱且质软。由于聚苯乙烯(PS)硬段与中间的 EB 软嵌段两者在热力学上互不相容，因此可以出现两相结构，微观上来看呈现出一种相分离的状态。SEBS 分子结构中 PS 段能够产生分散相，分散于 EB 段产生的连续相中，同时会和 EB 段发生复杂的交联作用，进而生成物理交联网络。在加热 SEBS 时，当温度升至大于弹性体结构中 PS 段的玻璃化转变温度时，PS 会受热熔融，硬度降低，在受到剪切应力时很容易流动，所以更方便对它进行挤出、注塑等操作；经过加工成型的材料再次冷却后，因为此时温度又降至 PS 的玻璃化转变温度以下，故 PS 会转变为玻璃态，从而导致刚度和强度的提升，二次集结变成可以充当交联点的分散相。

1.7.2　SEBS 弹性体的基本性能

SBS 高分子链上有大量不饱和双键，加氢后可得到不含双键的 SEBS，因此 SEBS 不会轻易被氧化，这意味着它具有 SBS 无法媲美的稳定性及耐候性。它的最高使用温度可达 149℃，在纯氧环境中，温度在 270℃以上时才会分解，至于其脆化温度则可以达到惊人的−60℃。与普通橡胶不同，SEBS 无需硫化就能够拥有传统橡胶所具备的一系列优异性能，静态应用上与乙丙橡胶(EPR)不分伯仲。作为一种热塑性弹性体，自然而然可以用它来进行一系列的热塑性加工改性。不仅如此，废弃的 SEBS 及其边角余料能够回收，进行二次利用，所以它可以实现 100%

的完全利用，同时还能保证不降低它自身具有的各种优良理化特性。在常温条件下，它能发挥普通橡胶一样的优良弹性，在高温条件下则表现出热塑性塑料所具有的优异流动性，因而十分利于加工。极强的绝缘性能是SEBS的一大优势，具体表现在它的体积固有电阻为10^{14}～$20^{16}\Omega \cdot cm$，可承受电压值为11.81～39.37V/μm，所以也常常用作制备高品质的电缆料。SEBS 的溶解性极佳，可以被众多常见的溶剂所溶解。除此之外SEBS还拥有着优异的着色性能，染料可以轻易地均匀分散于其中，且不留痕、不褪色。难能可贵的是，它具有优良的环保特性，其制品无毒无污染，且密度较其他常用弹性体小，单位质量的利用率高。SEBS 还有着十分优异的充油性能，可以与众多小分子油相容，如石蜡油、环烷油。SEBS 和这两种油都有着非常出色的相容性，即使填充弹性体质量两倍的填充油，也不易出现过量充油造成油渗出的现象。良好的耐紫外线辐射和耐老化性能也是 SEBS 众多优点之一，即便在室外曝晒也不易老化。作为一种工程材料，SEBS 有着出色的相容性，可以与 PP、PS、聚苯醚(PPO)等橡塑材料熔融共混。SEBS 经过充油之后再与 PP 共混所得到的产品是无色透明的，这是由于充油后的 SEBS 的折光指数近似于结晶态的 PP。SEBS 与不同的橡塑材料共混或加入相应的填料改性之后，不仅能使其加工流动性能大幅提升，同时能提升它的使用温度，因而可制得各种具有特殊用途的产品。正是因为 SEBS 拥有众多出色的性能，自从 20 世纪 80 年代人们可以进行大批量工业化生产开始，就得到了世界各大材料厂家的广泛关注和青睐[14]。

1.7.3　SEBS 弹性体的应用

基于优异的耐候性和综合力学性能，而且加工过程中产生的下脚料和废弃料可以被回收重复使用等特点，SEBS 在塑料改性剂、电缆料、汽车装饰材料、医疗卫生用具及体育用品等很多领域得到了广泛的应用。此外，SEBS 在胶黏剂材料、印刷机油墨、互穿网络(IPN)材料等领域也深受欢迎，相关资料显示，在 IPN 材料领域，将 SEBS 和硅胶按照一定比例复合后可以制备高压用电设备及医疗卫生设备等。其具体应用领域如下：

1) 包覆材料

SEBS 的电绝缘性能和耐候性十分出色，同时可以适应的温度使用范围较为宽广，这使得它成为制备电线电缆包覆材料和绝缘带的不二选择。起初的时候人们主要是把各种改性后的 SEBS 弹性体采用各种手段包裹在目标材料外表，从而形成可以起到保护作用的包覆材料。它所包覆的材料种类有聚甲基丙烯酸甲酯(PMMA)、高密度聚乙烯、聚丙烯、聚碳酸酯(PC)等。

2) 密封条

SEBS 也被应用在房屋、汽车门窗、电饭煲和冰箱等家用电器上的密封条和垫圈中。随着材料科学的发展，密封条材料的演变过程依次经历了聚氯乙烯→丁苯橡胶→三元乙丙橡胶/聚丙烯复合材料→SEBS/PP 复合材料。对比传统的橡胶材料，SEBS/PP 复合材料性能更加出色、使用更方便，省略了硫化这一过程，而且降低了成本，因而更具优势。难能可贵的是，SEBS 可以进行回收再次利用，对环境比较友好，不会产生污染。

3) 汽车配件

当下来看，国外的汽车配件行业中 SEBS 已经得到了广泛的应用，但是反观我国，SEBS 在汽车部件材料领域的应用还仅仅处在起步阶段。不过，我国众多企业已经开始针对 SEBS 材料的汽车配件进行有条不紊的研究和推广。可以预见，在未来五年到十年内，SEBS 弹性体在我国汽车零部件行业的应用将会变得越来越广泛。

4) 医疗器械

最近的几十年里，聚氯乙烯(PVC)一直是医疗器械行业的主要原材料，然而 PVC 材料制品在使用时容易老化且会产生含氯类增塑剂，给人类健康带来不必要的伤害。近年来国家对环保方面要求越发严格，人们对健康问题重要性的认识逐渐增强，随着国际医疗卫生领域对医疗相关器械的卫生标准要求的不断提高，综合性能优异且无毒环保的 SEBS 渐渐走进人们的视野之中，成为替代 PVC 的不二选择。SEBS 材料制品质地透明、无毒无污染，因而被广泛应用在制作医药袋、输液管和一次性医用手套等医疗卫生器械中。

5) 体育用材料

SEBS 拥有良好的弹性，且密度小，无毒环保，所以也可以应用于运动装备、运动场地材料中，如水晶鞋底、各种运动手环、塑胶跑道或人造草坪填充颗粒等。对于 SEBS 应用于体育用品的研究近年来变得越来越热门，预计在不久的将来，SEBS 会更多地融入我们的体育生活中。

6) 工程塑料改性

SEBS 可以与 PP、PC、热塑性聚氨酯(TPU)、HDPE、PET 等众多橡塑材料进行熔融共混，从而达到提高其综合力学性能、结晶性能和低温韧性的目的。近年来国内外专家学者已经对 SEBS 共混改性体系进行了大量的研究探索，PP/SEBS、PS/SEBS、PC/SEBS、PE/SEBS、PA/SEBS 等共混体系是研究的重点。

1.8 阻 隔 剂

高分子材料的阻隔性是指聚合物材料制品对气体、水蒸气和液体等小分子具有一定的屏蔽能力。材料的阻隔性能通常与渗透现象有关，渗透过程可以由吸附、溶解、扩散和解吸几部分组成，小分子扩散物质由高浓度区进入材料表面，然后在材料内部发生扩散，最后在另一侧表面的低浓度区发生解吸，从而实现从高浓度区进入到低浓度区的目的[15]。而发生渗透现象的小分子通常是氧气、水蒸气等物质，对于食品和生物医药等容易与氧气、水蒸气等发生化学反应而产生变质、霉化的物质来说，抑制氧气、水蒸气等小分子的渗透就变得极其重要。而阻隔性就是材料对特定的渗透对象(如氧气、水蒸气等)由高浓度的一侧渗透通过到达低浓度一侧的阻隔性能[16,17]。

通常来说，某种材料的阻隔性能是用透过系数来衡量的，而其中最受人们关注的是透气性和透湿性，氧气、二氧化碳和水蒸气是最常用的标准物质。透气性是指材料对于氧气和二氧化碳的透过能力；透湿性是指材料对水蒸气的透过能力。当材料的透气性越差或透湿性越低时，说明其对氧气、二氧化碳和水蒸气的透过量越少，其阻隔性能越好[18]。

随着经济社会的高速发展，人们的生活质量与追求也日益提高，对涉及民生的食品和医药的质量要求同比增加，因此，对影响食品和医药质量的包装材料要求也越来越严苛，以期食品和医药的保质期和货架寿命能够得到一定的延长。因此，研究人员通过尝试各种新方法、新工艺，以及制备各种新材料来提高聚合物复合材料的阻隔性[19]。

目前，国内各研究室对材料的阻隔性的研究不多，大部分处于实验阶段，远远不能满足市场的需求。国内对阻隔性包装保护材料的生产能力虽然在逐步上升，但总体增长率只有 15%～20%[20]，并不能达到需求，因此国内的包装保护材料市场仍有很大的需求缺口。同时，由于我国的高阻隔性材料的研究起步较晚，研发周期较短，自主研发出来的阻隔性复合材料多用在那些对阻隔性要求较低的产品上，对于阻隔性要求较高的产品包装保护上，大多只能依靠国外引进，所以研究具有高阻隔性的复合材料具有重要意义。

1.8.1 阻隔性机理

由于材料的阻隔性通常都与渗透现象有关，因此在关注材料的阻隔性时，可以用渗透性和透过率来对材料的阻隔性加以描述和表征。渗透性是材料的一种特性，它不会因为材料的厚度、面积的不同而发生变化，而会随着材料的厚度、结构等发生变化的是透过量，它属于材料制品的性质。透过系数是用来描述聚合物材料透过性大小的指标，主要包括水蒸气透过系数和气体透过系数，通常是指，保持温度和湿度环境一致，在小分子物质稳定透过时，单位时间内透过试样单位厚度、单位面积的小分子物质的体积或质量。

根据吸附渗透理论，小分子物质通过渗透穿过聚合物的基本过程如图 1-3 所示。在图 1-3 中：①在高浓度侧，小分子物质在聚合物的表面发生吸附作用；②吸附在聚合物表面的小分子逐渐溶解于聚合物；③在高浓度侧，聚合物内外达到溶解平衡；④聚合物高浓度侧的小分子浓度高于低浓度测，因此以一定浓度梯度向低浓度测扩散；⑤低浓度侧，小分子物质在聚合物表面发生解吸，完成整个渗透过程。

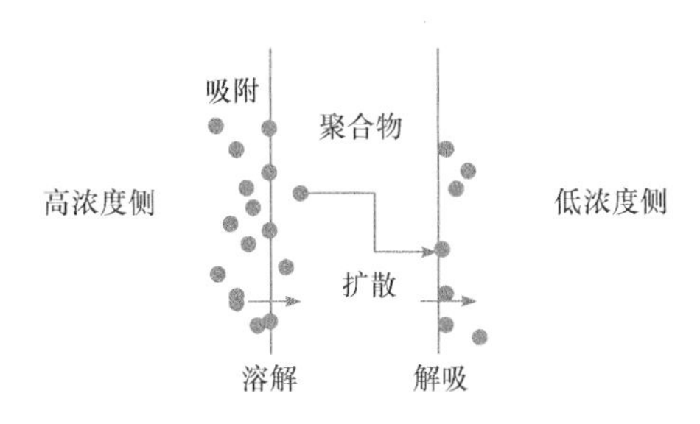

图 1-3　渗透过程原理图

在以上整个渗透过程中，最为关键的一步是小分子物质沿着一定浓度梯度由高浓度侧向低浓度侧的扩散，同时也是整个渗透过程中所用时间最长的一步。所以，对于同一种小分子物质来说，在研究其在不同聚合物中的渗透能力时，渗透系数的大小主要取决于其在聚合物中扩散时的扩散系数。对于不同的小分子物质来说，在研究它们在同一种聚合物中的渗透能力时，渗透系数的大小主要取决于它们在渗透聚合物时的溶解度系数。当聚合物两侧的浓度差一定，扩散系数越小时，小分子物质由高浓度侧向低浓度侧扩散所需要的时间越长，从宏观角度来说就是聚合物的阻隔性能越好；当扩散系数越大时，聚合物的阻隔性能越差。

具有阻隔性的聚合物的结构中通常含有一些较为明显的特征，如分子具有一定的极性、分子链中含有刚性结构且链段排列紧密、玻璃化转变温度较高等。由此可见，聚合物材料的阻隔性与其化学结构、制备方法、结晶度、分子极性、规整度及取向、加工方法等因素有关。

1.8.2　气体阻隔

气体阻隔性能指的是聚合物对气体分子从浓度高的一侧渗透、扩散到浓度低的一侧的阻隔能力。根据聚合物材料的物理特性，气体分子通过渗透进入聚合物材料的方式有两种：一种是扩散渗透，由于聚合物高浓度侧的气体浓度高于低浓度测，因此气体以一定浓度梯度向低浓度侧扩散；另一种是破坏渗透，聚合物材料结构不完美，表面存在微裂纹和空隙，气体分子由这些微裂纹和空隙进入聚合物内。由于破坏渗透主要取决于聚合物表面的微裂纹和空隙，难以对其进行系统性的研究，因此本书主要针对扩散渗透来研究聚合物材料的气体阻隔性能。

对于聚合物材料而言，其结构是由大分子链通过折叠、堆砌、交联而形成的，分子链之间存在空隙，气体透过性强，在聚合物两侧存在压力差的情况下，气体小分子会在压力的作用下，穿过聚合物分子链之间的空隙，从而产生泄漏，也就是所谓的聚合物材料的气体阻隔性能较差。并且，由于聚合物材料会发生溶胀现象而产生变形，机械强度和化学性质等不能满足要求，限制了其在食品、医疗和某些特殊领域的使用。因此，为了增强聚合物材料的气体阻隔性能，许多二维层状材料被引入聚合物复合材料中，如石墨烯、氧化硅片等。

石墨烯作为一种二维纳米材料，是由碳原子以 sp^2 杂化轨道组成的六角形呈蜂巢晶格，由英国的 Andre Geim 和 Konstantin Novoselov 教授在 2004 年通过机械剥离法制备出的[21]。石墨烯在光学、电学和力学等方面表现出优异的特性，受到全世界的广泛关注。石墨烯因其表面带有负电荷、对气体不透过性等特性而被用于制备气体阻隔材料，但是，由于石墨烯是一种单层二维材料，属于一种分散的相态，因此不能直接用于制备气体阻隔材料。聚合物材料因气体阻隔性差而在食品、医疗和某些特殊领域的使用受到限制，然而石墨烯气体阻隔性能优异，因而将石墨烯与聚合物材料复合到一起，能够得到具有气体阻隔性能的聚合物复合材料。常用的方法有溶液法、熔融法、原位聚合法和层层自组装法等。

纳米 SiO_2 是一种外观为白色粉末的无定形无机纳米粒子，其因粒径小、比表面积巨大和表面具有大量活泼羟基等特性而体现出优异的机械性能，同时，由于在聚合物材料中加入纳米 SiO_2 可以提高聚合物材料的结晶度及增大聚合物中非结晶区的密度，因此其在气体阻隔性能方面展现出巨大的潜能。但是，巨大的比表面积使纳米 SiO_2 同时也展现出巨大的比表面能，因而易于团聚，限制了其因粒径小而带来的优势，进而影响纳米 SiO_2 在聚合物材料中的分散及在聚合物材料的界面结合。因此，在研究通过纳米 SiO_2 来提高聚合物材料气体阻隔性能时需要先对其进行改性。

蒙脱土(MMT)本质上是一种以纳米计量的表面带有负电荷的硅酸盐片，片与片之间是通过静电作用相互连接，其特定的二维阴离子片状结构，使其在阻隔领域具有重要的地位。蒙脱土的晶体结构中，带有负电荷的硅氧四面体被带有正电荷的铝氧八面体夹在中间，使其具有阳离子交换特性，八面体结构中的铝离子可以被镁、铁、锂等阳离子交换。蒙脱土的片层之间存在大量的无机阳离子，导致其在聚合物中的分散性较差，因此在制备蒙脱土/聚合物复合材料时，需要考虑蒙脱土在聚合物中的分散性问题，以及聚合物之间的界面相容性问题[22,23]。

1.8.3　水蒸气阻隔

水分子是一种极性小分子，在研究聚合物材料对水蒸气的阻隔性时，与常见的非极性气体小分子是有所不同的，因为水分子的极性这一特征与渗透过程和渗透量有着密不可分的关系。

聚合物材料可以分为亲水型聚合物和疏水型聚合物，对于不同性质的聚合物材料而言，极性水分子在透过聚合物时，其渗透过程也不尽相同，并不能完全按照 Fick 定律来解释极性水分子在其中的渗透过程。对于亲水型聚合物，只有当极性水分子在聚合物中的溶解度较小时，才可以用 Fick 定律来解释水蒸气的渗透过程并且计算出其渗透量。

与气体阻隔性影响因素相同，水蒸气的渗透性同样也与聚合物材料的自由体积、结晶度和取向等因素有关，除此以外，聚合物材料所处的温度也是影响水蒸气阻隔性的一个重要因素。当聚合物材料所处的环境温度升高时，水蒸气分子的运动速率加快，对聚合物材料的透过率也随之增加。聚合物材料是否具有极性对非极性气体小分子而言，基本上没有影响，非极性气体小分子几乎不会与聚合物材料产生相互作用，但是对于具有极性的水蒸气小分子而言，极性聚合物对其渗透过程有巨大影响。当水蒸气透过极性聚合物材料时，极性聚合物会先吸收溶解一部分水蒸气分子，使极性聚合物材料发生溶胀，导致极性聚合物材料的自由体积增大。由于聚合物的自由体积越大，渗透量越大，阻隔性能越差。极性聚合物在发生吸水溶胀后，其透湿性会增加，对水蒸气的阻隔效果变差。此外，聚合物材料对水蒸气的透过性也与水蒸气的浓度和环境的湿度有一定的关系[24]。

在保持其他客观环境条件不变的情况下，环境的湿度对聚合物材料对水蒸气的透过性具有较大的影响：一般来说，聚合物材料对水蒸气的透过性与环境的湿度是成正比的，即环境湿度越大，聚合物材料对水蒸气的透过性越大[25]。

虽然相对湿度的不同会对聚合物材料的透湿量有较大的影响，但对聚合物材料而言，相对湿度并不是影响聚合物材料透湿性的关键性因素，这主要是与水蒸气小分子的极性特征和聚合物材料的性质有关。

1.9 淀粉黏结剂

1.9.1 淀粉的基本结构

1. 淀粉的化学组成

淀粉是高分子碳水化合物，呈白色粉末状，在显微镜下观察可发现一些形状大小不同的透明小颗粒；它是由许多葡萄糖分子脱去水分子后经糖苷键相连而形成的。淀粉属于多聚糖，其基本结构为 D-葡萄糖，近似分子式为$(C_6H_{10}O_5)_n$，n为不定数，其分子量小到几百，大到一百万以上。

淀粉颗粒中除了主要的淀粉分子外，还含有一些脂肪分子和蛋白质分子。不同类型植物的遗传特性、生长环境不同，会导致其淀粉粒的结构和性质有所不同。

2. 直链淀粉和支链淀粉

淀粉分子具有直链状和枝叉状两种主要结构，分别称为直链淀粉和支链淀粉；长期以来，衡量淀粉结构最常用的指标是直链淀粉和支链淀粉的比例，大多数淀粉含 10%～12%的直链淀粉、80%～90%的支链淀粉。不同品种的淀粉中，直链淀粉和支链淀粉的含量不同[26]。

图 1-4 和图 1-5 分别为直链淀粉和支链淀粉的分子结构。我们日常所见到的各种淀粉，实质上是上述两种聚合体径向配置的一些球体，故其不溶于冷水，也不容易被酶分解。直链淀粉分子和支链淀粉分子的侧链都是直链，趋向于平行排列，相邻的羟基通过氢键作用结合成散射状结晶性“束结构”。由于淀粉的这种结晶性“束结构”，淀粉颗粒会在偏光显微镜下呈现特定偏光十字。可以推断，淀粉颗粒的内部结构应与球晶体相似，它由许多环层构成，层内的微晶束呈放射状排列，每一个微晶束是由长短不同的直链分子或支链分子的分支相互平行排列、由氢键紧密连接形成有规则的束状体。淀粉颗粒中的水分子也参与氢键的形成，淀粉分子间由水分子经氢键结合相连，水分子介于其间，犹如架桥。氢键的强度虽然很弱，但数量众多，结晶束也具有一定的强度，故而淀粉具有较强的颗粒结构。

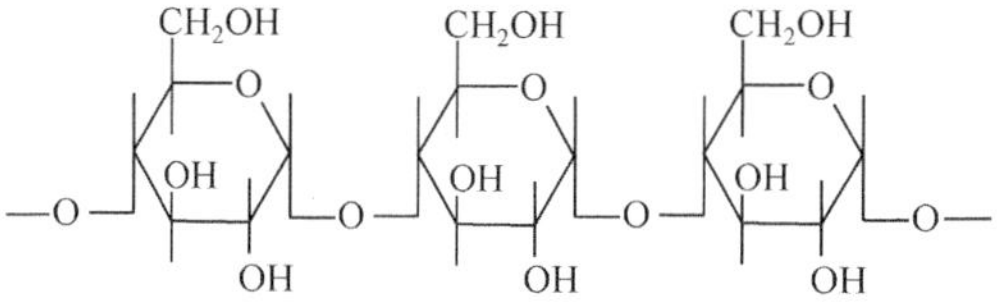

图 1-4　直链淀粉分子结构

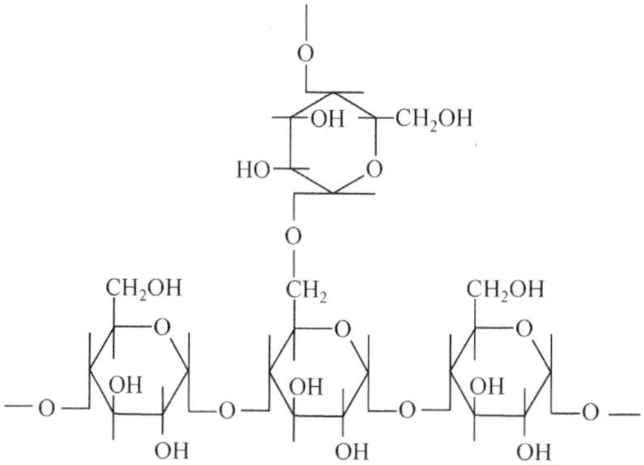

图 1-5　支链淀粉分子结构

淀粉中直链淀粉的含量及分子量、分子的平均聚合度等分子结构参数与淀粉糊的透明度、老化速度及形成凝胶的性能密切相关。直链淀粉是线型分子，线型聚合物溶液的基本特性之一就是具有较高的黏度，其黏度值与分子量有关。近年来的研究结果认为，支链淀粉分子中分支的分布模式更能反映淀粉的结构[27]。

3. 淀粉的糊化

在工业上，淀粉的生产主要以谷类、薯类、豆类及各种植物为原料，由于原料植物的种类不同，制得的淀粉的物理性质和化学性质也不尽相同。

淀粉在工业生产中应用广泛，几乎都是通过加热使淀粉乳糊化，然后应用所得淀粉糊，起到增稠、黏合、凝胶、成膜或其他作用。淀粉糊的性质包括糊的黏度、透光率、抗剪切力、老化特性、冻融稳定性等[28]。淀粉糊的黏度是指淀粉样品糊化后的抗流动性，可以通过多种黏度计进行测量，如旋转黏度计、毛细管黏度计、振动式黏度计、落球式黏度计等。不同品种淀粉的淀粉糊性质差别很大，这些性质都会随着淀粉种类的不同而存在差异，影响淀粉糊的应用。

淀粉一般不溶于冷水，只形成悬浮液；将淀粉分散于适量水中，搅拌得乳白色、不透明悬浮液，称为淀粉乳；停止搅拌则淀粉会慢慢沉淀，这是因为淀粉密度较大，且不溶于冷水。将淀粉乳加热，当温度升高到60～70℃时，在颗粒的无定形区域淀粉颗粒会吸水膨胀发生凝胶化；由于结晶束具有弹性，仍能保持颗粒结构，随着温度进一步升高和加热时间的延长，淀粉颗粒会吸收更多水分；直到结晶区的氢键被破坏，淀粉颗粒开始剧烈膨胀，逐步解体形成黏稠淀粉糊[29]。达到一定温度时，高度膨胀淀粉颗粒间互相接触，变成半透明的黏稠糊，这种由淀粉乳转化变成糊的现象称为糊化。

淀粉糊化过程是一个吸热过程，淀粉发生糊化的温度称为糊化温度，糊化温度不是一个温度点，而是一个温度范围。这是因为淀粉的糊化不是瞬间完成的，它是一个淀粉颗粒吸水膨胀进而相互接触使体系黏度突增的过程，可用糊化开始和糊化完成的温度表示。不同品种淀粉的糊化温度存在差别，这是因为不同品种的淀粉在颗粒结构和大小上存在差别，吸水膨胀难易程度也就不同。一般来说，玉米淀粉的糊化温度为62～72℃，稻米淀粉的糊化温度为68～78℃，小麦淀粉的糊化温度为55～85℃；而薯类淀粉的糊化温度相对比较低，马铃薯淀粉的糊化温度为56～66℃，木薯淀粉的糊化温度为59～69℃，甘薯淀粉的糊化温度为58～72℃。同一品种不同大小的淀粉颗粒的糊化难易程度也存在差别：有的能在较低温度下糊化，有的需要较高温度才能糊化，相差约10℃[30]。总体上来说，较大颗粒一般较易糊化。

糊化温度可以通过加入某些化学试剂来改变，尤其是在瓦楞纸胶黏剂的研究中就常常通过加入氢氧化钠使淀粉在室温状态下糊化。

1.9.2 改性淀粉

现代工业中，大多数天然淀粉都不能被直接使用，因此在淀粉的固有特性基础上，为改善和扩大应用范围，根据淀粉的结构及理化性质开发了淀粉的各种改性技术。根据目前国内外改性淀粉的发展趋势，可按照改性淀粉制备机理的不同将其分为三大类，即物理改性淀粉、化学改性淀粉、酶法改性淀粉[31,32]。

1. 酯化淀粉

酯化淀粉属于化学改性淀粉，是淀粉分子中的羟基被无机酸或有机酸酯化而得到的产物，故酯化淀粉可以分为无机酸酯化淀粉和有机酸酯化淀粉两大类。无机酸酯化淀粉包括磷酸酯淀粉、硝酸酯淀粉等[33]；有机酸酯化淀粉的种类比较多，如琥珀酸酯淀粉、乙酸酯淀粉和黄原酸酯淀粉等[34]。淀粉分子发生酯化反应时，葡萄糖单元中的羟基被酯基取代，从而削弱了淀粉分子链之间的氢键作用，增加了分子的流动性和疏水性，赋予酯化淀粉以分子塑性。因此，酯化淀粉被广泛应用于食品、降解塑料、水处理、医药卫生等行业中[35]。

2. 磷酸酯淀粉

磷酸酯淀粉是淀粉的一种阴离子衍生物，是淀粉羟基被磷酸盐酯化而得到的产品。实际上，天然淀粉中也含有少量的磷。与原淀粉糊相比，磷酸酯淀粉糊在黏度、透明度和稳定性方面都得到明显改善，很低的酯化程度就能大大改善淀粉糊的性质。如今，不同取代度的磷酸酯淀粉已经作为商品大量生产，广泛应用到食品、纺织、造纸、污水处理等行业中。

在食品工业中，磷酸酯淀粉常常用作食品的稳定剂、增稠剂、调味剂等。磷酸酯淀粉可以用作冷冻水产及其制品中的抗冻剂，能够明显改善鱼肉的保水效果和冻融稳定性，而且其保水效果和冻融稳定性均随取代度的增加而增强。磷酸酯淀粉还可作为造纸湿部改性添加剂。为了降低成本，淀粉还常被用作膨胀阻燃涂料中的成炭剂。

1.10 本书的研究内容及目的

1.10.1 研究内容

(1) 通过双单体固相接枝制备 PP-*g*-St/MAH 相容剂，并且对反应工艺条件进行探讨。

(2) 利用双单体悬浮共聚接枝制备 PP-*g*-St/MAH 相容剂，得到最佳制备工艺条件，并且对分子结构进行表征和分析。研究了悬浮接枝的反应动力学，验证其符合吸附-扩散控制动力学模型。

(3) 通过对钙基膨润土进行钠化改性和有机化改性制备有机化膨润土改性剂，并且将有机膨润土改性剂加入到 PP 中，制备聚丙烯/有机膨润土纳米复合材料。

(4) 自制硬脂酸盐和癸二酸盐β成核剂对 PP 进行改性。探讨了成核剂含量等对 PP 的结晶性能和力学性能的影响。

(5) 分别采用硅烷偶联剂和钛酸酯偶联剂湿法改性制备四针状 ZnO 晶须改性剂，并且将其添加到 PP 中，制备 PP/T-ZnOw 复合材料，并表征改性效果。研究了 PP/T-ZnOw 复合材料中 T-ZnOw 对均聚聚丙烯β晶的诱导作用。

(6) 自制β晶成核剂来调控 LCBPP 结晶结构，系统地研究了β-LCBPP 的结晶和流变行为，探讨了β成核剂与长支链在 PP 中共同作用和相互影响的机理，对于β晶型 LCBPP 在发泡中的应用提供了理论指导。

(7) 以天然 Ca-MMT 为原料，制备了具有不同 CaHA 负载量的、高效β晶成核作用的蒙脱土负载型β晶成核剂 CaHA-OMMT。

(8) 以天然 Na-MMT 为原料，制备了具有不同 NaB 负载量的、良好α晶成核能力的蒙脱土负载型α晶成核剂 NaB-OMMT，改善 PP 和 LCBPP，特别是后者的熔体流变行为。

(9) 将酸酐扩链增韧与纤维增韧相结合，用邻苯二甲酸酐刻蚀后的 AFs 来增黏增韧 R-PET，起刻蚀作用的邻苯二甲酸酐同时也是 R-PET 的扩链剂，在提高 AFs 与树脂结合能力的同时扩链增黏 R-PET。

(10) 用 2-对羟基苯基-2-噁唑啉与烯丙基溴在一定条件下发生取代反应生成含有噁唑啉基团的丙烯酸类单体，在一定条件下引发碳碳双键聚合成为含有多个噁唑啉基团的大分子扩链剂 POXA，将 POXA 与 R-PET 熔融共混挤出，通过测得的熔融指数变化来分析 POXA 对 R-PET 的扩链效果。

(11) 采用 Hummers 法制备了 GO，随后以硼酸为改性剂，利用偶联剂接枝法制备了 B-GO，将其作为填料应用于充油 SEBS/PP 体系。

(12) 利用 KH-550 对 APP 进行接枝改性，并分别将 APP 和改性后得到的改性聚磷酸铵(MAPP)协同 B-GO，应用于充油 SEBS/PP 体系。

(13) 以木薯淀粉为主要原料，通过对其改性复配制备铸造用黏结剂：①改性淀粉/有机高岭土复合黏结剂；②有机蒙脱土改性苯酚-淀粉酚醛树脂复合黏结剂。

(14) 将还原氧化石墨烯(RGO)原位生长在二氧化硅(SiO_2)上面，然后用硅烷偶联剂 KH-550 对其进行表面改性，将改性后的 RGO-SiO_2 应用于 PET 的原位聚合中，并利用 XRD、FT-IR、FE-SEM 和 TG 等表征方法对改性后的 RGO-SiO_2 和 RGO-SiO_2/PET 进行分析，采用气体透过率测试仪对 RGO-SiO_2/PET 的氧气透过率进行测试，并通过拉伸强度、硬度、断裂伸长率、冲击强度和弹性模量等测试分析了加入改性 RGO-SiO_2 前后对 PET 复合膜材料的基本物理力学性能的影响。

1.10.2 研究目的

(1) PP 作为一种通用塑料，原料来源丰富、价格低廉，与其他通用塑料相比，具有较好的综合性能，广泛应用于国民经济和日常生活的各个领域。但 PP 本身分子结构造成其存在成型收缩率大、冲击强度不足、低温韧性差等缺点，大大限制了其在工程领域的应用。因此，对 PP 进行增韧、增强改性是非常必要的。本书以福建联合石油化工有限公司生产的均聚聚丙烯(iPP)为主要原料，以自主研发的接枝物 PP-g-St/MAH、β晶型成核剂、改性 T-ZnOw、有机膨润土等为增强增韧剂，制备高性能聚丙烯树脂，并实现其在实际生产生活中的应用。对丰富福建省石化企业聚丙烯树脂专用产品种类、提高聚丙烯附加值起促进作用，具有重要的科学意义和实用价值。

(2) 由于 PP 存在两大缺点，一方面是熔体强度低，发泡材料的形态较差；另一方面是韧性较差，无法满足一些特殊使用环境对力学性能的要求。制备 LCBPP 是提高熔体强度最有效的方法之一，层状结构的纳米黏土在一定条件下也能起到改善熔体强度的作用，纳米粒子若能均匀分散于基体中，同样可以对 PP 起到较好的增韧作用。此外，使用结晶成核剂来调控结晶过程和结晶形态，不仅直接影响发泡过程，还能改善力学性能，改善发泡材料的泡孔形态。结晶成核剂还可以有效调控 PP 的结晶形态，从而改善力学性能，影响发泡过程。

(3) 将结晶成核剂负载于具有纳米尺寸的黏土表面，不仅能综合发挥二者的优势，同时借助纳米黏土较大的比表面积，结晶成核剂的成核效率得到提升，成核效果更加明显。负载后二者协同作用，具有较大的应用前景和发展潜力。

目前为了研制 PP 发泡产品，国内的高熔体强度 PP 主要依赖进口，价格昂贵；为使纳米黏土在 PP 中分散良好，大多数科研和多数工业生产中仍需使用进口的有机黏土，这些都导致产品成本大幅度提高。

(4) 本书以普通 PP 为原料制备 LCBPP，以期改善熔体强度，并探讨长支链与β晶成核剂共同作用对 PP 结晶行为和性能的影响，探讨相互作用机理，对于β-LCBPP 在发泡中的应用提供理论指导。并分别以天然 Na-MMT 和 Ca-MMT 为原料制备负载有成核剂的 OMMT，一方面，提供了一种行之有效的，由天然无机 MMT 制备成核效率高、插层效果好的负载型 OMMT 的方法；另一方面，OMMT 负载的成核剂借助纳米粒子的尺寸效应提高了结晶成核剂的成核效率，将其作用于 PP 和 LCBPP，以期同时达到提高力学性能、熔体性能，优化发泡 PP 的泡孔结构的目的。LCBPP 的分子结构对流变行为有直接影响，而流变行为和结晶行为对于研究发泡过程具有重要的指导意义。

(5) 本书的研究对提高聚丙烯附加值起促进作用。同时，为天然蒙脱土的负载、改性和应用提供了很好的思路，利用蒙脱土层间的阳离子，通过必要的反应将其转化为功能化合物，而该化合物借助蒙脱土的纳米层状结构可使其作用效率显著提升，有望扩大天然蒙脱土的应用领域。因此，本书中所做的研究具有重要的科学意义和实用价值。

(6) 研发扩链剂，增大 PET 树脂分子量，改善回收热塑性 PET 树脂力学性能与加工性能，最终实现热塑性树脂从回收料到工程塑料的转化。

(7) SEBS 材料熔融指数较低，难以直接加工成型，且存在易燃烧、不耐磨等缺点，目前针对解决这些问题的研究仍相对较少。本书针对上述问题展开相关研究，采用不同种类的填充油对 SEBS 进行充油处理，并将充油后的 SEBS 与 PP 共混挤出，以改善其加工性能、耐磨性能和力学性能等，初步探究出充油 SEBS/PP 共混体系各组分的最佳配比。制备了新型纳米填料氧化石墨烯，并将阻燃基团 B—O 接枝到氧化石墨烯中，得到功能化氧化石墨烯；利用硅烷偶联剂对 APP 进行改性，并将改性氧化石墨烯与 MAPP 复配，形成膨胀型阻燃剂；最后将上述功能助剂应用在充油 SEBS/PP 体系中，制备出阻燃、耐磨的 SEBS 复合材料，改善了 SEBS 的性能，拓宽了其应用领域，具有较强的实用价值。

(8) 将 RGO-SiO_2 功能性阻隔助剂应用于热塑性 PET 复合膜材料中，制备出具有高阻隔性的热塑性 PET 复合膜材料，以扩宽 PET 作为保护膜的应用范围。

(9) 淀粉作为自然界最重要的可再生资源之一，不仅储量丰富、价格低廉、用途广泛，而且在整个生产、使用、废弃甚至再生循环利用过程中都能与环境协调共存，是 21 世纪理想的工业替代原料。若能通过研究制备出可以广泛应用于铸造行业的改性淀粉类产品，既能扩大改性淀粉的应用范围，又能降低铸造工业污染程度，这项工作就很有意义。

第2章　双单体固相接枝物 PP-*g*-St/MAH 相容剂

2.1　引　　言

PP通过自由基聚合引入极性基团或其他功能性基团，是实现其高性能化的关键技术。与其他极性单体相比，马来酸酐(MAH)接枝PP加入到PP复合材料中能更好地提高改性材料与基体的相容性。但 MAH 通常采用熔融接枝法接枝到 PP上，该反应增加接枝率总是伴随着分子量的急剧下降，导致共混后复合材料冲击强度降低。据报道，苯乙烯(St)作为共聚单体的加入可以提高极性单体在PP上的接枝率，同时还能在一定程度上防止链的断裂，从而得到高分子量、高接枝率的极性基团接枝聚丙烯。固相接枝法制备 PP 接枝物，以固体形式在较低温度下进行反应，可以降低PP链的断裂，接枝率高，环境污染小，工艺简单。

本章将双单体接枝技术与固相接枝技术相结合，用MAH/St固相共接枝PP，通过单因素实验考察了反应温度、引发剂、单体浓度、反应时间等各种因素对接枝率的影响，并进行4水平5因素的正交实验，测定各组接枝物的接枝率，确定接枝的最优方案。此外，还探讨了反应温度、引发剂、单体浓度、反应时间对接枝物熔体流动速率的影响，并对接枝物进行FT-IR、DSC和XRD表征。

2.2　双单体固相接枝物PP-*g*-St/MAH相容剂的制备过程

将引发剂放入三口烧瓶中，加入界面剂，加热使之溶解。待引发剂完全溶解后，通入N_2，迅速加入PP，溶胀一段时间。然后向三口烧瓶中加入MAH和St，将反应体系放入已升温好的油浴中。在N_2气氛下加热搅拌至规定时间。当反应结束后，继续通入N_2一段时间，直到接枝产物完全冷却为止。

在PP-*g*-St/MAH的制备过程中，由于反应单体MAH、St可能发生均聚或共聚，同时未发生接枝反应的单体也会残留于产物中，故需要对接枝物进行纯化处理。纯化方法如下：将接枝产物置于索氏提取器中，用丙酮抽提 24h，以除去未接枝的单体、单体均聚物和共聚物。再放入真空干燥箱于60℃下进行干燥，即可得到纯化的接枝物PP-*g*-St/MAH。

2.3　双单体固相接枝物 PP-*g*-St/MAH 相容剂的结构与性能表征

2.3.1　影响共聚物接枝率的因素

1. 引发剂的选择

聚丙烯固相接枝反应本质是自由基接枝聚合反应，引发剂是反应进行的必要条件。对于自由基反应而言，选择引发剂的原则是引发剂在相应的反应条件下必须具有合适的半衰期，其半衰期应与接枝聚合反应时间相当，至少为同一数量级。本章选用了过氧化苯甲酰(BPO)、过氧化二异丙苯(DCP)、偶氮二异丁腈(AIBN)等作为引发剂，考察了引发剂对产物接枝率的影响，实验结果见图 2-1。

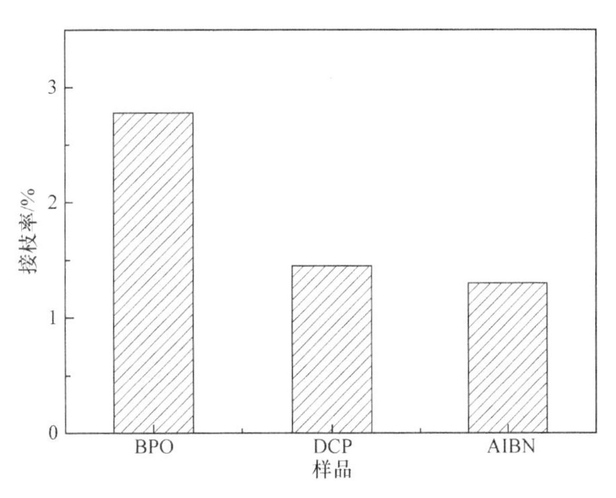

图 2-1　不同引发剂对产物接枝率的影响

由图 2-1 可知，当 BPO 作引发剂时，产物的接枝率最高。这是因为聚丙烯的固相接枝反应温度一般在 100～130℃，DCP 在这个温度范围内半衰期较长，分解速率慢，反应结束时会残留大量引发剂，影响产物的质量，故不适合作为固相接枝的引发剂，常用于引发熔融接枝；而 AIBN 在 100～130℃范围内半衰期太短，分解速率过快，反应后期已没有引发剂引发聚合，也不适合作为固相接枝的引发剂；BPO 在这个温度范围内半衰期适中。因此，选用 BPO 作为聚丙烯固相接枝反应的引发剂。

2. 引发剂 BPO 用量对接枝率的影响

由图 2-2 可见，随着引发剂 BPO 用量的增加，产物的接枝率逐渐升高；当 BPO 用量增加到 PP 质量的 2%时，接枝率达到最大值，继续增加 BPO 用量，接枝率呈下降趋势。这是因为当 BPO 用量较少时，自由基浓度低，所引发的接枝反应少，增加 BPO 的用量则生成的初级自由基数量增多，其引发生成的大分子自由基也随之增多，从而增加了与反应单体碰撞的机会，致使接枝率增大；当 BPO 用量超过一定值时，PP 上的自由基浓度达到饱和，并且由于大量初级自由基的存在，自由基之间发生终止反应的概率增大，单体均聚程度增加，同时加剧 PP 降解，导致接枝率降低。

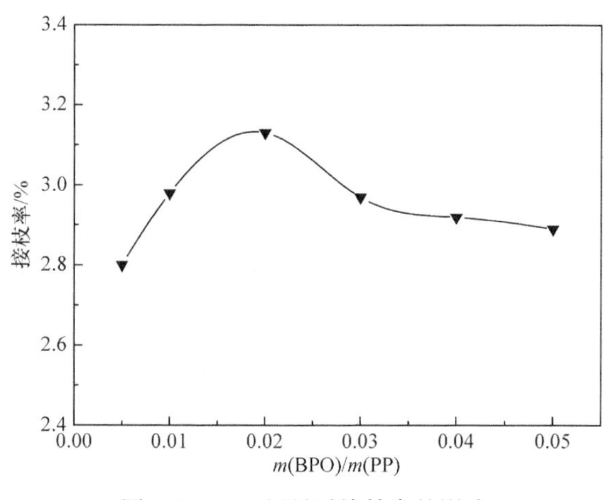

图 2-2　BPO 用量对接枝率的影响

3. 界面剂的选择

在固相接枝反应中加入界面剂的作用是浸蚀和溶胀 PP 颗粒的非晶部分，为接枝反应提供场所，增加引发剂自由基和大分子的接触机会使反应易于进行，促进单体在 PP 表面的溶解和渗透，同时有利于接枝聚合反应热的移出等。PP 为非极性聚合物，一般情况下当界面剂的溶度参数与 PP 的溶度参数相接近时，所起的效果较好。本章考察了二甲苯、甲苯、乙醇、二甲苯/乙醇(质量比 *m*/*m* 为 1∶1)分别作为界面剂时对产品接枝率的影响。

由图 2-3 可以看出，乙醇作为界面剂时产物接枝率最低，二甲苯作为界面剂时接枝率最高。这是因为，乙醇的溶度参数与 PP 相差较大，是 PP 的不良溶剂，而且乙醇的沸点低于反应温度易挥发，不利于吸附溶胀，导致接枝效果不好；而二甲苯、甲苯的溶度参数与 PP 相近，对 PP 的溶胀能力好，单体及引发剂自由基易浸入，引发接枝反应概率增大，故产物接枝率较高。综合考虑接枝效果及药品毒性，宜选用二甲苯作为 PP 固相接枝反应的界面剂。

4. 二甲苯用量对接枝率的影响

由图 2-4 可以看出，随着二甲苯用量的增大，接枝率呈现先上升后下降的趋

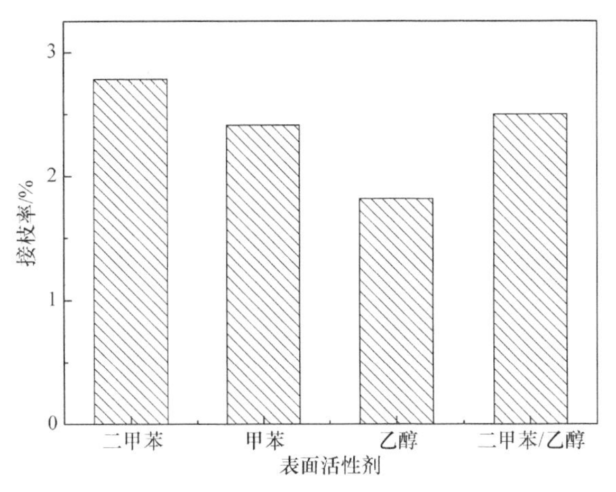

图 2-3　不同界面剂对产物接枝率的影响

m(界面剂)/m(PP) = 0.10

势。当二甲苯用量为 PP 质量的 12%时，接枝率达到最大值。这是因为随着二甲苯用量的增加，越来越多的 PP 表面被浸蚀和溶胀，促使单体和引发剂自由基更易与 PP 大分子链接触并发生接枝聚合，从而提高接枝率。但当二甲苯用量过多时，过量的二甲苯会覆盖在 PP 表面成膜，阻碍反应单体及自由基与 PP 大分子链接触反应形成接枝链，却促进了自由基之间的终止反应，导致接枝率降低。

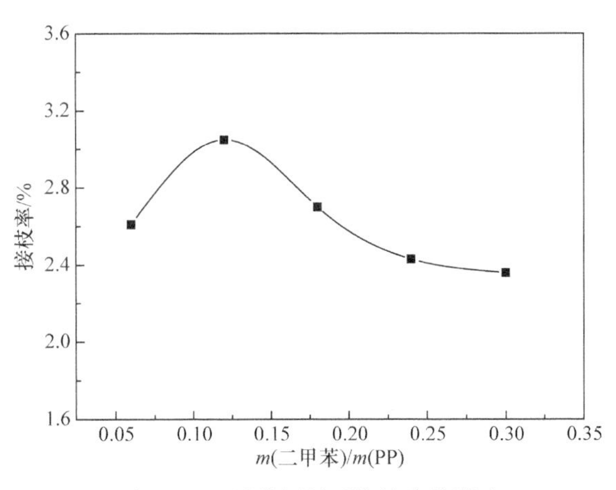

图 2-4　二甲苯用量对接枝率的影响

5. 反应温度对接枝率的影响

由图 2-5 可见，PP 接枝率随反应温度的升高先增大后减小，在 120℃时达到最大值。分析原因是，当反应温度较低时，BPO 的半衰期较长，分解速率慢，反应体系中的自由基浓度较低，引发的接枝聚合反应少，故接枝率较低。随着反应温度的升高，BPO 的半衰期变短，分解速率加快，体系中初级自由基浓度增大，通过链转移产生的大分子自由基增多，加速接枝聚合反应，使接枝率升高。同时温度的上升增大了二甲苯对 PP 的溶胀能力，使得单体及引发剂更易浸入 PP，并与 PP 大分子链碰撞发生接枝反应，从而提高接枝率。但当温度超过 120℃以后，BPO 分解速率过快，反应前期体系中自由基浓度过高，使自由基间容易发生终止、歧化等反应，同时加剧单体间的均聚或共聚反应，导致接枝率下降。而且在反应中后期体系中已不存在初级自由基，致使接枝反应速率大大降低。此外，温度过高，PP 颗粒开始熔化、发黏，不利于传质传热，也使接枝率下降。

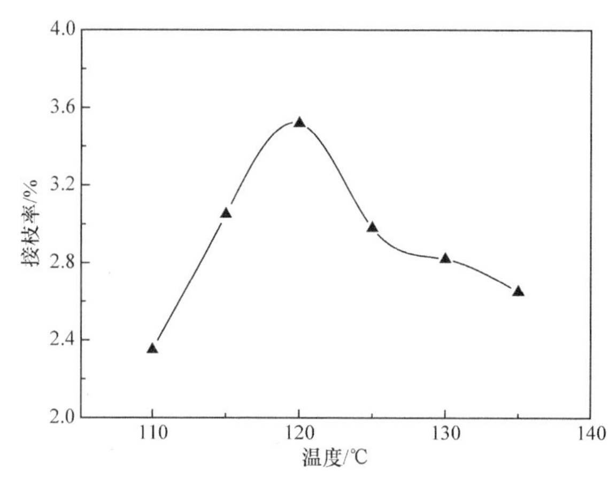

图 2-5　反应温度对接枝率的影响

6. 反应时间对接枝率的影响

由图 2-6 可见，随着时间的增加，接枝率呈现先增大后减小的趋势，当反应时间约为 1h 时接枝效果最佳。这是因为反应时间较短时，BPO 分解不完全，产生的初级自由基浓度较低，不能引发单体与 PP 大分子链充分反应，接枝率较低。随着时间的延长，由引发剂分解产生的初级自由基浓度增大，大分子自由基数量随之增加，加速了单体在 PP 上的接枝反应，使接枝率升高。但是当时间超过 1h 后，BPO 已经基本分解完毕，体系中已不存在初级自由基，即使延长反应时间，接枝反应也不能有效进行，同时 PP 可能发生断链降解等副反应，接枝率反而下降，故反应时间不宜过长。

7. MAH 用量对接枝率的影响

如图 2-7 所示，在 MAH 用量少于 PP 质量的 10%时，接枝率随着 MAH 用量的增加而迅速上升，当用量超过 10%之后，接枝率增加比较缓慢，逐渐趋向于平稳。这是由于 PP 呈粒状，单体的接枝反应主要发生在 PP 颗粒的表面。随着单体

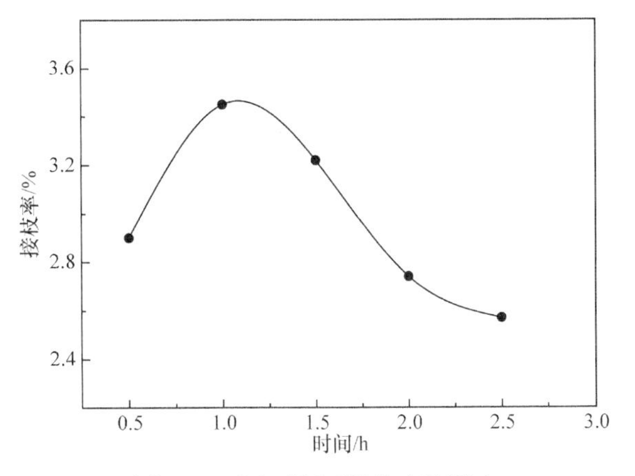

图 2-6　反应时间对接枝率的影响

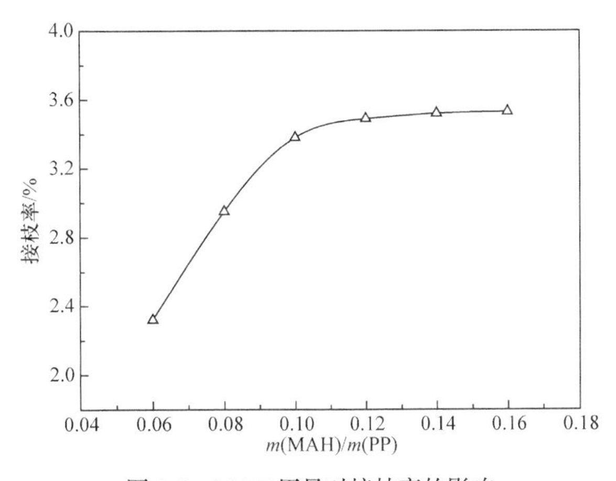

图 2-7　MAH 用量对接枝率的影响

用量的增加，MAH 与 PP 颗粒的接触面积增大，使得接枝率增加显著。但 PP 颗粒的表面积是一定的，当单体用量增加到足以覆盖所有 PP 表面时，继续增加单体用量并不能明显提高产物的接枝率，且单体发生自聚的可能性增大，影响接枝物的质量。

8. St 与 MAH 的物质的量比对接枝率的影响

对于单体的共聚反应，其决定因素是两单体的竞聚率。通过 Alfrey-Price 半经验公式可分别计算两种共聚单体 St 和 MAH 的竞聚率 r_1 和 r_2：

$$r_1 = \frac{Q_1}{Q_2}\exp[-e_1(e_1 - e_2)] \tag{2-1}$$

$$r_2 = \frac{Q_2}{Q_1}\exp[-e_2(e_2 - e_1)] \tag{2-2}$$

式中，Q 值表征的是单体的共轭效应；e 值表征的是单体的极性效应。若两单体的 Q 值比较接近，则说明这两种单体容易发生共聚。

查表知 $Q_1 = 1$，$e_1 = -0.8$；$Q_2 = 0.86$，$e_2 = 3.69$。将数值代入式(2-1)和式(2-2)，得

$$r_1 = \frac{1}{0.86}\exp[-(-0.8)\times(-0.8-3.69)] = 0.032 \tag{2-3}$$

$$r_2 = \frac{0.86}{1}\exp[-3.69\times(3.69+0.8)] = 5.5\times10^{-8} \tag{2-4}$$

在恒比点时 St 在单体混合物中摩尔分数为 f_1，在共聚物中摩尔分数为 F_1，则

$$f_1 = F_1 = \frac{1-r_2}{2-r_1-r_2} \tag{2-5}$$

计算得 $f_1 = F_1 = 0.508$，$f_2 = F_2 = 1-F_1 = 0.492$。单体混合物中 St 和 MAH 的物质的量比为 $f_1/f_2 = 0.508/0.492 = 1.033$。

本节研究考察了 St 与 MAH 的物质的量比对产品接枝率的影响，实验结果见图 2-8。

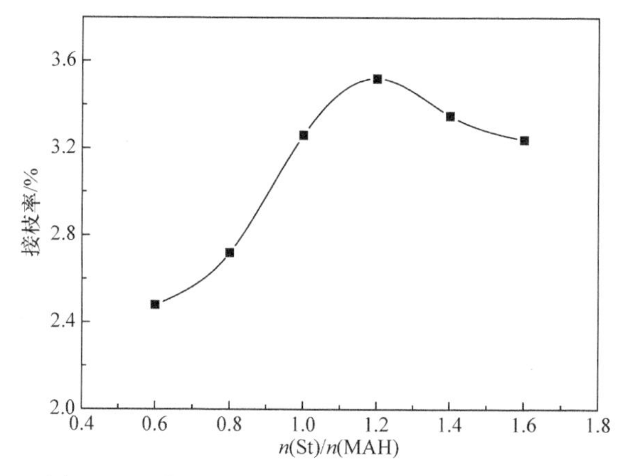

图 2-8　St 与 MAH 的物质的量比对接枝率的影响

由图 2-8 可见，接枝率随单体物质的量比的增加出现先增加后下降的趋势，当 $n(\text{St})/n(\text{MAH}) = 1.2:1$ 时，接枝率最高。这是因为在反应体系中加入供电子单体能够提高 MAH 的反应活性，St 是较好的供电子单体，它可与 MAH 相互作用形成电荷转移络合物(CTC)，因而添加 St 能够促进 MAH 的接枝反应。当体系中 St 用量少于 MAH 用量时，St 与 MAH 共聚生成的苯乙烯-马来酸酐共聚物(SMA)量较少，有一部分 MAH 仍以单体的形式与 PP 链自由基进行接枝反应，由于 MAH 本身具有易升华的特征，导致整个体系的接枝率较低。当体系中 St 用量多于 MAH 用量时，一部分 St 要优先与 MAH 相互作用生成共聚物 SMA，然后再在 PP 链的末端进行接枝反应；另一部分 St 单体可与 PP 大分子链自由基反应生成相对稳定

的苯乙烯基大分子自由基。苯乙烯基大分子自由基的相对稳定性，使其进一步与 SMA 共聚物反应的活性减弱，当苯乙烯基大分子自由基含量较高时，接枝物的接枝率就会降低。因此，单体配料比 $n(\mathrm{St})/n(\mathrm{MAH}) = 1.2:1$ 时，不仅接枝率较高，而且接近恒比点时的单体物质的量比。

9. 溶胀时间对接枝率的影响

由图 2-9 可见，接枝率随溶胀时间的增加逐渐增大，当溶胀时间达到 90min 后再增加溶胀时间，接枝率不再增加而是趋于稳定。这是因为随着溶胀时间的延长，更多的 PP 表面被二甲苯溶胀，促使随界面剂渗透进入 PP 的单体、引发剂量不断增加，接枝率不断增加。当溶胀时间超过 90min 后，单体、引发剂、二甲苯和 PP 之间达到溶胀平衡，即使再延长时间也不会对接枝率有明显影响。

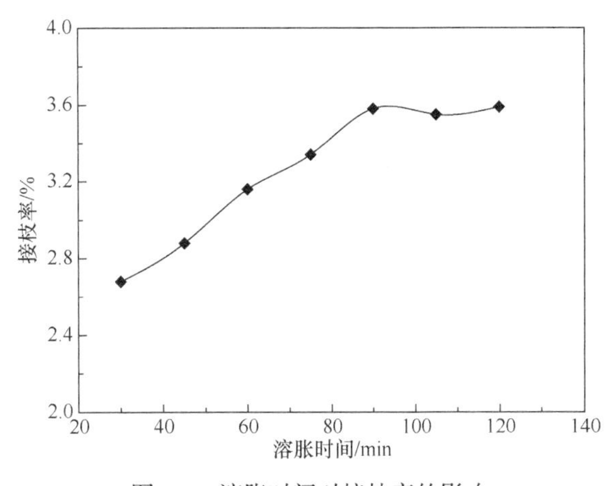

图 2-9　溶胀时间对接枝率的影响

10. PP-*g*-St/MAH 制备工艺的优化

利用正交实验法优化 PP-*g*-St/MAH 的制备工艺。取五个因素：反应时间、反应温度、BPO 用量、MAH 用量和 St/MAH 物质的量比，每个因素取四个水平，由此组成正交实验表 $L_{16}(4^5)$，实验结果如表 2-1 所示。

表 2-1　PP-*g*-St/MAH 制备工艺的正交优化

序号	反应时间/h	反应温度/℃	$n(\mathrm{St})/n(\mathrm{MAH})$	$m(\mathrm{MAH})/m(\mathrm{PP})$	$m(\mathrm{BPO})/m(\mathrm{PP})$	接枝率 G/%
1	0.5	115	0.8	0.08	0.01	2.36
2	0.5	120	1	0.1	0.02	3.65
3	0.5	125	1.2	0.12	0.03	2.88
4	0.5	130	1.4	0.14	0.04	2.71
5	1	115	1	0.12	0.04	3.12

续表

序号		反应时间/h	反应温度/℃	$n(St)/n(MAH)$	$m(MAH)/m(PP)$	$m(BPO)/m(PP)$	接枝率 G/%
6		1	120	0.8	0.14	0.03	3.50
7		1	125	1.4	0.08	0.02	3.13
8		1	130	1.2	0.1	0.01	3.19
9		1.5	115	1.2	0.14	0.02	3.30
10		1.5	120	1.4	0.12	0.01	3.73
11		1.5	125	0.8	0.1	0.04	2.60
12		1.5	130	1	0.08	0.03	2.86
13		2	115	1.4	0.1	0.03	2.64
14		2	120	1.2	0.08	0.04	3.23
15		2	125	1	0.14	0.01	2.67
16		2	130	0.8	0.12	0.02	2.43
均值	K_1	2.900	2.855	2.722	2.895	2.987	
	K_2	3.235	3.528	3.075	3.520	3.127	
	K_3	3.122	2.820	3.150	3.040	2.970	
	K_4	2.742	2.797	3.053	3.045	2.915	
极差 R		0.493	0.731	0.428	0.150	0.212	

表 2-1 中极差的大小，反映了实验中各因素影响作用的大小，极差大表明该因素对指标的影响大。由极差分析可知，该反应的影响因素按影响大小的顺序依次为：反应温度＞反应时间＞单体物质的量比＞引发剂浓度＞单体浓度。即此反应受温度的影响最大,因为引发剂 BPO 的半衰期受温度的影响很大,温度较低时,引发剂分解缓慢，发生接枝的单体量少，导致接枝率低；温度太高时，引发剂快速分解，分解的速率大于单体的共聚接枝速率，引发单体自身聚合，导致接枝率也较低。其次是反应时间，因为反应时间短，反应不完全导致产品接枝率较低；反应时间过长，导致副反应增加，断链降解严重，影响产品接枝率与性能。再次是单体物质的量比和引发剂浓度。最后是单体浓度。

2.3.2　接枝条件对 PP-*g*-St/MAH 熔体流动速率的影响

熔体流动速率(MFR)是热塑性高聚物熔体流动性能的指标,由于聚合物流动性的高低与分子量的大小有关，因此 MFR 也可以用来反映聚合物分子量的变化。下面初步研究了各接枝条件对接枝共聚物 MFR 的影响,以探讨接枝反应中 PP 的降解情况。

1. BPO 用量对 MFR 的影响

由图 2-10 可知，接枝共聚物的 MFR 随着 BPO 用量的增加先减小后增大。这是因为，当引发剂用量少于 PP 质量的 1%时，PP 接枝率随着 BPO 用量的增加而增大，接枝的 PP 分子量也增大，导致 MFR 降低，当 $m(\mathrm{BPO})/m(\mathrm{PP})$为 0.01 时，接枝率达到最大，故 MFR 最小。而当 BPO 过量时，PP 分子链降解严重，导致接枝共聚物的分子量降低，故 MFR 逐渐增大。

2. 反应温度对 MFR 的影响

反应温度对接枝物 MFR 的影响如图 2-11 所示。可以看出，随着反应温度的升高，接枝 PP 的 MFR 先减小后增大。一般认为，聚合物接枝改性反应中接枝聚合产物的 MFR 值均随反应温度的增加而增加。这里接枝物 MFR 不同的变化趋势，主要是由于温度较低时接枝率随温度升高而增大的幅度大于 PP 分子链发生断裂的程度，整体上接枝物分子量是变大的，致使接枝物 MFR 变小；而当温度高于 115℃后，虽然接枝率增大，但 PP 分子断链严重，导致熔体流动性变好，MFR 增大。

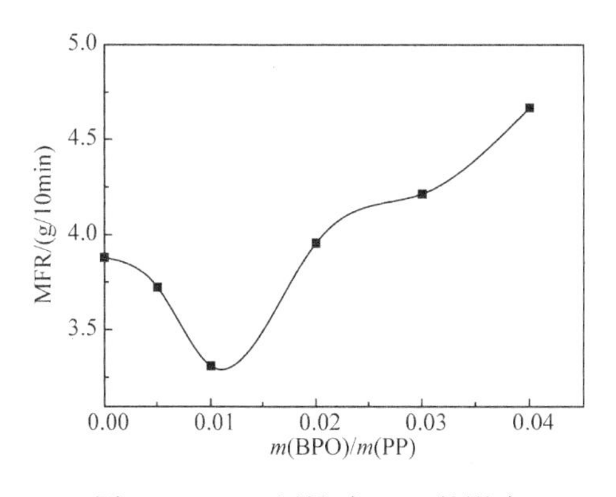

图 2-10　BPO 用量对 MFR 的影响

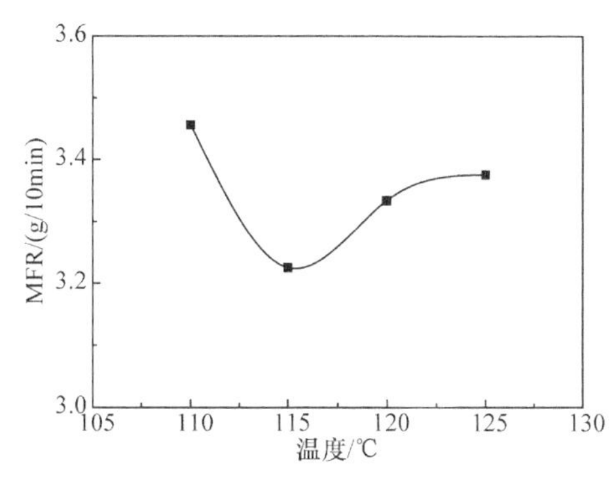

图 2-11　反应温度对 MFR 的影响

3. 反应时间对 MFR 的影响

从图 2-12 中可以看出，接枝物的 MFR 随着反应时间的延长先减小后增大。这是因为延长反应时间提高了接枝反应的接枝率，致使接枝物的 MFR 值增大，但反应时间过长却加剧了 PP 的降解，导致分子量迅速降低。故接枝反应的反应时间不宜过长。

4. MAH 用量对 MFR 的影响

由图 2-13 可见，接枝 PP 的 MFR 随着 MAH 用量的增加逐渐降低，而后趋于平稳。这表明，单体用量的增加增大了体系的接枝率，PP 上形成的支链之间相互缠结，阻碍了接枝大分子链之间的相互运动，因此 MFR 降低。

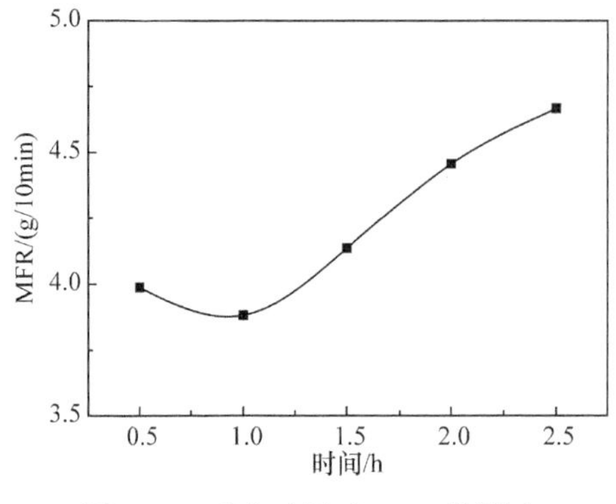

图 2-12　反应时间对 MFR 的影响

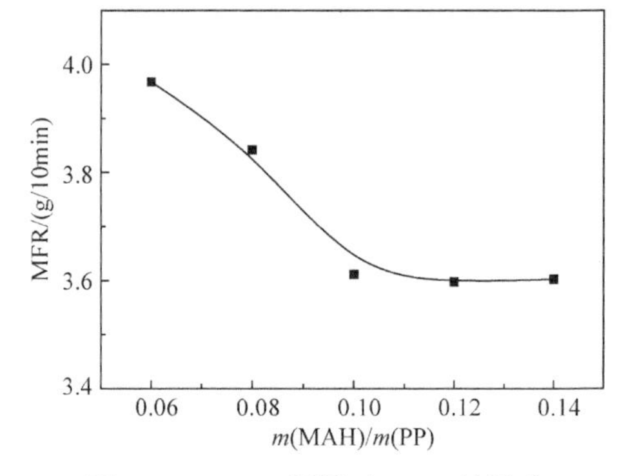

图 2-13　MAH 用量对 MFR 的影响

5. St 与 MAH 物质的量比对 MFR 的影响

St 与 MAH 物质的量比对 MFR 的影响如图 2-14 所示。由图可见，St 用量越多，接枝产物的 MFR 几乎呈线性下降。说明共聚单体 St 的加入可以明显抑制 PP 大分子链的断裂，虽然过量的 St 会发生均聚，但其均聚物分子量较大，也会导致 MFR 的降低。

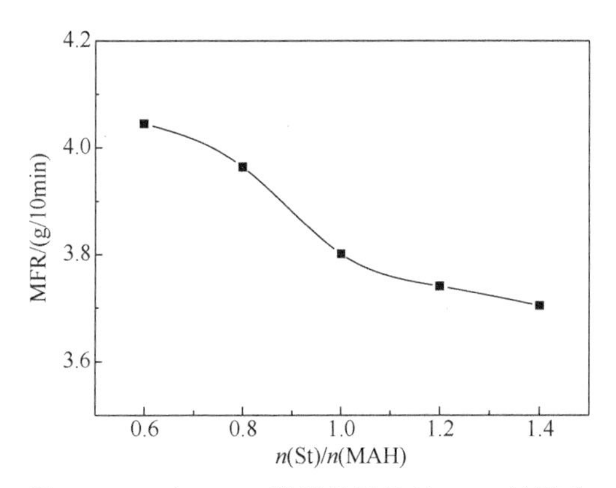

图 2-14　St 与 MAH 物质的量比对 MFR 的影响

2.3.3　PP-*g*-St/MAH 的红外光谱表征

由图 2-15 可知，与纯 PP 的 FT-IR 谱线相比，接枝物的 FT-IR 谱线在 1705cm^{-1} 和 1785cm^{-1} 附近存在微弱的吸收峰，分别为酸酐及其水解成羧酸的特征吸收峰，这说明 MAH 已经接枝到 PP 大分子链上。谱线上还出现了苯环的骨架振动吸收带(1450cm^{-1}、1500cm^{-1}、1600cm^{-1})、苯环的 C—H 面外弯曲振动吸收峰(694cm^{-1})和苯环单取代特征峰(756cm^{-1})，说明 St 已经接枝到 PP 大分子链上。由此可知，MAH 和 St 通过自由基共聚已接枝到 PP 上，得到双组分接枝共聚物。

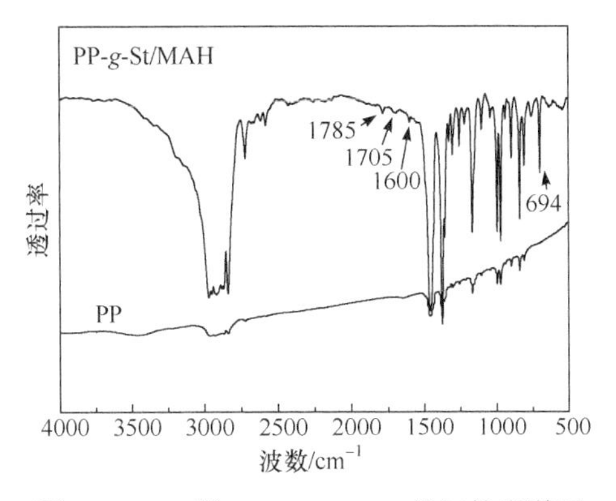

图 2-15　PP 及 PP-g-St/MAH 的红外光谱图

2.3.4　XRD 表征

已知 2θ为 14.02°的衍射峰是(110)晶面，16.84°是(040)晶面，18.04°是(130)晶面，21.20°是(111)晶面，21.86°是(131)和(041)晶面，25.58°是(060)晶面。由图 2-16 可知，两者都有(110)、(040)、(130)、(131)、(041)、(111)晶面反射，符合典型的α型，即单斜晶系。从晶型上看，接枝前后主链晶型没有发生根本变化，但接枝以后，各晶面峰面积明显减小，这是因为在主链上引入极性支链，破坏了分子链的对称性，导致 PP 规整性下降，从而使结晶度降低。

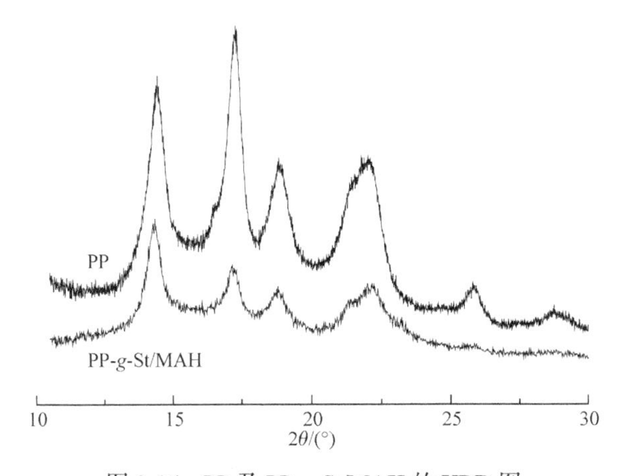

图 2-16　PP 及 PP-g-St/MAH 的 XRD 图

2.3.5　DSC 分析

熔融过程热流为负，是吸热过程。由图 2-17 可以看出，改性后 PP 的 T_m 有所下降，这是由于在 PP 表面接枝上单体后破坏了链的规整性，从而使熔融温度下降。改性后 PP 的熔融热也有所降低，可能是发生了长链支化，破坏了分子链的对称性，导致 PP 的规整性下降，从而使得熔融热降低，结晶度降低。并且在接枝过程中，引发剂的存在促进了 PP 链的断裂，降低了 PP 规整性。

结晶过程热流为正，是放热过程。由图 2-18 可以看出，接枝物的结晶温度向高温移动，这是由于 PP 主链上接枝单体对结晶起成核作用，成核密度的增加，致使 T_c 有所升高，结晶速率加快。

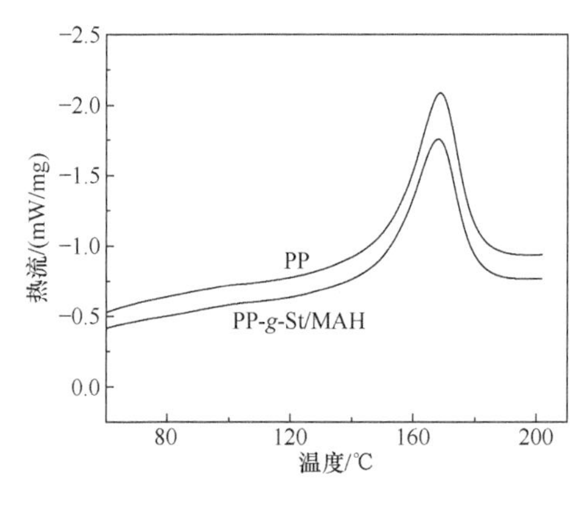

图 2-17　PP 及 PP-*g*-St/MAH 的熔融曲线

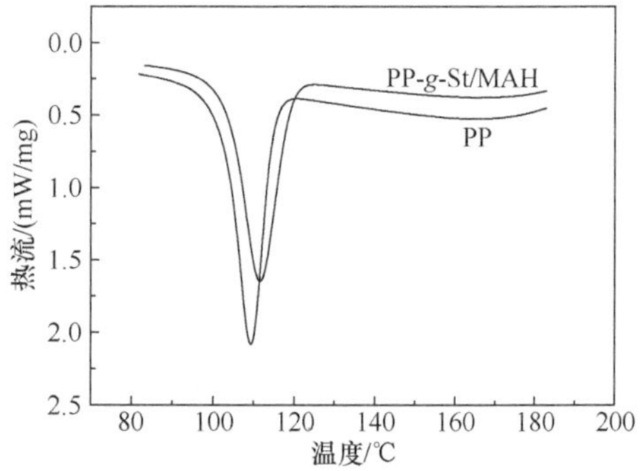

图 2-18　PP 及 PP-*g*-St/MAH 的结晶曲线

2.4　本 章 小 结

(1) 本章采用双单体固相接枝制备 PP-*g*-St/MAH 接枝物，系统研究了各反应因素对接枝率的影响，并通过正交实验确定最佳接枝工艺。结果表明，该接枝反应的影响因素按影响大小的顺序依次为：反应温度＞反应时间＞单体物质的量比＞引发剂浓度＞单体浓度；最优的接枝反应条件为：反应温度 120℃，反应时间 1h，$n(\mathrm{St})/n(\mathrm{MAH}) = 1.2:1$，$m(\mathrm{MAH})/m(\mathrm{PP}) = 0.14$，$m(\mathrm{BPO})/m(\mathrm{PP}) = 0.02$。

(2) 接枝物的熔体质量流动速率随引发剂量和温度先降低后升高，而随反应时间延长而升高，随苯乙烯量升高而降低，随马来酸酐量先降低后趋于平稳。

(3) 利用红外光谱、DSC 和 XRD 对产品的结构进行分析表征。发现接枝前后 PP 的晶型保持不变，分子链的断裂和支链的形成对结晶度有一定影响。

第3章　双单体悬浮法接枝共聚物PP-*g*-St/MAH相容剂

3.1　引　　言

悬浮接枝法不但继承了溶液法反应温度低、工艺及设备简单、PP降解程度低、反应易控制等优点，而且产物后处理简单，相对环保。接枝单体中MAH应用最为普遍，但很难聚合，一般情况下不会形成长的接枝链，接枝效率低。本章在前面研究工作的基础上，采用悬浮接枝法制备PP-*g*-St/MAH，对马来酸酐、苯乙烯双单体悬浮接枝聚丙烯的反应规律进行了深入研究，通过单因素实验得到高接枝率的较优反应条件，考察了反应温度、引发剂、单体浓度、溶胀时间、反应时间、水油比等各种影响因素对接枝聚合反应的影响，并探讨以苯乙烯为第二单体共接枝聚丙烯的接枝机理。

虽然近年来自由基悬浮接枝聚合的应用与研究十分活跃，但大多侧重于悬浮接枝聚合工艺而未涉及聚合机理与动力学的研究。本章以聚丙烯悬浮接枝马来酸酐-苯乙烯聚合体系为研究背景，提出聚丙烯悬浮接枝聚合反应的扩散吸附反应作用机理，并且建立相应的扩散吸附反应动力学模型，考察了聚合温度、引发剂浓度、单体浓度与接枝聚合速率的关系，验证了聚合速率模型。

3.2　双单体悬浮法接枝共聚物PP-*g*-St/MAH相容剂的制备过程

3.2.1　试剂纯化

1. 过氧化苯甲酰(BPO)的纯化

取3g BPO溶于氯仿(约12mL)中，过滤除去不溶物。向滤液中滴加冰盐冷却的甲醇，得到白色固体，再进行真空干燥，用棕色瓶盛装保存。

2. 苯乙烯纯化

取250mL分液漏斗，加入60mL苯乙烯(熔点为142～146℃)，用5wt% NaOH

溶液洗涤至水层无色，蒸馏水洗至中性，无水氯化钙干燥，干燥后的单体进行减压蒸馏，收集 59～60℃/53.3kPa 的馏分，储存在烧瓶中。

3.2.2 PP-*g*-St/MAH 接枝共聚物的制备及纯化

1. PP-*g*-St/MAH 接枝共聚物的制备

首先将一定量的苯乙烯、马来酸酐、聚丙烯粒料、BPO、界面剂及水加入三口烧瓶中，在超声波作用下，溶胀一段时间，然后放在已设定好温度的恒温油浴锅中反应至规定时间，即得共聚物。

2. PP-*g*-St/MAH 共聚物的纯化

在索氏提取器中，用丙酮抽提接枝产物 24h，以除去未接枝的单体均聚物和共聚物等，纯化物在 60℃下干燥。

3.3 双单体悬浮法接枝共聚物 PP-*g*-St/MAH 相容剂的结构与性能表征

3.3.1 影响共聚物接枝率和接枝效率的因素

1. 引发剂的选择

聚丙烯悬浮接枝反应是一种在自由基引发下的接枝聚合反应，其反应程度与热引发产生的自由基浓度有关。引发剂必须具有非氧化性、取代氢的能力，以及在相应条件下具有合适的半衰期，其半衰期应与接枝聚合时间同数量级或相当。悬浮接枝反应温度一般在 80～100℃，BPO 在这个温度范围内分解速率适中(表 3-1)，通常用作悬浮接枝反应的引发剂。

表 3-1 常用的过氧化引发剂及其半衰期为 1min 的温度

引发剂	过氧化二叔丁基异丙苯	过氧化苯甲酸特丁酯	过氧化二异丙苯	BPO
T/℃	190	170	180	130

2. 引发剂用量的影响

由图 3-1 可以得到，随着 BPO 用量的增加，接枝率和接枝效率先增加，出现峰值后下降。在 BPO 用量为 PP 量的 1wt%时，接枝率和接枝效率达到最大值。这是因为 PP 悬浮接枝反应受自由基和扩散吸附共同作用，在 BPO 浓度较小的情况下，随着 BPO 浓度的增大，在反应温度下产生的初级自由基浓度也增大，根据传质定律，这些自由基易从液相扩散到 PP 中，并对 PP 上氢原子进攻产生 PP 自由基，致使接枝率和接枝效率增大。当 BPO 浓度高过一定值时，PP 上的自由基浓度达到饱和，不再受液相中自由基浓度的影响，并且由于大量初级自由基的存在，自由基之间及其与 PP 大分子链自由基之间发生终止反应的概率增大，同时单体均聚程度增加，导致接枝率和接枝效率降低。

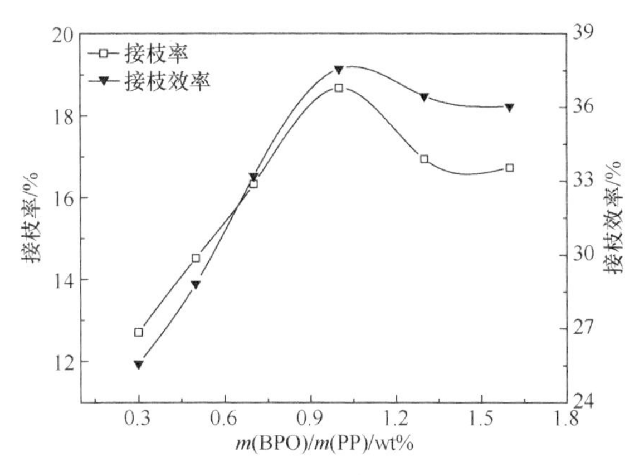

图 3-1 BPO 用量对接枝率和接枝效率的影响

3. 界面剂的影响

一般认为，界面剂的加入可以浸蚀和溶胀 PP 表面，一方面有利于油溶性 BPO 的进攻及单体向 PP 内部扩散；另一方面有利于接枝聚合反应热的移出。由图 3-2 可知，悬浮接枝反应的界面剂对接枝率和接枝效率有较大影响，根据接枝效果和药品毒性综合考虑，宜选用二甲苯作为悬浮接枝的界面剂，这与孔维峰等选用二甲苯作为悬浮法 PP 接枝马来酸酐反应的界面剂相一致。

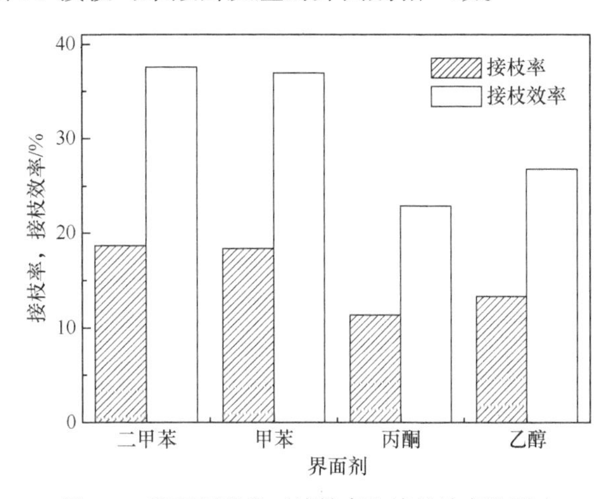

图 3-2 界面剂种类对接枝率和接枝效率的影响

4. 界面剂用量的影响

由图 3-3 可以看出，当二甲苯用量为 PP 用量的 12wt%时，接枝率和接枝效率达到最优。这是因为随着二甲苯浓度增加，大量的单体和引发剂跟随二甲苯与 PP 充分接触进行接枝聚合，提高了 PP 的接枝率和接枝效率；当二甲苯用量过大时，二甲苯在 PP 表面形成覆盖膜，隔绝单体和自由基与 PP 大分子接触，阻止接枝链的形成，使接枝率和接枝效率降低。

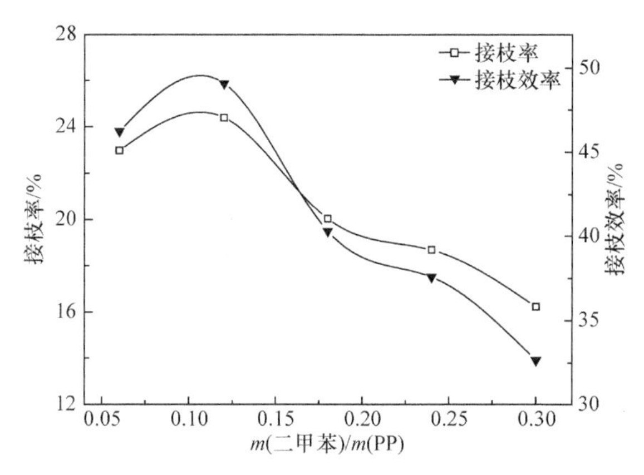

图 3-3　二甲苯用量对接枝率和接枝效率的影响

5. MAH 单体用量的影响

由图 3-4 可以看出，随着 MAH 用量的增加，接枝率逐渐增大，接枝效率近似保持不变。在悬浮体系中，当 PP 吸附的单体浓度未达到饱和时，随着单体浓度的增大，意味着单体与大分子链自由基碰撞频率的增加，体系中的大分子自由基与单体反应的机会越多，相应接枝率就会越大。对于接枝效率来说，在单体浓

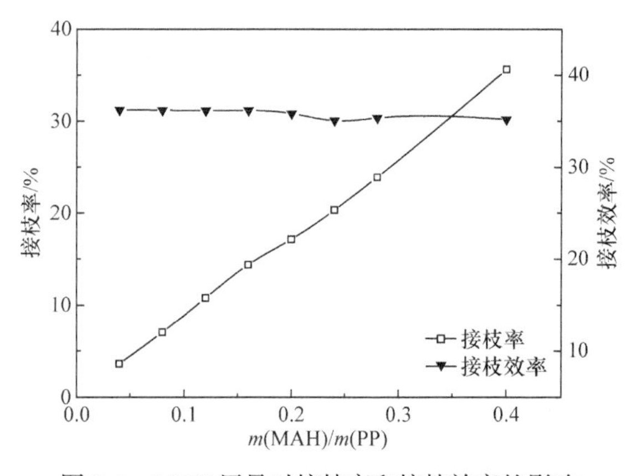

图 3-4　MAH 用量对接枝率和接枝效率的影响

度低时，大部分单体参与 PP 接枝反应，故接枝效率较高。在研究范围内，可近似认为，当接枝率呈线性增长时，接枝效率几乎不变，这与其他方法接枝不同。

6. St/MAH 物质的量比的影响

共聚反应在恒比点时，单体混合物中 St 和 MAH 的物质的量比为 1.033(其计算过程同 2.3.1 小节“影响共聚物接枝率的因素”中“8. St 与 MAH 的物质的量比对接枝率的影响”)。

由图 3-5 可见，接枝率随着单体间物质的量比的增加而增加，这是由于在整个悬浮体系中，反应速率主要受扩散和平衡吸附控制，当 PP 吸附的单体浓度未达到饱和时，接枝率一直随单体浓度的增加而增加。对接枝效率来说，在反应体系中加入 St，作为供电子单体可与 MAH 相互作用形成电荷转移络合物(CTC)，增强了 MAH 的反应活性，促进了 MAH 的接枝反应，提高了接枝效率，在 $n(\mathrm{St})/n(\mathrm{MAH})>1.4$ 后，接枝效率保持不变，而且接近恒比点。

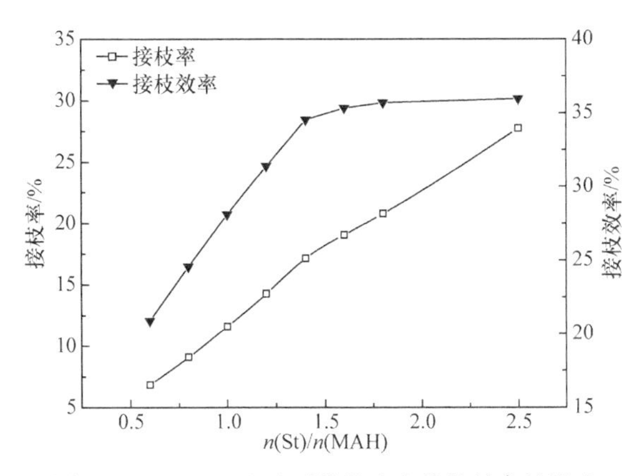

图 3-5 St/MAH 配比对接枝率和接枝效率的影响

7. 反应温度的影响

从图 3-6 可以看出，随反应温度的升高，接枝率 90℃时达到最大值(18%)。反应温度对引发剂分解速率、溶胀剂对 PP 溶胀能力、单体接枝反应速率和单体均聚反应速率都存在影响。升高反应温度，引发剂的半衰期变短，分解速率加快、初级自由基浓度增加、生成的大分子自由基数量增加、接枝反应速率加快；此外，界面剂对 PP 颗粒的溶胀能力增强，单体吸附并渗透到 PP 上的概率增大，因此接枝率增加。反应温度过高，导致自由基的分解速率加快，自由基终止反应加剧，同时单体间均聚反应增多，因而导致接枝率下降。此外，反应温度升高时，水蒸气带着部分单体一同蒸发，降低了液相中单体的浓度，这也是接枝率降低的原因。

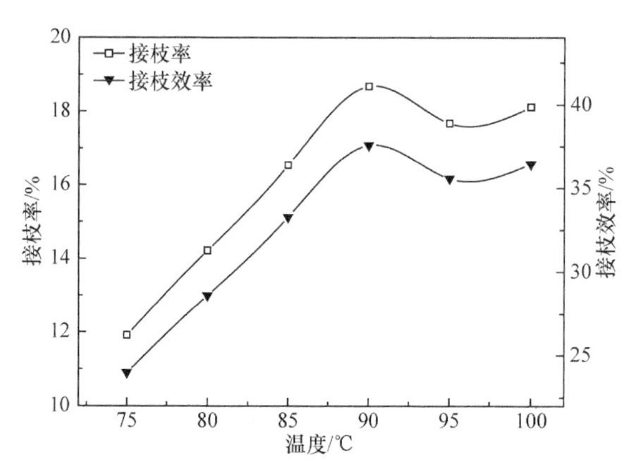

图 3-6　反应温度对接枝率和接枝效率的影响

8. H_2O/PP 比的影响

由图 3-7 可以看出，接枝率和接枝效率随 H_2O/PP 比先增大后减小。这是由于水量太少时物料在体系中分散性不好，影响 PP 与单体等的充分接触，导致 G_p(接枝率)和 G_e(接枝效率)也不高。当接枝单体和引发剂投料量一定时，它们在反应体系中的浓度均随水加入量的增加而减少，故水量太多时，G_p 和 G_e 均下降。在 $m(H_2O)/m(PP) = 3$ 时，接枝率和接枝效率达到最高值。

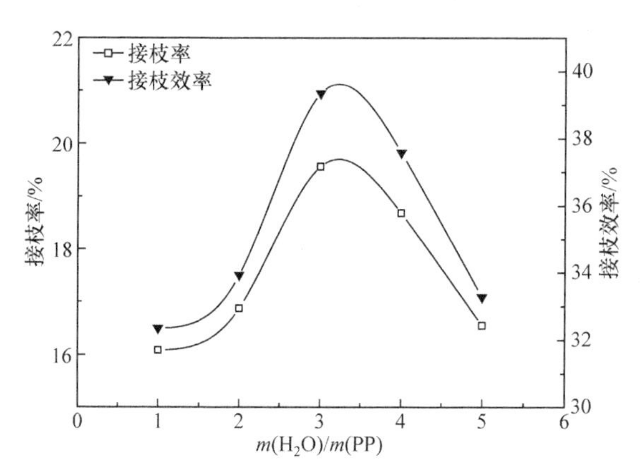

图 3-7　H_2O/PP 比对接枝率和接枝效率的影响

9. 反应时间的影响

反应时间主要依据采用的引发剂在反应温度下的半衰期来确定，通常为半衰期的 4～6 倍。由图 3-8 可见，接枝率和接枝效率呈现随时间的增加出现先上升后基本呈稳定的趋势，反应时间为 6h 时接枝效果最佳。反应时间较短时，引发剂分解不完全，产生的自由基较少，大分子自由基也相应减少，未能与单体充分反应，接枝率较低。随着反应时间的延长，引发剂分解趋于完全，且单体和大分子自由基间能充分接触反应，逐渐达到反应极限。当反应时间超过 6h 时，引发剂基本分解完毕，不能有效地引发接枝反应进行，即使延长反应时间，反应也不能进行，接枝率和接枝效率基本保持稳定。

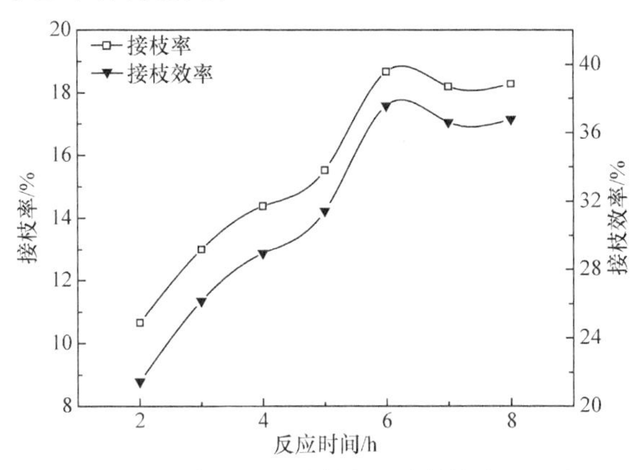

图 3-8　反应时间对接枝率和接枝效率的影响

10. 超声溶胀时间的影响

由图 3-9 可见，界面剂对 PP 的溶胀时间对接枝率和接枝效率有一定影响。随着溶胀时间的延长，接枝率和接枝效率呈逐渐上升的趋势，当溶胀时间达到 90min 后再延长溶胀时间，接枝率和接枝效率不再增加而趋于稳定。增加溶胀时间，随界面剂渗透进入 PP 的单体、引发剂量不断增加，致使接枝率不断增大，当溶胀时间达到 90min 后，单体、引发剂、二甲苯和 PP 之间达到平衡，接枝率和接枝效率不再增加。

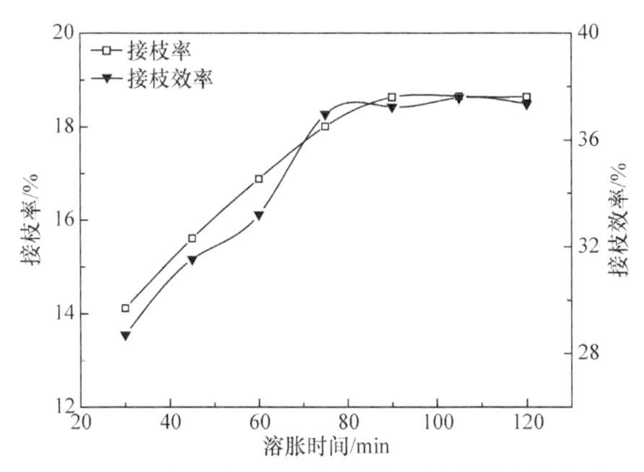

图 3-9　超声溶胀时间对接枝率和接枝效率的影响

3.3.2 红外光谱表征

由图 3-10 可知，与纯 PP 的 FT-IR 谱线相比，PP-*g*-MAH 的 FT-IR 谱线在 1721cm^{-1} 和 1786cm^{-1} 附近存在微弱的吸收峰，此吸收峰为酸酐的特征吸收峰，说明 MAH 已经接枝到 PP 大分子链上。在 PP-*g*-St/MAH 谱线上还出现了苯环的特征吸收峰(1450cm^{-1}、1500cm^{-1}、1600cm^{-1})、苯环的 C—H 面外弯曲振动吸收峰(696cm^{-1})和苯环单取代特征峰(752cm^{-1})，说明 St 已经接枝到 PP 大分子链上。由此可知，MAH 和 St 通过自由基共聚已接枝到 PP 上，得到双组分接枝共聚物。

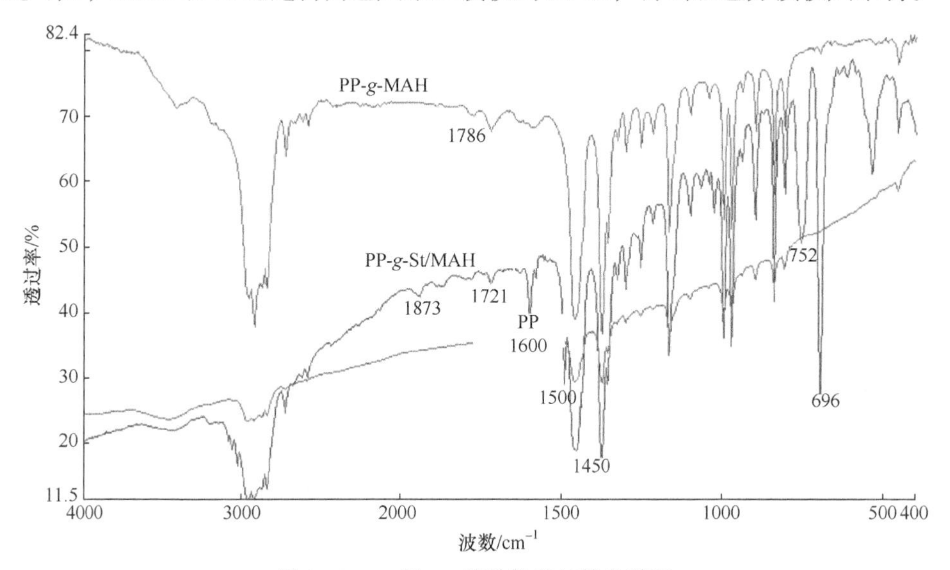

图 3-10 PP 及 PP 接枝物的红外光谱图

3.3.3 核磁共振谱表征

由于本节实验所用 PP 可能含有一些苯类抗氧化剂，因此图 3-11 中 PP 在

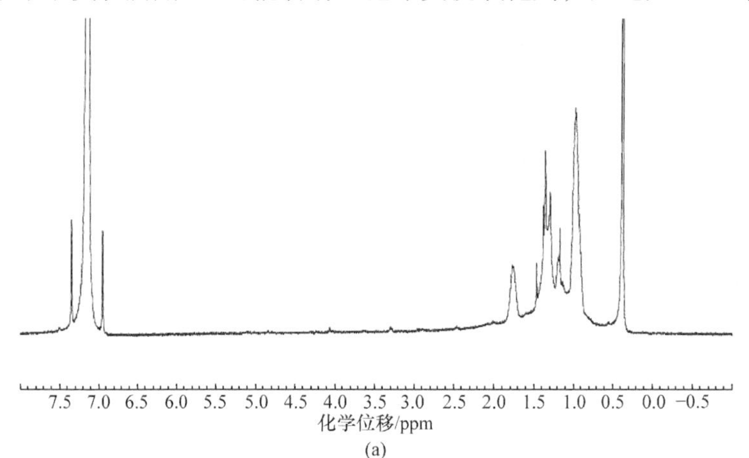

(a)

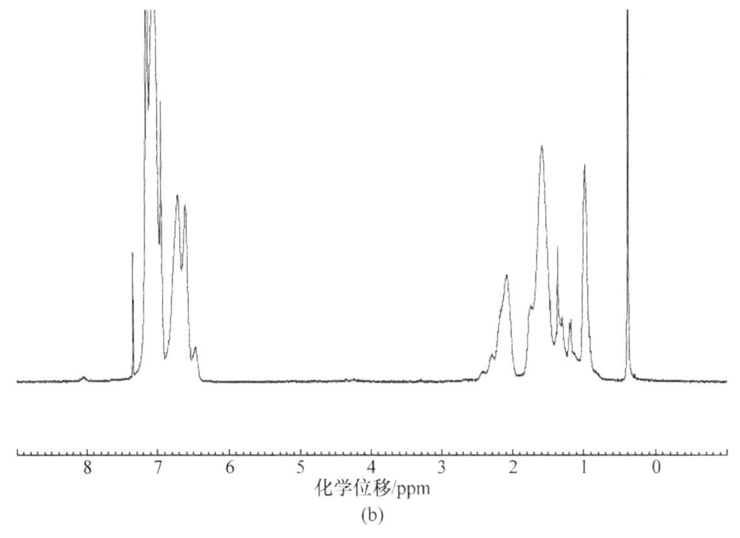

图 3-11　PP(a)及 PP-*g*-St/MAH(b)的核磁共振谱

7.0ppm 附近出现共振峰。与纯 PP 相比，接枝物在 6.4～7.0ppm 出现新的峰，这是接枝物中苯乙烯的氢原子和马来酸酐中不饱和氢原子所引起的。2.0～2.4ppm 的峰归属于马来酸酐饱和的氢原子，再次证明了双组分接枝共聚物的存在。

3.3.4　DSC 分析

熔融过程热流为负，是吸热过程。由图 3-12 的 DSC 曲线可以看出，改性后 PP 的 T_m 有所下降，从 166.75℃降到 165.46℃，这是由于在 PP 表面接枝上单体后破坏了链的规整性，从而使熔融温度下降。改性后 PP 的熔融热也有所降低，可能是发生了长链支化，破坏了分子链的对称性，导致 PP 规整性下降，从而使结晶度降低，熔融热降低。另外在接枝过程中，引发剂的存在促进了 PP 链的断裂，也降低了 PP 的规整性。

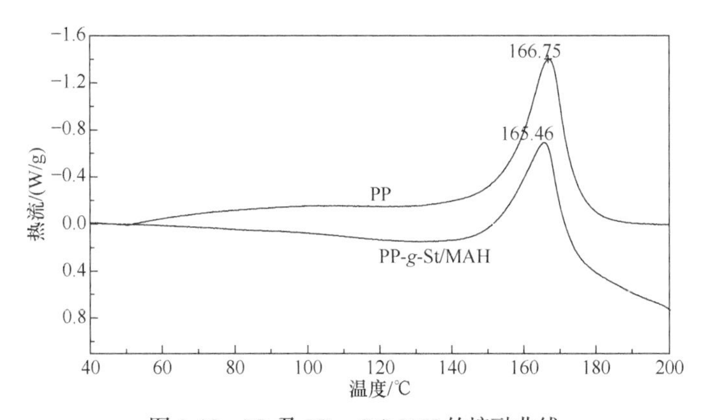

图 3-12　PP 及 PP-*g*-St/MAH 的熔融曲线

3.3.5　XRD 表征

由图 3-13 可以看出，接枝前后 PP 的晶型没有发生根本变化，但接枝后各晶面峰面积明显减小，这是因为在 PP 主链上引入极性支链，破坏了分子链的对称性，导致 PP 规整性下降，从而使结晶度下降。这与 DSC 方法测得的结晶度的变化趋势一致。

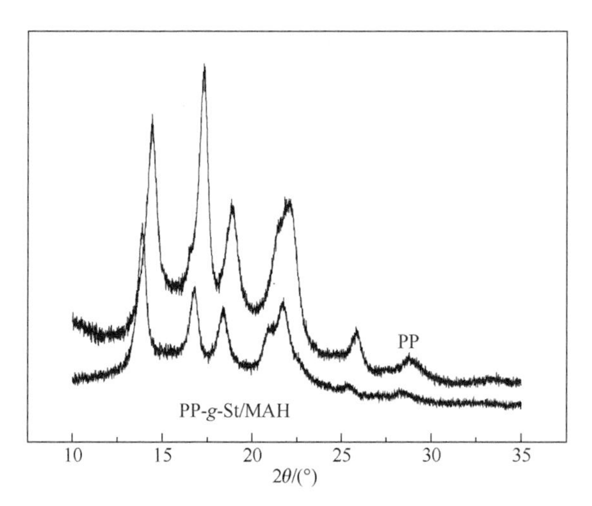

图 3-13　PP 及 PP-*g*-St/MAH 的 XRD 图

3.4　聚丙烯悬浮接枝反应动力学研究

3.4.1　聚丙烯悬浮接枝反应简介

自由基聚合是聚合物高性能化的重要手段，通常采用固相、溶液、熔融和悬浮聚合方法实施。其中溶液、熔融和固相接枝聚合的研究相对较多，对其体系的聚合机理和动力学已有报道。本章以聚丙烯悬浮接枝马来酸酐-苯乙烯聚合体系为研究背景，提出聚丙烯悬浮接枝聚合反应的扩散吸附反应作用机理，并且建立相应的扩散吸附反应动力学模型，考察了聚合温度、引发剂浓度、单体浓度与接枝聚合速率的关系。

非均相反应又称多相反应，指反应物体系中存在两个或两个以上相的反应。对于反应而言，发生反应的相称为反应相，以区别非反应相。非反应相中的反应物必须先传递到反应相的外表面(外部传质)，然后再由反应相外表面向反应相内部传递(内部传质)。外部传质和内部传质的重要差别是前者为单纯的传质过程，后者为传质和反应同时进行的过程。

反应相外部的传递过程与内部过程(包括传质和反应)是串联进行的。当化学反应较传质过程十分缓慢，反应自身成为非均相反应过程的速率控制步骤时，反应相内、外传质的影响可忽略，反应相内反应物浓度和反应相外相等或处于相平衡状态，此时非均相反应过程可按均相反应过程处理。当反应相外传质为速率控制步骤时，反应相内反应物浓度为零或化学平衡浓度，此时非均相反应过程可按传质过程处理。若过程不存在速率控制步骤，则反应相内、外存在浓度梯度，进行过程计算时必须同时考虑传质和化学反应的影响。因此，针对聚丙烯悬浮接枝体系建立了以下模型。

1. 扩散吸附控制的动力学模型

当扩散吸附控制时，按传质过程处理。在拟稳态条件下，推导出扩散吸附控制的动力学模型：

$$R_g = k\prod_i c_{is}^n = k_1 a \prod_i (c_{ib} - c_{is}) \tag{3-1}$$

$$k_1 = A' \exp(-E_a / RT) \tag{3-2}$$

由式(3-1)和式(3-2)得到接枝聚合速率方程：

$$R_g = A\exp(-E_a / RT)[\mathrm{MAH}][\mathrm{St}][\mathrm{BPO}] \tag{3-3}$$

式中，c_{ib} 和 c_{is} 分别为流体主体和吸附剂表面的反应物浓度；k_1 为液相传质系数，是温度的函数；k 为反应速率常数；a 为单位体积吸附剂的外表面积；A' 为指前因子(也称频率因子)，$A = A'a$。

2. 化学反应控制的动力学模型

PP 悬浮接枝聚合反应主要发生在 PP 的非晶相区域。提出以下假设：①MAH、St 在 PP 活性点发生了类似两单体共聚的反应，由共聚物方程曲线可知，控制 PP 摩尔分数为 0.8 以下，即可获得接近交替组成的共聚物[5]。②两单体交替共聚，存在一单体 M 来表示 MAH-St。基于以上假设，提出了相应的简化的自由基悬浮接枝聚合机理，基元反应见表 3-2。

表 3-2　自由基接枝反应机理

反应类型	反应方程式
引发剂分解	$\mathrm{I} \xrightarrow{k_d} 2\mathrm{R}\cdot$
引发反应	$\mathrm{R}\cdot + \mathrm{M} \xrightarrow{k_{i1}} \mathrm{RM}\cdot$ $\mathrm{R}\cdot + \mathrm{PP{-}H} \xrightarrow{k_{i2}} \mathrm{PP}\cdot + \mathrm{RH}$ $\mathrm{PP}\cdot + \mathrm{M} \xrightarrow{k_{i3}} \mathrm{PPM}\cdot$
链增长	$\mathrm{RM}_{y-1}\cdot + \mathrm{M} \xrightarrow{k_{p1}} \mathrm{RM}_y\cdot$

续表

反应类型	反应方程式
链增长	$PPM_{x-1}\cdot + M \xrightarrow{k_{p2}} PPM_x\cdot$
偶合终止	$PPM_x\cdot + RM_y\cdot \xrightarrow{k_{tc}} RPPM_{x+y}$ $PPM_{x1}\cdot + PPM_{x2} \xrightarrow{k_{tc}} PPM_{x1+x2}$ $RM_{y1}\cdot + RM_{y2} \xrightarrow{k_{tc}} RM_{y1+y2}$
歧化终止	$PPM_x\cdot + RM_y \xrightarrow{k_{td}} PPM_x + RM_y$ $PPM_{x1}\cdot + PPM_{x2} \xrightarrow{k_{td}} PPM_{x1} + PPM_{x2}$ $RM_{y1}\cdot + RM_{y2} \xrightarrow{k_{td}} RM_{y1} + RM_{y2}$

悬浮接枝动力学模型提出以下假定：①自由基无论是以均聚物还是以接枝物的形式存在，其活性相同；②引发剂引发效率和各基元反应速率常数在聚合过程中恒定不变；③聚合过程中自由基均为稳态，即自由基浓度恒定。

由自由基稳态假设：

$$R_i = R_t \tag{3-4}$$

$$2k_d[I] = 2\left([PPM_x\cdot]^2 + [PPM_x\cdot]\times[RM_y\cdot] + [RM_y\cdot]^2\right)\times k_t \tag{3-5}$$

$$d[R\cdot]/dt = 0 = 2k_d[I] - k_{i1}[R\cdot][M] - k_{i2}[R\cdot][PP—H] \tag{3-6}$$

$$d[RM_y\cdot]/dt = 0 = k_{i1}[R\cdot][M] - k_t[PPM_x\cdot][RM_y\cdot] - 2k_t[RM_y\cdot]^2 \tag{3-7}$$

$$d[PPM_x\cdot]/dt = 0 = k_{i3}[PP\cdot][M] - k_t[PPM_x\cdot][RM_y\cdot] - 2k_t[PPM_x\cdot]^2 \tag{3-8}$$

对式(3-4)～式(3-8)联立求解得

$$[R\cdot] = 2k_d[I]/(k_{i1}[M] + k_{i2}[PP—H]) \tag{3-9}$$

$$[PP\cdot] = 2k_dk_{i2}[I][PP]/k_{i3}[M](k_{i1}[M] + k_{i2}[PP]) \tag{3-10}$$

$$[PPM_x\cdot] = \sqrt{\frac{8k_dk_{i1}k_{i2}[I][PP][M]/k_t(k_{i1}[M]+k_{i2}[PP])/(k_{i2}[PP]+}{7k_{i1}[M]+\sqrt{(k_{i1}[M]+k_{i2}[PP])^2+12k_{i1}k_{i2}[M][PP]})}} \tag{3-11}$$

聚合反应接枝速率为

$$R_g = k_{p2}[PPM\cdot][M] \tag{3-12}$$

在 PP 悬浮接枝反应中，与其他反应物相比，PP 浓度很高，在反应过程中其浓度基本没有发生变化，可认为[PP]为常数，假定表观反应速率常数 k 符合

Arrhenius 方程，则式(3-11)、式(3-12)合并后可简化为如下形式：

$$R_g = A\exp(-E_a / RT)[\mathrm{I}]^{1/2}[\mathrm{M}]^a \quad (a < 1) \tag{3-13}$$

3.4.2　影响共聚物接枝速率的因素

当时间、聚丙烯量不变时，G_p 与 R_g 成正比，因此可用 G_p 来考察 R_g 与引发剂浓度、单体浓度、温度的关系。

1. 引发剂浓度对接枝速率的影响

由图 3-14 可知，引发剂在一定浓度范围内，初始浓度增大，初始自由基浓度增加，接枝活化点增多，接枝速率加快，最终接枝率也升高。所有数据都落在直线 $y = 10.22 + 8.54x$ 附近，说明聚合接枝速率与引发剂初始浓度的一次方近似成正比，即 $R_g \propto$[BPO]。

2. 马来酸酐用量对接枝速率的影响

由图 3-15 可知，马来酸酐单体在低浓度范围内，初始浓度增大，参与接枝聚合的单体增多，接枝速率加快，最终接枝率也升高。所有数据都落在直线 $y = -0.00248 + 87.42752x$ 附近，说明聚合接枝速率与马来酸酐初始浓度的一次方近似成正比，即 $R_g \propto$[MAH]。

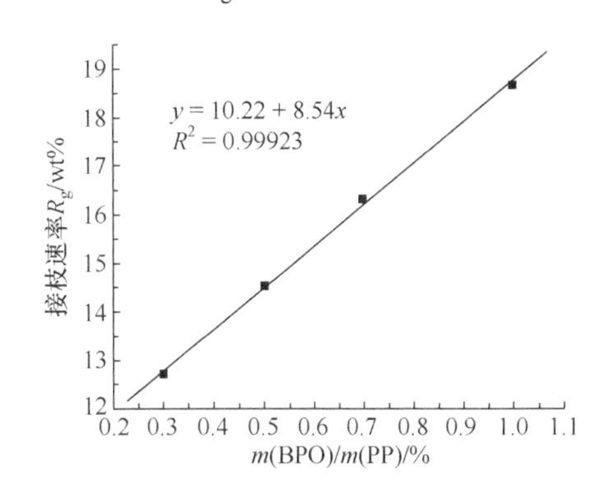

图 3-14　引发剂浓度对接枝速率的影响

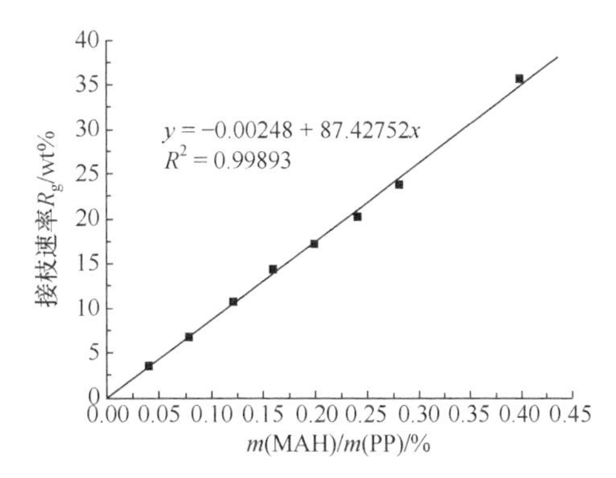

图 3-15　MAH 用量对接枝速率的影响

3. 苯乙烯单体对接枝速率的影响

由图 3-16 可知，第二单体在低浓度范围内，随着初始浓度增大，参与接枝聚合的单体增多，接枝速率加快，最终接枝率也升高。所有数据都落在直线 $y = 0.61608 + 11.15517x$ 附近，说明聚合接枝速率与苯乙烯初始浓度的一次方近似成正比，即 $R_g \propto$ [St]。

4. 温度对接枝速率的影响

由图 3-17 可知，随着聚合温度的升高，聚合接枝速率明显加快，最终接枝率也随着反应温度的升高而增加。图中为接枝速率对 $1/T$ 的关系，呈直线关系说明接枝速率的表观速率常数 k 与聚合温度服从 Arrhenius 关系。

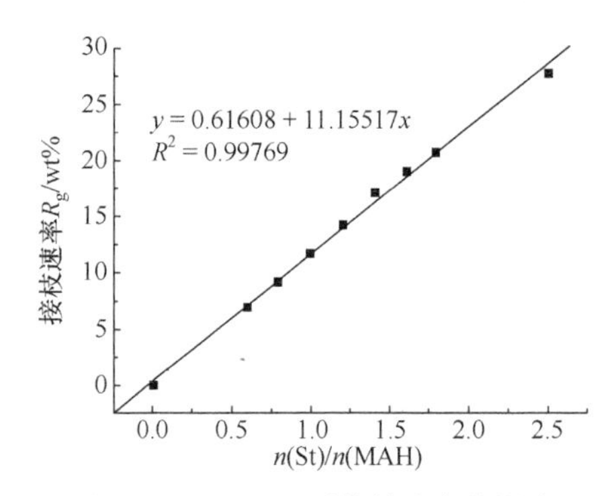

图 3-16　St/MAH 对接枝速率的影响

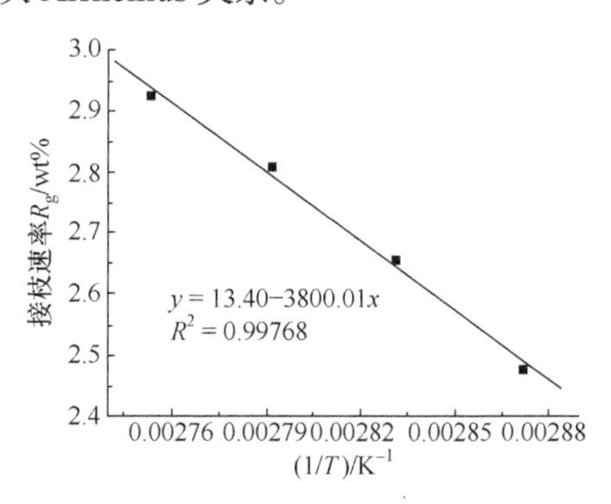

图 3-17　温度对接枝速率的影响

5. 接枝聚合反应表观速率方程式

由图 3-14～图 3-17 可知，R_g 分别与[BPO]、[MAH]和[St]成正比，表观速率常数 k 与聚合温度服从 Arrhenius 方程，所以接枝聚合反应的表观速率方程式为：$R_g = A\exp(-E_a/RT)[BPO][MAH][St]$。结果表明，聚合接枝速率与引发剂初始浓度呈一次方关系，与单体初始浓度呈一次方关系，聚合温度服从 Arrhenius 方程。这一关系与本章建立的扩散吸附控制的聚合接枝速率模型十分吻合。

3.5　本 章 小 结

(1) 利用双单体悬浮共聚接枝法制备了 PP-*g*-St/MAH 接枝物，通过对反应工艺条件进行单因素分析，得到最佳工艺条件：苯乙烯和马来酸酐的物质的量比为 1.4∶1，反应时间 6h，反应温度 90℃，BPO 用量为 PP 的 1wt%，H_2O 用量为 PP 质量的 3 倍；此外，溶胀时间、界面剂种类和界面剂用量对 PP 接枝反应都有一定程度的影响。

(2) 利用红外、核磁共振、DSC 分析和 XRD 对接枝共聚物的结构进行研究，发现接枝前后 PP 的晶型保持不变，都为α晶，但分子链的断裂和支链的形成对结晶度有一定影响。

(3) 初步研究了悬浮接枝的反应动力学。结果表明，悬浮接枝反应速率符合扩散吸附控制的动力学模型，即聚合速率方程为 $R_g = A\exp(-E_a/RT)[BPO][MAH][St]$，接枝聚合速率与引发剂初始浓度呈一次方关系，与单体初始浓度呈一次方关系，聚合温度服从 Arrhenius 方程。

第 4 章　有机膨润土改性剂

4.1 引　　言

膨润土为 2∶1 型层状含水硅酸盐矿物，其每个晶胞由 2 个硅氧四面体和 1 个铝氧八面体组成。由于四面体中心的 4 价阳离子 Si 和八面体中心的 3 价阳离子 Al 易被低价的阳离子取代，表面层带负电，因而层间具有良好的离子交换性能和吸附性能。但层间的大量无机离子，使其无法与大多有机化合物相融合。利用其层间金属离子的可交换性，以有机离子交换金属离子，可以使膨润土有机化。将有机物引入膨润土片层间不仅改善其界面极性，同时由于膨润土的膨胀性能好，长链有机物的引入可以撑大其层间距，使聚合物分子链更容易插入片层，达到剥离状态。膨润土的片层厚度为 30～50nm，剥离后膨润土将以纳米级分散在聚合物基体中，因此膨润土是一种有效的制备纳米聚合物/无机复合材料的填料。聚合物/膨润土纳米复合材料中，膨润土与大分子聚合物有很强的亲和力，只要添加常规无机填料的 1/10～1/5，其复合材料的物理、化学性能就有明显提高，而研究制备聚丙烯/膨润土纳米复合材料为聚丙烯的增强增韧改性提供了一种有效的方法。

本章针对福建连城的钙基膨润土，首先系统研究钠化改性和有机化改性的工艺条件，然后利用熔体插层法将有机膨润土与聚丙烯复合制备聚丙烯/有机膨润土纳米复合材料，并对该复合材料的结构和性能进行研究。

4.2 膨润土改性剂的制备过程

4.2.1 钠基膨润土的制备

1. 膨润土的钠化改性(悬浮液法)

取提纯后膨润土 10.00g 于 250mL 烧瓶中，加去离子水配成一定浓度的土浆，预热至反应温度，加入计量的钠化剂(Na_2CO_3 或 NaCl)，机械搅拌反应一定时间后，将反应产物取出冷却，水洗，烘干，研磨，过 200 目筛，置干燥器中备用。然后进行阳离子交换总量的测定。

2. 膨润土的提纯

在 1000mL 的烧杯中加入 10g 钠基膨润土和 200mL 的蒸馏水，剧烈搅拌 30min

后，加入 0.05g 的六偏磷酸钠，继续搅拌 1.5h，然后静置 24h，弃去下层沉淀，取上层膨润土的水分散液。

4.2.2 有机膨润土的制备

将提纯后的膨润土水分散液加入 500mL 的三口烧瓶中，搅拌 30min，升温至 80℃，加入溶于 30mL 热水的十八烷基三甲基氯化铵，继续搅拌 2h 后停止。然后在室温下抽滤，采用沸腾的蒸馏水抽滤洗涤，反复数次，降低氯离子的浓度，直至 0.1mol/L 的硝酸银溶液检测无沉淀产生为止。所得产品置 80℃烘箱中烘干，用研钵研细。

4.2.3 膨润土改性剂应用材料的制备

采用熔融插层法制备聚丙烯/有机膨润土复合材料。将聚丙烯、自制有机膨润土及相容剂按一定比例放入高速混合机中搅拌均匀，然后经同向双螺杆挤出机熔融挤出造粒，所得粒料置于 70℃烘箱中干燥 12h。双螺杆挤出机各区加工温度设定见表 4-1，复合材料的制备过程中选用两种相容剂：固相接枝共聚物 PP-*g*-St/MAH、悬浮接枝共聚物 PP-*g*-St/MAH，分别记为 GPP-A、GPP-B。

表 4-1 双螺杆挤出机的温度设定

区间	Ⅰ	Ⅱ	Ⅲ	Ⅳ	Ⅴ	Ⅵ	喷嘴
温度/℃	175	190	210	210	210	195	185

复合材料测试样条的制备方法采用注塑成型。注塑机的加工温度从加料口至喷嘴分别设定为：190℃、200℃、210℃、195℃，注塑压力为 30MPa，注射时间为 2s，保压压力为 18MPa，保压时间为 6s。

4.3 膨润土改性剂的结构与性能表征

4.3.1 钠基膨润土的制备工艺条件分析

膨润土阳离子交换总量的测定以 0.1mol/L 氯化铵-50%乙醇混合溶液为提取液，甲醛容量法测定交换容量(CEC)。具体步骤如下：称取精制土样品 10g 左右，研磨并过 150 目筛，放入称量瓶中，于 95～100℃烘干 4h，取出放入干燥器内备用。取上述烘干样品 3.00g 放入 100mL 离心管中，加入 25mL 50%乙醇溶液清洗可溶盐类，在磁力搅拌器上搅拌 5min，取下并进行离心分离后弃去清液，重复洗 2～3 次。然后加入已配好的 0.1mol/L 氯化铵-50%乙醇提取液 25mL，搅拌 30min，盖紧橡皮塞，静置过夜，使其充分交换。次日离心分离，将清液移入 100mL 容量瓶内。此代换过程连续重复三次，每次加 25mL 提取液，清液并入上述 100mL 容量瓶内，离心管内铵质土弃去，摇匀，然后测交换总量及可交换阳离子。取 100mL 容量瓶中的交换液 25mL 于 250mL 的三角瓶中，加热煮沸，加入 35%的中性甲醛 8mL，加入 5 滴(0.1wt%)酚酞指示剂摇匀，立即用 0.1mol/L 氢氧化钠标准溶液滴定，溶液由无色变浅红色(稳定 30s 不褪色)即为终点，记下读数 V_1。吸取提取液(0.1mol/L 氯化铵-50%乙醇)25mL 于 250mL 三角瓶中，按上述操作进行滴定，记下读数 V_2。

计算公式为

$$\mathrm{CEC} = \frac{c(\mathrm{NaOH}) \times (V_2 - V_1) \times V_{总}}{m_{\mathrm{s}} \times V_{滴}} \tag{4-1}$$

式中，CEC 为交换容量，mmol/100g；$c(\mathrm{NaOH})$为 NaOH 溶液浓度，mol/L；m_{s}为样品质量，g；$V_{滴}$为 25mL；$V_{总}$为 100mL。

本节实验分别选用价廉的 Na_2CO_3、NaCl 作为钠化剂，在前期的实验基础上以反应温度、钠化剂用量[m(钠化剂)/m(膨润土)]、反应时间、土浆浓度(质量分数)为主要因素，采用正交实验方法优化钠基膨润土的制备工艺条件，为下一步制备有机膨润土奠定基础。正交实验中各因素的水平选择见表 4-2、表 4-3。

表 4-2　Na_2CO_3 的正交实验因素和水平

水平	A (反应温度/℃)	B (碳酸钠用量/%)	C (反应时间/min)	D (土浆浓度/wt%)
1	70	2	20	5
2	85	3	40	10
3	100	4	60	15
4	115	5	80	20

表 4-3　NaCl 的正交实验因素和水平

水平	A (反应温度/℃)	B (氯化钠用量/%)	C (反应时间/min)	D (土浆浓度/wt%)
1	30	12	20	5
2	45	16	40	10
3	60	20	60	15
4	75	24	80	20

Na_2CO_3 的正交实验结果如表 4 4 所示。可以看出，在已有的实验条件下，以 Na_2CO_3 为钠化剂，反应得到的钠基土交换容量最大值是 88.26mmol/100g，最小值为 69.00mmol/100g。极差 R 的大小反映了实验各因素对实验指标影响的

大小，*R* 越大说明该因素对实验指标影响越大，由此得出各因素对交换容量的影响从显著到最不显著依次是反应温度、Na_2CO_3 用量、土浆浓度、反应时间。同时根据实验结果确定以 Na_2CO_3 为钠化剂时反应的最佳条件是 A4B4C3D1，即：反应温度为 115℃，碳酸钠用量为 5wt%，反应时间为 60min，土浆浓度为 5wt%。

表 4-4　Na_2CO_3 的正交实验结果

序号		A	B	C	D	CEC/(mmol/100g)
1		1	1	1	1	71.12
2		1	2	2	2	74.34
3		1	3	3	3	75.15
4		1	4	4	4	78.12
5		2	1	2	3	70.29
6		2	2	1	4	74.79
7		2	3	4	1	74.25
8		2	4	3	2	80.47
9		3	1	3	4	78.77
10		3	2	4	3	69.00
11		3	3	1	2	78.36
12		3	4	2	1	79.31
13		4	1	4	2	82.90
14		4	2	3	1	82.65
15		4	3	2	4	88.26
16		4	4	1	3	81.12
均值	K_1	74.68	74.77	75.60	78.83	
	K_2	75.45	77.20	77.55	78.26	
	K_3	76.36	78.26	78.26	75.89	
	K_4	83.73	79.26	77.57	77.24	
极差 *R*		36.2	17.94	10.65	11.77	
优水平		A4	B4	C3	D1	

从表 4-5 中可以看出，当用 NaCl 作钠化剂时，在所考察的实验范围内反应得到的钠基土交换容量最大值为 80.28mmol/100g，最小值为 72.73mmol/100g。分析极差 *R* 的大小可知，各因素对交换容量的影响从大到小依次为反应温度、氯化钠用量、土浆浓度、反应时间。以 NaCl 制备钠基土的最佳条件是：反应温度为 75℃，氯化钠用量为 20wt%，反应时间为 40min，土浆浓度为 5wt%。

表 4-5　NaCl 的正交实验结果

序号		A	B	C	D	CEC/(mmol/100g)
1		1	1	1	1	72.73
2		1	2	2	2	73.37
3		1	3	3	3	73.50
4		1	4	4	4	74.16
5		2	1	2	3	75.10
6		2	2	1	4	76.52
7		2	3	4	1	76.88
8		2	4	3	2	75.86
9		3	1	3	4	74.02
10		3	2	4	3	74.38
11		3	3	1	2	73.49
12		3	4	2	1	75.50
13		4	1	4	2	73.67
14		4	2	3	1	75.45
15		4	3	2	4	80.28
16		4	4	1	3	77.32
均值	K_1	73.44	73.88	75.02	76.35	
	K_2	76.09	74.93	76.06	74.86	
	K_3	74.35	76.04	74.71	75.08	
	K_4	76.68	75.71	74.77	76.25	
极差 R		9.33	8.63	5.42	5.56	
优水平		A4	B3	C2	D1	

综合来看，Na_2CO_3 的钠化效果比 NaCl 好。故选择 Na_2CO_3 作为钠化剂制备钠基膨润土。

4.3.2　有机膨润土的制备工艺条件分析

有机膨润土烧失率的测定：取少量的有机膨润土于 400℃的烤箱内灼烧 4h，测定其前后的质量差别，能够测定出不同的插层剂加入量对有机化的影响。

在实验室原有对膨润土有机改性研究的基础上，选用十八烷基三甲基氯化铵作为有机改性剂，进一步利用正交实验优化其制备工艺条件。选取反应温度、反应时间及季铵盐用量为考察因素，每个因素取三个水平，组成正交实验表。

从表 4-6 可以看出，极差 $R_C > R_B > R_A$，说明本节实验所考察的季铵盐用量因素是影响烧失率的最重要因素，其次是反应时间，而反应温度对烧失率的影响最小。由此确定了有机化改性的最佳操作条件：反应温度为 60℃，反应时间为 3.5h，十八烷基三甲基氯化铵的加入量为 100mmol/100g。

表 4-6　有机膨润土的正交实验结果

序号		A(温度/℃)	B(反应时间/h)	C[季铵盐用量/(mmol/100g)]	烧失率/%
1		60	1.5	80	28.86
2		60	2.5	90	29.33
3		60	3.5	100	31.46
4		70	2.5	80	27.47
5		70	3.5	90	29.48
6		70	1.5	100	31.40
7		80	3.5	80	29.12
8		80	1.5	90	29.19
9		80	2.5	100	29.85
均值	K_1	89.64	89.43	85.44	
	K_2	88.35	86.64	87.99	
	K_3	88.14	90.78	92.70	
极差 R		1.5	4.14	7.26	
优水平		A1	B3	C3	

4.3.3　膨润土的红外光谱表征

由钠基膨润土的红外光谱图(图 4-1)可以看出，3623cm^{-1} 处为膨润土晶层的—OH 振动吸收峰，3417cm^{-1} 处的宽峰是晶层间吸附的 H_2O 的伸缩振动峰，反映

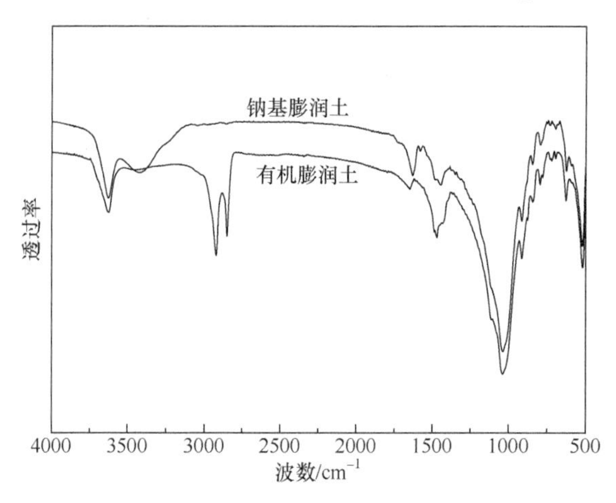

图 4-1　钠基膨润土和有机膨润土的红外光谱图

了膨润土中结晶水的存在，1039cm^{-1} 处的强峰为 Si—O—Si 的特征骨架振动，800cm^{-1} 以下为硅氧四面体和铝氧八面体的内部振动吸收峰。而在有机膨润土的谱图上，3417cm^{-1} 处的宽峰消失，说明有机膨润土的层间结晶水已基本失去，2928cm^{-1}、2852cm^{-1} 附近出现的峰分别为—CH、—CH_2—的伸缩振动吸收峰。1469cm^{-1} 处出现了亚甲基—CH_2—非对称振动吸收峰。以上结果证明季铵盐的有机分子链确实已成功插入膨润土的硅酸盐片层间。

4.3.4　膨润土的 XRD 表征

由膨润土有机化改性前后的 XRD 图可知，钠基膨润土和有机膨润土的(001)面分别在 $2\theta = 5.78°$和 $2\theta = 3.78°$出现强的衍射峰，表明经有机改性后膨润土的(001)面衍射峰向小角移动。以 d_{001} 值表示膨润土的层间距，根据布拉格方程：$2d_{001}\sin\theta = \lambda$，计算两种膨润土样品的层间距，结果为钠基膨润土的层间距 d_{001} = 1.53nm，有机膨润土的层间距 d_{001} = 2.34nm，膨润土经有机改性后其层间距增大至原先的 1.5 倍，说明十八烷基季铵盐已经进入膨润土的片层间，从而扩大层间距。

4.3.5　膨润土的 TG 分析

膨润土的 TG 曲线如图 4-2 所示。钠基膨润土的 TG 结果表明，120℃前失重率约为 8.0%，是膨润土中表观水的失去，120～800℃的失重率约为 5.8%，是膨润土晶层上—OH 的质量损失，样品在 40～800℃范围内的总失重率约为 14%。而对于有机膨润土，40～200℃之间表观水的失重约为 5.4%，季铵盐有机链在 230℃左右开始分解，230～450℃之间失重率约为 27.3%，450～800℃之间失重约 2.3%，此后质量基本不再变化，总失重率约为 36%。有机改性后膨润土总失重率的增加也说明季铵盐有机链已成功嵌入膨润土片层间。

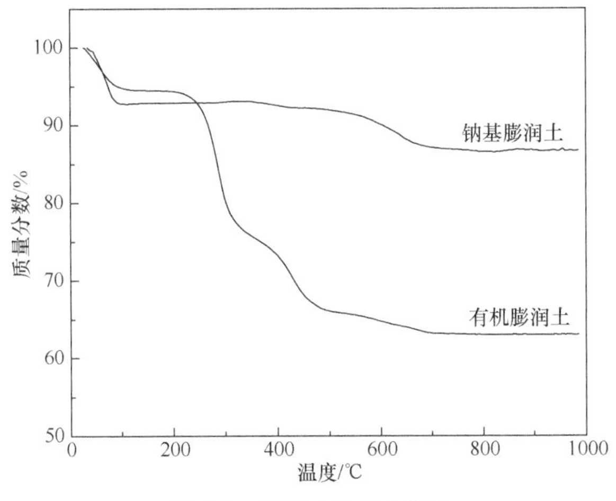

图 4-2　膨润土的 TG 曲线

4.3.6　膨润土改性剂应用材料——PP/有机膨润土复合材料的 XRD 表征

利用 X 射线衍射方法，研究不同条件下有机膨润土的层间距变化。

图 4-3 中复合材料的有机膨润土添加量均为 1wt%。图中曲线 a 是未添加相容剂的 PP/有机膨润土复合材料的 XRD 曲线，可以看出，其衍射曲线上出现了两个衍射峰，一个峰的位置在 2θ= 3.80°附近，与纯有机膨润土的(001)面衍射峰位置(2θ= 3.78°)接近，另一个宽弥散峰出现在 2θ = 5.30°处。这说明未加相容剂的复合材料中，PP 大分子链没有插层进入有机膨润土的片层间，导致部分有机膨润土的层间距基本没有发生变化，而 2θ= 5.30°处弥散峰的出现，则是在加工过程中有机膨润土片层间的季铵盐有机链受热发生分解，使得部分片层间出现坍塌，导致膨润土的层间距减小。

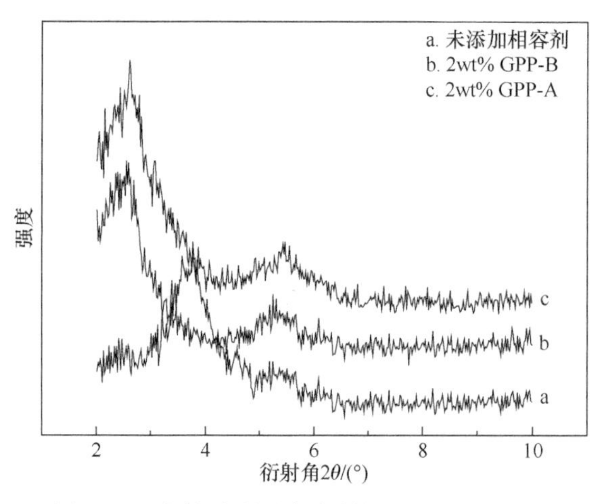

图 4-3　不同相容剂对复合材料 XRD 图的影响

图 4-3 中曲线 b 和曲线 c 为添加相容剂后 PP/有机膨润土的 XRD 曲线，由此得到膨润土的衍射角及其层间距如表 4-7 所示。从表中可以看出，分别加入相容剂 GPP-A、GPP-B 后，有机膨润土的(001)面衍射峰均向小角度方向移动，说明 PP 大分子链已经成功进入有机膨润土的片层间，使层间距大大增加，形成了插层型复合材料。同时，PP/GPP-B/有机膨润土中膨润土的(001)面衍射角小于 PP/GPP-A/有机膨润土，表明 GPP-B 的插层效果优于 GPP-A。此外，加入 GPP-A、GPP-B 的复合材料在 2θ= 5.30°附近出现的弥散峰，也是膨润土片层间插层剂分解导致层间距变小的结果。总的来说，PP 大分子链很难直接进入膨润土的片层之间，相容剂的加入有助于 PP/有机膨润土插层型复合材料的形成。

表 4-7　不同相容剂对膨润土衍射角及层间距的影响

试样	2θ/(°)		d_{001}/nm	
PP/有机膨润土	3.80	5.30	2.32	1.67
PP/GPP-A/有机膨润土	2.67	5.40	3.31	1.63
PP/GPP-B/有机膨润土	2.57	5.31	3.43	1.66

图 4-4 是不同膨润土含量的复合材料 XRD 图谱，相容剂 GPP-B 的添加量为 2wt%。各试样的衍射曲线中均出现两个衍射峰，其膨润土衍射角及层间距结果如表 4-8 所示。由此可以看出，各试样的 PP 大分子链都插层进入了膨润土片层间，形成了插层型复合材料。而且随着有机膨润土含量的增加，第一个衍射峰的 2θ 逐渐增大，这是因为在固定相容剂含量的条件下，随着膨润土用量的增多，GPP-B 对有机膨润土的插层效果变差，PP 大分子链插入片层间的程度降低，层间距变小。

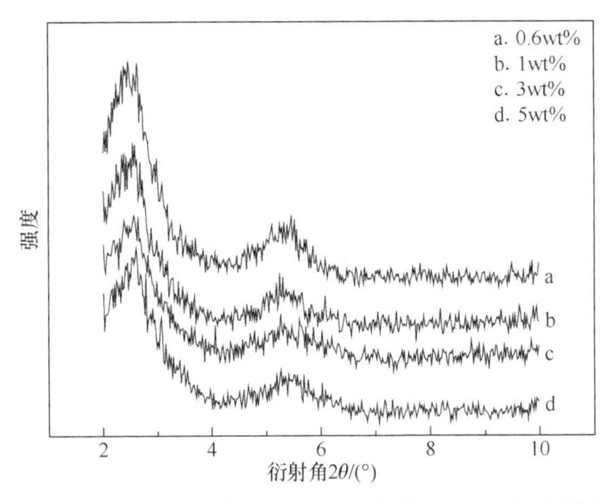

图 4-4　不同有机膨润土含量对复合材料 XRD 图的影响

表 4-8　不同有机膨润土含量对膨润土衍射角及层间距的影响

有机膨润土含量/wt%	2θ/(°)		d_{001}/nm	
0.6	2.49	5.37	3.54	1.64
1	2.57	5.31	3.43	1.66
3	2.59	5.33	3.41	1.66
5	2.62	5.35	3.37	1.65

图 4-5 中复合材料中有机膨润土含量均为 1wt%，由 X 射线衍射测得的膨润土的衍射角度及布拉格方程求得的膨润土层间距如表 4-9 所示。显然，各试样也

均属于插层型复合材料，而且随着相容剂含量的增加，第一个衍射峰的 2θ 向小角度方向移动，当 GPP-B 用量超过 5wt%后，2θ 基本不再发生变化。这表明随相容剂 GPP-B 用量的增多，插层效果增强，但用量过多并不能无限提高 PP 大分子链插入膨润土片层间的程度以致形成剥离型复合材料。

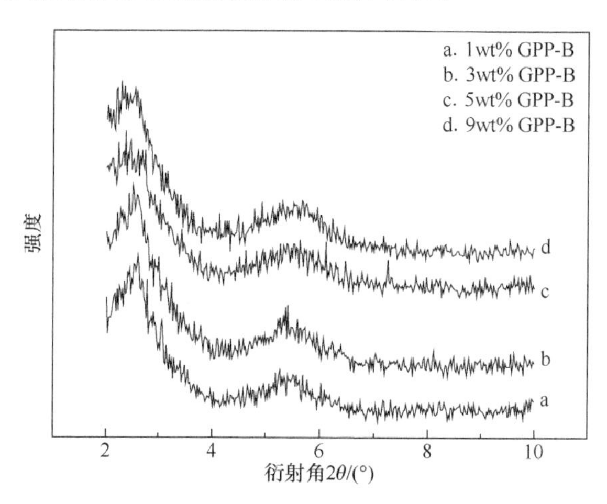

图 4-5　相容剂含量对复合材料 XRD 图的影响

表 4-9　GPP-B 含量对膨润土衍射角及层间距的影响

GPP-B 含量/wt%	2θ/(°)		d_{001}/nm	
1	2.63	5.31	3.36	1.66
3	2.55	5.33	3.46	1.66
5	2.46	5.33	3.59	1.66
9	2.45	5.35	3.60	1.65

4.3.7　膨润土改性剂应用材料力学性能表征

本小节研究有机膨润土含量及自制相容剂(GPP-B)含量对 PP/有机膨润土复合材料力学性能的影响。

1. 有机膨润土含量对复合材料力学性能的影响

1) 有机膨润土含量对复合材料拉伸性能的影响

由图 4-6 可以看出，随着有机膨润土含量的增加，复合材料的拉伸强度先增大后减小，0.8wt%时达到最大值 35.48MPa，与纯聚丙烯的拉伸强度相比，增大了约 11%；而断裂伸长率却随着有机膨润土含量的增加逐渐减小。这是因为复合材料中加入的相容剂 GPP-B 含有极性基团(马来酸酐)，与土片层有较强亲和力，使其易插入片层间，增大了聚丙烯与膨润土的接触面积，同时部分相容剂包覆在膨润土颗粒表面，改善了膨润土与聚丙烯的相容性，从而使拉伸强度提高。当膨润土含量较低时，GPP-B 可以有效改善膨润土在聚丙烯基体中的分散性和界面相容性，膨润土越多其起到的增强作用越明显，故拉伸强度逐渐增大；但膨润土含量过高时，在聚丙烯中得不到有效的分散，容易发生团聚，反而会作为应力缺陷存在于基体中，导致拉伸强度下降。

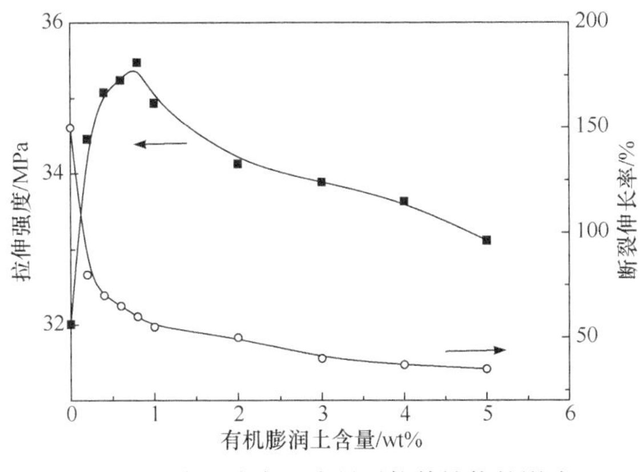

图 4-6　有机膨润土含量对拉伸性能的影响

2) 有机膨润土含量对复合材料弯曲性能的影响

由图 4-7 可知，随着有机膨润土含量的增加，复合材料的弯曲强度呈现先增大后减小的趋势，而弯曲模量呈现先增大后减小最后趋于稳定。当有机膨润土含量为 1wt%时，弯曲强度和弯曲模量都达到最大值，分别是 35.86MPa 和 1780MPa。与纯聚丙烯相比，分别增加了约 30%和 62%。这是由于复合材料中膨润土属于刚性无机粒子，本身具有很大的强度和模量，且与基体有一定的界面相容性，故当被添加到聚丙烯中时，会大幅提高基体的弯曲强度和弯曲模量。但有机膨润土含量过多时，分散性变差，部分发生团聚，导致弯曲强度和弯曲模量下降。

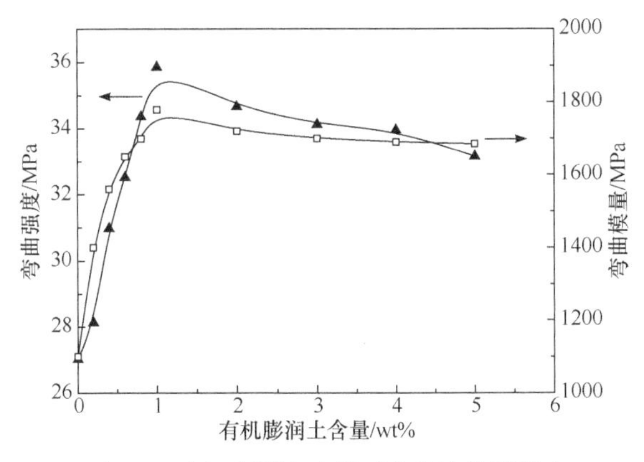

图 4-7　有机膨润土含量对弯曲性能的影响

3) 有机膨润土含量对复合材料缺口冲击强度的影响

图 4-8 是有机膨润土含量对缺口冲击强度的影响，复合材料中相容剂 GPP-B 的含量为 2wt%。从图中可以看出，复合材料的缺口冲击强度随着膨润土用量的增多表现为先增大后减小，0.8wt%时达到最大值 15.74kJ/m^2，比纯聚丙烯增大了约 43%。分析原因为：膨润土的片层限制了插入其中的聚丙烯大分子链的运动，当受到外力冲击时，基体要吸收更多的能量才能被破坏，宏观表现为冲击强度的提高。而当有机膨润土添加量过多时，将不能被聚丙烯大分子链有效嵌入，而是以颗粒的形式存在于聚合物基体中，起到负面作用。

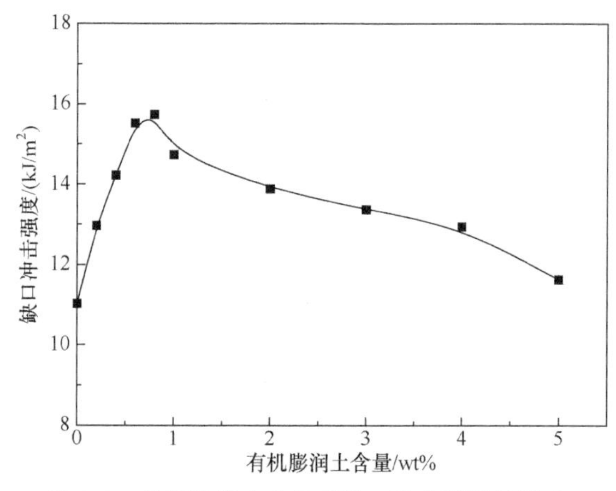

图 4-8 有机膨润土含量对缺口冲击强度的影响

GPP-B 含量为 2wt%

2. 相容剂含量对复合材料力学性能的影响

1) 相容剂含量对复合材料拉伸性能的影响

从图 4-9 中可以看出，随着相容剂 GPP-B 含量的增加，PP/有机膨润土复合材料的拉伸强度先增大后减小，而断裂伸长率变化不大。这是因为，相容剂的添加量越多，插层效果越明显，聚丙烯大分子链更易进入膨润土片层间，使层间距增大，而且部分相容剂可以包覆在膨润土颗粒表面，从而大大改善膨润土在聚丙烯中的分散性和相容性，提高了拉伸强度。同时，由于相容剂是低分子量接枝物，对材料的拉伸性能有负面影响，当其用量超过 5wt%时，部分抵消了膨润土的增强作用，反而会降低拉伸强度。

2) 相容剂含量对复合材料弯曲性能的影响

从图 4-10 的弯曲性能来看，复合材料的弯曲强度和弯曲模量都随着 GPP-B 含量的增加呈现先增大后减小的趋势，当 GPP-B 含量为 5wt%时，弯曲强度和弯曲模量均达到最大值，分别为 38.15MPa 和 1998MPa，与未加相容剂的 PP/有机膨润土复合材料相比，都有大幅度的提高。

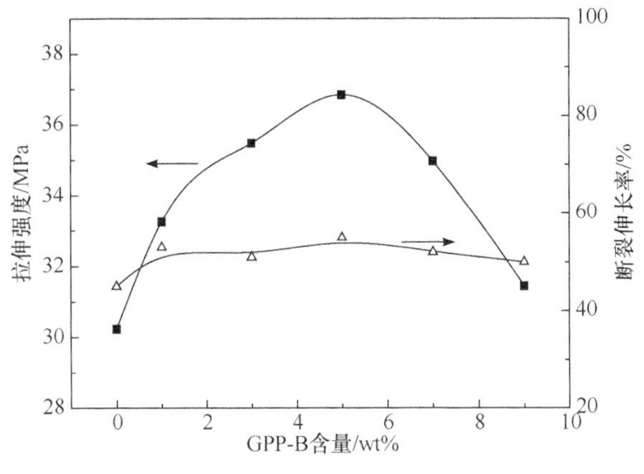

图 4-9　GPP-B 含量对拉伸性能的影响

有机膨润土含量为 1wt%

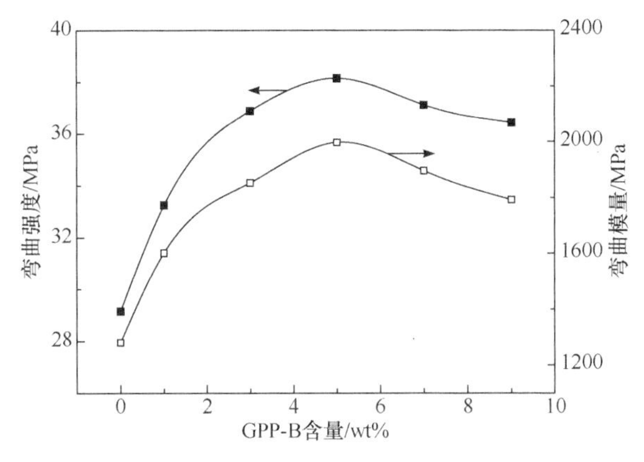

图 4-10　GPP-B 含量对弯曲性能的影响

有机膨润土含量为 1wt%

4.3.8　膨润土改性剂应用材料热性能表征

1. 膨润土含量对 PP/有机膨润土复合材料热变形温度的影响

有机膨润土对复合材料热变形温度的影响如图 4-11 所示。可以看出，随着膨润土含量的增加，PP/有机膨润土纳米复合材料的热变形温度升高，当膨润土含量为 0.8wt%时，材料的热变形温度最高为 115℃。但随膨润土含量的进一步增加，热变形温度逐步降低。这是由于土片层与 PP 基质之间的相互作用力较强，因此 PP 链段的运动受到限制，从而提高了材料的热性能。当膨润土含量过高时，容易在 PP 基体中团聚，团聚对热变形的负面影响抵消了一部分膨润土对材料热性能的增强效应。

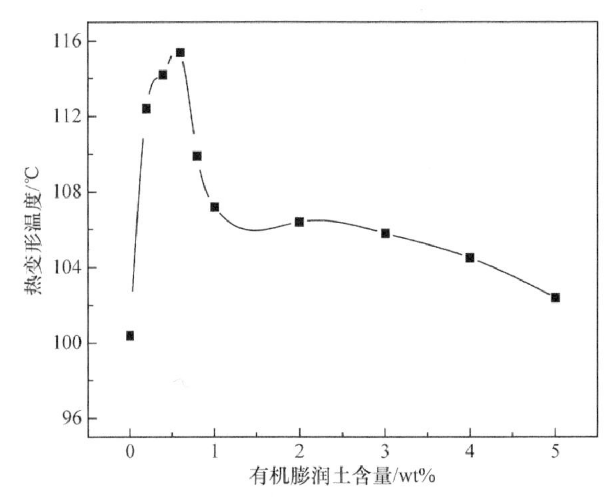

图 4-11　有机膨润土含量对复合材料热变形温度的影响

2. 膨润土含量对 PP/有机膨润土复合材料热稳定性的影响

从图 4-12 中可以看出，不同相容剂含量的 PP/有机膨润土复合材料的 TG 曲线相差不大，复合材料的热稳定性基本一致，说明相容剂对复合材料热稳定性的影响不大。

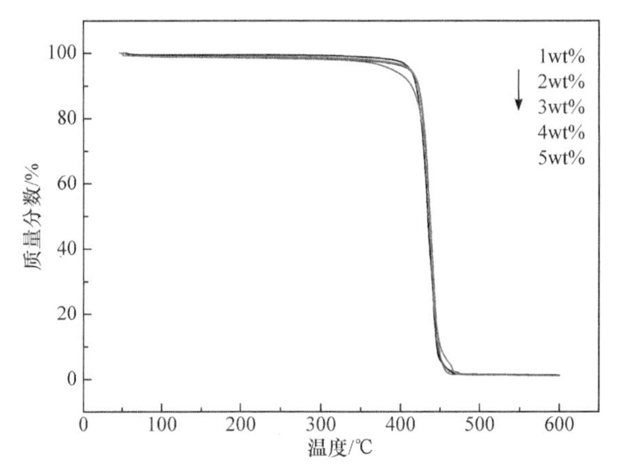

图 4-12　相容剂含量对热稳定性的影响
有机膨润土含量为 1wt%

3. 相容剂的加入对 PP/有机膨润土复合材料熔融结晶行为的影响

从图 4-13 复合材料的升温曲线中得出，聚丙烯的熔点为 166.2℃，未加相容剂的 PP/有机膨润土纳米复合材料的熔点为 168.4℃，稍高于纯聚丙烯。这可能是因为复合材料中膨润土的片层结构阻碍了聚丙烯链段的运动，因此熔融温度有所提高。而加入相容剂后复合材料的熔融温度基本一致，说明相容剂的加入对复合材料的熔点影响不大。

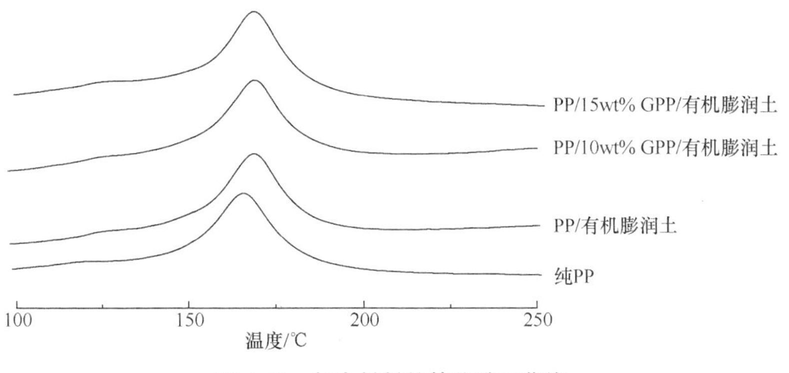

图 4-13 复合材料的等速升温曲线

4.3.9 膨润土改性剂应用材料熔体质量流动速率表征

图 4-14 表示了 PP/有机膨润土纳米复合材料中膨润土含量对熔体流动速率的影响。可以看出，当膨润土含量较少时，材料的熔体流动速率随膨润土含量的增加而增大。这是因为少量的膨润土可以起到润滑的作用，从而使复合材料的熔体流动速率增加。但是当膨润土含量继续增加时，其与 PP 熔体的摩擦阻力增大，导致复合材料的流动性变差。

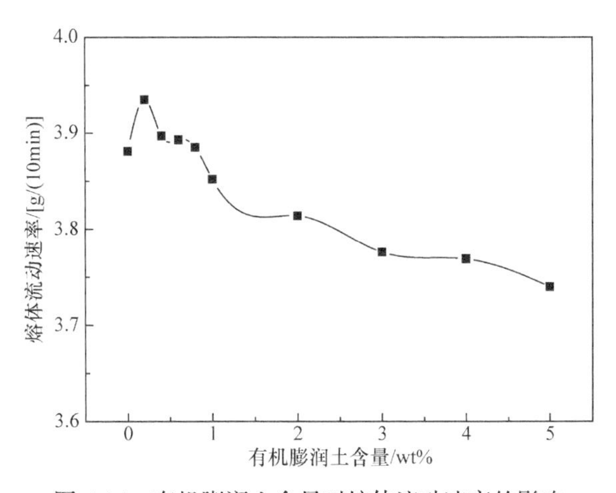

图 4-14 有机膨润土含量对熔体流动速率的影响

4.4 本章小结

(1) 对钙基膨润土进行钠化改性和有机化改性。红外光谱分析表明季铵盐有机链已与膨润土成功发生化学键合；XRD 分析表明，经有机化改性后，膨润土片层的层间距由原来的 1.53nm 增加到 2.34nm；TG 结果表明，季铵盐有机链在 230℃左右开始分解，有机膨润土在 230～450℃之间的失重约为 27.3%，进一步说明季铵盐有机链已成功嵌入膨润土片层间。

(2) 利用熔体插层法制备 PP/有机膨润土纳米复合材料。XRD 分析表明相容剂的加入有助于聚丙烯大分子链在有机膨润土片层的插入。力学性能测试表明，PP/有机膨润土复合材料的拉伸性能、弯曲性能和缺口冲击强度随膨润土含量的增加先增大后下降，同时相容剂的加入有利于复合材料力学性能的进一步提高。热分析结果表明，PP/有机膨润土纳米复合材料的熔点稍高于纯聚丙烯，且相容剂对复合材料的热稳定性和熔点影响不大。此外，复合材料的熔体流动速率和热变形温度均随有机膨润土含量的增加先增大后下降。

第5章　多噁唑啉扩链剂

5.1　引　　言

在聚氨酯、聚酯、尼龙等缩聚高分子材料加工及使用过程中会发生热降解和水解，使得高分子材料的分子量下降、端基含量增加，导致其物理机械性能及耐化学性变差，使用寿命降低。通常用能够与其端基反应的化合物通过熔融挤出来扩链以改性这些高分子材料。常用的扩链剂除双环氧类、二异氰酸酯类、酸酐类、二噁唑啉类等小分子外还有一些多官能团大分子化合物。这些扩链剂一方面可以与缩聚高分子的端基反应，另一方面也可以与一些低分子量齐聚物反应，它们相当于一座座桥梁架设于两个高分子链之间，增大了高分子的分子量，使得高分子材料的性能得到巨大提升。

大分子扩链剂，与传统的二官能团的小分子化合物相比，属于长链型增容扩链剂，分子链上含有多个较分散的可反应性官能团，将聚酯等材料的分子链连接起来。综观国内外现状，迄今大分子扩链剂研究和开发的焦点基本集中在环氧官能化聚合物方面，但该类扩链剂的制备方法成本高、合成方法复杂、收率低，目前仍然只有较少产品在实际生产中得到了应用。

噁唑啉作为一种较为活泼的基团，可以与羧基、氨基、羟基、环氧基等基团在一定条件下发生反应，常被用作扩链剂应用于塑料再加工中。

本章提出了一种新型扩链剂的制备方法，该扩链剂具有多个噁唑啉基团。最终获得的扩链剂性能优异，可广泛应用于聚酯、尼龙等产品的加工中。本章实验的制备方法简便易行、对环境友好，所得的多噁唑啉基团高分子扩链剂在聚酯、尼龙等材料扩链加工领域具有广阔的应用前景。

5.2　多噁唑啉扩链剂及应用材料的制备过程

5.2.1　多噁唑啉扩链剂合成

在500mL四口烧瓶中加入50g 2-对羟基苯基-2-噁唑啉，边搅拌边加入200mL的二氯亚砜至溶解完全。再加入25g碳酸钾，然后滴加入烯丙基溴溶液，在70℃下冷凝回流48h。之后将反应物转入去离子水中，过滤后将析出的固体在90℃下烘干，备用。

将上述获得的含有碳碳双键的噁唑啉单体及二氯亚砜加入三口烧瓶中，缓慢地加入过硫酸铵溶液，在 50～70℃下冷凝回流反应 2～12h，等到溶液达到一定黏度后将溶液转入烧杯中，沉淀物多次用四氢呋喃(THF)溶解，甲醇：水=3：1 沉淀，以除去未反应单体，70℃下蒸干溶剂即得到含有多个噁唑啉基团的高分子，如图 5-1 所示。

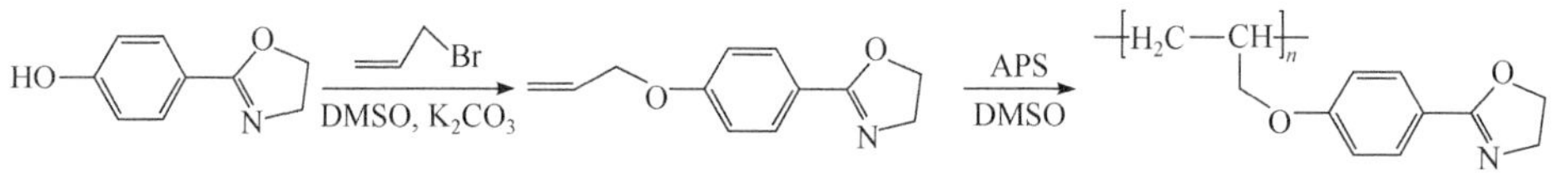

图 5-1 扩链剂 POXA 的合成路线图

5.2.2 多噁唑啉扩链剂应用材料制备

将 10g 制得的扩链剂与一定量的 R-PET 熔融共混挤出、造粒干燥后注塑成型测试，评价 POXA 扩链剂的扩链效果。

5.3 多噁唑啉扩链剂及应用材料的结构与性能表征

5.3.1 ^{1}H NMR 表征

图 5-2 是本章实验成功制得的多噁唑啉基团大分子扩链剂 POXA 的 ^{1}H NMR 的表征图。可以看出，不同化学环境的 H 表现出不同的吸收峰，由于高分子同一结构式代表的 H 的环境并不完全相同，且多数 H 的吸收耦合裂分复杂，因而其每个 H 特征峰有些重叠，呈现出如图 5-2 所示的多峰叠加效果。结合图中对各组峰位分析的结果来看，产物的 H 积分面积与实验目标产物中 H 的数量比值相一致[7]。

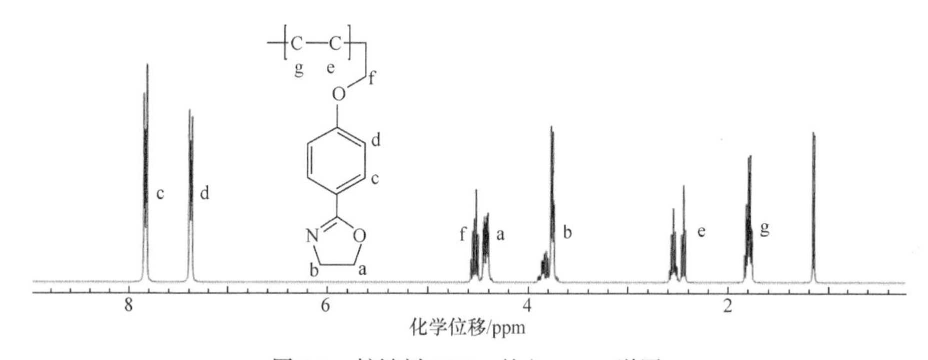

图 5-2 扩链剂 POXA 的 ^{1}H NMR 谱图

5.3.2　扩链剂用量对 R-PET 特性黏度的影响

特性黏度：采用1,1,2,2-四氯乙烷/苯酚(质量比为2∶3)作溶剂，在(25.0 ± 0.1)℃恒温水浴中分别测试空白溶剂和质量浓度为 0.005g/mL 溶液流过乌氏黏度计的上下刻度所需的时间，重复 3 次，以 3 次测量值中最大值与最小值之差不超过 0.2s 为准，取其平均值作为试样溶液的流出时间。用式(5-1)和式(5-2)计算特性黏度：

$$\eta_r = \frac{t_1}{t_0} \tag{5-1}$$

$$[\eta] = \frac{\sqrt{1+1.4\times(\eta_r-1)-1}}{0.7\times C} \tag{5-2}$$

式中，C 为溶液浓度，0.005g/mL；η_r 为相对黏度；$[\eta]$为特性黏度，dL/g；t_1 为溶液流出时间，s；t_0 为空白溶剂流出时间，s。

图 5-3 是不同添加量的 POXA 及酸酐类扩链剂(PMDA)对 R-PET 的特性黏度影响的变化曲线。由图可知，在一定范围内 R-PET 的特性黏度随着 POXA 含量的增加而增大，因为加入的 POXA 上的噁唑啉基团与 R-PET 的端羧基发生反应，使得 R-PET 的分子量增大，分子链移动变慢而导致特性黏度增大[8]。当扩链剂 POXA 的含量为 0.8wt%时，R-PET 的特性黏度达到最大值，为 0.81dL/g，比纯 R-PET 提高了 32.8%。继续加大 POXA 的含量，R-PET 的特性黏度反而降低。实验对比说明 POXA 对 R-PET 有较好的扩链效果，在低含量时扩链效果优于常用酸酐类扩链剂 PDMA。

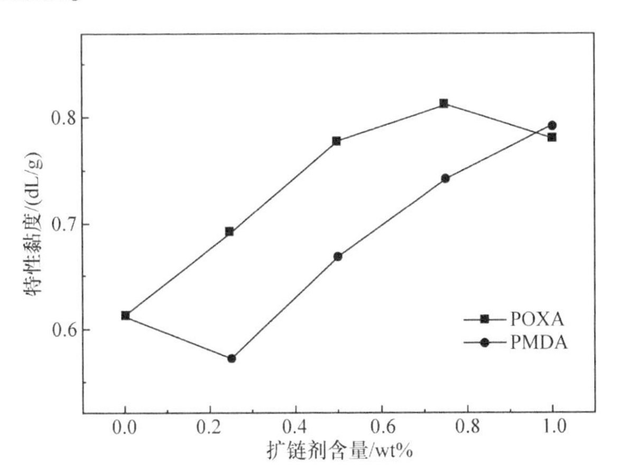

图 5-3　POXA 及 PMDA 含量对 R-PET 特性黏度的影响

5.3.3　扩链剂用量对 R-PET 熔融指数的影响

图 5-4 是不同 POXA 添加量对 R-PET 的 MFR 的影响。从图上可以看出，与纯 R-PET 相比，R-PET 的 MFR 随 POXA 含量的增加而逐渐减小。随着 POXA 含量的

增加，R-PET 熔体黏度增大，流动性变差，在相同的剪切应力作用下，所受到的内摩擦阻力加大，因而 MFR 减小。少量加入 POXA 扩链剂会导致 R-PET 的 MFR 迅速下降，但是随着扩链剂用量的进一步增加，MFR 下降幅度并不明显，这是因为 R-PET 的端羧基含量基本保持不变，而且高分子链缠结较为严重，一味地加大扩链剂的含量并不能进一步提高扩链反应效率。

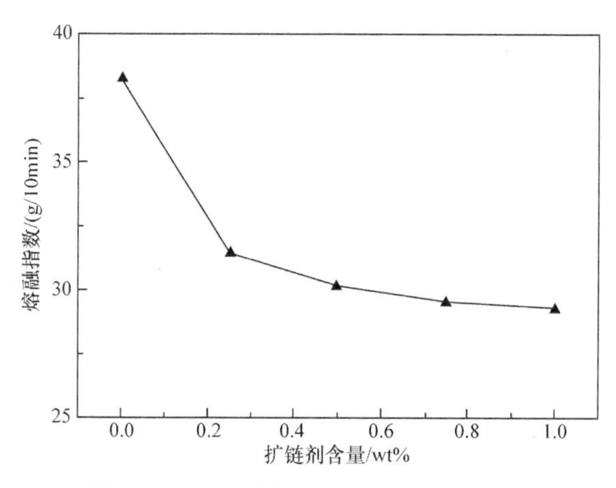

图 5-4　POXA 含量对 R-PET MFR 的影响

5.3.4　扩链剂联用对 R-PET 特性黏度的影响

图 5-5 是不同 POXA 和 PMDA 比例的扩链剂对 R-PET 的特性黏度影响的变化曲线。实验控制扩链剂总含量为 1wt%，改变 POXA 和 PMDA 的含量使其满足质量比为 1∶0、3∶1、1∶1、1∶3、0∶1，然后将其与 R-PET 共混挤出测试。由图可以看出，相同质量条件下，单一扩链剂的加入能够在一定程度上提高 R-PET

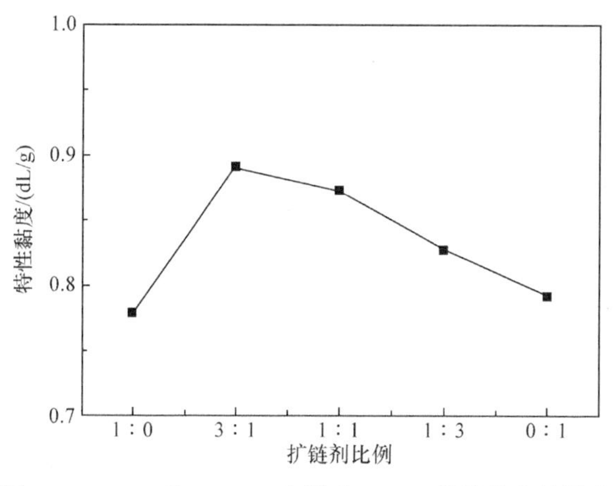

图 5-5　POXA 和 PMDA 比例对 R-PET 特性黏度的影响

的特性黏度，但其提高范围有限，而两种扩链剂联用则会在此基础上进一步提高 R-PET 的特性黏度，表现出良好的扩链效果，说明大分子扩链剂与小分子扩链剂联用是一种比较好的扩链技术。当 POXA 和 PMDA 质量比为 3∶1 时，R-PET 的特性黏度达到最大值，为 0.89dL/g，比单一使用 POXA 扩链剂提高了 14.4%，比纯 R-PET 提高了 45.9%。

5.3.5 扩链剂用量对 R-PET 结晶性能的影响

图 5-6 为不同 POXA 添加量(wt%)对 R-PET DSC 曲线的影响。聚合物结晶速率的快慢一般用过冷温度和半峰宽(结晶峰高度一半时的宽度)来表征，R-PET 为半结晶聚合物，若是将其熔体直接淬火后获得的 PET 处于玻璃态，其结晶度几乎等于零。从图 5-6(a)中可以看出，与纯 PET 相比，扩链剂 POXA 的加入导致 DSC 降温曲线 T_c 向低温方向移动且结晶峰趋于窄化，半峰宽减小，说明扩链后的 R-PET 结晶速率降低。从图 5-6(b)的升温曲线可以看出，随着刻蚀时间的延长，复合材料的 T_m 向低温方向移动，说明扩链剂的加入会导致其分子量增加，分子链增长而导致结晶度降低，同时也有少数酸酐接枝于纤维上形成支链影响链规整度而导致结晶性能变差。

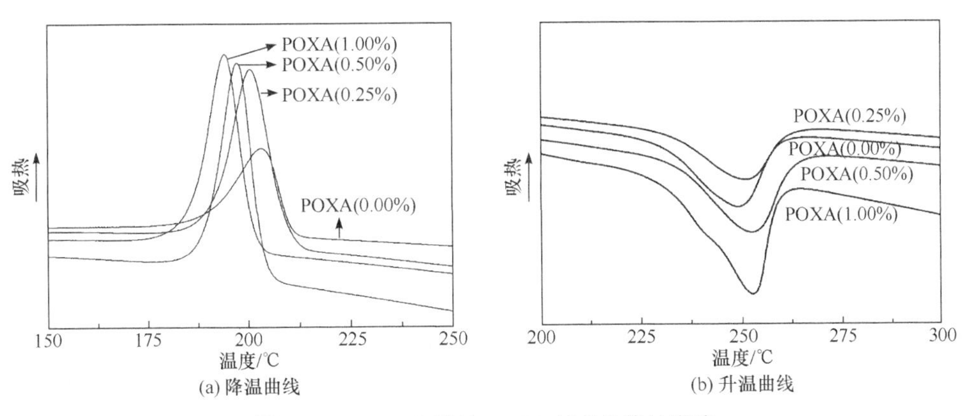

图 5-6 POXA 含量对 R-PET 结晶性能的影响

5.3.6 扩链剂用量对 R-PET 拉伸性能的影响

图 5-7 是不同 POXA 含量对 R-PET 拉伸强度和拉伸模量的影响。可以看出，R-PET 的拉伸强度和拉伸模量在一定范围内随着 POXA 含量的增加而增大，这是因为扩链改性后的 R-PET 的分子量增大，体系黏度增大，因而对外力的抵抗能力变大。当 POXA 的含量为 0.75wt%时，R-PET 的拉伸强度和拉伸模量达到最大值，分别为 55.47MPa 和 2793MPa，与纯 R-PET 相比分别提高了 19.9%和 5.68%。但是由于 POXA 是多官能团扩链剂，加大反应浓度可能会导致支化、交联的产生，因而进一步增加 POXA 的含量反而会导致 R-PET 拉伸强度和拉伸模量的下降[9]。

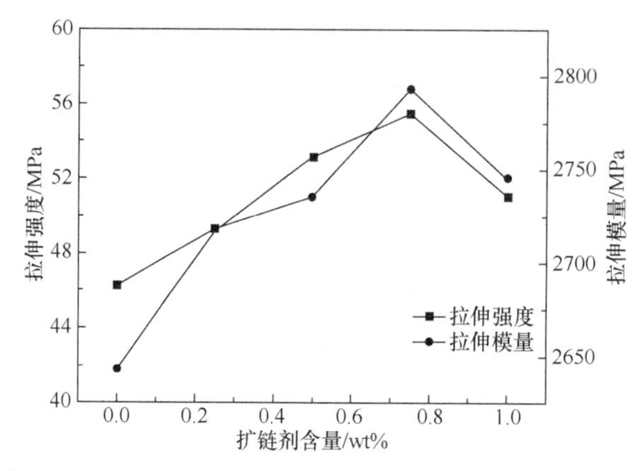

图 5-7　POXA 含量对 R-PET 拉伸强度和拉伸模量的影响

5.3.7　扩链剂用量对 R-PET 弯曲性能的影响

图 5-8 是不同 POXA 含量对 R-PET 弯曲强度和弯曲模量的影响。可以看出，R-PET 的弯曲强度和弯曲模量在一定范围内随着 POXA 含量的增加而呈增大趋势，说明扩链改性后的 R-PET 韧性较好。当 POXA 的含量为 0.75wt%时，R-PET 的弯曲强度达到最大值，为 56.35MPa，比纯 R-PET 提高 6.6%。

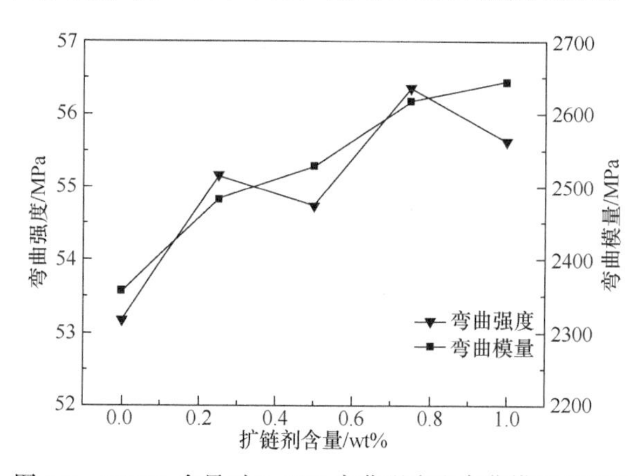

图 5-8　POXA 含量对 R-PET 弯曲强度和弯曲模量的影响

5.3.8　扩链剂用量对 R-PET 冲击性能的影响

图 5-9 是不同 POXA 含量对 R-PET 缺口冲击强度的影响。可以看出，R-PET 的缺口冲击强度随着 POXA 含量的增加而逐渐增大，说明扩链改性后的 R-PET 韧性较好。当 POXA 的含量为 1.0wt%时，改性 R-PET 的缺口冲击强度达到最大值，为 4.23kJ/m^2，比纯 R-PET 提高 36.6%。

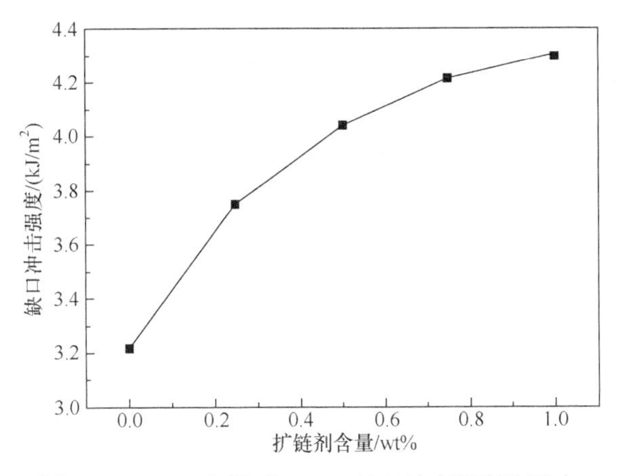

图 5-9　POXA 含量对 R-PET 缺口冲击强度的影响

5.4　本 章 小 结

(1) 用 2-对羟基苯基-2-噁唑啉与烯丙基溴在一定条件下发生取代反应生成含有噁唑啉基团和碳碳双键的高分子单体，用过硫酸铵引发碳碳双键聚合成为含有多个噁唑啉基团的大分子扩链剂 POXA，可用来扩链改性 PET、PA6 等。

(2) R-PET 的特性黏度随着 POXA 含量的增加而先增大后减小，当 POXA 的含量为 0.8wt%时，R-PET 的特性黏度达到最大值，为 0.81dL/g，比纯 R-PET 提高了 32.8%；少量加入 POXA 扩链剂会导致 R-PET 的 MFR 迅速下降，但是随着扩链剂用量的进一步增加，MFR 下降幅度并不明显。

(3) 大分子扩链剂与小分子扩链剂联用是一种有效的扩链方法，固定扩链剂为 1wt%条件下，当 POXA 和 PMDA 质量比为 3∶1 时，改性 R-PET 的特性黏度达到最大值，为 0.89dL/g，比单一使用 POXA 扩链提高了 14.4%，比纯 R-PET 提高了 45.9%。

第 6 章 四针状 ZnO 晶须改性剂

6.1 引 言

电子型半导体化合物四针状 ZnO 晶须(T-ZnOw)是六方纤锌矿结构的单晶体纤维，其特殊的空间三维结构及四个针尖表现出的特殊尖端纳米效应，使得 T-ZnOw 具有许多优异特性，如基体材料增强、抗菌、光催化、吸波、抗静电等功能，既可作为功能材料也可作为结构材料被广泛研究和使用。由于 T-ZnOw 表面有羟基，呈极性，而聚丙烯为非极性，将二者直接复合制得的复合材料综合性能较差。因此，要对晶须表面进行改性，改善与聚丙烯间的界面相容性。本章选用钛酸酯类偶联剂和硅烷偶联剂对 ZnO 晶须进行改性，探讨了偶联剂的改性工艺条件，并与聚丙烯通过熔融复合制备复合材料，着重研究了偶联剂及晶须对复合材料各性能的影响。

6.2 T-ZnOw 改性剂的制备过程

6.2.1 T-ZnOw 的表面改性

本章使用了两种不同类型的偶联剂：硅烷类偶联剂和钛酸酯类偶联剂。在偶联剂改性过程中探讨了改性温度、改性时间、机械搅拌速度及偶联剂用量等因素对晶须改性效果的影响。具体改性方法如下：

(1) 硅烷类偶联剂：首先配制水-乙醇溶液并用乙酸调节其 pH 为 4～5，加入计量的硅烷偶联剂，水解 30～60min，再加入预先烘干的 T-ZnOw，恒温机械搅拌一定时间，然后减压过滤并用无水乙醇洗涤至中性，产物置于 120℃真空干燥箱中干燥。

(2) 钛酸酯类偶联剂：取一定量钛酸酯偶联剂直接溶于异丙醇中，待完全溶解后加入计量的 T-ZnOw，水浴中恒温机械搅拌一定时间，然后减压过滤并用索氏提取器抽提 12h，产物置于 120℃真空干燥箱中干燥。

6.2.2 T-ZnOw 改性剂应用材料——PP/T-ZnOw 复合材料的制备

将聚丙烯、T-ZnOw 及少量助剂放入高速混合机中搅拌均匀，然后经双螺杆挤出机熔融挤出造粒，所得粒料置于 70℃烘箱中干燥 12h。双螺杆挤出机各区加工温度设置同下面注塑温度。

复合材料测试样条的制备是采用注塑成型。将已烘干的粒料在注塑机上注塑成型，成型温度从加料口至喷嘴分别设定为 190℃、200℃、210℃、195℃，注塑压力为 30MPa，注射时间为 2s，保压压力为 18MPa，保压时间为 6s。

6.3　T-ZnOw 改性剂的结构与性能表征

6.3.1　T-ZnOw 的表面改性

1. 偶联剂改性机理

偶联剂是在无机材料和有机材料或者不同的有机材料复合系统中，能通过化学作用，将二者结合起来，或者能通过化学反应，而使二者的亲和性得到改善，从而提高复合材料功能的物质。它的分子中含有两种不同化学性质的基团：一种是亲无机物的基团，能与无机材料的表面起作用(包括物理和化学作用)；另一种是亲有机物的基团，能与高分子材料起作用(包括物理和化学作用)。因而，能在无机材料与高分子材料的界面上起“分子桥”的作用，把两种性质悬殊的材料牢固地连接起来，从而大大提高复合材料的性能。

硅烷偶联剂是一类具有特殊结构的低分子有机硅化合物。其通式为 $RSiX_3$，式中 R 代表与聚合物有亲和力或反应能力的活性官能团，如氨基、巯基、乙烯基、环氧基、酰胺基、氨丙基等；X 代表能够水解的基团，如卤素、烷氧基和酰氧基等。硅烷偶联剂的作用机理主要有化学反应、物理吸附、氢键作用和可逆平衡等理论，至今尚未形成定论，其中共价键吸附理论广泛被接受。在进行偶联时，首先硅烷的 X 基水解形成硅醇，然后再与无机填料表面上的羟基反应，形成氢键并缩合成—Si—O—M 共价键(M 为无机填料表面)，同时硅醇又互相缔合齐聚形成网状结构的膜覆盖在粒子表面。其化学反应简要过程如下：

(1) 水解：

$$RSiX_3 + 3H_2O \longrightarrow RSi(OH)_3 + 3HX \tag{6-1}$$

(2) 缩合：

$$RSi(OH)_3 \longrightarrow HO-\underset{\underset{OH}{|}}{\overset{\overset{R}{|}}{Si}}-O-\underset{\underset{OH}{|}}{\overset{\overset{R}{|}}{Si}}\quad O-\underset{\underset{OH}{|}}{\overset{\overset{R}{|}}{Si}}-OH \tag{6-2}$$

(3) 与颗粒表面羟基形成氢键，然后脱水，形成共价键：

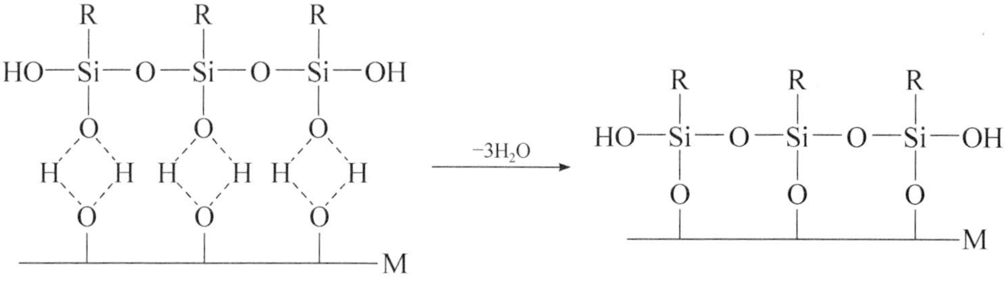

$$\begin{array}{ccccccccc} & & R & & & R & & & R \\ & & | & & & | & & & | \\ HO & — & Si & — O — & & Si & — O — & & Si — OH \\ & & | & & & | & & & | \\ & & O & & & O & & & O \\ & H & & H & H & & H & H & & H \\ & & O & & & O & & & O \\ & & | & & & | & & & | \\ \hline & & & & & & & & M \end{array} \xrightarrow{-3H_2O} \begin{array}{ccccc} R & & R & & R \\ | & & | & & | \\ HO—Si & —O— & Si & —O— & Si—OH \\ | & & | & & | \\ O & & O & & O \\ | & & | & & | \\ \hline & & & & M \end{array} \qquad (6\text{-}3)$$

钛酸酯偶联剂的通式为$(RO)_m—Ti—(OX—R'—Y)_n$，其中$1\leqslant m\leqslant 4$，$m+n\leqslant 6$，式中R和R′分别代表短碳链基烷烃和长碳链基烷烃，X为C、N、P、S等元素，Y代表羟基、氨基和环氧基等基团。偶联剂分子中的$(RO)_m$为钛酸酯与无机填料进行化学结合的官能团。钛酸酯偶联剂也是通过与填料表面羟基进行化学键合的方式反应的，其机理与硅烷偶联剂相似。

2. 改性T-ZnOw的红外光谱表征

用于红外测试的ZnO晶须均经抽提，以消除物理吸附在晶须表面的偶联剂影响。在图6-1中，与未改性ZnO晶须相比，改性后的红外光谱图均发生了明显变化。对于钛酸酯类偶联剂NDZ-201(曲线a)、NDZ-311(曲线b)，2960～2850cm^{-1}处为CH_3、CH_2上C—H的伸缩振动峰，1460cm^{-1}、1382cm^{-1}为C—H的弯曲振动吸收峰，1250cm^{-1}附近出现了P═O的特征峰，1050～950cm^{-1}处的宽峰为P—O—C的伸缩振动峰。对于硅烷偶联剂KH-550、KH-570，在2960cm^{-1}、2850cm^{-1}、1460cm^{-1}、1382cm^{-1}处出现了烷基链上C—H的特征吸收峰，1200～1000cm^{-1}处为Si—O—Si的伸缩振动峰。此外，KH-570的红外光谱曲线上也出现了C═O(1726cm^{-1})、C═C(1633cm^{-1})的特征峰。这说明所用偶联剂均以化学键结合在晶须表面。

3. 改性T-ZnOw的XRD表征

图6-2为偶联剂改性ZnO晶须的XRD图。可以看出，未改性T-ZnOw在2θ为10°～80°的范围内出现了7个主要衍射峰，分别位于31.8°、34.4°、36.3°、47.6°、56.6°、62.8°、67.9°，依次对应晶面(100)、(002)、(101)、(102)、(110)、(103)、(200)产生的衍射。与未改性晶须的衍射图相比，经偶联剂改性后的ZnO晶须晶体结构几乎没有发生变化。这说明实验中选用的偶联剂只能对晶须表面进行改性，并不影响晶体结构。

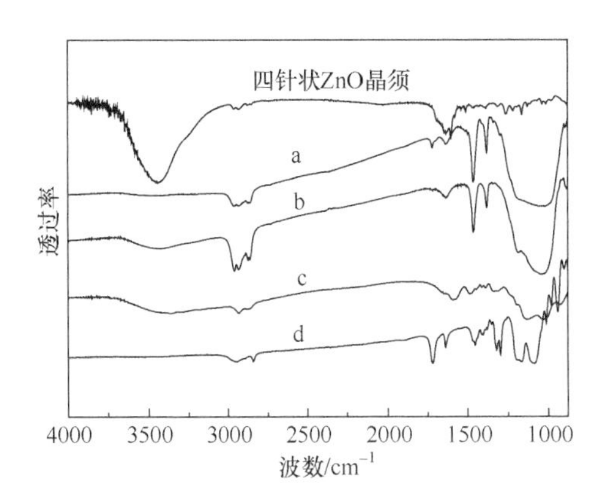

图 6-1　改性前后 T-ZnOw 的红外光谱图

a. NDZ-201 改性 ZnO 晶须；b. NDZ-311 改性 ZnO 晶须；c. KH-550 改性 ZnO 晶须；d. KH-570 改性 ZnO 晶须

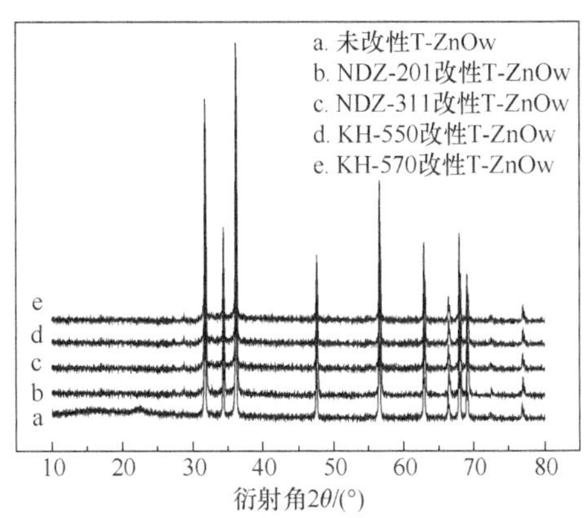

图 6-2　改性前后 T-ZnOw 的 XRD 图

4. 改性效果分析

本章采用活化指数来表征晶须的改性效果。未改性的 ZnO 晶须密度较大，高达 5.3g/cm^3，且表面呈极性，在水中会自然下沉；而经所选有机偶联剂表面改性后，其表面由亲水性变为疏水性，在水中巨大的表面张力使其在水表面上漂浮不沉，其在水中的沉浮情况反映了改性效果。因此，可以用活化指数(H)反映晶须表面改性效果的好坏。活化指数按式(6-4)计算：

$$\text{活化指数}=\frac{\text{样品中漂浮部分的质量(g)}}{\text{样品总质量(g)}}\times 100\% \tag{6-4}$$

活化指数的测定方法：准确称取一定量的改性 T-ZnOw，将其加入 100mL 去离子水中，超声振荡 1h 后静置 1h，取出上层漂浮的粉体烘干并称量。按式(6-4)计算活化指数。

现考察各反应因素对活化指数的影响，以优化晶须改性工艺。

1) 改性温度的影响

由图 6-3 可以看出，改性温度对活化指数的影响较为显著。钛酸酯偶联剂 NDZ-201 改性 ZnO 晶须时其活化指数随温度的升高先增大后减小，分析原因认为 NDZ-201 改性 ZnO 晶须时以吸附作用为主，吸附为放热反应，随着温度升高，吸附平衡向着相反方向移动，在低温区时吸附速率大于解吸速率，吸附量随着温度升高迅速增加，在 50℃时达到最大值，再增加温度吸附速率小于解吸速率，吸附量随温度升高反而降低。而对于钛酸酯偶联剂 NDZ-311，其活化指数在温度为 40℃时最大，50℃时最小，分析认为低于 50℃时 NDZ-311 改性 ZnO 晶须也以吸附作用为主，与 NDZ-201 类似；而当温度超过 50℃时，虽然解吸速率增大，但晶须表面的羟基被活化，与 NDZ-311 的反应活性增强，活化指数呈逐渐增大趋势。硅烷偶联剂 KH-550、KH-570 在不同温度下的改性效果变化趋势大致相同，活化指数都随温度的升高先增大而后趋于稳定。究其原因可能是随着温度的升高，KH-550、KH-570 与晶须表面的羟基反应活性增大，活化指数明显提高，而温度过高会使偶联剂产生脱附，反应增速和脱附两种因素使得活化指数变化不明显。由此确定，NDZ-201、NDZ-311、KH-570、KH-550 适宜的改性温度分别为 50℃、40℃、60℃、70℃。

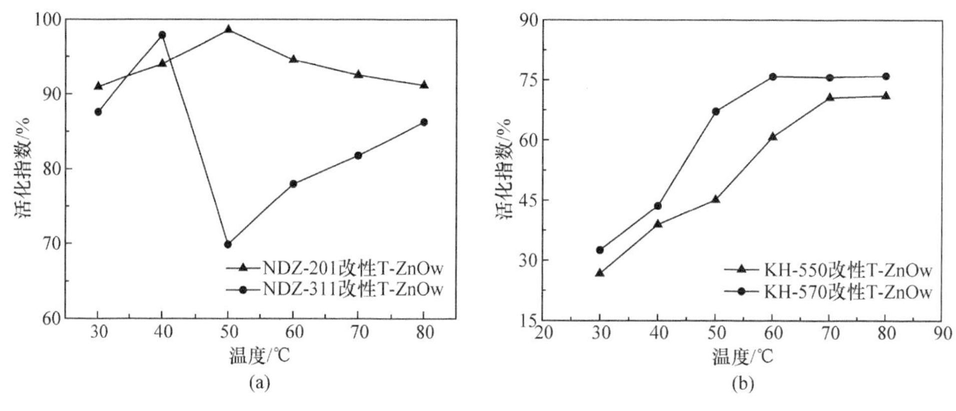

图 6-3 改性温度对活化指数的影响

2) 改性时间的影响

改性时间对活化指数的影响如图 6-4 所示。随着反应时间的延长，钛酸酯偶联剂 NDZ-201 与 NDZ-311 改性后的 ZnO 晶须活化指数都呈增大趋势，3h 后变化趋于平缓。这是因为偶联剂在晶须表面的吸附量随着时间的延长而增大，时间一定时吸附与解吸附达到平衡，吸附在晶须表面并参与反应的偶联剂量达到最大，此后再延长改性时间也不能明显提高活化指数。因此，将 NDZ-201 与 NDZ-311 合适的改性时间都定为 3h。

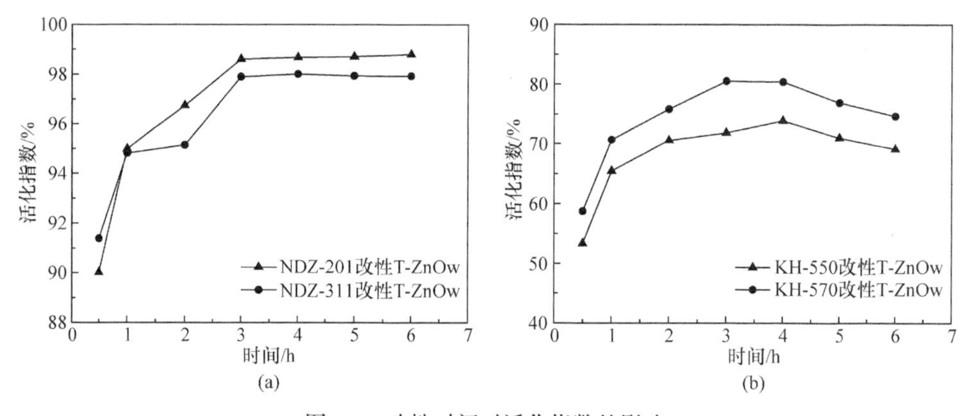

图 6-4 改性时间对活化指数的影响

从图 6-4(b)可以看出，改性时间同样也是保证硅烷偶联剂 KH-550 与 KH-570 获得较好改性效果的重要影响因素。当改性时间较短时，硅烷偶联剂与 ZnO 晶须还未来得及充分反应以致活化指数较低，达到足够的反应时间时改性效果才能最好；而改性时间过长，又会导致已经吸附在晶须表面的硅烷偶联剂的脱附，改性效果反而变差。由此可确定 KH-570 与 KH-550 适宜的改性时间分别为 3h、4h。

3) 偶联剂用量的影响

图 6-5 是活化指数随偶联剂用量的变化。由图 6-5(a)可以看出，随着钛酸酯偶联剂 NDZ-201、NDZ-311 用量的增加，活化指数都先增大后减小。这是由于钛酸酯偶联剂与 ZnO 晶须形成单分子膜吸附，钛酸酯偶联剂用量增大，吸附量增大，活化指数增大。钛酸酯偶联剂用量为 ZnO 晶须质量的 3%时，晶须表面单分子吸附达到平衡，此时活化指数最大；但钛酸酯偶联剂用量大于 3%时，ZnO 晶须表面的钛酸酯分子长链相互缠绕，阻碍偶联剂中的反应基团与晶须表面的羟基进一步反应，或 ZnO 晶须粒子之间的钛酸酯分子长链相互缠绕，引起 ZnO 晶须的絮凝，都将导致活化指数下降。

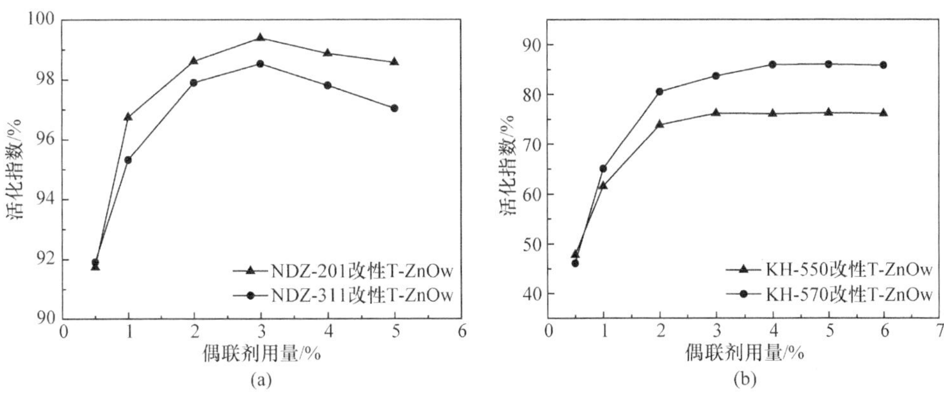

图 6-5　偶联剂用量对活化指数的影响

当选用硅烷偶联剂改性 ZnO 晶须时，偶联剂用量的增加使得越来越多的 ZnO 晶须表面被改性，活化指数随之增大，但当偶联剂用量过多时，会在晶须表面形成多分子层或发生自聚合，并不能进一步提高活化指数。

4) 机械搅拌速度的影响

由图 6-6 可以看出，机械搅拌速度对钛酸酯偶联剂的改性效果影响不太显著。随着搅拌速度的增大，活化指数逐渐增大，160r/min 时达到最大，此后活化指数稍有下降。硅烷偶联剂改性 ZnO 晶须时，其活化指数都随搅拌速度的增大先增大后减小，可能是由于搅拌速度的增大促进了硅烷偶联剂与 ZnO 晶须表面羟基的反应，从而提高了改性效果。但搅拌速度过大会导致已经吸附在晶须表面上的硅烷偶联剂发生脱附，或加速硅烷偶联剂的自聚合，造成改性效果变差。综合考虑改性效果及能耗，确定 NDZ-201、NDZ-311、KH-570、KH-550 改性晶须时适宜的机械搅拌速度分别为 160r/min、160r/min、130r/min、130r/min。

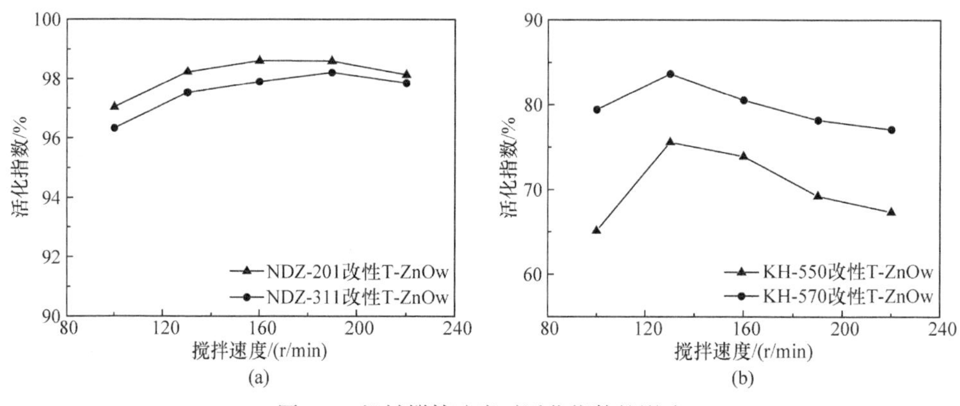

图 6-6　机械搅拌速度对活化指数的影响

6.3.2　T-ZnOw 改性剂应用材料——PP/T-ZnOw 复合材料的 XRD 表征

1. 偶联剂种类的影响

图 6-7 中 PP/T-ZnOw 复合材料的晶须含量均为 2wt%，偶联剂用量为晶须质量的 2wt%。由 XRD 图求得的结晶度及β晶相对含量如表 6-1 所示。从图中可以看出，添加 ZnO 晶须的复合材料均在 2θ = 16.3°附近出现了聚丙烯β晶(300)晶面的特征衍射峰，但各试样的结晶度都比纯聚丙烯要低，说明晶须的加入可以促使β晶的形成，却降低了材料的结晶度。与未改性的 T-ZnOw 相比，添加了经偶联剂改性的晶须的复合材料结晶度及β晶含量并没有发生明显变化，说明偶联剂种类对复合材料的结晶度及β晶相对含量影响不大。

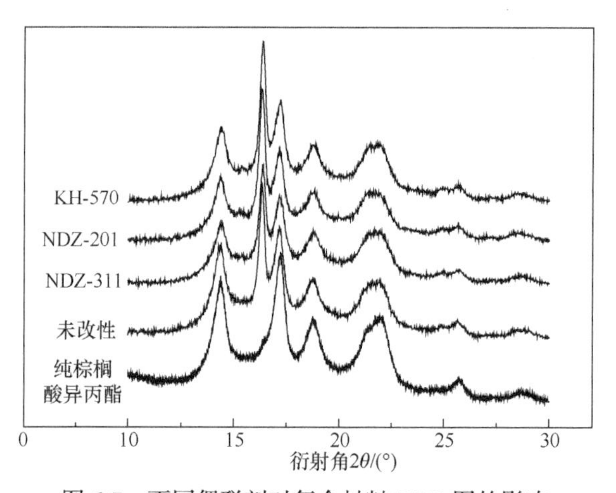

图 6-7　不同偶联剂对复合材料 XRD 图的影响

表 6-1　偶联剂对复合材料的结晶度及β晶相对含量的影响

试样	结晶度/%	β晶相对含量/%
PP	58.9	—
未改性	51.2	30.7
NDZ-311	50.4	31.2
NDZ-201	50.7	31.1
KH-570	49.8	30.8

2. 晶须含量的影响

由 XRD 图 6-8 求得的结晶度及β晶相对含量如表 6-2 所示。可知，各试样也在 2θ = 16.3°附近出现了聚丙烯β晶(300)晶面的特征衍射峰，且随着 ZnO 晶须含量的增加，β晶相对含量逐渐增多，说明晶须用量越多，其诱导β晶形成的能力越强，起到成核剂的作用。但各试样的结晶度均小于纯聚丙烯，且随着晶须用量的增多，复合材料的结晶度逐渐减小，这可能是由于复合材料中的 T-ZnOw 呈空间立体结构，阻碍了聚丙烯分子链排入晶格，限制了球晶的生长，导致结晶度降低。

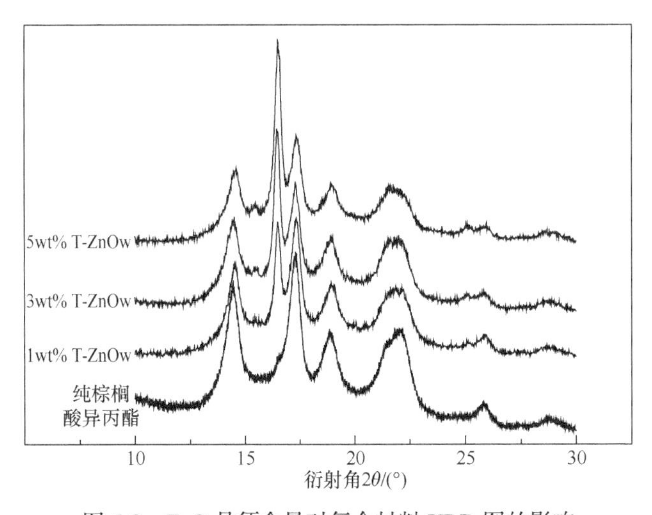

图 6-8　ZnO 晶须含量对复合材料 XRD 图的影响

表 6-2　ZnO 晶须含量对复合材料结晶度及β晶相对含量的影响

T-ZnOw 含量/wt%	结晶度/%	β晶相对含量/%
0	58.9	—
1	50.3	27.8
3	49.1	34.2
5	48.2	38.3

3. 偶联剂用量的影响

图 6-9 中复合材料的 T-ZnOw 含量均为 2wt%，偶联剂(KH-570)的用量为晶须的质量分数。由 XRD 图求得的结晶度及β晶相对含量如表 6-3 所示。可以看出，偶联剂用量对复合材料的结晶度及β晶相对含量影响不大。

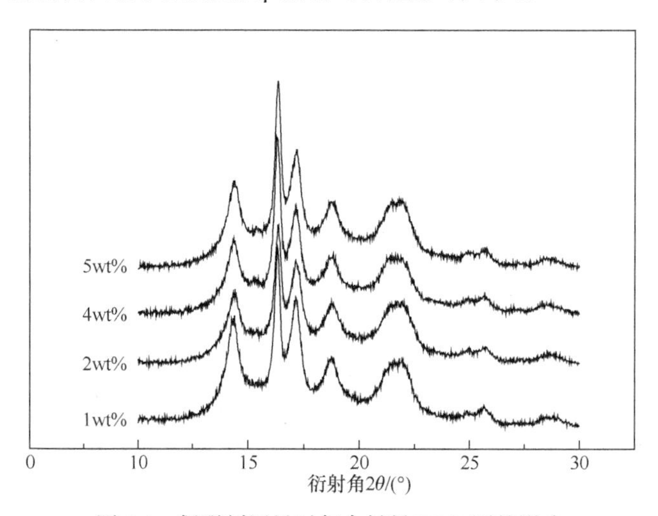

图 6-9 偶联剂用量对复合材料 XRD 图的影响

表 6-3 偶联剂用量对复合材料结晶度及β晶相对含量的影响

KH-570 用量/wt%	结晶度/%	β晶相对含量/%
1	49.8	30.8
2	50.4	31.1
4	50.1	30.6
5	50.6	30.5

6.3.3 PP/T-ZnOw 复合材料的力学性能研究

本小节分别考察了 ZnO 晶须含量、偶联剂种类及用量对 PP/T-ZnOw 复合材料力学性能的影响，以确定较优的复合材料制备工艺。

1. T-ZnOw 含量及偶联剂种类对复合材料力学性能的影响

1) 拉伸性能

固定偶联剂的用量为晶须质量的 2%，研究了各偶联剂在不同 T-ZnOw 含量下对复合材料拉伸性能的影响，如图 6-10 和图 6-11 所示。从图中可以看出，未经偶联剂改性的 ZnO 晶须并没有提高聚丙烯基体的拉伸强度和拉伸模量，而且随着晶须含量的增加逐渐降低，说明未改性的晶须与基体之间几乎没有界面结合，作为应力缺陷导致材料拉伸性能下降。同时通过上面的 XRD 表征可知，T-ZnOw 的加入可以促进聚丙烯β晶的形成，而β晶具有较低的强度和模量，也造成拉伸强度和拉伸模量随晶须含量的增多而降低。

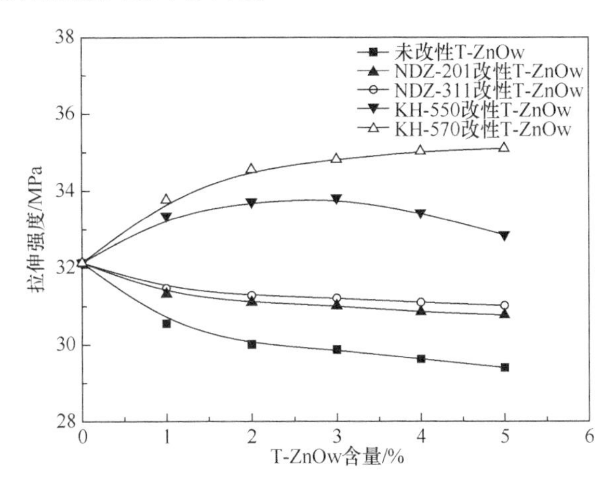

图 6-10　晶须含量对复合材料拉伸强度的影响

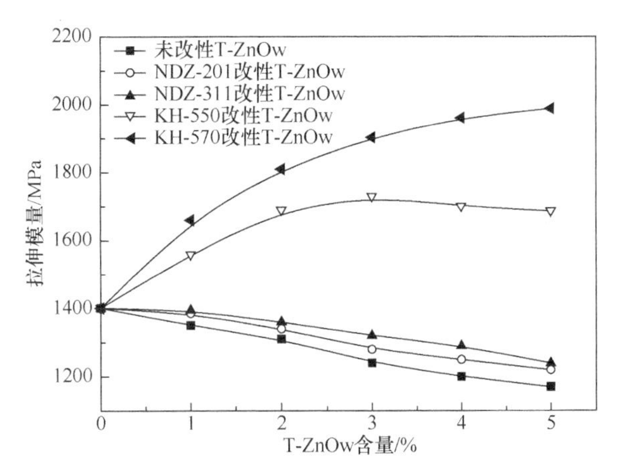

图 6-11　晶须含量对复合材料拉伸模量的影响

加入改性 T-ZnOw 的复合材料均比加入未改性的拉伸性能有不同幅度的提高，表明经偶联剂处理后，晶须与聚丙烯基体之间的相容性得到一定程度的改善，不同偶联剂的改性效果不同。与纯聚丙烯相比，钛酸酯类偶联剂改性的 T-ZnOw 也没能提高基体的拉伸性能，一方面是由于具有低强度和模量的β晶的形成，另一方面可能是由于所用钛酸酯类偶联剂的烷基分子链较长、柔性较大，当复合材料受到拉应力时晶须与聚丙烯的界面层容易被破坏，产生缺陷，导致拉伸性能下降。T-ZnOw 经硅烷偶联剂处理后，复合材料的拉伸强度及模量均有提高，这是因为硅烷偶联剂提高了晶须与聚丙烯之间的界面结合力，当外力作用于基体时，应力能有效被传递给 T-ZnOw，使其承担部分负载，并起到骨架增强的作用，从而提高拉伸性能。其中，KH-570 的增强效果最好，这是由于 KH-570 的分子结构中含有不饱和双键，可以与聚丙烯发生交联，大大增强了 T-ZnOw 与聚丙烯间的界面黏结力，使得拉伸性能提高。

2) 缺口冲击强度

不同偶联剂对复合材料缺口冲击强度的影响如图 6-12 所示。由图可知，添加未改性 T-ZnOw 的复合材料的冲击性能有一定幅度的提高，这归因于聚丙烯基体中β晶的形成，但由于未改性的晶须与聚丙烯间相容性差，其填充量增多，使基体中内部缺陷增多，促进裂纹生长成裂缝，导致缺口冲击强度降低。经偶联剂改性后，复合材料的冲击性能与未改性前相比有明显的提高，这主要是因为晶须和聚丙烯间的界面结合增强，当材料受到冲击时，晶须能恰到好处地引发银纹与局部屈服形变，吸收和耗散冲击能，从而提高韧性。同时也发现，钛酸酯类偶联剂对冲击性能的增强作用优于硅烷偶联剂，这是由于钛酸酯分子链较长、柔性较大，界面柔性层在冲击应力下起到缓冲作用可以吸收更多的能量，使韧性提高；而硅烷偶联剂改性的晶须与聚丙烯间的强结合界面缺乏柔性层，使复合材料韧性下降。

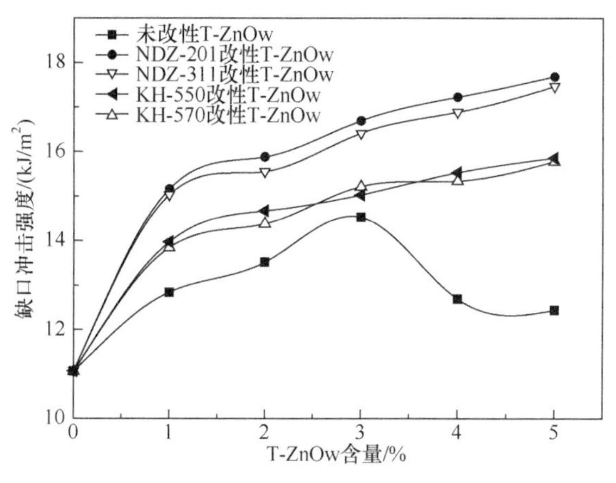

图 6-12 晶须含量对复合材料缺口冲击强度的影响

2. 偶联剂用量对复合材料力学性能的影响

现研究偶联剂 NDZ-201、KH-570 用量对 PP/T-ZnOw 复合材料拉伸及冲击性能的影响，其中晶须的添加量为 2wt%。

1) 拉伸性能

偶联剂用量与复合材料拉伸性能的关系见图 6-13 和图 6-14。由图可以看出，适当用量的偶联剂可以增大材料的拉伸强度和模量，这也归功于偶联剂增强了聚丙烯与晶须间的界面相互作用，相互作用越大，应力传递效率越高，越有利于拉伸性能的提升。而偶联剂过多时，晶须表面附着较厚的偶联剂层，当复合材料受到拉应力时，偶联剂多分子层先被拉开，而不能将应力有效地传递给晶须，致使拉伸强度和模量下降。

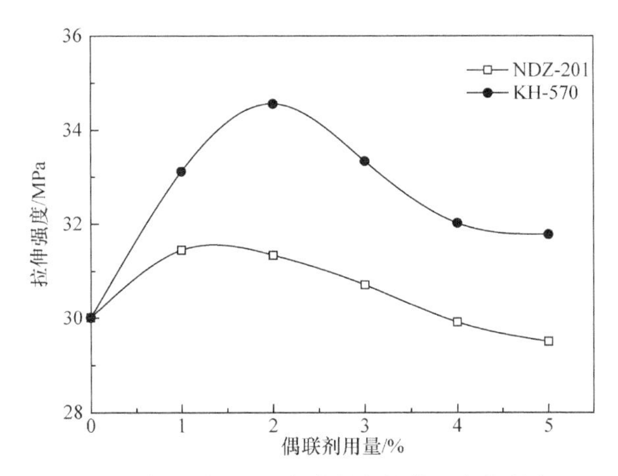

图 6-13　偶联剂用量对复合材料拉伸强度的影响

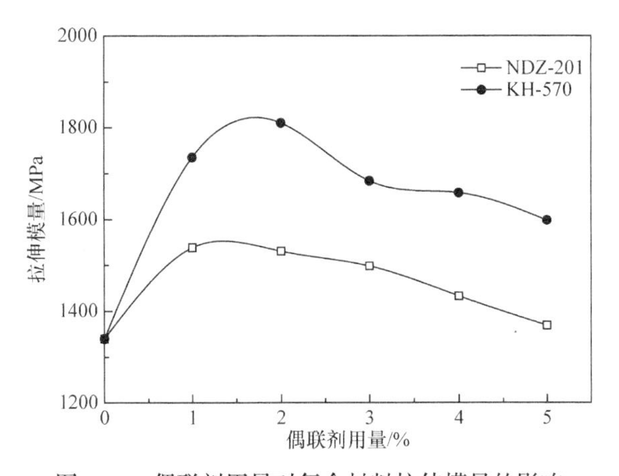

图 6-14　偶联剂用量对复合材料拉伸模量的影响

2) 缺口冲击强度

由图 6-15 可见，偶联剂 NDZ-201、KH-570 的用量对复合材料冲击性能的影响趋势相似，缺口冲击强度都随着偶联剂用量的增加先增大后减小，NDZ-201 用量为晶须质量的 2%、KH-570 为 3%时，缺口冲击强度分别达到最大值。这是因为偶联剂用量增多，可以改善晶须在 PP 中的分散性和界面相互作用，从而提高缺口冲击强度；但偶联剂过多时，部分靠物理作用吸附在晶须表面的偶联剂分子在加工过程中发生脱附并分解，影响材料的性能。

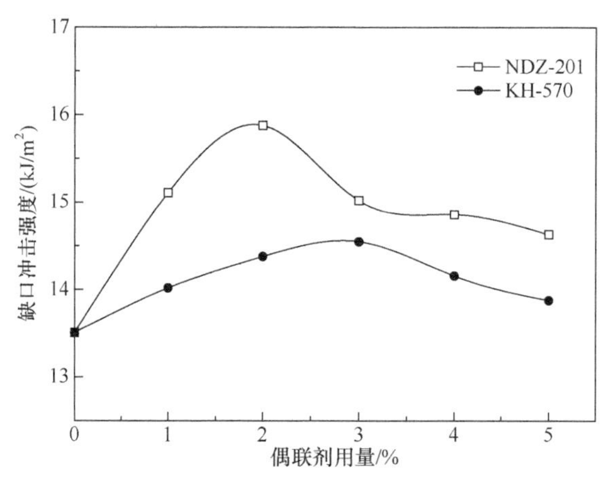

图 6-15 偶联剂用量对复合材料缺口冲击强度的影响

6.3.4 复合材料的热变形温度

从图 6-16 中可以看出，分别加入未改性及改性 ZnO 晶须的复合材料，其热变形温度都随着 T-ZnOw 含量的增加逐渐增大，而后趋于恒定或稍有下降。这是因为，复合材料中的 T-ZnOw 起到骨架的作用，在材料受到弯曲应力时，晶须的特殊结构可以为基体分担部分外界负荷，并阻碍 PP 大分子链的运动，同时由于β晶的形成，也提高了复合材料的热变形温度。偶联剂 NDZ-201、KH-570 对改善 PP 热变形温度的差异，则是由晶须与 PP 基体的界面相互作用决定的，强的界面结合力有利于应力传递，增大 T-ZnOw 在 PP 中抵抗应变的能力，从而提高热变形温度。

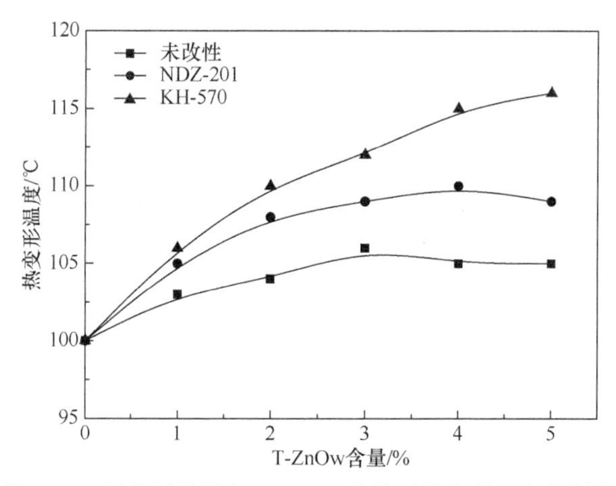

图 6-16 偶联剂种类和 T-ZnOw 含量对热变形温度的影响

偶联剂用量对复合材料热变形温度的影响如图 6-17 所示。在偶联剂用量较少时，有利于改善材料的热变形性能，过多时反而会起到负面作用。因为，偶联剂用量的增加可以提高 T-ZnOw 与 PP 间的界面黏结性，有利于发挥晶须本身的抗应变能力，从而提高热变形温度；当偶联剂过多时，会在晶须表面形成较厚的多分子层，起到增塑的作用，反而降低了热变形温度，同时由于 NDZ-201 的分子链柔性大于 KH-570，使热变形温度更低。

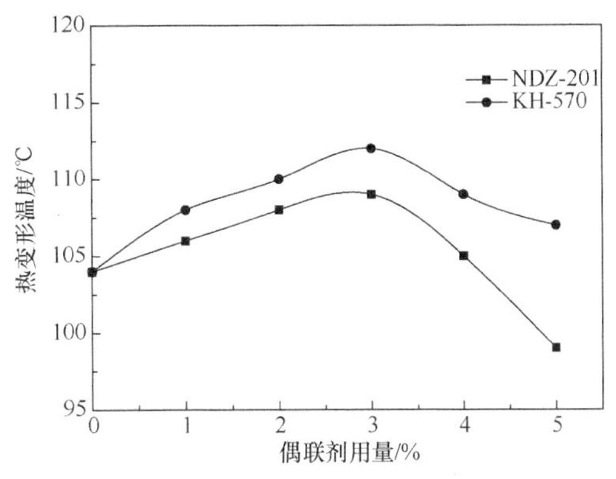

图 6-17　偶联剂用量对热变形温度的影响

6.3.5　复合材料的熔体流动性

分别考察了偶联剂种类、T-ZnOw 含量及偶联剂用量对复合材料熔体流动性的影响，为材料的加工成型奠定基础。

偶联剂种类和 T-ZnOw 含量对 PP/T-ZnOw MFR 的影响如图 6-18 所示。随着晶须含量的增加，复合材料的 MFR 逐渐降低，经偶联剂 KH-570 改性后，MFR 减小幅度更大。通常认为，刚性粒子的加入会增大 PP 熔体分子链内的摩擦，使大分子链运动受阻，添加量越多，这种阻碍作用越大，导致熔体流动性一直降低。由于 KH-570 改性的 ZnO 晶须与 PP 的界面结合力强，更不利于大分子链的运动，使得 MFR 更低。

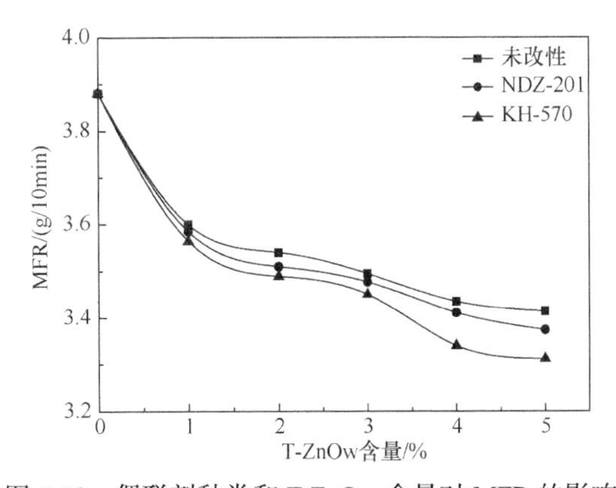

图 6-18　偶联剂种类和 T-ZnOw 含量对 MFR 的影响

偶联剂用量对复合材料熔体流动性的影响趋势与晶须含量完全不同,如图 6-19 所示。经偶联剂改性后，复合材料的 MFR 随着偶联剂用量的增加先减小后增大，NDZ-201、KH-570 用量分别为晶须质量的 2%、3%时，MFR 最小。结果表明，增加偶联剂用量，前期使 T-ZnOw 与 PP 间的界面黏结力增强，降低了熔体流动性；但用量过多，晶须表面吸附的偶联剂层太厚，反而起到了增塑和润滑作用，使熔体流动性提高。与硅烷偶联剂相比，钛酸酯类偶联剂的柔性分子链增塑效果更为明显。

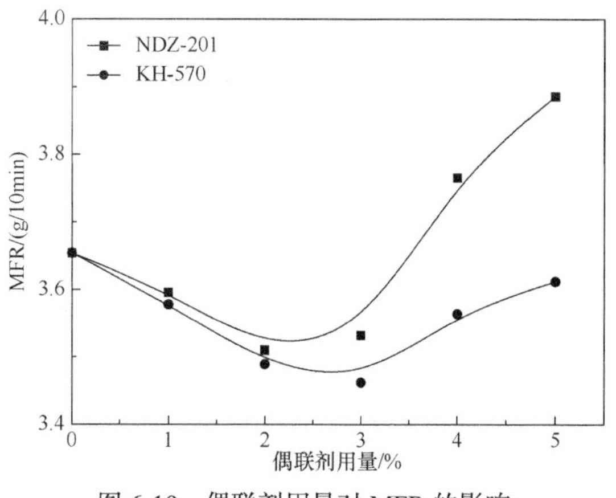

图 6-19　偶联剂用量对 MFR 的影响

6.3.6　复合材料的熔融和结晶行为

利用差示扫描量热仪的方法,研究 PP/T-ZnOw 复合材料的熔融及结晶行为(图 6-20)，并通过热分析软件计算得到熔融焓、结晶焓及其相关数据，如表 6-4、表 6-5 所示。

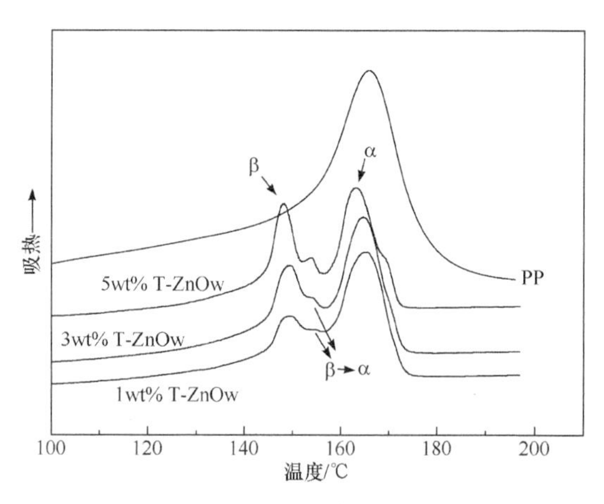

图 6-20　PP/T-ZnOw 复合材料的熔融曲线

表 6-4　PP/T-ZnOw 复合材料的熔融数据

试样	T_β/℃	T_α/℃	ΔH/(J/g)
PP	—	166.2	127.3
1wt% T-ZnOw	149.0	165.0	95.4
3wt% T-ZnOw	149.1	164.4	88.6
5wt% T-ZnOw	148.9	163.2	79.8

表 6-5　PP/T-ZnOw 复合材料的结晶数据

样品	T_c/℃	T_{onset}/℃	ΔH_c/(J/g)	($T_{onset}-T_c$)/℃	X_c/%
PP	109.2	118.9	96.3	9.7	46.1
1wt% T-ZnOw	116.7	125.1	93.1	8.4	44.5
3wt% T-ZnOw	117.0	125.0	87.6	8.0	41.9
5wt% T-ZnOw	117.2	125.0	82.2	7.8	39.3

注：T_c 为临界温度；T_{onset} 为初始热环化温度；ΔH_c 为热效应。

从熔融曲线(图 6-20)中可以看出，随着晶须含量的增加，复合材料的α晶的熔点(T_α)逐渐向低温移动，β晶的熔点(T_β)基本没有发生变化，但β晶的熔融峰面积逐渐增大，且在 153℃左右处出现了β晶向α晶相转变的熔融行为。也证实了晶须的加入可以促进聚丙烯β晶型的形成。

由结晶数据可知，T-ZnOw 用量的增加，提高了 PP 的结晶温度，且增大了结晶速率，却降低了 PP 的结晶度(X_c)。这可能是因为晶须在 PP 基体中起到异相成核的作用，加速结晶过程，并提高结晶温度，但结晶速率过快，球晶来不及生长，导致结晶不完善，使得结晶度下降，如图 6-21 所示。

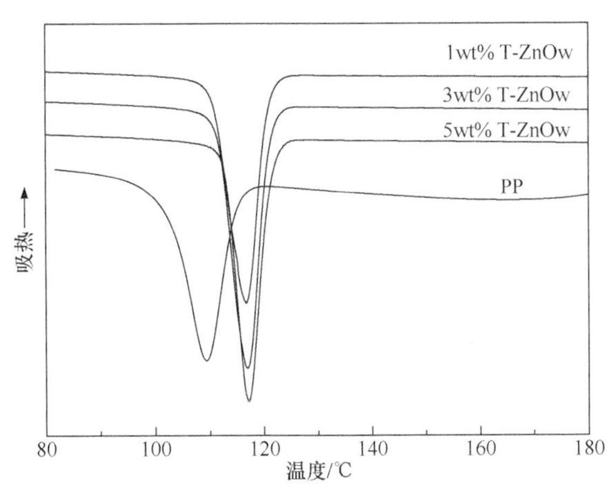

图 6-21　PP/T-ZnOw 复合材料的结晶曲线

6.3.7　复合材料的断面形貌

图 6-22 为添加 2wt% T-ZnOw 的复合材料的淬断 SEM 图。可以看出，未改性晶须的 SEM 图中，几乎没有发现针状体的存在，大多是晶须针状体被拔出后留下的空洞，说明未改性的 T-ZnOw 与 PP 间的界面结合力差，在外力的作用下很容易脱黏，这也是造成复合材料力学性能较差的原因之一。而晶须经 KH-570 改性后的 SEM 中，T-ZnOw 的一根针状体明显被深埋于 PP 基体中，且界面模糊，也证实了偶联剂可以大大改善晶须与 PP 的界面黏结性，从而提高材料各方面的性能。

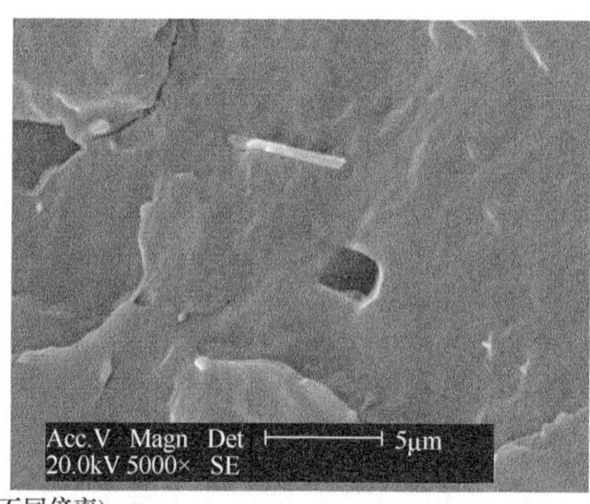

(a) 未改性(不同倍率)

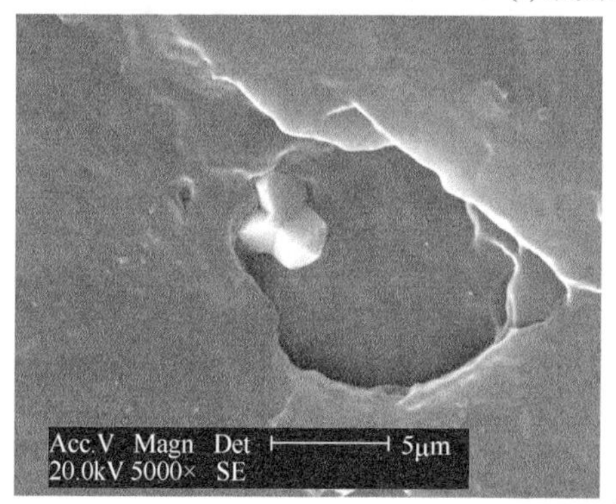

(b) KH-570改性(不同位置)

图 6-22　PP/T-ZnOw 复合材料的淬断 SEM 图

6.4　本 章 小 结

(1) 采用湿法改性四针状 ZnO 晶须，以活化指数为考察指标，得到各偶联剂的较优改性工艺：NDZ-201、NDZ-311、KH-570、KH-550 适宜的改性温度分别为 50℃、40℃、60℃、70℃，改性时间分别为 3h、3h、3h、4h，机械搅拌速度分别为 160r/min、160r/min、130r/min、130r/min。

(2) 经偶联剂改性后，PP/T-ZnOw 复合材料的力学性能均比未改性时有所提高；偶联剂不同，改性效果不同。硅烷偶联剂处理晶须，有利于复合材料拉伸性能的提高；而钛酸酯类偶联剂则大大改善了复合材料的缺口冲击强度。

(3) 适量的偶联剂可以提高复合材料的热变形温度，却降低了熔体的流动性。

(4) T-ZnOw 可以诱导聚丙烯β晶的形成，且随着晶须含量的增加，β晶的相对含量增大，聚丙烯的结晶温度、结晶速率提高，但总结晶度和熔融温度下降。

(5) 偶联剂可以增强晶须和聚丙烯间的界面相互作用。

第 7 章　β 成核剂

7.1　引　　言

PP 是一种结晶度较高的聚合物，其结晶度、晶型及晶体的结构形态都对其宏观性能有很大的影响。PP 在不同的结晶条件下，能够生成不同的晶型结构，主要有α、β、γ、δ等几种形式。一般商业化的 PP 都为α晶型，其综合性能良好，在生产中应用广泛。但由于其冲击强度和热变形温度较低，在一定程度上限制了 PP 的使用。而β晶型 PP(β-PP)虽然拉伸强度和弹性模量较低，但因其具有良好的抗冲击性能、优异的耐化学腐蚀性和高的热变形温度，弥补了α晶型 PP(α-PP)的缺陷。目前，β-PP 已经应用于车用保险杠、蓄电池槽、微孔纤维和薄膜等领域。

添加β晶型成核剂是获得β-PP 目前有效便捷的方法，因此对β成核剂的研究已经成为通用 PP 高性能化的热门课题。目前作为有效β成核剂使用的化合物主要包括芳香环化合物和复合金属盐化合物。本章介绍了硬脂酸盐和癸二酸盐这两种自制的金属盐成核剂对 PP 的作用，比较了两种成核剂的成核效率，分析了成核剂的添加量对 PP 结晶性能和力学性能的影响。

7.2　β成核剂应用材料的制备过程

将聚丙烯、自制的硬脂酸盐成核剂或自制的癸二酸盐成核剂按一定比例放入高速混合机中搅拌均匀，然后经同向双螺杆挤出机熔融挤出造粒。将粒料烘干后，通过注塑成型方法制备标准试样进行性能测试。

7.3　β成核剂应用材料——β-PP 的结构与性能表征

7.3.1　XRD 表征

采用 Rigaku Miniflex (Ⅱ) X 射线衍射仪对纯 PP 和β成核剂改性 PP 进行扫描，扫描条件如下：CuK_{α}辐射，λ = 0.154nm，管电压 30kV，管电流 15mA，扫描速度 0.02°/s，扫描范围为 2θ= 10°～35°。

β-PP 的典型 XRD 图谱及其波峰拟合方法如图 7-1 所示。在 XRD 图谱中，α-PP 的主要衍射峰在 2θ为 15.1°、17.9°、19.5°、22.4°、22.8°的位置，分别对应着(110)、(040)、(130)及交叠的(111)、(131)晶面产生的衍射，而典型的β-PP 是位于 16.1°的(300)晶面衍射峰。利用 XRD 处理软件对 XRD 图谱进行分析，参照 Hsiao 等[10]描述的方法，由高斯公式对衍射峰进行拟合得其峰面积，总结晶度 X_{all} 和β晶型相对含量 K_β 通过 Turner-Jones 公式确定[11]：

$$X_{\text{all}} = 1 - \frac{A_{\text{amorphous}}}{\sum A_{\text{crystllization}} + A_{\text{amorphous}}} \tag{7-1}$$

$$K_\beta = \frac{A_{\beta(300)}}{A_{\alpha(110)} + A_{\alpha(040)} + A_{\alpha(130)} + A_{\beta(300)}} \tag{7-2}$$

式中，A 为 XRD 图谱中衍射峰的峰面积。

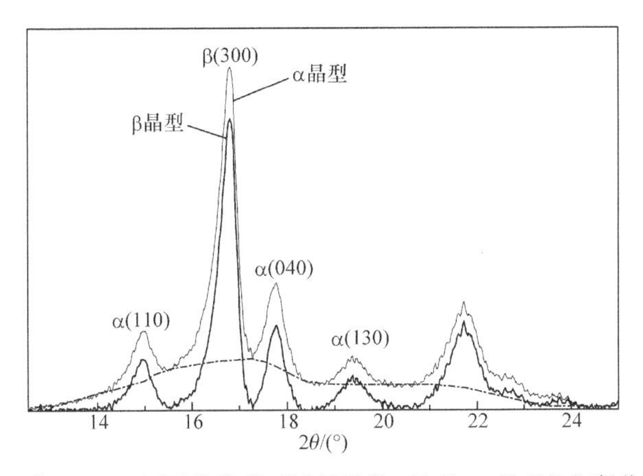

图 7-1　PP 典型 XRD 图谱的非晶区计算及其α晶型、β晶型的衍射位置示意图

1. 不同成核剂对 PP 结晶的影响

硬脂酸盐、癸二酸盐改性 PP 和纯 PP 的 XRD 图谱如图 7-2 所示。图中，纯 PP 的衍射峰分别位于 2θ= 14.3°、17.1°、18.7°，为α-PP 的特征衍射峰，且在 16.3°左右没有衍射峰，说明纯 PP 主要含α晶。加入成核剂后，在 2θ= 16.3°出现了明显的衍射峰，即为β晶型(300)晶面的特征衍射峰，说明这两种成核剂都能促进β晶的形成。在硬脂酸盐改性 PP 的图谱上，(300)晶面的衍射峰强度大大高于α晶的特征衍射峰强度，表明试样中结晶部分主要为β晶型。根据 Turner-Jones 方法计算，不同用量硬脂酸盐改性 PP 的β晶相对含量最大值为 76.64%(硬脂酸盐含量为 0.3wt%)，说明硬脂酸盐的β成核效果明显，是一种高效的β成核剂。

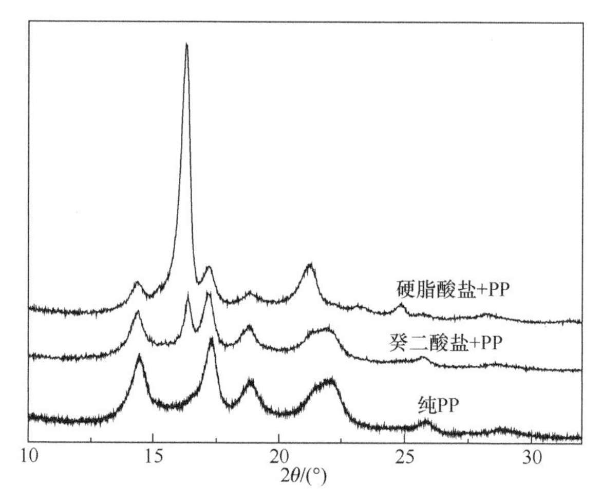

图 7-2　PP 及硬脂酸盐、癸二酸盐改性 PP 的 XRD 图谱

在癸二酸盐改性 PP 的图谱上，(300)晶面的衍射峰强度相对硬脂酸盐改性所产生的衍射峰强度低了很多，计算所得不同用量癸二酸盐改性 PP 的β晶相对含量最大为 35.33%(癸二酸盐含量为 0.5wt%)，说明癸二酸盐成核剂的β成核效果一般。

从图中还可以看到，加入成核剂之后，除产生β晶型的衍射峰之外，α晶型的衍射峰虽然峰位置无明显移动，但峰形发生了变化。由 Scherrer 方程可知：半峰宽(FWHM)越小，微晶尺寸越大，而微晶尺寸越大说明该晶面越完善。利用计算机软件拟合计算，改性前后 PP 主要衍射峰的半峰宽数据如表 7-1 所示。可以看出，加入β成核剂后，α晶型的衍射峰的半峰宽都明显变小，说明改性后 PP 的微晶尺寸增大，晶面更加完善。因此，β成核剂除诱导 PP 生成β晶型，还能促进α晶型的完善。

表 7-1　纯 PP 及硬脂酸盐、癸二酸盐改性 PP 主要衍射峰的半峰宽

试样	FWHM			
	α(110)	β(300)	α(040)	α(130)
纯 PP	0.886	—	0.792	1.040
硬脂酸盐+PP	0.525	0.398	0.374	0.844
癸二酸盐+PP	0.290	0.582	0.342	0.503

通过比较可以看出，两种成核剂都在促进生成β晶型生成的同时，也促进α晶型的完善。但作为一种高效β成核剂，硬脂酸盐能更有针对性地促进β晶型的晶面完善，从而提高β晶的相对含量。

2. 成核剂含量对 PP 的β晶相对含量的影响

用 XRD 考察两种成核剂的添加量对 PP 的β晶相对含量的影响。

如图 7-3、图 7-4 所示，通过计算可得，当硬脂酸盐添加量为 0.1wt%、0.2wt%、0.3wt%、0.4wt%和 0.6wt%时，β晶的相对含量分别为 61.35%、64.54%、76.64%、72.87%和 70.11%。可以发现，当硬脂酸盐的含量很低时，结晶中心很少，生成的β晶较少或不完善，从而使结晶形成的β晶含量较少。随着成核剂含量的增加，结晶中心增加并趋于完善，形成了较多的β晶体的晶核，使结晶速率加快，生成的β晶也有规律性地提高。但当成核剂达到一定含量后，结晶速率过快，导致结晶中心来不及细化反而产生了缺陷，降低了β晶在 c 轴方向的有序性，使β晶相对含量下降。同时，硬脂酸盐作为一种高效成核剂，能促进 PP 结晶度的提高。如图 7-5 所示，随着硬脂酸盐成核剂含量的提高，PP 的总结晶度也有明显的增加，在硬脂酸盐含量为 0.4wt%时达到最大值 66.60%。这是因为成核剂的加入使晶粒细化，促进 PP 结晶，提高结晶度。但硬脂酸盐含量过多时，容易产生“团聚”现象，从而导致总结晶度下降。

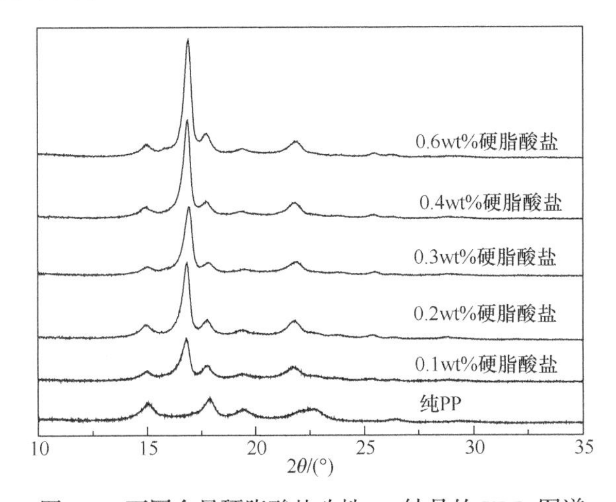

图 7-3　不同含量硬脂酸盐改性 PP 结晶的 XRD 图谱

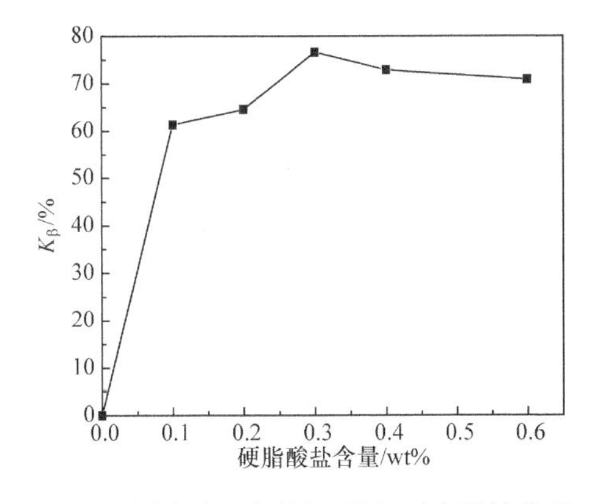

图 7-4　硬脂酸盐含量与β晶相对含量的关系

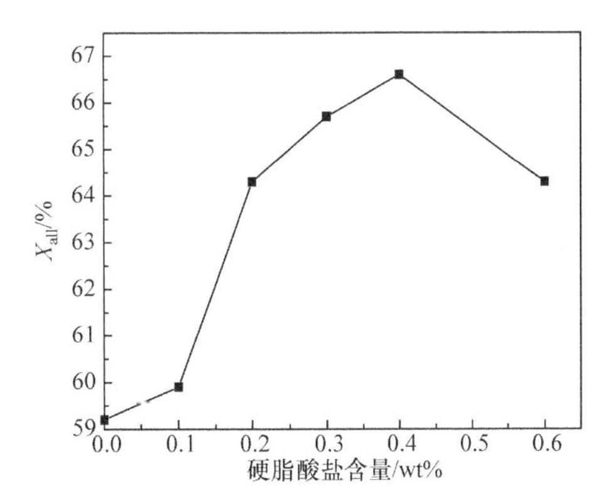

图 7-5　硬脂酸盐含量与总结晶度的关系

癸二酸盐含量对 PP 的β晶相对含量的影响如图 7-6、图 7-7、图 7-8 所示。虽然癸二酸盐对 PP 的成核效果较硬脂酸盐差，但其含量对 PP 的影响规律基本上是一致的，随着含量的增加，β晶相对含量和总结晶度都呈先上升后下降的趋势。当癸二酸盐添加量为 0.5wt%时，β晶的相对含量最大，为 35.33%，总结晶度为 64.46%。

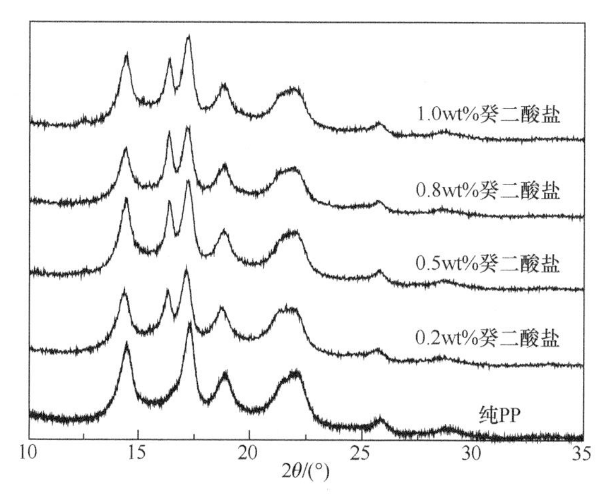

图 7-6　不同含量癸二酸盐改性 PP 结晶的 XRD 图谱

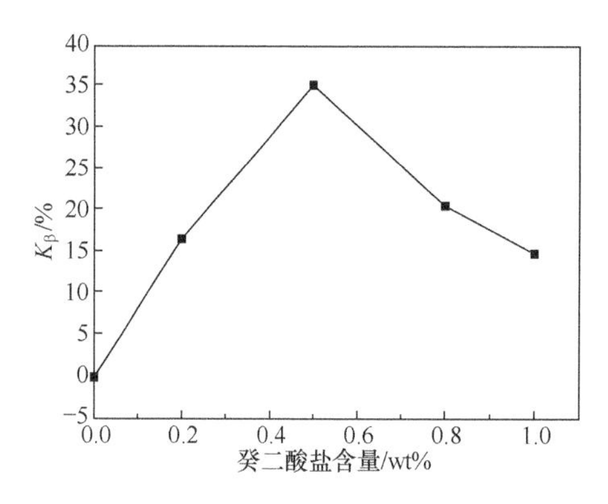

图 7-7　癸二酸盐含量与β晶含量的关系

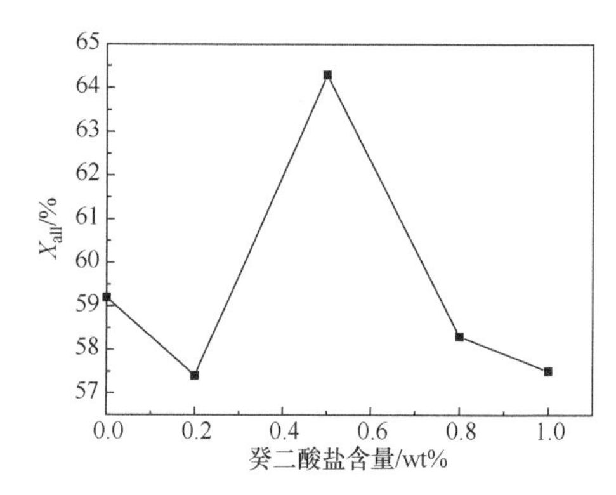

图 7-8　癸二酸盐含量与总结晶度的关系

对不同含量成核剂改性 PP 所得主要衍射峰的半峰宽进行比较，结果如表 7-2、表 7-3 所示。随着硬脂酸盐含量的增加，PP 的β晶面衍射峰的半峰宽逐渐减少，说明硬脂酸盐对β晶生成有很好的促进作用。但是随着含量的提高，成核剂对α晶面也有促进作用，所以导致β晶型相对含量并不会一直提高，而是在含量为 0.3wt%时达到最大(为 76.64%)。同样的现象也出现在癸二酸盐成核剂改性 PP 上。

表 7-2　不同含量硬脂酸盐改性 PP 主要衍射峰的半峰宽

试样	FWHM			
	α(110)	β(300)	α(040)	α(130)
纯 PP	0.886	—	0.792	1.040
0.1wt%硬脂酸盐	0.479	0.444	0.398	0.699
0.2wt%硬脂酸盐	0.598	0.399	0.361	0.790
0.3wt%硬脂酸盐	0.525	0.398	0.374	0.844
0.4wt%硬脂酸盐	0.633	0.364	0.351	0.796
0.6wt%硬脂酸盐	0.603	0.341	0.325	0.781

表 7-3　不同含量癸二酸盐改性 PP 主要衍射峰的半峰宽

试样	FWHM			
	α(110)	β(300)	α(040)	α(130)
纯 PP	0.886	—	0.792	1.040
0.2wt%癸二酸盐	0.612	0.415	0.514	0.647
0.5wt%癸二酸盐	0.290	0.582	0.342	0.503
0.8wt%癸二酸盐	0.622	0.335	0.505	0.633
1.0wt%癸二酸盐	0.617	0.366	0.495	0.632

7.3.2　DSC 分析

如前面所述，硬脂酸盐作为 PP 的β成核剂的成核效率大大高于癸二酸盐，在β成核剂作用下的 PP 熔融及结晶行为的讨论中，采用硬脂酸盐作为成核剂进行。

1. β成核剂作用下 PP 的熔融行为

根据文献报道，β晶的熔点低于α晶。而且因为β晶是热力学上的亚稳态晶型，在升温过程中，β晶熔融后会逐步向α晶转变。因此，β成核剂改性 PP 的熔融曲线和升温速率会有很大关系[11]。在升温速率较高(如 40℃/min)时，β晶熔融后来不及转化为α晶，同时有少量α晶的熔融峰被掩盖。当升温速率较低(如 5℃/min)时，既会出现β晶和α晶的熔融峰，又会有β晶向α晶转变的重结晶峰。而且，β晶熔融后，熔体中残留的α晶起晶核作用，促进 PP 结晶，使之生成更多的α晶，导致 T_m 变大。因此，一般采用 10℃/min 的升温速率研究成核 PP 的熔融性质。

在 DSC 测试方法中，β晶的含量(Φ_β)可以从α晶与β晶的结晶度计算求得，即

$$\Phi_{\beta}(\%)=\frac{X_{\beta}}{X_{\alpha}+X_{\beta}}\times 100 \tag{7-3}$$

$$X_{i}(\%)=\frac{\Delta H_{i}}{\Delta H_{i}^{\ominus}}\times 100 \tag{7-4}$$

式中，X_{α}、X_{β}分别为通过式(7-4)计算而得的α晶和β晶的结晶度；ΔH_i为α晶或β晶升温熔融吸收的热焓；$\Delta H_i^{\ominus}$为α晶或β晶升温熔融的标准热焓，其中$\Delta H_{\alpha}^{\ominus}$为178J/g，$\Delta H_{\beta}^{\ominus}$为170J/g。

由于PP试样中的DSC曲线中α晶和β晶吸热峰存在部分重叠，因此α晶和β晶的实际热焓值可以通过校准的方法[12,13]得到。具体操作方法如下：从α峰与β峰之间的最低点画一条垂直的线到基线，总吸收热焓分别为ΔH_{β}^{*}和ΔH_{α}^{*}。由于在加热过程中，一部分比较不稳定的α晶在β峰的最高点之前熔融，于是它们的热焓值被归入到ΔH_{β}^{*}中。所以，真实的β热焓值ΔH_{β}应在ΔH_{β}^{*}的基础上乘以校正因子A：

$$\Delta H_{\beta}=A\times\Delta H_{\beta}^{*} \tag{7-5}$$

$$A=\left(1-\frac{h_2}{h_1}\right)^{0.6} \tag{7-6}$$

$$\Delta H_{\alpha}=\Delta H-\Delta H_{\beta} \tag{7-7}$$

式中，h_1为从基线到β峰的最高点的距离；h_2为从基线到α峰与β峰之间最低点的距离，示意图如图7-9所示。

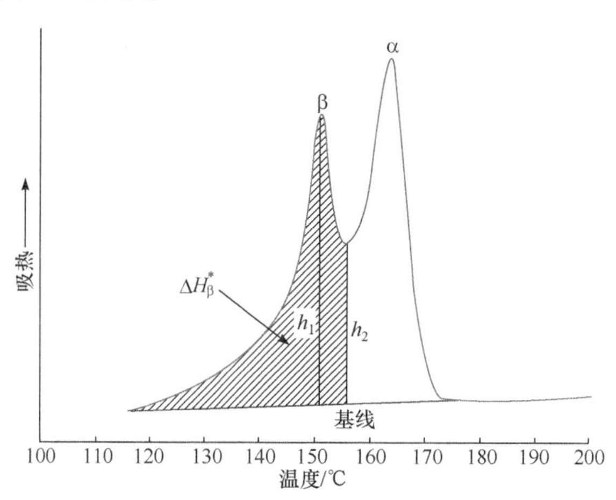

图7-9　含β晶PP的DSC熔融曲线

PP及硬脂酸盐成核剂改性PP的DSC熔融曲线如图7-10所示。从图上可以看出，纯 PP 的熔融峰温度为 166℃左右，而硬脂酸盐改性的 PP 除了出现代表α晶型的熔融吸热峰外，还在 152℃左右出现β晶型的熔融吸热峰，而且β晶型的峰面积明显大于α晶型的峰面积，这表明添加硬脂酸盐可以诱导 PP 中α晶向β晶转变。

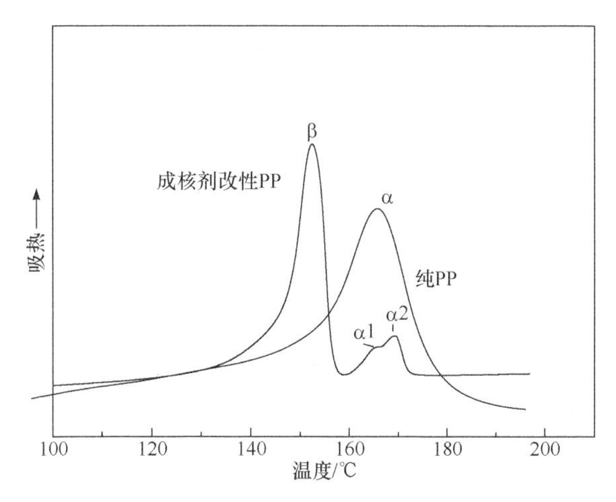

图 7-10　PP 及硬脂酸盐成核剂改性 PP 的 DSC 熔融曲线

从硬脂酸盐改性 PP 熔融曲线的α晶区熔融峰位置可以看到，α峰分为两个小峰α1 和α2。其中α1 是α晶在非等温结晶过程中的熔融峰，α2 是β晶熔融后重新结晶的α峰的熔融峰和一些在加热过程中比较不稳定的α晶的峰[14]。而在纯 PP 中，则没有出现β晶向α晶转变的熔融峰，进一步表明硬脂酸盐可以诱导产生β-PP。

纯 PP 和不同硬脂酸盐用量改性 PP 的 DSC 熔融曲线如图 7-11 所示。文献报道的β晶熔点各不相同，在 143～157℃之间。Zhang 等[15]测得的熔点为 150℃。Li 等[16]测得的熔点为 156℃。熔点不同与采用的树脂牌号和所用成核剂不同相关，也与晶体的完善程度不同、晶片厚度不同有关。从图上可以看到，硬脂酸盐成核剂诱导产生的β晶熔点约为 152℃。同时，β成核剂的含量并不影响α晶熔融峰的熔点，但 PP 的β晶的熔点却随着成核剂用量的增加而升高。这是因为成核剂含量很低时，结晶中心少，生成的β晶也较少，随着成核剂含量增加，结晶中心增加，从而产生的β晶也增加，并且生成的β晶有序性提高，熔点升高。在硬脂酸盐含量为 0.3wt%时，β晶的熔点最高，提高了 3.2℃。但加入过多的成核剂，并不会使β晶熔点继续升高，反而略有下降，原因在于继续加入成核剂，并不会继续提高β晶的稳定性，这与前面 XRD 讨论的现象相符合。PP 改性前后的 DSC 数据列于表 7-4。

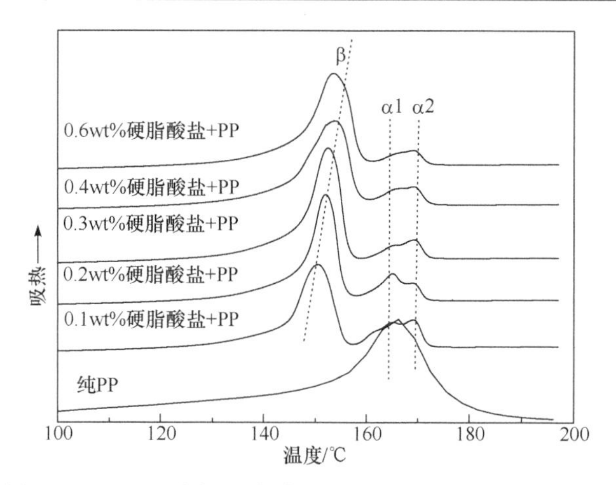

图 7-11　PP 及不同用量硬脂酸盐改性 PP 的 DSC 熔融曲线

表 7-4　不同含量硬脂酸盐改性 PP 的熔融数据

硬脂酸盐含量/wt%	$T_{m\beta}$/℃	ΔH_{β}^{*}/(J/g)	ΔH_{β} /(J/g)	ΔH/(J/g)	ΔH_{α}/(J/g)	X_{β}/%	X_{α}/%	X_{all}/%	Φ_{β}/%
0.1	150.48	75.57	72.46	95.82	23.36	42.62	13.12	55.74	76.46
0.2	153.54	89.55	86.049	112.73	26.68	50.61	14.99	65.60	77.15
0.3	153.32	93.02	91.10	113.44	22.34	53.59	12.55	66.14	81.03
0.4	152.37	90.40	87.20	103.75	16.55	51.29	9.30	60.59	84.65
0.6	151.90	89.55	84.79	106.69	102.34	49.88	9.63	59.51	83.82

从表 7-4 中可以看到，采用这种修正方法算出的 DSC 数据规律基本与前面 XRD 数据所述相同：加入硬脂酸盐成核剂后，PP 的总结晶度和β晶的绝对结晶度都比纯 PP 有明显的提高。在添加量很小时，随着硬脂酸盐含量的增加，β晶的绝对结晶度和 PP 总结晶度逐渐升高。在加入 0.3wt%的硬脂酸盐时，X_{β}和 X_{all} 达到最大，分别为 53.59%和 66.14%。但随着硬脂酸盐的继续增加，X_{β}和 X_{all} 反而下降。这与前面 XRD 图谱所表达的规律相吻合，但通过 DSC 修正方法所得的β晶相对结晶度 Φ_{β}的值与实际相对结晶度有一定差距。同样的情况也出现在类似的文献中[17]。

2. 成核剂作用下 PP 的结晶行为

利用 DSC 测定 PP 的结晶温度、结晶速率、结晶度，由结晶热焓 ΔH_c 的公式可以求出试样的结晶度 X_c：

$$X_c = \frac{\Delta H_c}{\Delta H_0} \tag{7-8}$$

式中，ΔH_0 为完全结晶 PP 的结晶热焓，取值为 209J/g[18]。

图7-12是纯PP及硬脂酸盐改性PP的DSC非等温结晶曲线，降温速率为10℃/min。与纯 PP 相比，硬脂酸盐成核剂改性 PP 的结晶起始温度和结晶峰温度向高温方向移动，这说明硬脂酸盐成核剂具有明显的成核作用，具体结晶行为数据列于表 7-5。

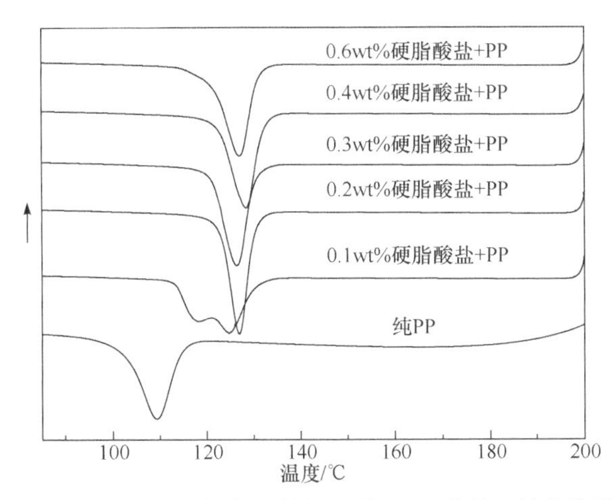

图 7-12　PP 及硬脂酸盐改性 PP 的 DSC 非等温结晶曲线

表 7-5　不同含量硬脂酸盐改性 PP 的结晶数据

硬脂酸盐含量/wt%	T_c/℃	T_{onset}/℃	ΔH_c/(J/g)	$(T_{onset}-T_c)$/℃	X_c/%
0.1	124.91	132.40	92.55	7.49	44.28
0.2	127.14	133.32	102.71	6.18	49.14
0.3	126.73	133.20	108.37	6.47	51.85
0.4	128.56	134.88	105.54	6.32	50.50
0.6	127.31	133.32	100.15	6.01	47.92

1) 不同成核剂含量对 PP 结晶起始温度的影响

从图 7-13 可以看出硬脂酸盐改性 PP 的结晶起始温度随成核剂含量的变化情况。加入硬脂酸盐后，改性 PP 的结晶起始温度高于纯 PP 的结晶起始温度，说明硬脂酸盐作为 PP 的异相晶核，促使 PP 在较高的温度下结晶。随着成核剂含量的增加，PP 的结晶起始温度提高。在硬脂酸盐用量为 0.4wt%时，PP 的结晶起始温度达到最高，为 134.88℃，比纯 PP 的高 20℃左右。

2) 不同成核剂含量对 PP 结晶峰温度的影响

从图 7-13 可以看出，硬脂酸盐改性 PP 的结晶峰温度高于纯 PP 的结晶峰温度，主要原因还是成核剂的异相成核作用。随着成核剂含量的增加，结晶峰温度随之升高。在硬脂酸盐用量为 0.4wt%时，PP 的结晶起始温度达到最高，为 128.56℃，比纯 PP 提高了 18℃左右。

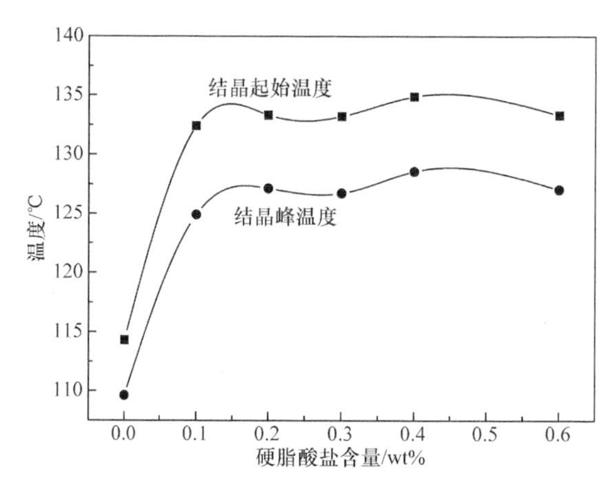

图 7-13　硬脂酸盐含量对 PP 结晶起始温度和结晶峰温度的影响

不同含量硬脂酸盐改性 PP 的结晶数据如表 7-5 所示。在一定的降温速率下，可以用 T_{onset}–T_c 表示结晶总速率，其值越小表明结晶速率越快。说明成核剂的加入不仅诱导 PP 形成β晶，并且加快了结晶速率。

随着成核剂含量的增加，PP 的异相晶核大大增多，结晶速率也加快。但随着成核剂的加入，PP 的结晶度先提高达到最大值 51.85%后反而下降，这与 XRD 中讨论的规律相符。

7.3.3　PLM 表征β成核剂对 PP 结晶形态的影响

采用 CHEMAT XP-201 偏光显微镜(PLM)观察 PP 的结晶形态，考察不同成核剂含量对 PP 结晶形态的影响。

PP 是典型的半结晶性高聚物，如图 7-14 所示，纯 PP 的结晶形态多为球晶，且球晶尺寸较大，球晶之间边界明显，这是因为纯 PP 属于均相成核，主要形成的是α晶型。图 7-15 是β成核剂改性 PP 典型的结晶形态，可以看到，由于成核剂(此为硬脂酸盐)的加入，PP 的晶核密度大大增加，球晶尺寸得到细化，且球晶之

(a) 纯PP(×100)

(b) 纯PP(×250)

图 7-14　纯 PP 的偏光照片

(a) β-PP(×100)

(b) β-PP(×250)

图 7-15　PLM 下硬脂酸盐改性 PP 的结晶形态

间无明显边界。这是因为成核剂在 PP 中起到异相成核作用，且促使形成β晶型。由于α晶和β晶结构上的不同，从微观上解释了β-PP 韧性较α-PP 好的原因。

图 7-16、图 7-17 分别为加入不同含量硬脂酸盐和癸二酸盐成核剂的 PP 结晶形态。通过观察可以发现，只要加入少量的成核剂就可以促进 PP 的β晶型的生成，随着成核剂浓度的提高，球晶尺寸更小。而且，与癸二酸盐相比，硬脂酸盐成核剂改性 PP 所得的球晶更小，细化得更均匀，也进一步说明硬脂酸盐是比癸二酸盐更有效的β成核剂。

(a) 0.1wt%硬脂酸盐-PP

(b) 0.3wt%硬脂酸盐-PP

(c) 0.4wt%硬脂酸盐-PP

图 7-16　PLM 下不同硬脂酸盐含量改性 PP 结晶形态(×100)

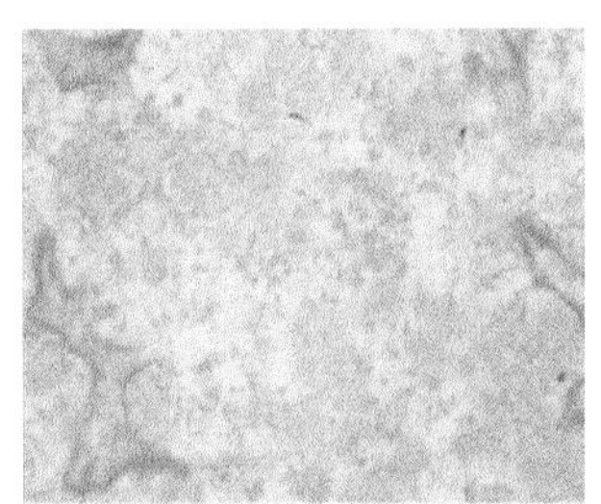
(a) 0.2wt%癸二酸盐-PP

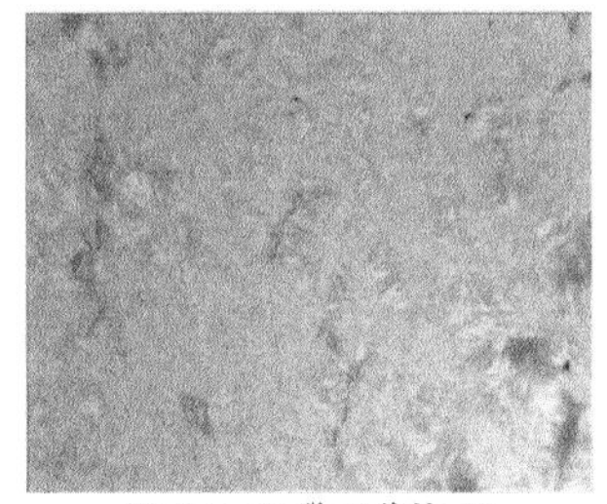
(b) 0.5wt%癸二酸盐-PP

(c) 1.0wt%癸二酸盐-PP

图 7-17　PLM 下不同癸二酸盐含量改性 PP 结晶形态(×100)

7.3.4　β成核剂对聚丙烯力学性能和热变形温度的影响

本小节考察两种成核剂不同添加量对 PP 力学性能和热变形温度的影响。

从图 7-18 和图 7-19 中可知，PP 的热变形温度在硬脂酸盐用量为 0.2wt%时达到了最大值 115℃，在癸二酸盐成核剂用量为 0.5wt%时为 108℃，比纯 PP 分别提高了 15℃和 8℃。这是因为添加成核剂后的 PP 是异相结晶，结晶更为完善，晶体致密均匀，使热变形温度提高，说明加入β成核剂是提高 PP 耐热性能的有效途径之一。此外，从图中还可以看出，随着成核剂用量的继续增加，热变形温度降低，当成核剂的加入量为 0.8wt%以上时，癸二酸盐改性的 PP 热变形温度甚至低于纯 PP，这可能是由于一方面这两种成核剂的熔点和分解温度都比较低，在较高温度下不稳定，过多的加入不利于 PP 热稳定性能，另一方面，癸二酸盐和硬脂酸盐具有润滑剂作用，过多加入导致 PP 分子链相对运动活性增加，热变形温度降低。

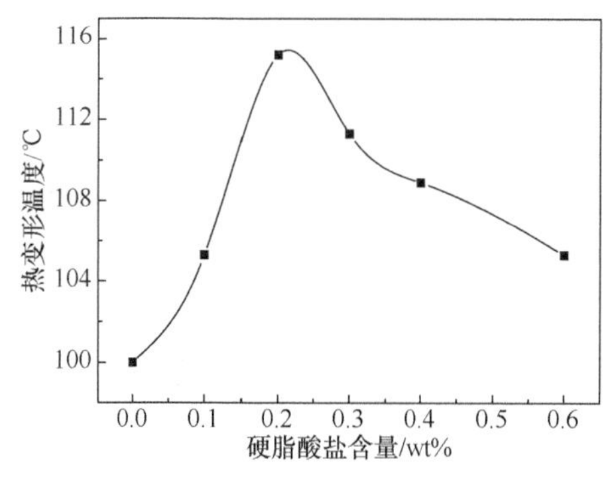

图 7-18　硬脂酸盐含量对热变形温度的影响

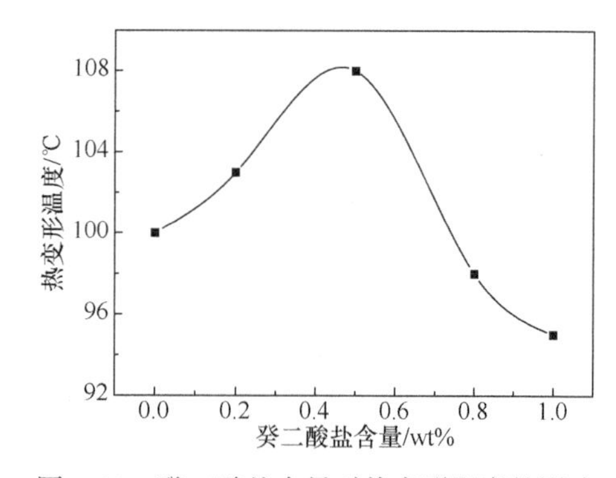

图 7-19　癸二酸盐含量对热变形温度的影响

对两种成核剂改性 PP 的力学性能进行测试，结果如图 7-20～图 7-25 所示。从图中可以发现，PP 的简支梁缺口冲击强度在硬脂酸盐用量为 0.3wt%时达到最大值 25kJ/m^2，在癸二酸盐用量为 0.8wt%时达到 13.75kJ/m^2，分别较纯 PP 提高了 128%和 25%。PP 的断裂伸长率在硬脂酸盐用量为 0.3wt%时最大，为 560%；在癸二酸盐用量为 0.2wt%时最大，为 197%，分别提高了 2.73 倍和 0.31 倍。而成核剂的加入，PP 的拉伸强度、弯曲强度和弯曲模量有下降的趋势，但总体变化幅度很小，约在 10%以内。

虽然硬脂酸盐与癸二酸盐相比而言，是一种更有效的成核剂，但两者的用量对 PP 力学性能的影响有相同的规律。成核剂的β成核效率与添加量有关，在成核剂添加量较小时，产生的异相晶核少，由此诱导产生的β晶也较少，PP 的缺口冲击强度随着成核剂浓度的增加而增大；随着添加量的增加，加入量过多使晶核成长过快，导致成核速率过快，部分晶体不完善，来不及形成β晶，β晶的含量随着成核剂含量的提高反而下降(这也可以从 XRD 的微观分析中得到验证)，且当添加量过多时，也会造成成核剂在 PP 中的“团聚”，造成结晶缺陷，使试样受力时应力集中而导致缺口冲击强度下降。

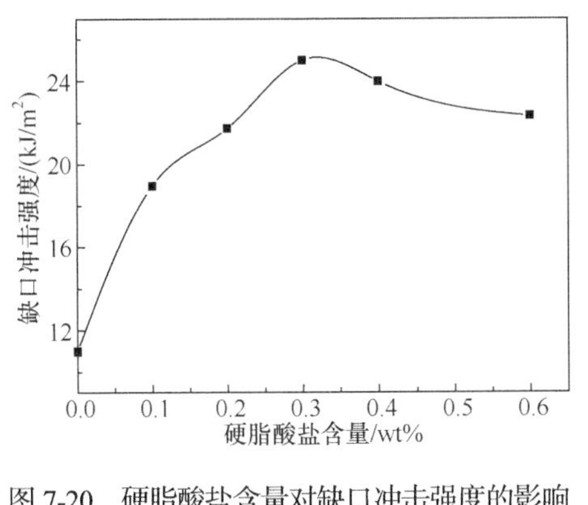

图 7-20　硬脂酸盐含量对缺口冲击强度的影响

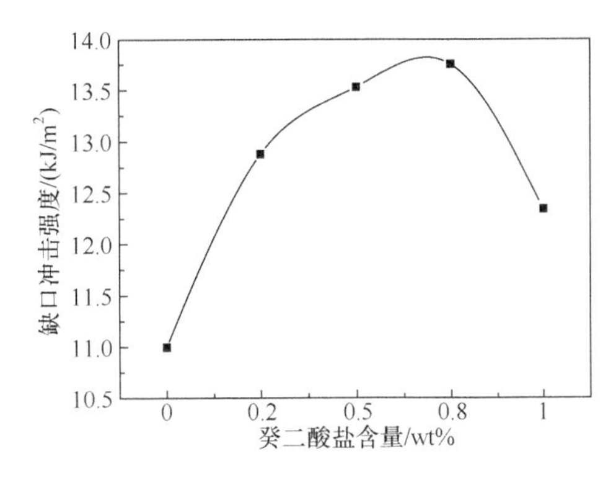

图 7-21　癸二酸盐含量对缺口冲击强度的影响

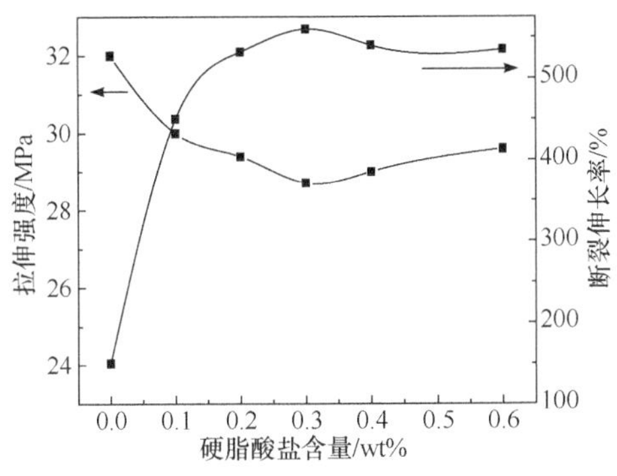

图 7-22　硬脂酸盐含量对拉伸性能的影响

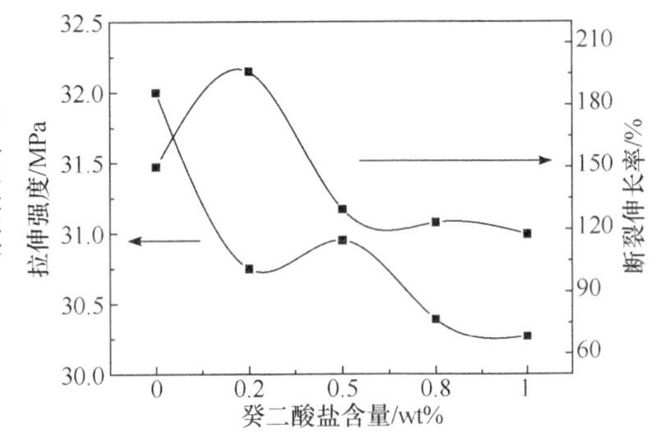

图 7-23　癸二酸盐含量对拉伸性能的影响

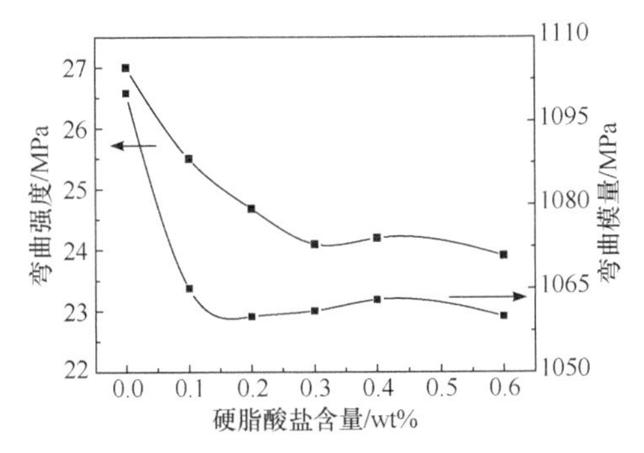

图 7-24　硬脂酸盐含量对弯曲性能的影响

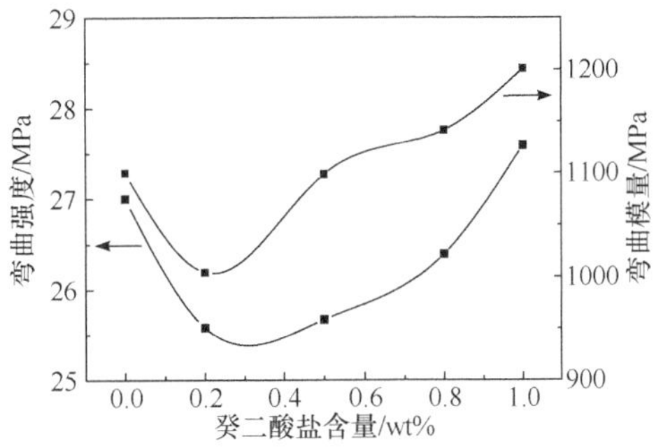

图 7-25　癸二酸盐含量对弯曲性能的影响

力学性能主要与结晶度和结晶形态两个因素有关。从前面偏光显微镜的图片可以看到，α结晶和β结晶的球晶界面特征不同，α晶体是中心晶核向外放射生长的片晶束聚集体，球晶之间边界明显，是薄弱点，容易引发 PP 材料的破坏。而β-PP 是由捆束状的片晶构成，球晶之间没有明显的界面。在相邻球晶边界处的非晶区容易被拉开产生银纹，银纹带在受力时能吸收较多能量，使得β-PP 的缺口冲击强度、断裂伸长率增加，显示较好的延展性和韧性，但拉伸强度和弯曲强度有所降低。

7.4 本章小结

(1) 本章介绍的自制硬脂酸盐和癸二酸盐成核剂都能诱导 PP 生成β晶。但二者相比而言，硬脂酸盐成核剂能在较低用量(0.3wt%)下，生成较高相对含量的β晶(76.64%)，说明硬脂酸盐是一种高效的有针对性的β成核剂。

(2) XRD 结果表明，成核剂用量会影响 PP β晶的相对含量(K_{β})和 PP 总结晶度(X_{all})。K_{β} 随着成核剂用量的增加而增加，在硬脂酸盐含量为 0.3wt%、癸二酸盐含量为 0.5wt%时分别达到最高值 76.64%和 35.33%。但随着成核剂用量继续增大，K_{β} 并不会持续增大，反而下降。X_{all} 也有着相同的先上升后下降的规律，这是因为添加剂容易产生团聚现象，影响了 PP 的结晶效果。

(3) DSC 测试表明，添加了硬脂酸盐成核剂的 PP 在熔融时，除了出现 166℃的α特征熔融峰，还有 152℃的β特征熔融峰；同时，添加了成核剂的 PP 在非等温结晶状态下，结晶起始温度和结晶峰温度都比纯 PP 提高了近 20℃。

(4) 在 PLM 照片上可以看到，添加成核剂的 PP 形成的球晶比纯 PP 更细更均匀，且球晶之间的界面无明显边界，从微观上解释了β-PP 韧性较α-PP 好的原因。

(5) 考察了β成核剂改性前后的 PP 的力学性能和热变形温度。结果表明，随着成核剂用量的增加，PP 的冲击强度和热变形温度呈先上升后下降的趋势；硬脂酸盐对 PP 的缺口冲击强度和热变形温度的影响更显著，分别提高了 128%和 15℃；成核剂改性 PP 的拉伸强度和弯曲强度略有下降，但幅度不大。

第 8 章　蒙脱土负载型 β 晶成核剂

8.1　引　　言

纳米粒子在基体中的良好分散可赋予材料优异的综合性能，对加工性能的影响较小，其中层状结构的纳米填料如蒙脱土由于片层厚度具有纳米尺寸，将其加入聚合物中不仅可有效改善材料的力学性能、加工流动性、热稳定性等，还能提高熔体强度和气体阻隔性能。

天然蒙脱土由两层硅氧四面体和一层介于其中的铝氧八面体构成，其结构如图 8-1 所示。由于层间所吸附水分子的数量、阳离子的种类和比例有所不同，其层间距(d_{001})略有差异，蒙脱土的层间距一般为 1.2～1.6nm。天然蒙脱土为亲水性结构，只能与亲水性聚合物相容，如聚环氧乙烷(PEO)或聚乙烯醇(PVA)等，而与以 PP 为代表的聚烯烃相容性较差，因此在这些聚合物中难以剥离或分散，无法表现出纳米尺寸效应。为了提高蒙脱土与聚合物之间的相容性，一般需通过有机化反应对蒙脱土进行改性，使其转变为疏水的结构，即制备有机蒙脱土(OMMT)。常用的方法是引入既有亲水基团，也有疏水基团的有机长链烷基铵盐作为改性剂，其中烷基铵离子通过与蒙脱土层间的 Na^{+}、Ca^{2+}等离子交换反应进入蒙脱土层间，而蒙脱土可与外部交换的阳离子量称为离子交换容量(CEC，meq/100g)。长烷基碳链覆盖于蒙脱土表面，使其由亲水性转变为疏水性，增强蒙脱土与聚合物之间的相互作用，使聚合物得以插层到层间。较常用的有机改性剂是具有 12～18 个碳原子的烷基铵盐。然而，需要注意的是，由于对 Ca^{2+}的置换相对较难，以往

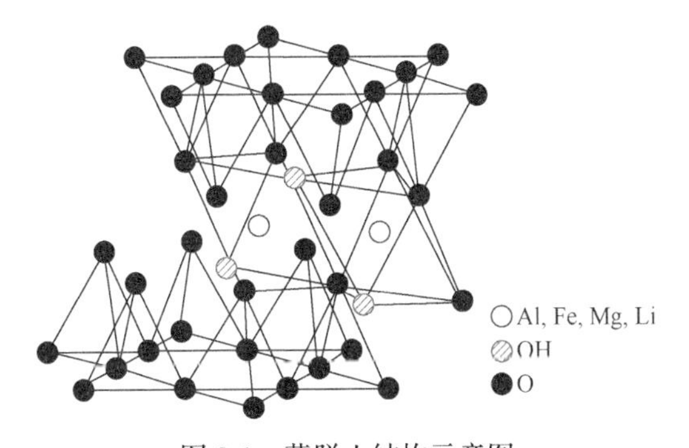

图 8-1　蒙脱土结构示意图

研究中主要是以天然钠基蒙脱土(Na-MMT)为研究对象进行的改性研究，而对钙基蒙脱土(Ca-MMT)直接进行有机改性的报道较少，通常是先将其中的 Ca^{2+}转变为 Na^{+}后再用烷基铵盐进行改性。将蒙脱土有机改性制备 OMMT，除改善其与聚合物之间的相容性以外，在层间以一定方式排列的长链烷基可使蒙脱土层间距增大，有利于聚合物分子链插层进入层间，随后在加工过程的剪切作用下，片层发生剥离而表现出较好的纳米效应。

β晶成核剂对 PP、LCBPP 的结晶过程和结晶结构产生显著的影响。PP、LCBPP 中加入β晶成核剂可使其球晶结构更加致密、细小，结晶温度和结晶速率升高，同时可改善 LCBPP 的力学性能。本章研究中拟引入 OMMT 作为改善熔体强度的纳米粒子，同时为了有效调控结晶过程和结晶晶型，拟将β晶成核剂负载于 OMMT 表面，利用 OMMT 的纳米尺寸效应来提高成核效率，并将负载后的蒙脱土应用于 PP 和 LCBPP 中，以期得到协同增韧和改善熔体强度的效果，提高 PP 发泡加工性能。

常用 PP 的β晶型成核剂除了商品化稀土类化合物以外，羧酸盐也是比较理想的β晶成核剂。天然蒙脱土中，Ca-MMT 层间阳离子以 Ca^{2+}为主。考虑到庚二酸钙是一种成核效率高、选择性较好的β晶成核剂，若能将 Ca-MMT 中的 Ca^{2+}通过必要的反应转变为庚二酸钙，并将其负载于蒙脱土中，得到蒙脱土负载庚二酸钙，则有望同时改善 PP 的结晶结构、熔体强度和力学性能。Dai 等[19]报道了以商品 OMMT 为原料，利用其中残留的 Ca^{2+}与庚二酸混合反应制备得到蒙脱土负载的庚二酸钙，并发现该负载型成核剂的β晶成核效率明显高于庚二酸钙与蒙脱土直接混合的效果。然而，遗憾的是，在其研究中对于发生负载后的 OMMT 的结构变化，以及其在 PP 中的分散、插层和剥离等情况未进行探讨。例如，OMMT 与庚二酸钙发生负载反应后，其层间距是否发生了变化；与聚合物混合加工后在聚合物中的分散情况如何；这些对于复合材料的性能至关重要，因为纳米粒子结构和分散状态直接决定其能否表现出纳米尺寸效应，能否起到改善性能的作用。蒙脱土的层状结构使其具有很大的径厚比，而只有良好分散、插层或剥离的情况下才能更好地发挥其纳米效应。此外，由于 Dai 等的研究中使用商品 OMMT 为原料，其层间 Ca^{2+}的含量不可控，不利于开展系统的研究。

因此，在本章研究中拟以天然 Ca-MMT 为原料，首先与有机改性剂反应得到有机化程度不同的有机钙基蒙脱土(Ca-OMMT)，随后与庚二酸反应制备蒙脱土负载型β晶成核剂庚二酸钙(CaHA-OMMT)，研究 Ca-OMMT 发生负载反应前、后的结构和层间距变化，并计算其中庚二酸钙的负载量。将负载型β晶成核剂应用于 PP 中，评价其β晶成核能力和对 PP 熔体强度、流变行为和力学性能的改善效果。

8.2　蒙脱土负载型β晶成核剂的制备过程

8.2.1　CaHA-OMMT 的制备

1. Ca-MMT 的有机改性

首先将 10g Ca-MMT 逐步分散于 350mL 去离子水中，待样品全部分散到水中后，室温下磁力搅拌 24h。按表 8-1 计算所需改性剂的添加量，溶于 100mL 去离子水中，室温下磁力搅拌 30min。其中改性剂的添加量由蒙脱土的 CEC 值换算为所需改性剂的物质的量。

表 8-1　Ca-OMMT 的配方

样品	DHAB (CEC)	ODTMA (CEC)	Ca-MMT 质量/g
DHAB-04	0.4	0	10
DHAB-07	0.7	0	10
DHAB-10	1.0	0	10
DHAB-14	1.4	0	10
DHAB-18	1.8	0	10
ODTMA-04	0	0.4	10
ODTMA-07	0	0.7	10
ODTMA-10	0	1.0	10
ODTMA-14	0	1.4	10
ODTMA-18	0	1.8	10

注：DHAB 代表二甲基十六烷基(2-甲基丙烯酰胺丙基)溴化铵；ODTMA 代表八癸基三甲基铵。

首先将改性剂溶液缓慢加入蒙脱土分散液中，随后在室温下边超声边机械搅拌 3h。反应结束后，抽滤洗涤以彻底除去未反应的改性剂，以 $AgNO_3$ 溶液滴定检测无沉淀为标准。所得滤饼置于 65℃的真空干燥箱中，干燥 12h。研磨并过 200 目筛，得到 Ca-OMMT 样品。

2. Ca-OMMT 与庚二酸钙的负载反应

将上述干燥的 Ca-OMMT 样品，按照 Ca-OMMT：庚二酸=10：1 质量比的比例称取原料。充分研磨并混合均匀，放于 120℃真空干燥箱中反应 1h，得到蒙脱土负载庚二酸钙(CaHA-OMMT)。各蒙脱土负载成核剂样品的名称为其对应的 Ca-OMMT 名称后加-HA，如 DHAB-10 负载反应后得到的样品标记为 DHAB-10-HA，以此类推。

8.2.2　CaHA-OMMT 成核剂应用材料——PP/CaHA-OMMT 复合材料的制备

将干燥的 PP、PP-*g*-MA、CaHA-OMMT、抗氧剂 1010 按表 8-2 中所述配方

混合后用转矩流变仪熔融密炼混料。表 8-2 样品名称中 HA 后的数字即表示 CaHA-OMMT 的含量，如第 1、2 组中 CaHA-OMMT 的含量分别为 0.5%和 2%，目的是研究其中改性剂含量变化对复合材料结构和性能的影响；第 3 组中，固定使用 ODTMA-14-HA，含量分别为 0.5%、1%、2%、5%，目的是研究 CaHA-OMMT 的含量变化对复合材料结构和性能的影响。此外，为了对比说明 CaHA 在 Ca-OMMT 上的负载与直接混合的区别，将 Ca-OMMT 与 CaHA 直接混合后与 PP 制备了两组 PP/Ca-OMMT+CaHA 复合材料：PP/ODTMA-14-05+CaHA 和 PP/ODTMA-14-2+CaHA，即其中 ODTMA-14 的含量分别为 0.5%和 2%，CaHA 的含量为 0.3%(该成核剂的最佳含量)。混料温度 190℃，转速 60r/min，混料时间 15min。使用平板硫化仪，将混合后的物料在 200℃、5MPa 下保压 5min，模压成型并用裁刀制得哑铃形试样，用于测试拉伸性能。

表 8-2　PP/CaHA-OMMT 复合材料的配方

组号	复合材料	PP 质量/g	PP-*g*-MA 质量/g	CaHA-OMMT 质量/g	1010 质量/g
1	PP/ ODTMA-04-HA-05 PP/ ODTMA-07-HA-05 PP/ ODTMA-10-HA-05 PP/ ODTMA-14-HA-05 PP/ ODTMA-18-HA-05	98.5	1	0.5	0.1
2	PP/ ODTMA-04-HA-2 PP/ ODTMA-07-HA-2 PP/ ODTMA-10-HA-2 PP/ ODTMA-14-HA-2 PP/ ODTMA-18-HA-2	94	4	2	0.1
3	PP/ODTMA-14-HA-05	98.5	1	0.5	0.1
	PP/ODTMA-14-HA-1	97	2	1	0.1
	PP/ODTMA-14-HA-2	94	4	2	0.1
	PP/ODTMA-14-HA-5	85	10	5	0.1

8.3　蒙脱土负载型β晶成核剂的结构与性能表征

8.3.1　Ca-OMMT 与 CaHA-OMMT 的结构表征

使用 XRD 表征 OMMT 及 CaHA-OMMT 的层间距。测试在室温下进行，管电压为 40kV，管电流为 40mA，采用 CuK_{α}辐射($\lambda=0.154\mathrm{nm}$)，测试 2θ范围为 2°～12°，扫描速度为 2°/min。利用布拉格方程计算层间距 d：

$$\lambda = 2d\sin\theta \tag{8-1}$$

使用美国 TA 公司 SDT Q600 型同步热分析仪，测试温度范围为 30～900℃，升温速率为 20℃/min，测试气氛为氮气。分别测试 OMMT 和 CaHA-OMMT 的 TG 曲线，利用式(8-2)计算负载量：

$$W_{\text{CaHA}}(\%) = \frac{\Delta W_{\text{CaHA-OMMT}} - \Delta W_{\text{OMMT}}}{\Delta W^0_{\text{CaHA}}} \times 100\% \tag{8-2}$$

式中，W_{CaHA} 为 CaHA-OMMT 中 CaHA 的含量，%；$\Delta W_{\text{CaHA-OMMT}}$ 为 CaHA-OMMT 在 385～480℃的热失重；ΔW_{OMMT} 为各对应 OMMT 样品在 385～480℃的热失重；W^0_{CaHA} 为 CaHA 在 385～480℃的热失重，经测试计算为 40.9%。

天然 Ca-MMT 为无机物，经长链烷基铵盐改性后，改性剂结构中的长链烷基可通过 FT-IR 得到验证。由长链烷基引入带来的 MMT 层间距变化可通过 XRD 曲线进行检测。

图 8-2(a)和(b)分别为使用不同含量的 DHAB 和 ODTMA 改性后的 Ca-OMMT 及原土 Ca-MMT 的 FT-IR 谱图。由图可见，Ca-MMT 在 3620cm^{-1}、3436cm^{-1}、1035cm^{-1}、798cm^{-1} 处出现吸收峰。其中，3620cm^{-1} 处的吸收带归属于—OH 的伸缩振动，该峰是具有较高含量八面体铝的 MMT 的特征峰；3436cm^{-1} 处的宽吸收带可能是由 MMT 或 KBr 中所含的少量水分中的—OH 造成的；1035cm^{-1} 附近的宽吸收带是由复杂的 Si—O 伸缩振动引起的；798cm^{-1} 处的吸收带则证明了微晶 SiO_2 混合物的存在。相比 Ca-MMT，DHAB 或 ODTMA 改性后，无论使用哪种有机改性剂，所有的 OMMT 样品在 2917cm^{-1}、2850cm^{-1} 和 1470cm^{-1} 均处出现了新的吸收带。在 2917cm^{-1} 和 2850cm^{-1} 处的窄吸收带分别对应于烷基链中—CH—的非对称伸缩振动和对称伸缩振动，而 1470cm^{-1} 处的吸收带是由—CH_3 和—CH_2—基团中 C—H 的非对称弯曲振动引起的。而且随着改性剂 ODTMA 或 DHAB 含量的

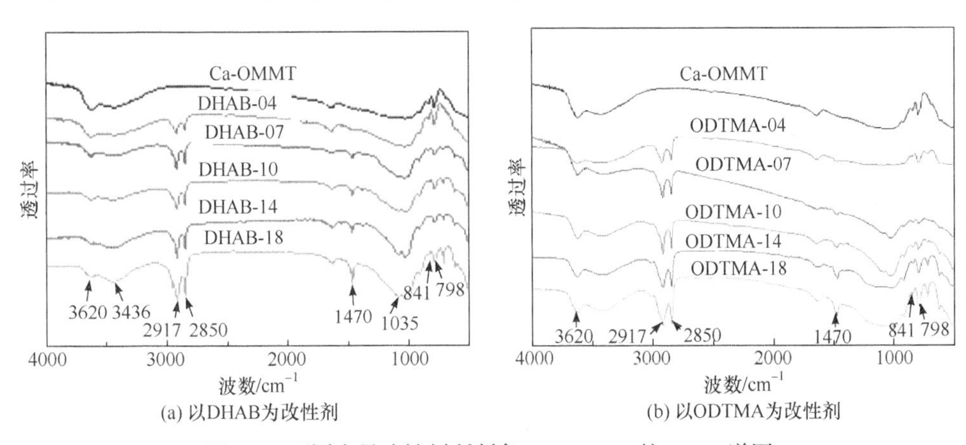

图 8-2　不同含量改性剂所制备 Ca-OMMT 的 FT-IR 谱图

增加，上述特征吸收峰逐渐增强。以上结果表明 Ca-MMT 经有机铵盐改性后，通过 Ca^{2+}和烷基铵阳离子之间的离子交换，成功地将长链烷基引入到 MMT 中，而且改性剂含量越高，接枝到 MMT 中的烷基链也越多。

图 8-3(a)和(b)是 Ca-OMMT 与庚二酸反应所制备 CaHA-OMMT 的 FT-IR 谱图。作为对照，将 HA 和 CaHA 的测试结果也列于其中。无论是哪种改性剂制备的 Ca-OMMT，发生负载反应后，各 CaHA-OMMT 样品除出现 Ca-OMMT 的特征峰以外，还在 1580cm^{-1} 和 1540cm^{-1} 两处出现吸收峰，而这两个吸收峰在 HA 的吸收谱中并未出现，分别对应 CaHA 的 C—O 和 C═O 的伸缩振动。这说明 HA 中的 COOH 与 OMMT 中剩余的 Ca^{2+}在蒙脱土表面发生反应，生成了 CaHA。对比 DHAB 和 ODTMA 两种改性剂所制备的 Ca-OMMT 和 CaHA-OMMT 样品的 FT-IR 结果，未发现明显差别。

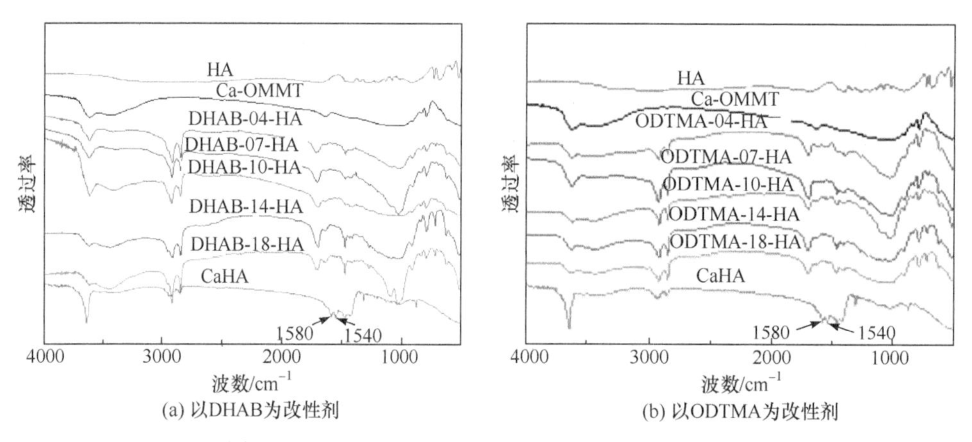

(a) 以DHAB为改性剂　　(b) 以ODTMA为改性剂

图 8-3 HA、CaHA 和 CaHA-OMMT 的 FT-IR 谱图

XRD 可以直接提供黏土片层间距的信息。层间距的变化通常表明有机改性剂已插层进入片层间。图 8-4(a)和(b)分别是以 DHAB 和 ODTMA 为改性剂所制备

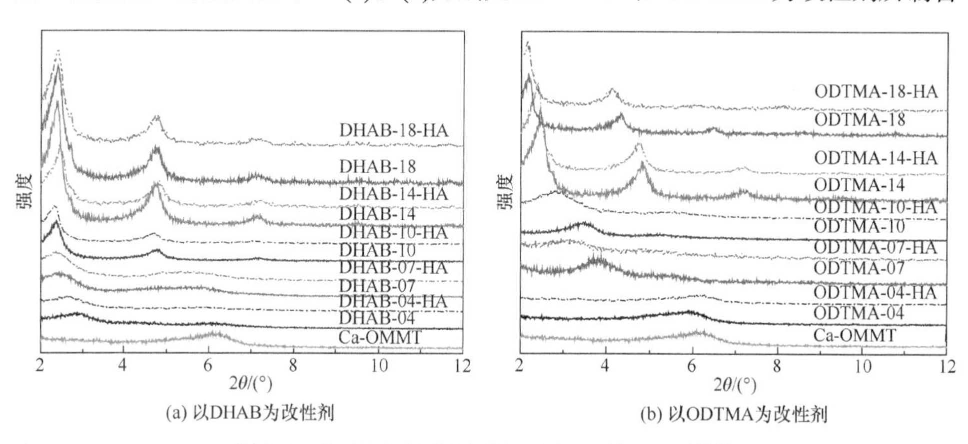

(a) 以DHAB为改性剂　　(b) 以ODTMA为改性剂

图 8-4 Ca-OMMT 和 CaHA-OMMT 的 XRD 谱图

的 Ca-OMMT 和 CaHA-OMMT 的 XRD 谱图，图中还列出了初始 Ca-MMT 的衍射图谱作为对比。根据 XRD 谱图，利用布拉格方程计算各样品的黏土片层间距，结果列于表 8-3 中。观察衍射谱图随改性剂含量的变化情况，可以发现，Ca-OMMT 和 CaHA-OMMT 的衍射峰强度均随 ODTMA 或 DHAB 含量的增加而增大，同时峰宽变小，表明改性剂含量越高，Ca-OMMT 和 CaHA-OMMT 层间距 *d* 值分布越窄。

表 8-3　Ca-OMMT 和 CaHA-OMMT XRD 谱图对应 *d* 值及其差值

<table>
<tr><th>改性剂种类</th><th>改性剂含量(CEC)</th><th>序号</th><th>Ca-OMMT 层间距/nm</th><th>CaHA-OMMT 层间距/nm</th><th>增量 Δd/nm</th></tr>
<tr><td colspan="2">Ca-MMT</td><td>Ⅰ</td><td colspan="2">1.48</td><td>—</td></tr>
<tr><td rowspan="9">DHAB</td><td>0.4</td><td>Ⅰ</td><td>3.07</td><td>3.37</td><td>0.30</td></tr>
<tr><td rowspan="2">0.7</td><td>Ⅰ</td><td>3.65</td><td>3.72</td><td>0.07</td></tr>
<tr><td>Ⅱ</td><td>1.67</td><td>1.67</td><td>0</td></tr>
<tr><td rowspan="2">1.0</td><td>Ⅰ</td><td>3.71</td><td>3.77</td><td>0.06</td></tr>
<tr><td>Ⅱ</td><td>1.85</td><td>1.87</td><td>0.02</td></tr>
<tr><td rowspan="2">1.4</td><td>Ⅰ</td><td>3.67</td><td>3.71</td><td>0.04</td></tr>
<tr><td>Ⅱ</td><td>1.85</td><td>1.84</td><td>-0.01</td></tr>
<tr><td rowspan="2">1.8</td><td>Ⅰ</td><td>3.69</td><td>3.69</td><td>0</td></tr>
<tr><td>Ⅱ</td><td>1.85</td><td>1.85</td><td>0</td></tr>
<tr><td rowspan="9">ODTMA</td><td>0.4</td><td>Ⅰ</td><td>1.50</td><td>1.48</td><td>-0.02</td></tr>
<tr><td rowspan="2">0.7</td><td>Ⅰ</td><td>2.57</td><td>3.21</td><td>0.64</td></tr>
<tr><td>Ⅱ</td><td>1.66</td><td>1.65</td><td>-0.01</td></tr>
<tr><td rowspan="2">1.0</td><td>Ⅰ</td><td>2.54</td><td>3.19</td><td>0.65</td></tr>
<tr><td>Ⅱ</td><td>1.68</td><td>1.65</td><td>-0.03</td></tr>
<tr><td rowspan="2">1.4</td><td>Ⅰ</td><td>3.58</td><td>3.69</td><td>0.11</td></tr>
<tr><td>Ⅱ</td><td>1.82</td><td>1.86</td><td>0.04</td></tr>
<tr><td rowspan="2">1.8</td><td>Ⅰ</td><td>4.07</td><td>4.12</td><td>0.05</td></tr>
<tr><td>Ⅱ</td><td>2.04</td><td>2.13</td><td>0.09</td></tr>
</table>

由各样品的 *d* 值计算结果可知，原料 Ca-MMT 的主要层间距为 1.48nm，为蒙脱土(001)晶面的特征衍射峰，这是含有由两层水分子包围的 Ca^{2+}的 Ca-MMT 的典型特征[20]。Ca-MMT 与改性剂反应所制备 Ca-OMMT 的衍射峰向低角度方向发生了不同程度的移动。总体来说，在研究范围内改性剂加入量越大，反应得到

的 Ca-OMMT 的 2θ角越小，说明其层间距 d 值随改性剂含量的增多而逐渐增大。例如，DHAB 改性制备的 Ca-OMMT 样品中，DHAB-04 的最强衍射峰对应的 d 值为 3.07nm，而 DHAB-10 的 d 值达到 3.71nm，但继续增加改性剂含量对 OMMT 的 d 值影响不大。以上数据说明通过有机 $ODTMA^+$或 $DHAB^+$阳离子与 Ca-MMT 层间的 Ca^{2+}发生离子交换，成功地将烷基长链引入到 Ca-MMT 层间，在一定范围内，层间距随着改性剂含量的增多而逐渐增大。

Ca-OMMT 与 HA 发生负载反应后所制备的 CaHA-OMMT 中，大多数样品的 d 值均大于其对应 Ca-OMMT 的 d 值，以上述 DHAB-04 和 DHAB-10 对应的负载样品 DHAB-04-HA 和 DHAB-10-HA 为例，负载后样品的 d 值分别进一步增大至 3.37nm 和 3.77nm，与负载前相比 Δd 值分别为 0.30nm 和 0.06nm。考虑到负载反应是在高温条件下进行的，此处 d 值的增大可能有两个原因：一是由于加热，二是由于负载反应生成的 CaHA 进入层间。值得注意的是，无论层间距较大的样品 DHAB-18，还是层间距较小的样品 ODTMA-04，同样经历了负载反应的加热过程，但其层间距并未增大，说明加热并不会使其层间距增大，因此上述层间距增大的原因应该是 Ca^{2+}与 HA 反应产生的 CaHA 进入到 Ca-OMMT 层间。层间距增大和有机改性后疏水性的提高，均可使 Ca-OMMT 与聚合物的相容性得到改善。观察 Δd 的结果，还可发现除 ODTMA-04-HA 外，随着 Ca-OMMT 中改性剂含量的增加，负载后样品的 d 值增量有逐渐减小的趋势。这可能是由于 CaHA 分子体积的限制，当 Ca-OMMT 的层间距增大到一定程度后，CaHA 的负载很难进一步增大层间距。

此外还发现，ODTMA-04-HA 的 d 值与 ODTMA-04 的 d 值基本相同，考虑到 d 值的增加主要是 HA 进入层间造成的，同时相对于其他样品，该样品中剩余的 Ca^{2+}含量较高，因此可认为 Ca^{2+}是过量的，所以其层间距未增加。这可能是由于 ODTMA-04 本身层间距较小，相互作用力强，反应产生的 CaHA 难以克服片层间的相互作用而引发层间膨胀；也可能是由于 CaHA 难以进入层间，而是分布于边缘。

为了计算 CaHA-OMMT 中 CaHA 的含量，即负载量，对各样品进行了 TG 分析。图 8-5(a)和(b)分别列出了 Ca-OMMT、HA、CaHA 以及 DHAB-04 和 DHAB-04-HA 的 TG 和 DTG 曲线。TGA 失重分析结果列于表 8-4 中。原料 Ca-MMT 中观察到两个主要的失重过程。第一段失重发生在 35～160℃，是 Ca-MMT 表面和层间吸收的水分挥发造成的。第二段失重发生在 500～750℃，是 Ca-MMT 中羟基的分解造成的。脱水导致了 12.3%的失重，而脱羟基造成了 3.8%的质量损失。HA 在 130～350℃基本完全分解。CaHA 有三个失重过程：在 155～215℃时，结晶结合水的蒸发导致 7.6%的质量损失；在 385～480℃温度范围内，质量损失为 40.9%，这是有机物即 CaHA 分解产生的环己酮的蒸发造成的；在 630～730℃的温度范围

内为 CO_2 的质量损失，失重 15.9%，这是由加热分解过程中形成的 $CaCO_3$ 脱碳过程产生的 CO_2 蒸发所致。分析以上各样品的 TG 曲线可知，在 385～480℃温度范围内，DHAB-04 和 DHAB-04-HA 的失重差别主要在于是否有 CaHA 的分解，因此可选取该温度段作为 CaHA 负载量的研究范围。

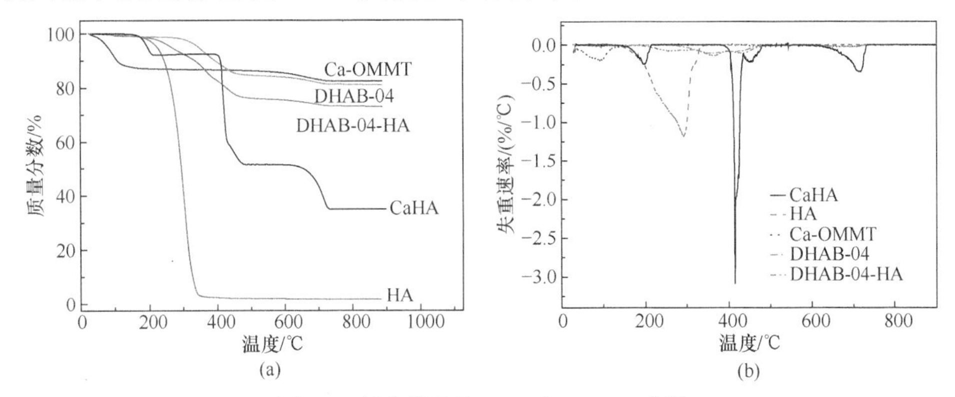

图 8-5　部分样品的 TG(a)和 DTG(b)曲线

表 8-4　各组样品的热失重分析结果

样品	热失重段	温度范围/℃	失重率/%
CaHA	Ⅰ	155～215	7.6
	Ⅱ	385～480	40.9
	Ⅲ	630～730	15.9
HA	Ⅰ	130～350	97.1
Ca-MMT	Ⅰ	35～160	12.3
	Ⅱ	500～750	3.8
DHAB-04	Ⅰ	220～500	14.2
	Ⅱ	550～750	2.9
DHAB-04-HA	Ⅰ	150～500	22.4
	Ⅱ	550～750	2.5

对比图中改性和负载样品的 TG 曲线，可见 DHAB-04 的总质量损失大于 Ca-MMT，这是 $DHAB^+$在加热过程中分解所致。在 220～500℃，DHAB 降解，质量损失为 14.2%。而负载样品 DHAB-04-HA 的质量损失为 22.4%，主要归因于 DHAB 和未完全反应的 HA 的分解。DHAB-04 和 DHAB-04-HA 在 550～750℃温度范围内的质量损失分别为 2.9%和 2.5%，这是硅酸盐晶体上的羟基脱水造成的。

图 8-6(a)和(b)分别列出了以不同含量改性剂 DHAB 和 ODTMA 所制备的 OMMT 和 CaHA-OMMT 的 TG 曲线。分析结果列于表 8-5 和表 8-6 中。由图可见，

由DHAB为改性剂所制备的所有OMMT的TG曲线变化趋势均与DHAB-04类似。以ODTMA为改性剂所制备的OMMT的TG曲线变化趋势与DHAB为改性剂时略有不同，如图8-7所示，对比了DHAB-04和ODTMA-04两个样品的DTG曲线：前者在220～500℃和550～750℃两个温度范围内存在热失重，而后者除了失水过程以外，在该段的热失重分为三个阶段，分别为200～355℃、355～500℃和500～750℃。这可能是$ODTMA^+$与$DHAB^+$的热失重温度不同造成的。

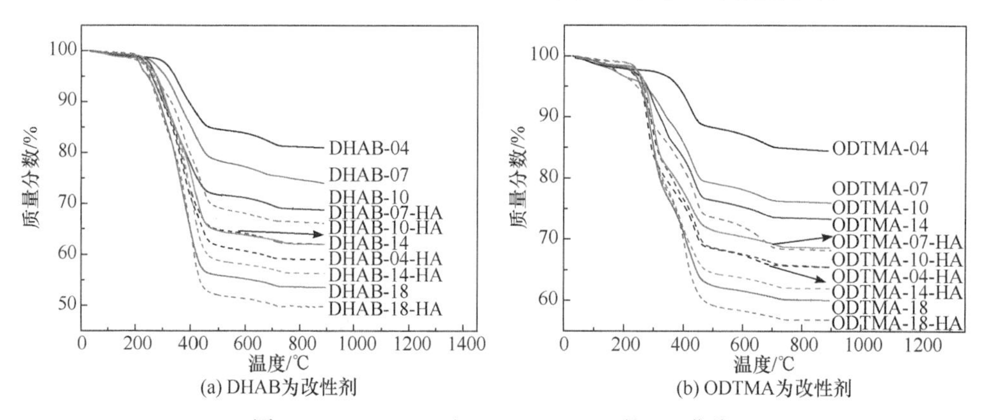

图 8-6 Ca-OMMT 和 CaHA-OMMT 的 TG 曲线

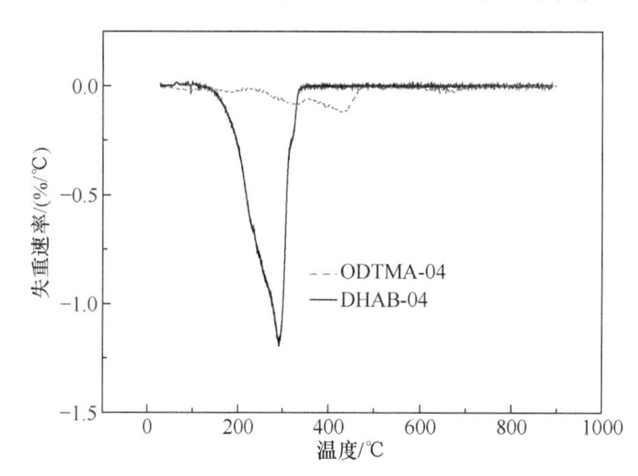

图 8-7 DHAB-04 和 ODTMA-04 的 DTG 曲线对比

表 8-5 以 DHAB 和 ODTMA 为改性剂制备的 Ca-OMMT 样品的失重分析

改性剂含量(CEC)	220～500℃热失重/%		总失重/%	
	DHAB	ODTMA	DHAB	ODTMA
0.4	14.2	9.6	19.0	15.5
0.7	20.4	16.1	25.9	24.0
1.0	27.5	21.3	31.2	26.7

续表

改性剂含量(CEC)	220～500℃热失重/%		总失重/%	
	DHAB	ODTMA	DHAB	ODTMA
1.4	33.6	26.9	37.9	31.4
1.8	41.1	35.5	46.4	39.8

表 8-6　TG 曲线分析结果及 CaHA 的负载量

改性剂	改性剂含量(CEC)	385～480℃ Ca-OMMT 失重/%	385～480℃ CaHA-OMMT 失重/%	CaHA 负载量/%
DHAB	0.4	6.04	12.24	15.2
	0.7	8.13	12.10	9.7
	1.0	7.78	10.64	7.0
	1.4	14.16	17.46	8.0
	1.8	12.58	17.55	12.2
ODTMA	0.4	6.24	8.83	6.3
	0.7	7.01	8.11	2.7
	1.0	7.76	8.02	0.7
	1.4	7.12	8.91	4.4
	1.8	10.29	13.43	7.7

由表 8-5 可见，随着改性剂含量增大，220～500℃温度段的失重和总失重均呈线性增大，这说明与 Ca-MMT 的硅氧烷层结合的改性剂分子的含量逐渐增加。两种改性剂所制备的所有 CaHA-OMMT 样品的 TG 曲线变化趋势与 DHAB-04-HA 类似。在 150～500℃和 550～750℃两个温度范围内，均存在热失重过程。

对比负载前后样品的热失重，计算负载于 Ca-OMMT 上的 CaHA 含量，结果见表 8-6。无论使用哪种改性剂，随着改性剂含量的增加，CaHA-OMMT 样品中所含 CaHA 的含量均呈现先减少后增加的趋势。其原因可能是 CaHA 的负载受到两方面因素的影响：一是 Ca-OMMT 中所剩余的 Ca^{2+}含量；二是 Ca-OMMT 的层间距。可以推测，较高含量的层间剩余 Ca^{2+}和较大的层间距均利于 CaHA 的产生。随着 Ca-OMMT 中改性剂含量的增加，被交换的 Ca^{2+}含量逐渐增加，因此剩余的 Ca^{2+}含量逐渐减少，但同时，Ca-OMMT 的层间距逐渐增大。因此在两方面因素的共同作用下，CaHA 含量呈现先减少后增加的趋势。

将 TG 所得 CaHA 负载量结果与上述 XRD 分析所得 Δd 的结果进行对比，发现二者并非呈简单的正比关系，即当 CaHA 负载量增加时，层间距增量 Δd 值不一定增大，这说明上述 XRD 结果中，当 Ca-OMMT 的层间距较大时，虽然负载反应后得到的 CaHA-OMMT 中 CaHA 的含量较高，但由于这些 CaHA 分子体积相对于层间空间而言是较小的，因此带来的 Δd 值较小。

8.3.2 CaHA-OMMT 成核剂应用材料——PP/CaHA-OMMT 复合材料的结构与性能表征

根据上述结果，由不同改性剂制备的 Ca-OMMT 或 CaHA-OMMT 的主要区别仅在于相同改性剂含量下所制备的 CaHA-OMMT 层间距的微小差别，而主要结构和性能基本相同。考虑到 ODTMA 含量不同时改性所得的 CaHA-OMMT 层间距跨度较大，样品更具代表性，因此下面主要以 ODTMA 改性所得的 CaHA-OMMT 为研究对象。

1. CaHA-OMMT 的分散状态

1) CaHA-OMMT 中改性剂含量的影响

众所周知，具有层状结构的纳米粒子与聚合物共混制备复合材料时，只有当其片层在聚合物中实现剥离，以单层状态存在时，才能表现出其最佳的纳米尺寸效应，从而显著改善聚合物的性能。为了评价 MMT 的整体分散状态，测试了各复合材料的 XRD 谱图，结果如图 8-8 所示。图中分别列出了具有不同改性剂含量的 CaHA-OMMT 以 0.5%和 2%的含量与 PP 复合后的 XRD 谱图。各样品衍射峰对应的层间距值，以及复合前、后 Ca-OMMT 的层间距变化值($\Delta d'$)分别列于表 8-7 中。其中含量为 0.5%的复合材料衍射峰[图 8-8(a)]整体较弱。除 PP/ODTMA-04-HA-05 未出现明显衍射峰外，其余样品中 Ca-OMMT 的层间距分布在 3.45～4.16nm 之间，且随着其中改性剂用量的增加而逐渐增大。而复合材料 PP/ODTMA-04-HA-05 中则可能发生了意外的剥离。

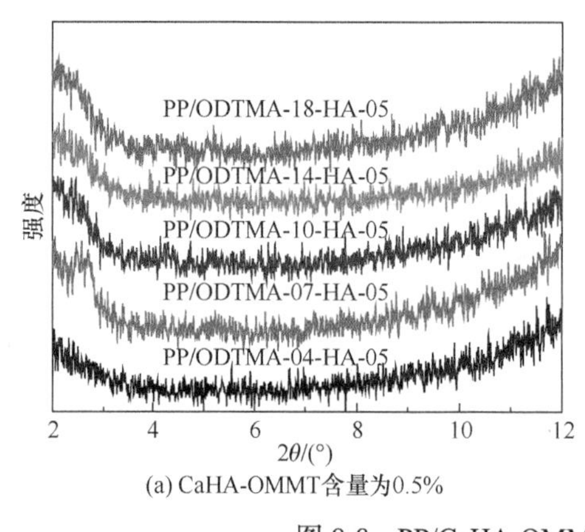

(a) CaHA-OMMT含量为0.5%

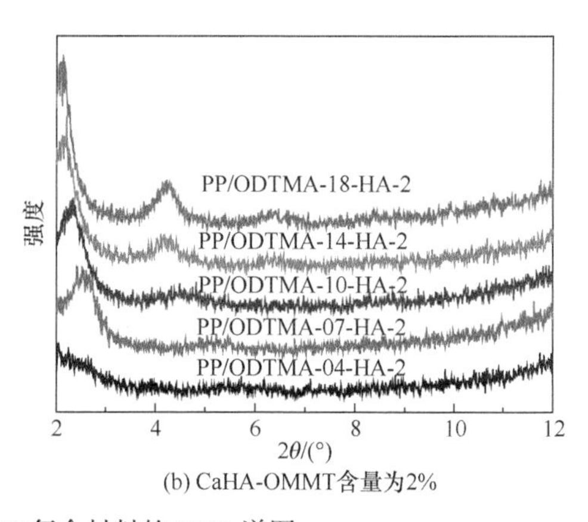

(b) CaHA-OMMT含量为2%

图 8-8　PP/CaHA-OMMT 复合材料的 XRD 谱图

表 8-7　由 XRD 分析所得 PP/CaHA-OMMT 复合材料中蒙脱土的层间距

复合材料	CaHA-OMMT 层间距/nm	复合材料层间距 d/nm		增量 $\Delta d'$/nm	
		CaHA-OMMT 含量/%			
		0.5	2	0.5	2
PP/ODTMA-04-HA	1.48	—	—	—	—
PP/ODTMA-07-HA	3.21	3.45	3.41	0.24	0.20
PP/ODTMA-10-HA	3.19	4.16	3.80	0.97	0.61
PP/ODTMA-14-HA	3.69	4.12	4.01	0.43	0.32
PP/ODTMA-18-HA	4.12	4.16	4.18	0.04	0.06

CaHA-OMMT 含量为 0.5%的复合材料衍射峰较弱，峰值对应的 2θ值接近 2°，导致读取峰值时难免存在拟合带来的误差，因此本节又测试了含量为 2%的各复合材料的 XRD 谱图[图 8-8(b)]。其中，除 PP/ODTMA-04-HA-2 未观察到明显衍射峰外，其余样品均出现了明显的衍射峰。这说明 ODTMA-04-HA 在 PP 基体中可能主要以剥离状态存在。其余复合材料中蒙脱土的层间距分布在 3.45～4.12nm 之间，且层间距随着 CaHA-OMMT 中改性剂用量的增加而逐渐增大。根据表中 $\Delta d'$ 的值可知，与复合之前相比，复合后蒙脱土的层间距均有不同程度增加，这说明 PP 分子链进入 OMMT 层间，实现了插层。CaHA-OMMT 含量为 0.5%、2%的复合材料中，$\Delta d'$的值分别为 0.04～0.97nm 和 0.06～0.61nm，同样条件下前者增幅更大，表明含量较低时更利于 PP 分子链的插层。

2) CaHA-OMMT 含量的影响

为了进一步研究 CaHA-OMMT 含量对于复合材料结构的影响，本节对比了含量不同的 ODTMA-14-HA 在复合材料中的分散状态，图 8-9 为其 XRD 谱图。各复合材料衍射峰对应的蒙脱土层间距值及其相比复合之前的层间距增量 $\Delta d'$值

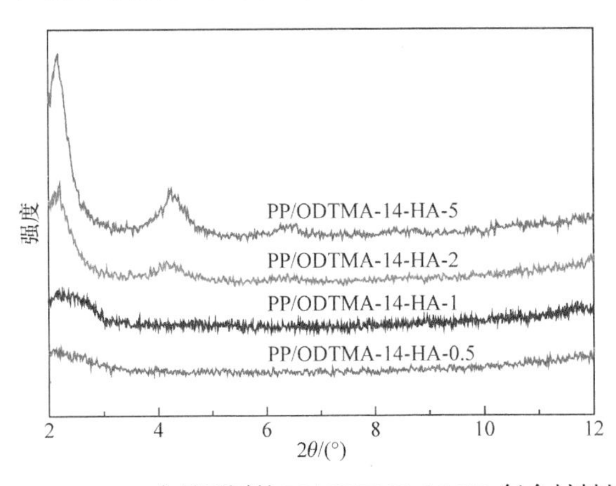

图 8-9　ODTMA-14-HA 含量不同的 PP/ODTMA-14-HA 复合材料的 XRD 谱图

列于表 8-8 中。可见当 ODTMA-14-HA 的含量由 0 增加至 5%时，复合材料的衍射峰均向低角度方向移动，峰强逐渐增大，峰宽逐渐减小。由表 8-8 中 d 和 $\Delta d'$ 的结果可见，与 PP 复合后，ODTMA-14-HA 的层间距由 3.69nm 分别增大至 4.01～4.12nm，说明 PP 分子链进入到蒙脱土层间，达到了较好的插层效果。

表 8-8　PP/ODTMA-14-HA 中蒙脱土的层间距及其增量

复合材料	层间距 d/nm	增量 $\Delta d'$/nm
PP/ODTMA-14-HA-05	4.12	0.43
PP/ODTMA-14-HA-1	4.03	0.34
PP/ODTMA-14-HA-2	4.01	0.32
PP/ODTMA-14-HA-5	4.01	0.32

蒙脱土片层的剥离和分散状态一般需结合 TEM 照片来证明。为了进一步验证以上 XRD 的结果，观察了复合材料 PP/ODTMA-14-HA-2 和 PP/ODTMA-14-HA-5 的超薄切片 TEM 照片，如图 8-10 所示。由图可见，分散的 Ca-OMMT 径向尺寸为 100～300nm。由 TEM 照片可知，在复合材料 PP/ODTMA-14-HA-2 中，蒙脱土片层大部分以多层结构存在，但这些多层结构相对松散，同时还可观察到部分已剥离的呈单层分散的黏土片层，结合上述 XRD 的结果，说明在该复合材料中，大量 PP 分子链插层到蒙脱土片层间而使其分散状态得到明显改善。而在复合材料 PP/ODTMA-14-HA-5 中，同样可见蒙脱土片层的多层结构，但其中存在一部分以聚集状态存在的多层结构，如图 8-10(b)中黑色团状所示，说明当填充量达到 5%时，出现较明显的团聚现象。

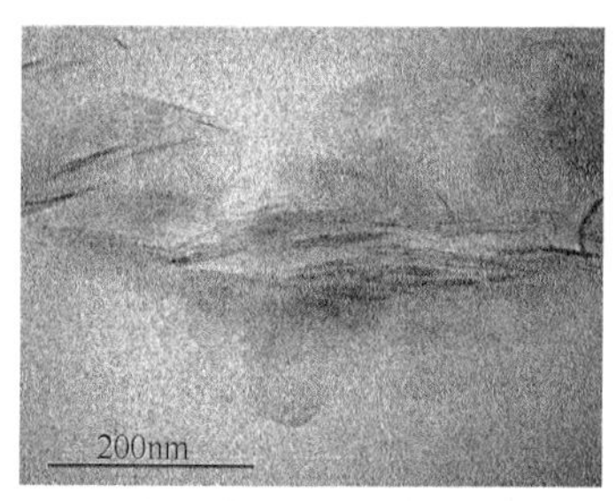

(a) PP/ODTMA-14-HA-2

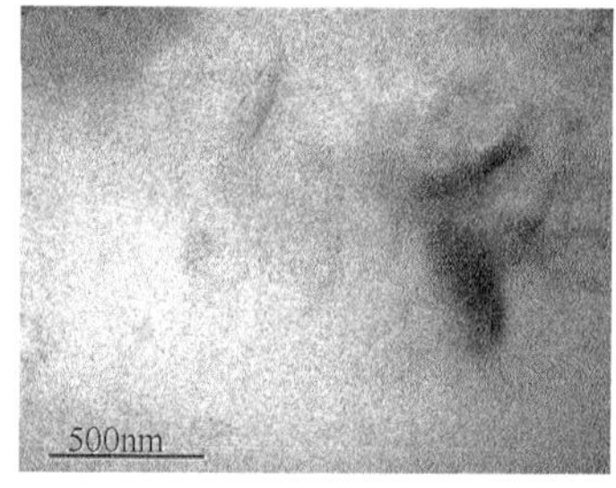

(b) PP/ODTMA-14-HA-5

图 8-10　复合材料的 TEM 照片

以上结果均说明以天然 Ca-MMT 为原料所制备的 CaHA-OMMT 通过与 PP 熔融共混，其片层结构能被 PP 有效插层，且当填充量适当时，在 PP 基体中能够达到较好的分散效果。

3) 负载与未负载的对比

为了研究成核剂负载对于蒙脱土在基体中分散情况的影响，本节将直接混合所制备的 PP/ODTMA-14+CaHA 与 PP/ODTMA-14-HA 复合材料的 XRD 谱图进行了对比，如图 8-11 所示。含量为 0.5%时，两种复合材料的衍射曲线无明显差异；含量为 2%时，PP/ODTMA-14-HA 复合材料的衍射峰角度明显低于 PP/ODTMA-14+CaHA，这一方面是由于 ODTMA-14-HA 的初始层间距大于 ODTMA-14，另一方面也说明 ODTMA-14-HA 与 PP 复合之后，层间的 CaHA 能够稳定存在，而且其较大的初始层间距更利于 PP 分子链的插层。

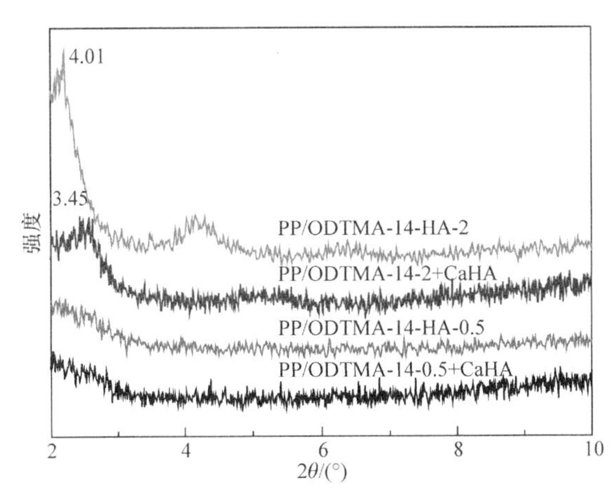

图 8-11　PP/ODTMA-14+CaHA 与 PP/ODTMA-14-HA 复合材料的 XRD 谱图对比

2. 复合材料的结晶结构

1) CaHA-OMMT 中改性剂含量的影响

复合材料中影响其性能的主要因素除了蒙脱土的剥离和分散状态以外，基体本身的性能，尤其是 PP 的结晶结构也是一个重要因素。图 8-12 为所述加工条件下制备的各组 PP/CaHA-OMMT 复合材料的 XRD 谱图。该图与上述谱图测试范围不同，目的是验证 CaHA-OMMT 对 PP 结晶过程的β晶成核作用。由图可见，PP 在 2θ= 14.1°、16.9°和 18.8°处出现衍射峰，分别对应其α晶的(110)、(040)和(130)晶面的一次反射。PP/CaHA-OMMT 复合材料中，α晶对应的峰强度均明显减弱，同时在 2θ为 16.0°和 21.1°处表现出两个较强的特征衍射峰，分别对应β晶(300)和(301)晶面的一次反射。该两峰的相对强度越大，说明复合材料中诱导产生的β晶含量越高。根据 Turner-Jones 方程计算[21]所得各样品的 K_β值列于表 8-9 中。当 CaHA-OMMT 含量为 0.5%时，PP/CaHA-OMMT 复合材料的 K_β值在 0.62～0.75 范围内；当 CaHA-OMMT 含量为 2%时，复合材料的 K_β值在 0.19～0.30 范围内。在两种含量的复合材料中，随着 CaHA-OMMT 中改性剂含量的增加，K_β值均有逐渐增大的趋势。可见，虽然根据 TG 结果已知 CaHA-OMMT 中 CaHA 的含量随改性剂含量的增加先降低后升高，但实际诱导产生的β晶含量并非与 CaHA 的含量成正比。结合上述 XRD 谱图的结果可知，除了 CaHA 的负载量以外，CaHA-OMMT 的分散状态也是影响负载成核剂成核效果的重要因素。这说明负载于 Ca-OMMT 上的 CaHA 具有较高的β晶成核效率，尤其是层间距较大，或形成剥离结构的 Ca-OMMT。这是因为层间距越大，一方面插入到层间的 PP 分子链增多，另一方面加工中得到剥离片层的比例也越高，从而为β晶的成核结晶提供了更大的表面积和更多的成核位点。

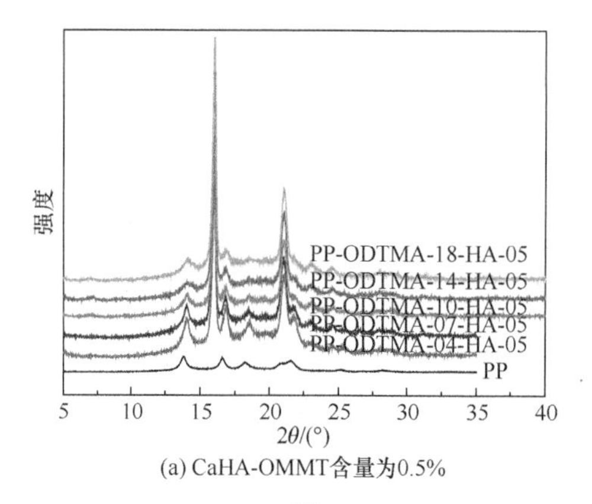

(a) CaHA-OMMT含量为0.5%

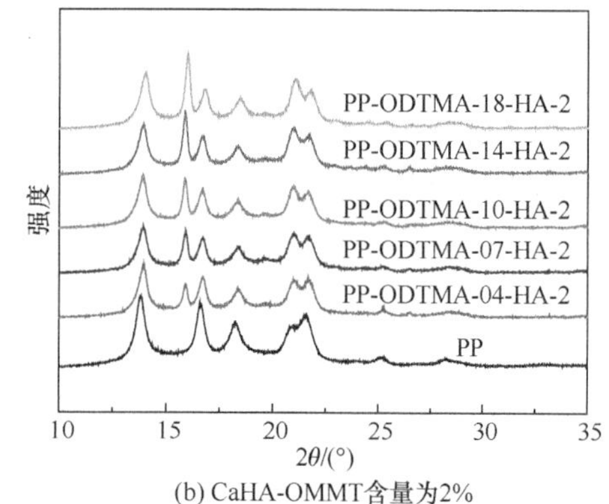

(b) CaHA-OMMT含量为2%

图 8-12　PP/CaHA-OMMT 复合材料的 XRD 谱图

表 8-9　PP/CaHA-OMMT 复合材料的 $K_β$值

样品	$K_β$	样品	$K_β$
PP	0	—	—
PP/ODTMA-04-HA-05	0.62	PP/ODTMA-04-HA-2	0.19
PP/ODTMA-07-HA-05	0.66	PP/ODTMA-07-HA-2	0.22
PP/ODTMA-10-HA-05	0.70	PP/ODTMA-10-HA-2	0.24
PP/ODTMA-14-HA-05	0.75	PP/ODTMA-14-HA-2	0.30
PP/ODTMA-18-HA-05	0.73	PP/ODTMA-18-HA-2	0.30

2) CaHA-OMMT 含量的影响

对比上述 CaHA-OMMT 含量为 0.5%和 2%的两组 CaHA-OMMT，可见 CaHA-OMMT 含量较低时成核效果更优。为此，我们又研究了 CaHA-OMMT 含量的影响。以 PP/ODTMA-14-HA 复合材料为对象，分别研究了含量为 0.5%、1%、2%和 5%的复合材料的 XRD 谱图，如图 8-13 所示。其 $K_β$ 值分析结果列于表 8-10 中。可见随着复合材料中 ODTMA-14-HA 的含量增加，β晶含量呈线性降低。结合上述 XRD 谱图和 TEM 照片的结果，说明复合材料中蒙脱土的分散情况和片层的插层、剥离状态对其β成核效率有重要影响。

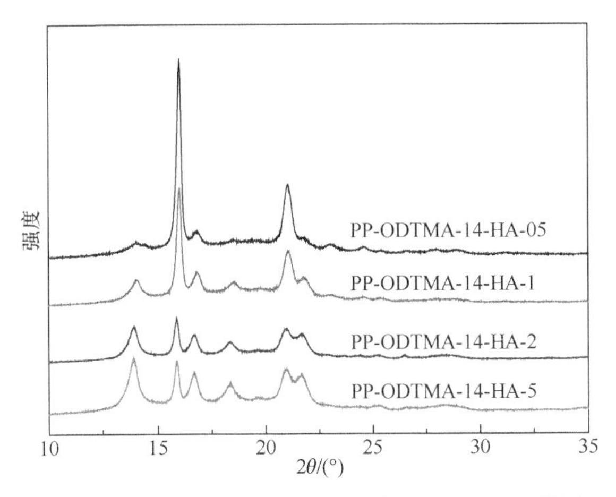

图 8-13　PP/ODTMA-14-HA 复合材料的 XRD 谱图

表 8-10　PP/ODTMA-14-HA 复合材料的 $K_β$ 值

复合材料	$K_β$
PP/ODTMA-14-HA-05	0.75
PP/ODTMA-14-HA-1	0.64
PP/ODTMA-14-HA-2	0.30
PP/ODTMA-14-HA-5	0.28

3. 复合材料的熔融和结晶行为

1) CaHA-OMMT 中改性剂含量的影响

为了进一步研究所制备的 CaHA-OMMT 的β晶成核能力，本章测试了复合材料消除热历史之后的 DSC 结晶曲线以及再次升温过程的熔融曲线，如图 8-14 和图 8-15 所示。计算得到的β_c值列于表 8-11。从 DSC 结晶曲线及其分析结果可知，

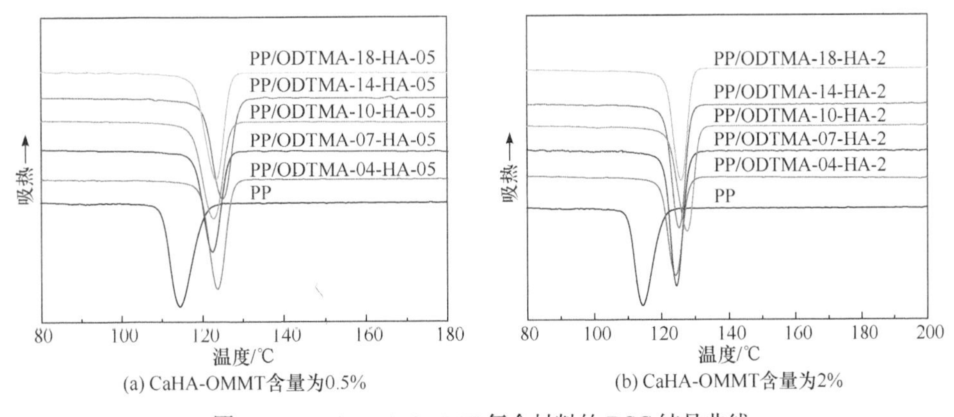

图 8-14　PP/CaHA-OMMT 复合材料的 DSC 结晶曲线

纯 PP 的结晶温度(T_c)为 114.5℃，而两种 CaHA-OMMT 含量的 PP/CaHA-OMMT 复合材料的 T_c 均升高至 122～128℃，比纯 PP 有显著提高。这表明 CaHA-OMMT 对 PP 有很强的促进成核作用。

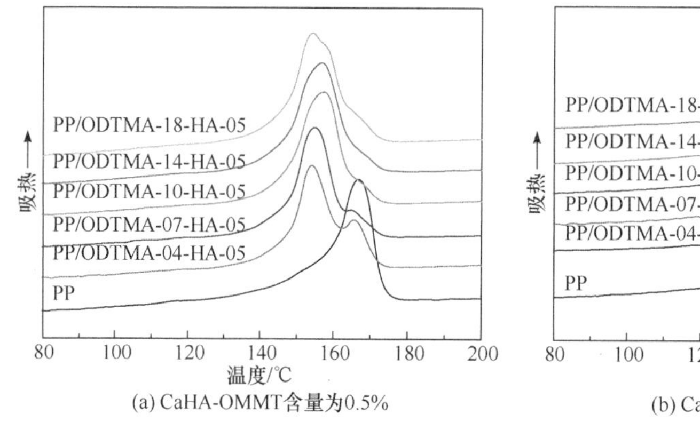

(a) CaHA-OMMT含量为0.5%

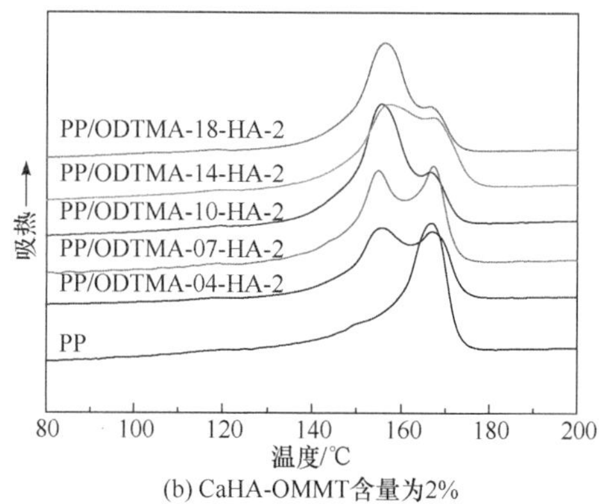

(b) CaHA-OMMT含量为2%

图 8-15　PP/CaHA-OMMT 复合材料的 DSC 熔融曲线

表 8-11　PP 及其复合材料的 DSC 结晶与熔融曲线分析结果(改性剂含量的影响)

样品	T_c/℃	$T_{m\beta}$/℃	$T_{m\alpha}$/℃	X_c/%	β_c
PP	114.5	—	163	43.7	0.00
PP/ODTMA-04-HA-05	123.5	154.2	165.6	43.8	0.84
PP/ODTMA-07-HA-05	122.4	155.0	165.0	40.8	0.90
PP/ODTMA-10-HA-05	122.8	157.4	—	47.7	0.92
PP/ODTMA-14-HA-05	125.0	157.0	—	44.2	0.94
PP/ODTMA-18-HA-05	123.4	154.4	—	50.4	0.93
PP/ODTMA-04-HA-2	124.1	155.6	166.8	45.4	0.77
PP/ODTMA-07-HA-2	124.4	154.7	167.1	54.1	0.76
PP/ODTMA-10-HA-2	127.7	155.2	166.4	52.1	0.86
PP/ODTMA-14-HA-2	127.7	157.0	167.1	51.3	0.82
PP/ODTMA-18-HA-2	126.0	156.2	166.5	46.2	0.88

由 DSC 熔融曲线可见，PP/CaHA-OMMT 复合材料均出现两个熔融峰，其峰值分别位于 155～157℃和 165～167℃两个温度范围内，对应于 PP β晶和α晶的熔融。而且β晶对应的熔融峰强度明显高于α晶，说明 PP 结晶部分主要为β晶。这表明 CaHA-OMMT 具有较强的β晶成核作用。根据表 8-11 中β_c值可知，在 CaHA-OMMT 含量为 0.5%和 2%的复合材料中，β晶含量分别达到 84%～94%和 76%～88%，说明所制备的 CaHA-OMMT 具有很高的β成核效率。无论 CaHA-OMMT 含量为 0.5%或 2%，随着其中改性剂含量的增加，复合材料中β晶含量均有逐渐增加

的趋势。这与上述 XRD 谱图的结果一致，说明复合材料中 CaHA-OMMT 的层间距较大时，允许较多的 PP 分子链插层，在层间所负载的 CaHA 的诱导作用下，形成较多的β晶。

值得注意的是，无论 XRD 还是 DSC 测试所得到的结果中，在相同 CaHA-OMMT 填充量时，复合材料 PP/ODTMA-04-HA 中的β晶含量均最低，而根据上述分析可知其中 CaHA-OMMT 的分散情况良好，片层实现剥离，这似乎与上述结论不符。分析其原因，可能是由于 ODTMA-04-HA 的初始层间距较小，在负载反应时所生成的 CaHA 很少进入到层间，而是分布于边缘，因此即使剥离之后其表面积明显增大，但所剥离的片层上实际负载 CaHA 的量很少，仍然为α晶成核表面，因此无法提高其β晶成核效率。

2) CaHA-OMMT 含量的影响

研究 PP/ODTMA-14-HA 复合材料的 DSC 结晶和熔融行为，复合材料中 ODTMA-14-HA 的含量分别为 0.5%、1%、2%和 5%。如图 8-16 所示，由表 8-12 分析结果可知，当 ODTMA-14-HA 的含量从 0.5%增加到 5%时，复合材料的 T_c 为 125～128℃，可见 ODTMA-14-HA 表现出明显的促进结晶作用。各复合材料熔融曲线均可观察到两个熔融峰，根据所计算 X_c 和 β_c 值的结果，可见随着 CaHA-OMMT 的含量增加，PP 结晶度增大，但除 PP/ODTMA-14-HA-1 外，复合材料的β晶含量逐渐减少。这与上述 XRD 谱图的分析结果一致，表明 CaHA-OMMT 含量较高时，提供了较多的α晶成核位点，但由于粒子含量高时易发生团聚，插层和剥离效果较差，表面积减小，因此层间的 CaHA 难以发挥作用，成核效率反而降低。这说明影响 CaHA-OMMT 的β晶成核效率的主要因素是蒙脱土片层在基体中的分散情况。分散良好、PP 分子链插层较多，特别是实现剥离的片层结构，为结晶成核提供了更大的表面积，从而使其成核效率大幅度提高。

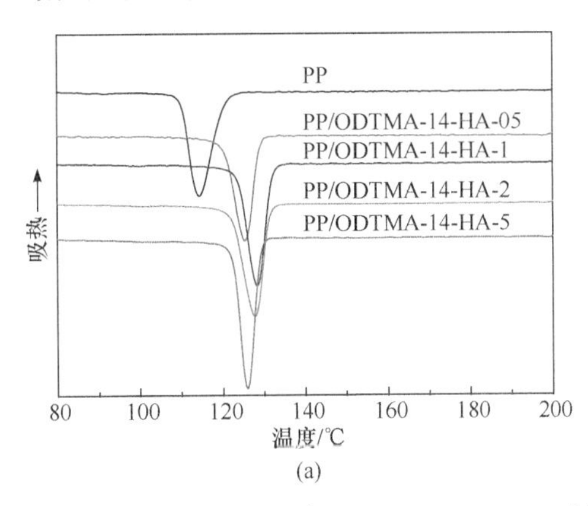

(a)

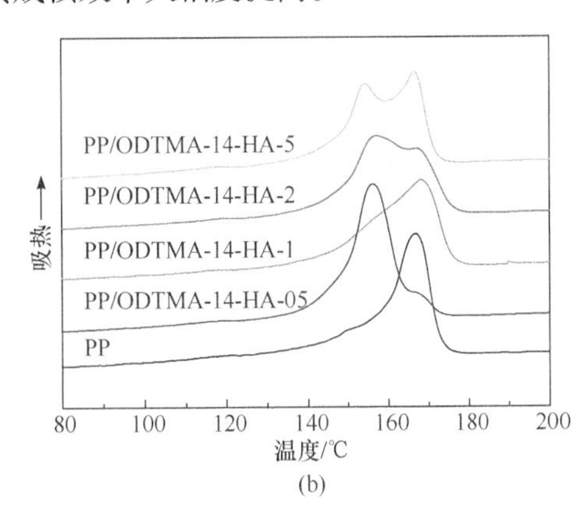

(b)

图 8-16　PP 与 PP/ODTMA-14-HA 复合材料的 DSC 结晶(a)和熔融(b)曲线

表 8-12　PP 与 PP/ODTMA-14-HA 复合材料的 DSC 结晶和熔融曲线分析结果

样品	T_c/℃	$T_{m\beta}$/℃	$T_{m\alpha}$/℃	X_c/%	β_c
PP	114.5	—	166.7	43.7	0.02
PP/ODTMA-14-HA-05	125.0	157.0	—	44.2	0.94
PP/ODTMA-14-HA-1	128.0	—	168.1	46.8	0.43
PP/ODTMA-14-HA-2	127.7	157.0	167.1	51.3	0.82
PP/ODTMA-14-HA-5	125.7	154.3	166.4	50.8	0.56

3) 负载与未负载的对比

对比了直接混合法所制备的复合材料 PP/ODTMA-14+CaHA 与相对应 PP/ODTMA-14-HA 复合材料的 DSC 结晶和熔融曲线，如图 8-17 所示，其中蒙脱土的含量分别为 0.5%和 2%。分析结果列于表 8-13 中。由 DSC 结晶曲线及其分析结果可知，含量为 0.5%时，两种复合材料的 T_c 基本相同。含量为 2%时，PP/ODTMA -14-HA 的 T_c 比 PP/ODTMA-14+CaHA 的 T_c 升高了 0.9℃，说明直接混合样品同样具有较强的结晶成核能力。而在熔融曲线中，两种含量的 PP/ODTMA-14-HA 复合材料的β晶熔融峰相对强度均明显高于 PP/ODTMA-14+CaHA，可见在同样的 Ca-OMMT 添加量条件下，虽然直接混合所制备的样品中添加了最佳含量的 CaHA，但其诱导β晶成核结晶效果却远低于负载样品复合材料。这是由于其中的 Ca-OMMT 具有较强的α晶成核作用，在结晶过程中两种成核剂相互竞争，而负载样品将 Ca- OMMT 的α晶成核作用转变为β晶成核作用，同时由于 Ca-OMMT 表面积大，具有较多成核位点，因此有助于产生高含量的β晶。

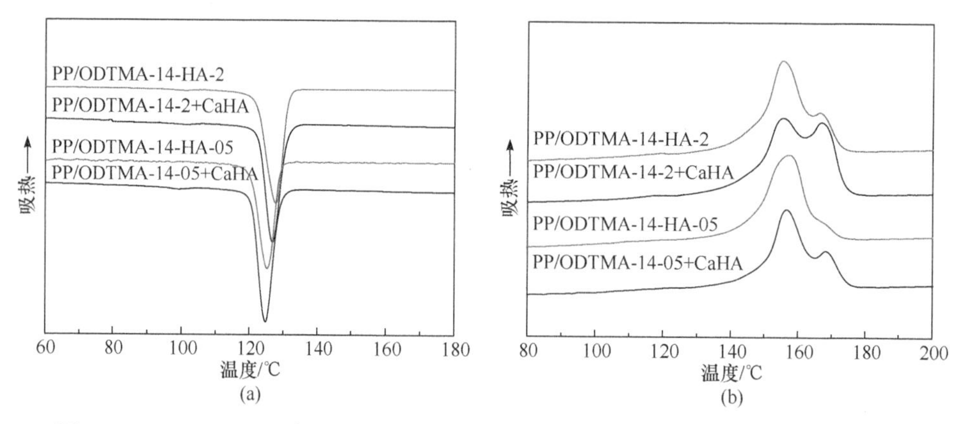

图 8-17　PP/Ca-OMMT 与 PP/CaHA-OMMT 复合材料 DSC 结晶(a)和熔融(b)曲线对比

表 8-13　PP/Ca-OMMT 与 PP/CaHA-OMMT 复合材料 DSC 结晶与熔融曲线分析结果

复合材料	T_c/℃	$T_{m\beta}$/℃	$T_{m\alpha}$/℃	X_c/%	β_c
PP/ODTMA-14-05+CaHA	124.8	156.7	168.5	45.9	0.76
PP/ODTMA-14-HA-05	125.0	157.0	—	44.2	0.94
PP/ODTMA-14-2+CaHA	126.8	155.5	166.8	50.9	0.70
PP/ODTMA-14-HA-2	127.7	157.0	167.1	51.3	0.82

4. 复合材料的熔体强度

1) CaHA-OMMT 中改性剂含量的影响

分别测试了各复合材料的 MFR 和熔体强度。图 8-18 是 CaHA-OMMT 含量分别为 0.5%和 2%时，改性剂含量不同的复合材料的 MFR 和熔体强度结果柱状图。PP 的 MFR 为 2.9g/10min，熔体强度为 978kPa · s。PP/CaHA-OMMT 复合材料的熔体强度基本上都高于 PP，其中含量为 0.5%时复合材料的熔体强度较含量为 2%时有所提高，这可能是由于低含量时更有利于蒙脱土片层分散，从而能够表现出较好的纳米尺寸效应，使 PP 的熔体强度得到改善。其中 CaHA-OMMT 中改性剂含量为 0.4CEC 时熔体强度最大，为 1253kPa · s，比 PP 的提高了 28.1%。随着 CaHA-OMMT 中改性剂含量增加，复合材料的 MFR 和熔体强度总体变化不大。

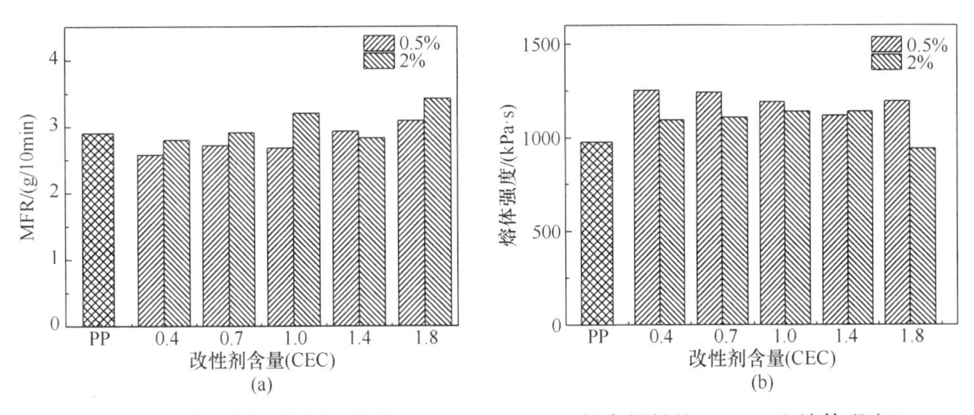

图 8-18　PP 和不同改性剂含量的 PP/CaHA-OMMT 复合材料的 MFR(a)和熔体强度(b)

2) CaHA-OMMT 含量的影响

研究了不同含量的 ODTMA-14-HA 对 PP 的 MFR 和熔体强度的影响，结果见图 8-19。当 ODTMA-14-HA 含量为 0.5%、1%和 2%时，MFR 无明显变化，当 CaHA-OMMT 的含量增加至 5%时，熔体流动性明显提高，说明少量 CaHA-OMMT 的加入对熔体的黏度影响不大，而含量较高时，由于多层结构的粒子间发生团聚、堆积等现象，反而使 PP 流动性大幅度提高。相应地，当 ODTMA-14-HA 含量为 0.5%～2%时，复合材料的熔体强度有所提高，而含量为 5%时，熔体强度明显降低。

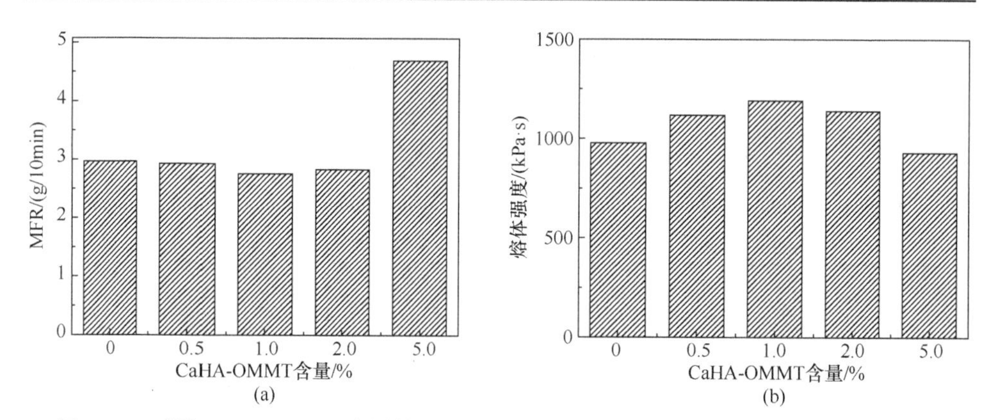

图 8-19　不同 CaHA-OMMT 含量的 PP/CaHA-OMMT 复合材料的 MFR(a)和熔体强度(b)

5. PP/CaHA-OMMT 复合材料的动态剪切流变性能

1) CaHA-OMMT 含量的影响

首先研究了填充量不同的 PP/ODTMA-14-HA 复合材料的动态剪切流变曲线。PP 与各复合材料的动态频率扫描流变曲线见图 8-20。由复合黏度-频率(η^*-ω)曲线可见，与 PP 相比，在 0.5%～2%的填充量范围内，复合材料的η^*变化很小，在低频端略有降低，当填充量增加至 5%时，复合材料的η^*在整个频率范围内均低于 PP。这是由于复合材料中加入了低熔体流动速率，即低黏度的 PP-*g*-MA，且加入量为 CaHA-OMMT 的 2 倍，因此 CaHA-OMMT 的填充量越大，复合材料的黏度越低。众所周知，tanδ可以用来表征聚合物熔体的弹性，由图 8-20(b)中各样品的 tanδ-ω曲线可见，在 0.5%～2%的填充量范围内，复合材料的 tanδ在低频区略高于 PP，当填充量为 5%时，复合材料的 tanδ低于 PP，尤其在低频区更加明显。这说明填充量较高时，虽然熔体黏度有所降低，但熔体弹性得到一定程度的提高。

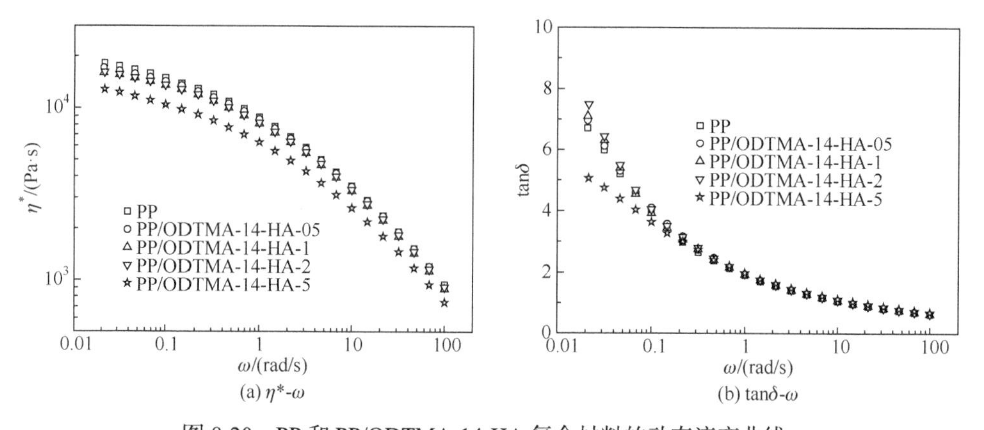

图 8-20　PP 和 PP/ODTMA-14-HA 复合材料的动态流变曲线

2) CaHA-OMMT 中改性剂含量的影响

考虑到复合材料中黏土粒子的分散状态对流变性能有直接影响。又研究了上述复合材料中 XRD 谱图无明显衍射峰的 PP/ODTMA-04-HA 复合材料的流变行为，如图 8-21 所示。可见该复合材料的η^*-ω曲线在整个频率范围内均高于 PP，尤其在低频端增加幅度更大，且填充量为 2%时，比填充量为 0.5%时增加幅度更大，同时剪切变稀现象更加明显。由复合材料的 tanδ-ω曲线可见，在低频区复合材料的 tanδ均低于 PP，而且填充量为 2%时 tanδ的值更小。

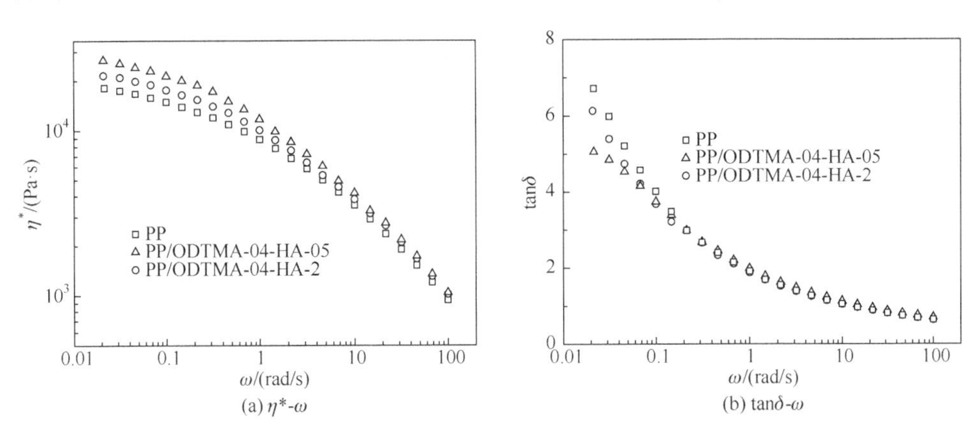

图 8-21　PP 和 PP/ODTMA-04-HA 复合材料的动态流变曲线

对比两种复合材料的流变行为，结合上述 XRD 谱图的分析结果，可以得出结论：当 CaHA-OMMT 在复合材料中以插层结构存在时，由于复合材料中低熔点的相容剂的存在，其熔体的剪切黏度略低于 PP，同时低含量时熔体弹性也略低于 PP，含量较高时，熔体黏度继续降低，而熔体弹性得到改善。当 CaHA-OMMT 在复合材料中以剥离结构存在时，在较低的填充量下即可明显提高熔体黏度和熔体弹性。其原因可能是部分剥离的层状结构分散于 PP 基体中，有利于形成流变学意义上的三维网络结构，使复合材料表现出类固态行为。

6. 复合材料的力学性能

1) CaHA-OMMT 中改性剂含量的影响

测试了 CaHA-OMMT 含量分别为 0.5%和 2%的各组 PP/CaHA-OMMT 复合材料的拉伸性能，其屈服强度和断裂伸长率的测试结果见图 8-22。PP 的屈服强度和断裂伸长率分别为 20.9MPa 和 210%。当 CaHA-OMMT 含量为 0.5%时，PP/CaHA-OMMT 复合材料的屈服强度均略高于 PP，断裂伸长率则随着 CaHA-OMMT 中改性剂含量的增加而逐渐增大，达到一定程度后又开始减少。几组复合材料中，含量为 0.5%的 PP/ODTMA-14-HA 的屈服强度和断裂伸长率均为最大，分别为

23.6MPa 和 404%，提高幅度分别为 12.9%和 92.4%；而含量为 2%的复合材料的屈服强度和断裂伸长率与 PP 相比均有所降低。这与黏土片层在聚合物中的分散情况，以及 PP 中β晶含量直接相关。由上述讨论结果已知，CaHA-OMMT 中改性剂含量越高，层间距越大，则在复合材料中 PP 分子链插层越多，利于实现层状结构的剥离，同时诱导产生的β晶含量也更高，从而使复合材料的强度有所改善，韧性明显提高。

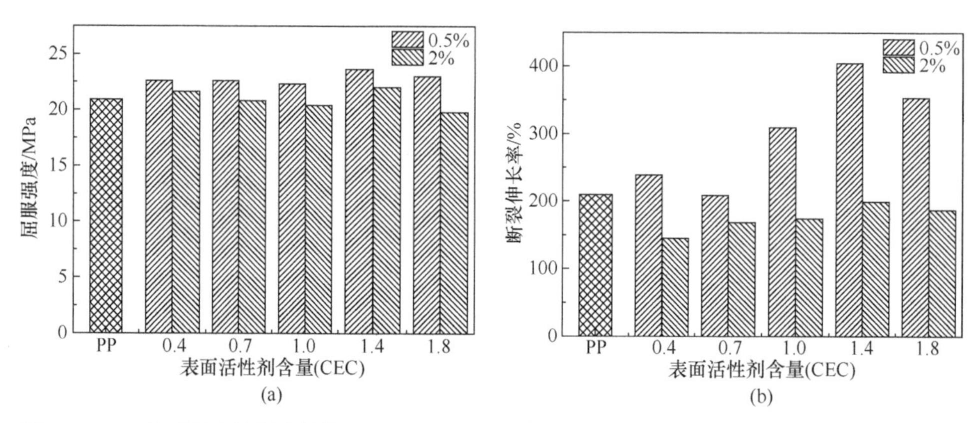

图 8-22　PP 和不同改性剂含量的 PP/CaHA-OMMT 复合材料的拉伸屈服强度(a)和断裂伸长率(b)

2) CaHA-OMMT 含量的影响

分别测试了 PP 及含量为 0.5%、1%、2%和 5%的 PP/ODTMA-14-HA 复合材料的拉伸性能，其屈服强度和断裂伸长率结果见图 8-23。可见含量为 0.5%时屈服强度和断裂伸长率均为最大值。当 ODTMA-14-HA 含量继续增加时，复合材料的屈服强度略有降低，断裂伸长率明显减少，其中含量为 1%或 2%时与 PP 相当，

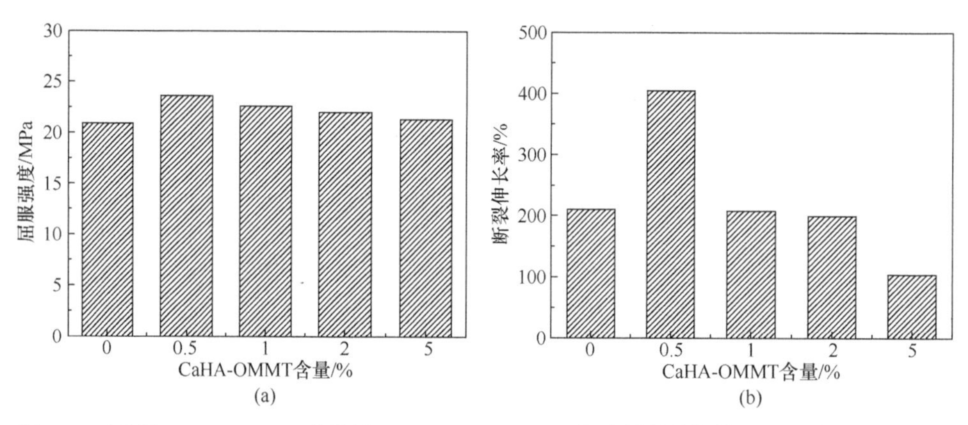

图 8-23　不同 CaHA-OMMT 含量的 PP/ODTMA-14-HA 复合材料的拉伸屈服强度(a)和断裂伸长率(b)

含量达到 5%时降低至 PP 的 50%左右。结合上述分析结果，可见 CaHA-OMMT 含量较低时，其 OMMT 片层更容易在 PP 中达到良好的分散效果，片层容易剥离，同时由于其诱导产生较高含量的β晶，从而使复合材料的强度和韧性均得到明显提升。而 CaHA-OMMT 含量较高时，由于 OMMT 粒子团聚、片层堆积等现象，使其难以表现出纳米尺寸效应，且β成核效率明显降低，因此复合材料的强度和韧性均受到影响。

以上结果表明，复合材料中 OMMT 是否负载有 CaHA、CaHA 和 CaHA-OMMT 在 PP 基体中的分散情况，以及 CaHA-OMMT 的含量，对复合材料的力学性能均有一定程度的影响。片层剥离、分散效果好且负载有 CaHA 的复合材料中β晶含量高，具有最优的力学性能，尤其是韧性得到明显提高。

3) 负载β晶成核剂的增韧机理及增韧条件

基于以上分析结果，对不同状态下 CaHA-OMMT 在复合材料中的分散状态，以及其增韧机理进行解释。图 8-24 分别展示了在 CaHA-OMMT 含量适当的前提下，三种情况下复合材料中形成β晶的情况。图 8-24(a)表示 CaHA 负载于层间、在剪切作用下层状结构实现剥离的情况。在这种情况下，剥离之后 CaHA 依然负载于 Ca-OMMT 片层，冷却结晶过程中，借助 Ca-OMMT 较大的表面积，使 CaHA 的β晶成核效率显著提高，从而诱导产生高含量的β晶；同时剥离分散的黏土片层也可以较好地发挥其纳米尺寸效应。二者协同作用，赋予 PP 良好的力学性能，特别是良好的韧性。

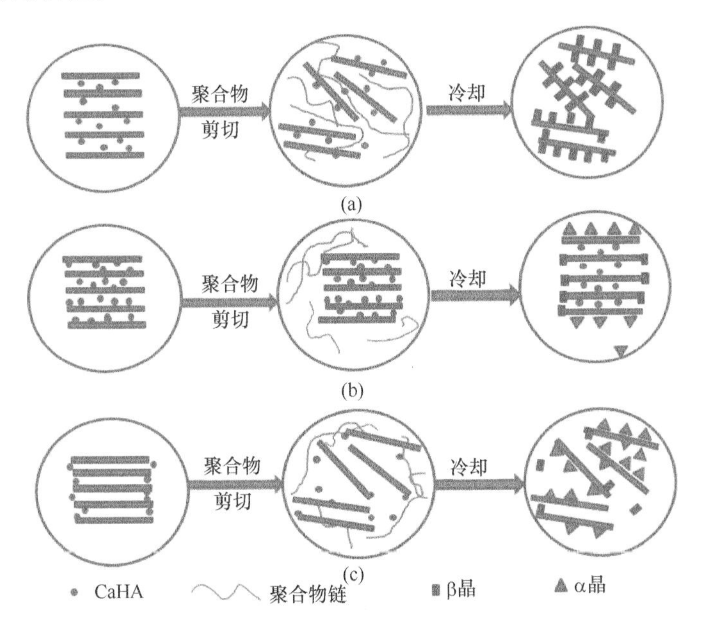

图 8-24　PP/CaHA-OMMT 复合材料的增韧机理示意图

图 8-24(b)表示 CaHA-OMMT 与 PP 复合之后，蒙脱土片层仍以多层结构存在的情况。在这种情况下，即使 CaHA 负载于层间，但由于层状结构未能剥离，所提供的表面积有限，因此结晶成核位点较少，另外由于冷却结晶过程中作用于 PP 分子链的仍主要是 Ca-OMMT 的α晶成核表面，因此所形成的β晶含量较低，且这种情况下形成的是微米复合材料而非纳米复合材料，因此复合材料的力学性能相对较低，尤其是韧性明显降低。

图 8-24(c)表示 CaHA 未负载于 Ca-OMMT 层间，而主要分布于边缘的情况。在这种情况下，即使在复合材料中 Ca-OMMT 发生剥离，但 CaHA 大部分直接分散于 PP 基体中，而剥离的 Ca-OMMT 片层上 CaHA 的量很少，因此作用于 PP 的主要是 Ca-OMMT 的α晶成核表面，导致所产生的β晶含量较低，因此复合材料的韧性也较低。

8.4 本 章 小 结

(1) 以天然 Ca-MMT 为原料，分别以 0.4～1.8CEC 含量的 DHAB 和 ODTMA 为改性剂，通过有机改性制备了 Ca-OMMT，随后 Ca-OMMT 与庚二酸负载反应制备了 CaHA 负载量分别为 7.0%～15.2%、0.7%～7.7%的蒙脱土负载型β晶成核剂 CaHA-OMMT。发现 Ca-OMMT 与庚二酸发生负载反应后，不仅成功地将 CaHA 引入到 Ca-OMMT 中，还可引起 Ca-OMMT 的层间距进一步增大。

(2) 采用熔融共混法制备了 PP/CaHA-OMMT 复合材料，发现 CaHA-OMMT 含量较低且其中改性剂含量较高时，有利于其在复合材料中的分散，而分散良好、层间距大或剥离且负载有 CaHA 的 Ca-OMMT 可发挥最佳的β晶成核作用。在研究范围内，CaHA-OMMT 含量仅为 0.5%的复合材料中可形成高达 94%的β晶。

(3) 复合材料中 CaHA-OMMT 的含量较低，且 CaHA-OMMT 中改性剂含量较高时，对熔体强度有利，与 PP 相比提高幅度可达 28.1%，而含量较高时反而使熔体强度降低。动态剪切流变曲线表明，当 CaHA-OMMT 在复合材料中以剥离结构存在时，对流变性能的改善效果优于插层结构的改善效果。当 CaHA-OMMT 中改性剂含量较高，同时 CaHA-OMMT 在 PP 中含量较低时，对拉伸性能有利。在研究范围内，ODTMA 含量为 1.4CEC，CaHA-OMMT 含量为 0.5%的 PP/CaHA-OMMT 复合材料屈服强度和断裂伸长率均为最大，比 PP 分别提高了 12.9%和 92.4%。总结了 CaHA-OMMT 的增韧机理，分散良好、剥离且负载有 CaHA 的 Ca-OMMT 具有最佳的增韧效果。

第 9 章　蒙脱土负载型 α 晶成核剂

9.1　引　　言

关于 PP 增韧的研究已经比较深入。通过添加无机纳米粒子可有效提高 PP 的韧性(和强度)，但同时也使 PP 的加工性能大幅度下降，部分无机粒子的加入可能使复合材料在挤出和注塑过程中对螺杆的磨损加重。而通过加入成核剂可以调控 PP 球晶尺寸，改善结晶性能，同时可以较好地改善 PP 的力学性能。由第 8 章中所述已知，PP 中α晶型和β晶型具有较大的工业应用价值和经济价值。添加成核剂不仅能够控制和稳定结晶晶型，而且能够提高结晶速率、结晶温度和结晶度，使晶粒细化、均化，从而提高 PP 的力学性能，同时还可缩短成型周期，提高生产效率。

PP α晶成核剂种类较多，得到了广泛的应用，其中有机类成核剂的成核效率更高，适合作为专门的结晶成核剂使用。在众多种类的成核剂中，苯甲酸钠是研究较早的芳香族羧酸盐类成核剂，成本低，对复合材料表面光泽度、刚性和抗冲击性能等综合性能的改善效果好。其中关于苯甲酸钠盐及其衍生物诱导 PP α结晶的研究有较多报道，促进结晶成核的效果也较好。

如前所述，天然 MMT 主要有两大类型，即 Ca-MMT 和 Na-MMT。第 3 章中利用天然 Ca-MMT 层间富含 Ca^{2+}的特点，制备了负载有β晶成核剂 CaHA 的 Ca-OMMT，并将其作为 PP 的增韧剂和熔体强度改性剂进行了应用。类似地，如果利用天然 Na-MMT 层间的 Na^{+}，制备适用于 PP 的α晶成核剂苯甲酸钠，并将其负载于有机改性钠基蒙脱土(Na-OMMT)，则有望同时改善 PP 的韧性、强度和熔体强度，得到综合性能优异的纳米复合材料。

因此，本章拟采用天然 Na-MMT 为原料，首先通过与不同比例的有机改性反应制备有机化程度不同，即剩余 Na^{+}含量不同的钠基有机蒙脱土，随后利用层间剩余的 Na^{+}与苯甲酸之间的反应，制备蒙脱土负载型的α晶成核剂，对其结构进行研究，并计算其中苯甲酸钠的负载量。将该负载型α晶成核剂用于改性 PP，对其结晶成核能力和在 PP 中的分散情况进行了综合评价：探讨了负载成核剂中的改性剂用量及负载成核剂含量对于其在 PP 基体中的分散情况对复合材料结晶结构、熔体强度、流变行为和力学性能的影响。

9.2　蒙脱土负载型α晶成核剂的制备过程

1. Na-MMT 的有机改性

钠基蒙脱土(Na-MMT)与不同含量有机改性剂 DHAB 或 ODTMA 反应制备有机改性钠基蒙脱土(Na-OMMT)，配方如表 9-1 所示。具体步骤如下：取 10g Na-MMT 分散于 300mL 去离子水中，室温下磁力搅拌 24h 得到 Na-MMT 的悬浮液，随后将所需量的有机改性剂溶于 100mL 去离子水中，在 80℃下磁力搅拌 30min。将 Na-MMT 悬浮液缓慢加入到 80℃的有机改性剂溶液中，随后在 80℃下继续搅拌反应 2h。反应完成后过滤收集有机改性蒙脱土的沉淀物，用热的去离子水冲洗几次，直到滤液中不含溴离子(用 0.1mol/L 的 $AgNO_3$ 溶液滴定，无白色沉淀出现)，随后在 80℃下真空干燥 24h，取出后充分研磨，过 200 目筛，得到 Na-OMMT。

表 9-1　各组 Na-OMMT 制样配方

样品	DHAB(CEC)	ODTMA(CEC)	Na-MMT 质量/g
Na-DHAB-04	0.4	0	10
Na-DHAB-07	0.7	0	10
Na-DHAB-10	1.0	0	10
Na-DHAB-14	1.4	0	10
Na-DHAB-18	1.8	0	10
Na-ODTMA-07	0	0.7	10
Na-ODTMA-10	0	1.0	10
Na-ODTMA-14	0	1.4	10
Na-ODTMA-18	0	1.8	10
Na-ODTMA-22	0	2.2	10

2. NaB-OMMT 的制备

将 Na-OMMT 与苯甲酸(BA)按照 10：1 的比例混合后充分研磨使其混合均匀。为了探索最佳负载反应条件，取其中一组样品 Na-ODTMA-10 作为研究对象，分别在 90℃、95℃、100℃、105℃、110℃、120℃、130℃下反应 1h，根据计算所得负载量，得到最佳反应温度后，将反应温度设定为最佳值，设置不同反应时间：1h、3h、5h，研究反应时间的影响。之后 Na-OMMT 与苯甲酸之间的负载反应均采用最佳反应温度和时间。负载反应制得蒙脱土负载苯甲酸钠(NaB-OMMT)。

各样品名称由改性剂名称、改性剂含量和负载标记BA组成，如Na-DHAB-04与苯甲酸负载反应后所得样品标记为DHAB-04-BA，Na-ODTMA-07与苯甲酸负载反应后所得样品标记为ODTMA-07-BA，以此类推。

3. PP/NaB-OMMT复合材料的制备

将干燥的PP、PP-*g*-MA、NaB-OMMT、抗氧剂按表9-2中所述配方混合后用转矩流变仪熔融密炼混料。表中复合材料分为两个对比组，组1是为了研究NaB-OMMT中改性剂ODTMA的用量对复合材料结构和性能的影响，组2是为了研究复合材料中NaB-OMMT含量的影响。此外，为了对比说明苯甲酸钠(NaB)在Na-OMMT上的负载与直接混合的区别，还将Na-OMMT与NaB直接混合后与PP制备了两组PP/Na-OMMT+NaB复合材料：PP/ODTMA-10-1+NaB、PP/ODTMA-22-1+NaB，其中ODTMA-10-BA、ODTMA-22-BA的含量均为1%，NaB的含量为0.4%(该成核剂的最佳添加量)。混料温度为190℃，转速为60r/min，混料时间为15min。使用平板硫化仪，将混合后的物料在200℃、5MPa下保压时间5min，模压成型并用裁刀制得哑铃形试样，用于测试拉伸性能。

表9-2　PP/NaB-OMMT复合材料的配方

组号	复合材料	PP质量/g	PP-*g*-MA质量/g	NaB-OMMT质量/g	1010质量/g
1	PP/ODTMA-07-BA-1 PP/ODTMA-10-BA-1 PP/ODTMA-14-BA-1 PP/ODTMA-18-BA-1 PP/ODTMA-22-BA-1	97	2	1	0.1
2	PP/ODTMA-22-BA-05	98.5	1	0.5	0.1
	PP/ODTMA-22-BA-1	97	2	1	0.1
	PP/ODTMA-22-BA-2	94	4	2	0.1
	PP/ODTMA-22-BA-5	85	10	5	0.1

9.3　蒙脱土负载型α晶成核剂的结构与性能表征

9.3.1　Na-OMMT和NaB-OMMT的结构

图9-1是原料Na-MMT和分别以DHAB和ODTMA为改性剂所制备的Na-OMMT的FT-IR谱图。Na-MMT在3620cm^{-1}、3436cm^{-1}、798cm^{-1}处出现吸收峰。其中，3620cm^{-1}处的吸收带归属于—OH的伸缩振动，该峰是具有较高含

量八面体铝的 MMT 的特征峰；3436cm^{-1} 的宽吸收带可能是 MMT 或 KBr 中所含的少量水分中的—OH 引起的；798cm^{-1} 处的吸收带则证明了微晶 SiO_2 混合物的存在。与 Na-MMT 相比，无论以 DHAB 还是以 ODTMA 为改性剂所制备的 Na-OMMT，在 2917cm^{-1}、2850cm^{-1} 和 1470cm^{-1} 均处出现新的吸收峰。在 2917cm^{-1} 和 2850cm^{-1} 处的窄吸收带分别对应于烷基链中—CH—的非对称伸缩振动和对称伸缩振动，而 1470cm^{-1} 处的吸收带是—CH_3 和—CH_2—基团中(C—H)的非对称弯曲振动引起的。而且随着改性剂含量的增加，上述特征吸收峰均逐渐增强。以上结果表明 Na-MMT 与有机铵盐反应后，通过 Na^+与烷基铵阳离子之间的离子交换，成功地将长链烷基引入到 Na-MMT 中，且在研究范围内，改性剂含量越高，接枝到 Na-MMT 中的烷基链也越多。

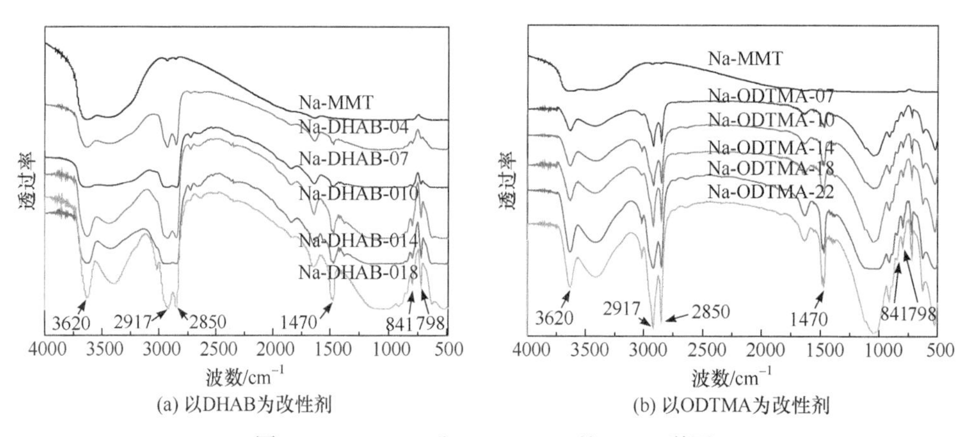

(a) 以DHAB为改性剂 (b) 以ODTMA为改性剂

图 9-1 Na-MMT 和 Na-OMMT 的 FT-IR 谱图

图 9-2 是分别以 DHAB 和 ODTMA 为改性剂所制备的 NaB-OMMT 样品的 FT-IR 谱图。作为对照，将苯甲酸(BA)和苯甲酸钠(NaB)的测试结果也列于其中。

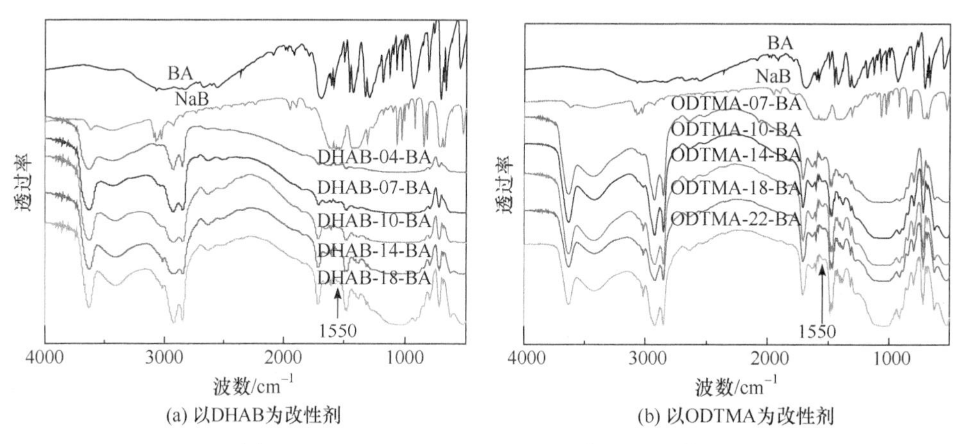

(a) 以DHAB为改性剂 (b) 以ODTMA为改性剂

图 9-2 BA、NaB 和 NaB-OMMT 的 FT-IR 谱图

由图可以看出，无论哪种改性剂制备的样品，发生负载反应后，各 NaB-OMMT 样品除出现 Na-OMMT 的特征峰以外，在 1550cm^{-1} 处还出现了新的吸收峰，该峰在 BA 的吸收光谱中并未出现，而在 NaB 的吸收光谱中可以观察到，因此归属于 NaB 中—COO 的伸缩振动，说明 NaB-OMMT 中存在 NaB，即 BA 中的—COOH 与 Na-OMMT 层间剩余的 Na^{+}在蒙脱土表面发生反应生成 NaB。

图 9-3 是分别以 DHAB 和 ODTMA 为改性剂制备的 Na-OMMT 和 NaB-OMMT 的 XRD 谱图。根据 XRD 谱图，利用布拉格方程计算各样品的蒙脱土层间距，以及负载前后的层间距增量 Δd，结果列于表 9-3 中。Na-MMT 的层间距为 1.25nm，为蒙脱土(001)晶面的特征衍射峰。与改性剂 DHAB 或 ODTMA 反应后，该衍射峰向低角度方向发生不同程度的移动，说明有机改性后，Na-MMT 的层间距均有所增大，但不同改性剂所制备 Na-OMMT、NaB-OMMT 样品的衍射峰位置随改性剂含量的变化趋势有所不同。

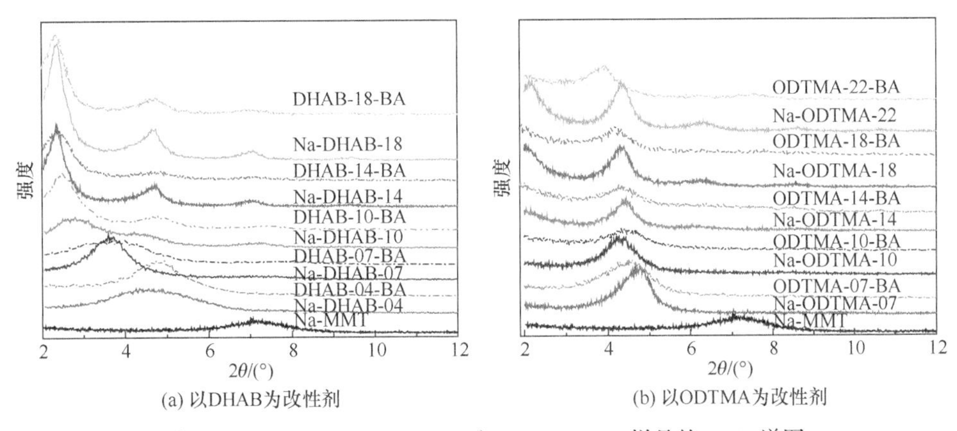

(a) 以DHAB为改性剂　　(b) 以ODTMA为改性剂

图 9-3　Na-MMT、Na-OMMT 和 NaB-OMMT 样品的 XRD 谱图

表 9-3　Na-MMT、Na-OMMT 和 NaB-OMMT 的 XRD 最强峰对应 *d* 值及其差值

改性剂种类	改性剂含量(CEC)	编号	OMMT 层间距 *d*/nm	NaB-OMMT 层间距 *d*/nm	增量 Δ*d*/nm
DHAB	0.4	Ⅰ	2.01	1.84	−0.17
	0.7	Ⅰ	2.43	2.41	−0.02
	1.0	Ⅰ	1.99	1.85	−0.14
	1.4	Ⅰ	3.72	3.50	−0.22
		Ⅱ	1.87	2.02	0.15
	1.8	Ⅰ	3.74	3.80	0.06
		Ⅱ	1.89	1.88	−0.01

续表

改性剂种类	改性剂含量(CEC)	编号	OMMT 层间距 d/nm	NaB-OMMT 层间距 d/nm	增量 Δd/nm
ODTMA	0.7	Ⅰ	1.85	1.94	0.09
	1.0	Ⅰ	2.05	2.01	−0.04
	1.4	Ⅰ	1.99	2.05	0.06
	1.8	Ⅰ	4.22	4.22	0
		Ⅱ	2.04	2.12	0.08
	2.2	Ⅰ	4.10	—	—
		Ⅱ	2.04	2.23	0.19

由图 9-3(a)可知，以 DHAB 为改性剂所得 Na-OMMT 衍射图谱中，均有 2～3 个衍射峰，其中最强峰出现在最低角度，这与第 8 章中 Ca-OMMT 的谱图特征一致。同时 DHAB 改性制备的 Na-OMMT 的衍射峰位置随 DHAB 含量的增加而向低角度移动，且峰宽逐渐变小，表明 DHAB 含量越高，Na-OMMT 的层间距 d 值越大，同时 d 值分布越窄。由表 9-3 中结果可见，Na-OMMT 的最强峰值对应的 d 值分布在 1.99～3.74nm，且随着 DHAB 含量的增加而增大。负载反应后所制备的 NaB-OMMT，除了 Na-DHAB-18 的最强衍射峰和 Na-DHAB-14 的次强衍射峰对应层间距略有增大外，其余主要衍射峰对应的层间距增量 Δd 均为负值。

由图 9-3(b)可见，相对于原 Na-MMT，以 ODTMA 为改性剂所制备的 Na-OMMT 的 d 值均有所增大，各样品中可观察到 1～3 个衍射峰不等，其中，位于 2θ角 4°～5°之间的衍射峰的位置随 ODTMA 含量的变化较小，当 ODTMA 的加入量由 0.7CEC 增大至 1.0CEC 时，Na-OMMT 在 4°～5°之间的衍射峰对应的 d 值由 1.85nm 增大至 2.05nm，当 ODTMA 用量继续增大，直至 2.2CEC，d 值未发生明显变化。除 2θ角为 4°～5°的峰外，样品 Na-ODTMA-18 和 Na-ODTMA-22 在 2θ角位于 2°附近还可观察到一个强度相当的衍射峰，对应 d 值分别为 4.22nm 和 4.10nm。负载反应所制备的 NaB-OMMT 中，除 ODTMA 含量为 1.0CEC 的 ODTMA-10-BA 外，其余样品在 2θ角 4°～5°之间的衍射峰均向低角度方向移动，对应 Δd 值在 0.06～0.19nm 范围内，其中样品 ODTMA-22-BA 的 Δd 值最大，说明负载反应所生成的 NaB 引起了层间距的增大。值得注意的是，样品 Na-ODTMA-22 有两处强峰，而负载反应后仅有一个强峰，位于 2°处的峰消失，可能是负载反应之后使该处的层间距超出了仪器的检测范围。

综合以上结果，并与第 3 章中 CaHA-OMMT 的层间距结果变化情况相对比，可以发现，对于 Na-MMT 而言，不同改性剂所得 Na-OMMT 和 NaB-OMMT 的层间距变化趋势有所不同；除高含量 ODTMA 改性所得样品外，负载反应后所得

NaB-OMMT 的层间距增大幅度均较小，部分样品的层间距甚至略有减小。这可能是 NaB 分子结构及体积的限制，以及层间部分低分子物质的分解所导致的。

9.3.2　NaB-OMMT 中 NaB 负载量的研究

考虑到 BA 的热分解温度较低，可能在负载反应过程中发生质量损失而影响负载效果。首先分别对原料 BA、Na-MMT 和 NaB 进行了热重分析，见图 9-4。图中分别列出了 Na-MMT、BA 及 NaB 的 TG 和 DTG 曲线。由图可以看出，BA 在 115～220℃范围内发生接近于 100%的失重；NaB 在 450～600℃发生第一段热失重，随后失重速率变缓，800℃以后质量又开始快速降低；而 Na-MMT 失重主要发生在 600～730℃。其中，在 450～600℃主要发生 NaB 的失重，因此将该温度区间确定为负载量的研究范围。负载量计算公式如下：

$$W_{\text{NaB}}(\%) = \frac{\Delta W_{\text{NaB-OMMT}} - \Delta W_{\text{OMMT}}}{\Delta W_{\text{NaB}}^{0}} \times 100\% \tag{9-1}$$

式中，W_{NaB} 为 NaB-OMMT 中 NaB 的含量，%，$\Delta W_{\text{NaB-OMMT}}$ 为 NaB-OMMT 在 450～600℃的热失重；ΔW_{OMMT} 为各对应 Na-OMMT 样品在 450～600℃的热失重；$\Delta W_{\text{NaB}}^{0}$ 为 NaB 在 450～600℃的热失重，经测试为 46.4%。由公式可知，在 450～600℃范围内，NaB-OMMT 与其对应 Na-OMMT 的失重量差值越大，则说明 NaB 的负载量越大。

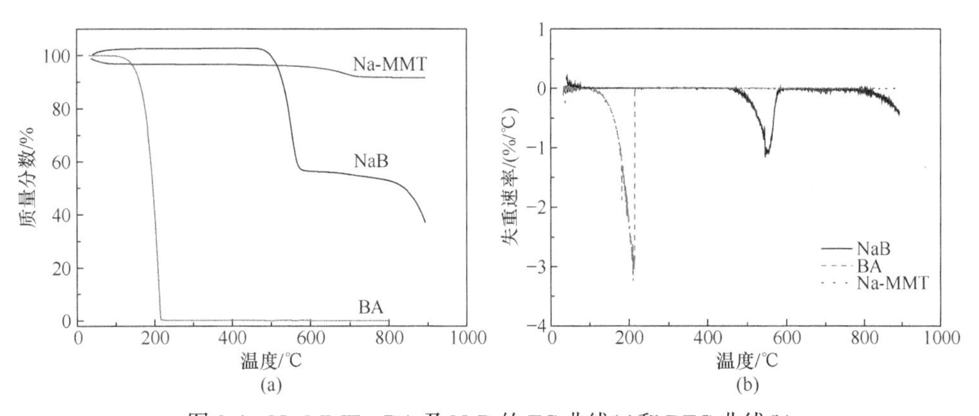

图 9-4　Na-MMT、BA 及 NaB 的 TG 曲线(a)和 DTG 曲线(b)

1. 最佳反应温度研究

为了探索最佳的负载反应条件，以得到较高的 NaB 负载量。本章分别研究了负载反应温度和时间的影响。以 ODTMA-10 为研究对象，分别设置负载反应温度为 90℃、100℃、105℃、110℃、120℃和 125℃，固定反应时间为 1h，制备 NaB-OMMT，研究反应温度的影响。所得各 NaB-OMMT 样品的 TG 曲线见图 9-5，各样品在 450～600℃的失重率分别列于表 9-4 中。可见在 90～110℃范围内，随着反应温度的升高，失重率逐渐增大，继续升高反应温度，失重率不再增大。根据式(9-1)可知，在研究范围内，110℃为最佳反应温度。

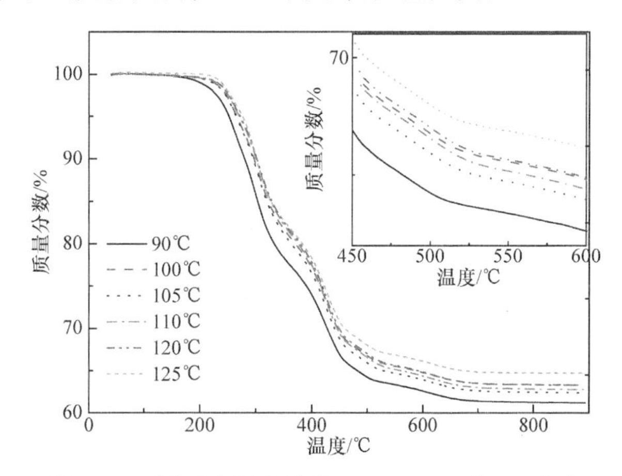

图 9-5　不同反应温度所得 NaB-OMMT 的 TG 曲线

表 9-4　不同反应温度下所制备 NaB-OMMT 在 450～600℃的失重率

温度/℃	90	100	105	110	120	125
450～600℃失重率/%	4.28	4.71	4.78	4.99	4.98	4.66

2. 最佳反应时间研究

设定负载反应的温度为 110℃，反应时间分别设置为 1h、3h 和 5h，探讨反应时间对 NaB 负载量的影响。所制备 NaB-OMMT 样品的 TG 曲线见图 9-6。各样品在 450～600℃的失重率分别列于表 9-5 中。在所研究时间范围内，反应时间为

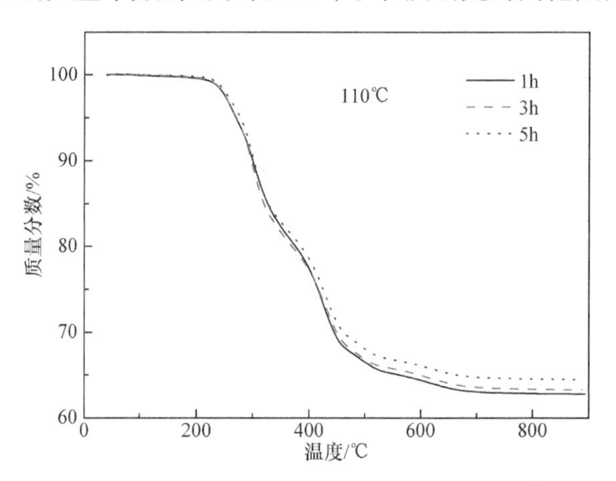

图 9-6　不同反应时间所得 NaB-OMMT 的 TG 曲线

5h 时失重率最大，因此取 110℃、5h 为负载反应条件。

表 9-5　不同反应时间所制备 NaB-OMMT 在 450～600℃的失重率

反应时间/h	1	3	5
450～600℃失重率/%	4.99	5.01	5.07

3. 改性剂含量的影响

图 9-7(a)和(b)分别列出了以不同含量的 DHAB 和 ODTMA 为改性剂所制备的 Na-OMMT 和 NaB-OMMT 的 TG 曲线，其中 Na-OMMT 的 TG 分析结果列于表 9-6 中。以 DHAB 为改性剂所制备的 Na-OMMT 在 200～500℃和 500～750℃两个温度段内存在热失重。以 Na-DHAB-04 为例，其热失重大于 Na-MMT，这是 $DHAB^+$在加热过程中分解所致，在 200～500℃之间，$DHAB^+$降解，质量损失为 17.1%。在 500～750℃温度范围内失重率为 3.7%，主要是硅酸盐晶体中的羟基脱水造成的。而负载样品 DHAB-04-BA 在 200～500℃的质量损失为 24.4%，主要归因于 $DHAB^+$和未完全反应的苯甲酸的热分解，在 500～750℃的质量损失为 3.2%。由表 9-6 可知，随着其中 DHAB 的含量增加，Na-OMMT 在 200～500℃温度段的失重率和总失重率均呈线性增加，这说明与 Na-MMT 的硅氧烷层结合的 $DHAB^+$的含量逐渐增大。

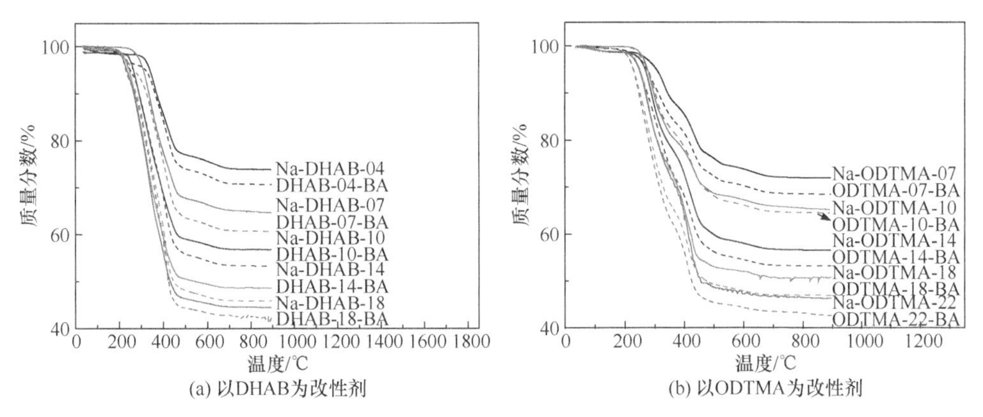

图 9-7　Na-OMMT 及 NaB-OMMT 的 TG 曲线

表 9-6　各 OMMT 样品的失重分析

改性剂含量(CEC)	200～500℃失重率/%		总失重率/%	
	DHAB	ODTMA	DHAB	ODTMA
0.4	17.1	—	20.8	—
0.7	32.0	22.6	35.5	28.1
1.0	39.6	31.3	42.0	34.8

续表

改性剂含量(CEC)	200～500℃失重率/%		总失重率/%	
	DHAB	ODTMA	DHAB	ODTMA
1.4	48.6	38.6	51.1	43.5
1.8	52.3	45.6	55.2	49.1
2.2	—	48.9	—	54.5

由图 9-7(b)可见，与第 8 章中 TG 结果类似，由于两种改性剂热失重情况的差别，以 ODTMA 为改性剂所制备的 Na-OMMT 和 NaB-OMMT 的 TG 曲线变化趋势与 DHAB 为改性剂时略有不同：其 TG 曲线热失重过程同样分为三个阶段。如图 9-8 中 Na-DHAB-10 和 Na-ODTMA-10 的 DTG 曲线所示，前者失重温度范围分为两段，即 200～500℃、500～750℃，而后者失重温度范围为 200～365℃、365～500℃和 500～750℃三段。以 ODTMA 为改性剂所制备的 Na-OMMT 在 200～500℃的热失重及总失重，同样随着 ODTMA 含量的升高而逐渐增大。由表 9-6 可见，在相同改性剂用量(CEC 值)条件下，DHAB 改性制备的 Na-OMMT 热失重大于 ODTMA 改性样品，这是由于 DHAB 具有双长链，即具有较大的摩尔质量，因此其失重率也较大。

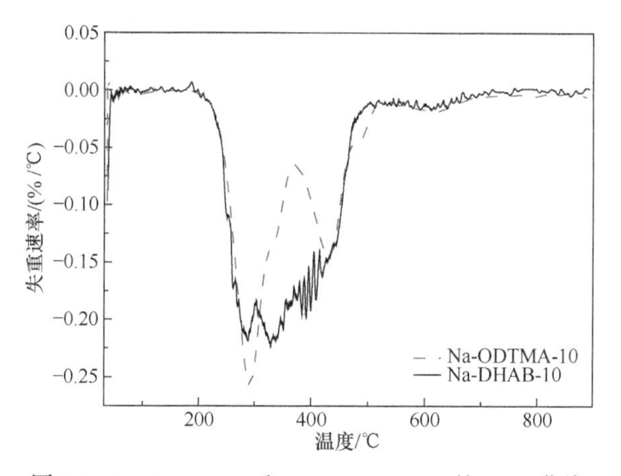

图 9-8 Na-DHAB-10 和 Na-ODTMA-10 的 DTG 曲线

根据各样品的 TG 曲线，利用式(9-1)分析各 Na-OMMT 和 NaB-OMMT 样品在 450～600℃的热失重，并计算各 NaB-OMMT 的负载量，分析及计算结果列于表 9-7 中。可见在该温度范围内，样品的热失重随改性剂含量并未表现出固定的变化规律。其中，以 DHAB 为改性剂所制备的 NaB-OMMT 中，NaB 的负载量分布在 0.02%～0.65%范围内，以 ODTMA 为改性剂所制备的 NaB-OMMT 中，NaB 的负载量分布在 0.02%～2.28%范围内。与第 8 章中 CaHA-OMMT 的负载量相比，

NaB-OMMT 样品中的 NaB 负载量相对较低。

表 9-7　TG 曲线分析结果以及各 NaB-OMMT 样品中 NaB 的负载量

改性剂	改性剂含量(CEC)	Na-OMMT 在 450～600℃失重率/%	NaB-OMMT 在 450～600℃失重率/%	NaB 负载量/%
DHAB	0.4	3.28	3.58	0.65
	0.7	3.80	3.86	0.13
	1.0	3.30	3.49	0.41
	1.4	2.81	2.98	0.37
	1.8	2.59	2.60	0.02
ODTMA	0.7	5.09	4.75	0.04
	1.0	4.01	5.07	2.28
	1.4	5.00	4.54	0.02
	1.8	2.74	3.48	1.59
	2.2	2.23	2.69	0.99

9.3.3　蒙脱土负载型α晶成核剂应用材料——PP/NaB-OMMT 复合材料的结构与性能表征

1. 复合材料中蒙脱土的分散状态

1) NaB-OMMT 含量的影响

选取负载反应后插层效果较好的样品 ODTMA-22-BA 和 DHAB-14-BA 分别与 PP 制备复合材料，并研究两种 NaB-OMMT 的含量变化对其在复合材料中分散状态的影响。图 9-9 和图 9-10 分别为 PP/ODTMA-22-BA 和 PP/DHAB-14-BA 复合材料的 XRD 谱图。各样品衍射峰对应的 d 值列于表 9-8 中。由图 9-9 可见，当

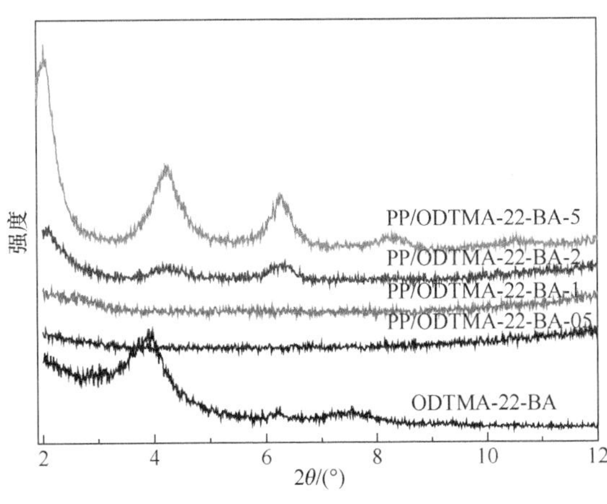

图 9-9　具有不同 ODTMA-22-BA 含量的 PP/ODTMA-22-BA 复合材料的 XRD 谱图

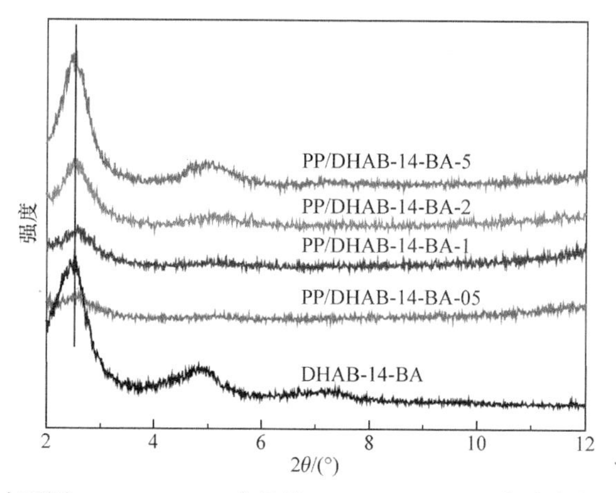

图 9-10　具有不同 DHAB-14-BA 含量的 PP/DHAB-14-BA 复合材料的 XRD 谱图

表 9-8　图 9-9 和图 9-10 中 XRD 谱图最强峰对应蒙脱土层间距

样品	d_1/nm	d_2/nm	d_3/nm
ODTMA-22-BA	—	2.23	1.42
PP/ODTMA-22-BA-05	—	—	—
PP/ODTMA-22-BA-1	—	—	—
PP/ODTMA-22-BA-2	4.26	2.07	1.40
PP/ODTMA-22-BA-5	4.24	2.08	1.40
DHAB-14-BA	3.50	1.81	—
PP/DHAB-14-BA-05	3.42	—	—
PP/DHAB-14-BA-1	3.43	—	—
PP/DHAB-14-BA-2	3.50	1.74	—
PP/DHAB-14-BA-5	3.50	1.77	—

ODTMA-22-BA 以不同含量与 PP 复合后，其衍射峰位置均有所变化，其中 ODTMA-22-BA 含量较低(0.5%、1%)时，在测试范围内未观察到明显衍射峰，可能是由于含量太低而不易被检测到，也可能是由于 Na-OMMT 发生了剥离。当 ODTMA-22-BA 含量增大至 2%时，衍射图谱中观察到 3 个较弱峰，其 2θ分别位于 2.08°、4.25°和 6.30°；当含量增大至 5%时，仍可观察到相同位置的 3 个峰，且峰强显著增大。与 ODTMA-22-BA 的衍射峰相比，复合材料在高角度和低角度均有出峰，说明与 PP 复合之后 NaB-OMMT 发生了不同程度的插层，同时可能伴随部分片层间小分子的脱落或分解。

由图 9-10 可见，DHAB-14-BA 和 PP/DHAB-14-BA 复合材料的 XRD 谱图出峰位置基本相同，其衍射峰仅随 DHAB-14-BA 含量的增大而增强。这表明复合材料中蒙脱土未发生明显插层。同时将 PP/DHAB-14-BA 的 XRD 谱图与上述 PP/ODTMA-22-BA 进行对比，前者在含量为 0.5%和 1%时均出现了较明显的衍射峰，可见上述 PP/ODTMA-22-BA 复合材料在低含量时未出现衍射峰的主要原因是 Na-OMMT 发生了一定程度的剥离。

为了进一步理解复合材料中蒙脱土的分散状态，观察了部分复合材料的超薄切片 TEM 照片，如图 9-11 所示。可见分散的 Na-OMMT 径向尺寸为 200～500nm，远大于第 8 章中所述 Ca-OMMT 的尺寸。在复合材料 PP/ODTMA-22-BA-1 中可观察到大量剥离分散的薄层结构，同时伴随少量未完全剥离的多层结构。在复合材料 PP/ODTMA-22-BA-5 中，虽然也可见少量分散良好的薄层结构，但其中蒙脱土片层出现了明显的聚集。而在复合材料 PP/DHAB-14-BA-1 中，可能由于含量较低，未观察到蒙脱土大量聚集的现象，但其中蒙脱土片层以致密的多层结构为主。可见 TEM 的结果与上述 XRD 的结果基本一致。

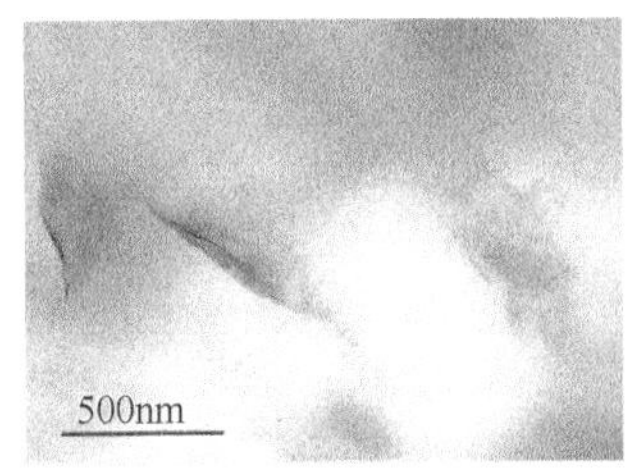

(a) PP/ODTMA-22-BA-1

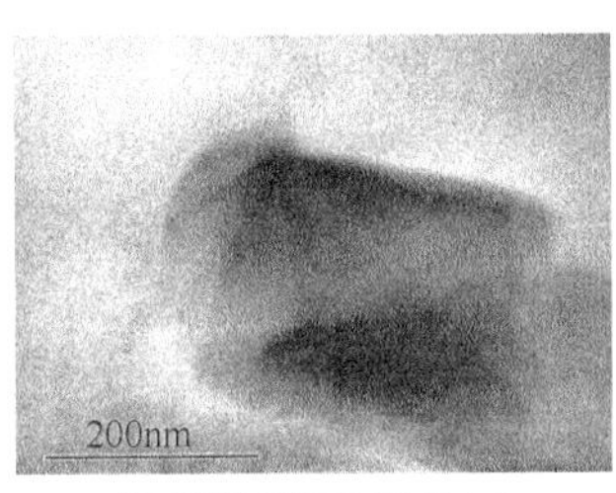

(b) PP/ODTMA-22-BA-5

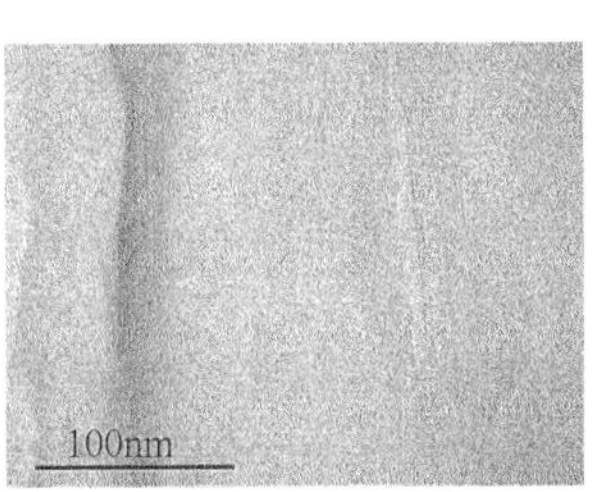

(c) PP/DHAB-14-BA-1

图 9-11　复合材料的 TEM 照片

2) NaB-OMMT 中改性剂含量的影响

根据上述测试结果，选取蒙脱土分散效果较好的 PP/ODTMA-22-BA-1 为对象，研究 NaB-OMMT 中改性剂含量的影响。图 9-12 为含量 1%的各组复合材料

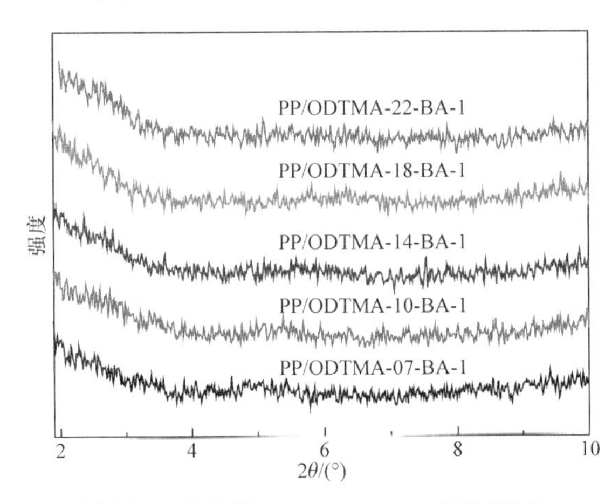

图 9-12　不同改性剂含量的 PP/NaB-OMMT 复合材料的 XRD 谱图

的 XRD 谱图。无论 NaB-OMMT 中改性剂的含量为多少，其复合材料的衍射谱图中均未观察到明显衍射峰，仅在 2°～3°处略有上翘趋势，说明以 ODTMA 为改性剂所制备的 NaB-OMMT 以 1%的含量与 PP 复合时，其 OMMT 片层实现了部分剥离。

2. PP/NaB-OMMT 复合材料的结晶和熔融行为

1) NaB-OMMT 含量的影响

研究了含量不同的 PP/ODTMA-22-BA 和 PP/DHAB-14-BA 复合材料的 DSC 结晶和熔融曲线，如图 9-13 和图 9-14 所示，分析结果列于表 9-9 中。PP 的 T_c 为 114.5℃，PP/ODTMA-22-BA 和 PP/DHAB-14-BA 复合材料的 T_c 分别在 120.7～126.8℃和 121.2～123.0℃范围内，且 NaB-OMMT 含量为 5%时，T_c 均为最大值。

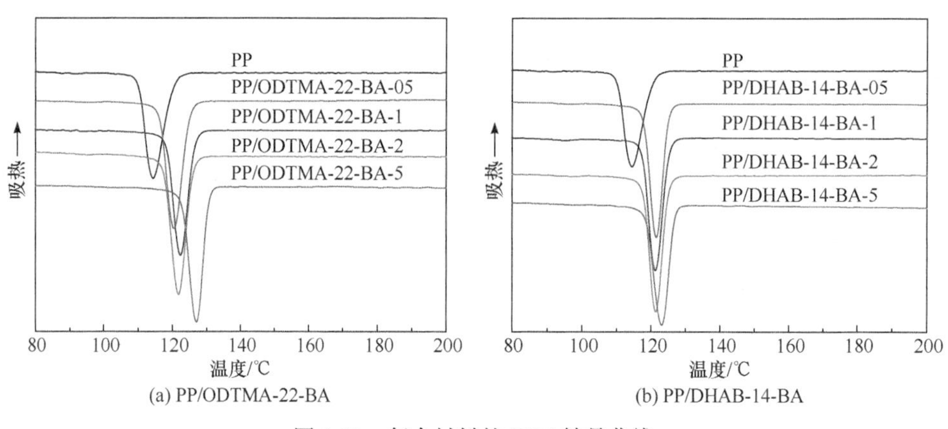

图 9-13　复合材料的 DSC 结晶曲线

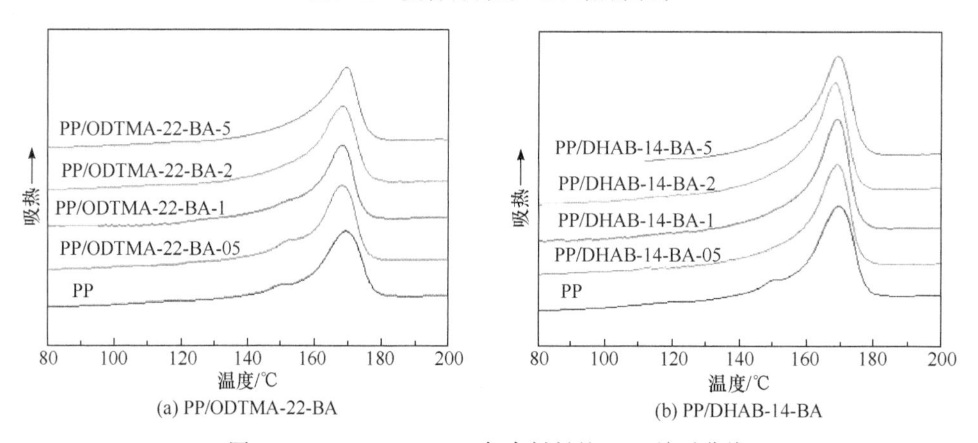

图 9-14　PP/NaB-OMMT 复合材料的 DSC 熔融曲线

表 9-9　PP 及 PP/NaB-OMMT 复合材料的 DSC 结晶和熔融曲线分析结果

样品	T_c/℃	$T_{m\beta}$/℃	$T_{m\alpha}$/℃	X_c/%
PP	114.5	151.1	169.4	41.2
PP/ODTMA-22-BA-05	120.7	153.1	168.5	44.1
PP/ODTMA-22-BA-1	122.2	—	168.4	44.6
PP/ODTMA-22-BA-2	121.9	—	168.4	46.3
PP/ODTMA-22-BA-5	126.8	—	169.6	41.3
PP/DHAB-14-BA-05	121.4	—	169.0	41.9
PP/DHAB-14-BA-1	121.2	—	169.1	42.1
PP/DHAB-14-BA-2	121.2	—	168.8	43.9
PP/DHAB-14-BA-5	123.0	—	169.3	44.1

由图 9-14 中复合材料的 DSC 熔融曲线及表 9-9 中分析结果可见，除 PP 和 PP/ODTMA-22-BA-05 的熔融曲线出现一很弱的β晶熔融峰外，其他 PP/NaB-OMMT 复合材料的熔融曲线仅有一个α晶的熔融峰。其中，含量不高于 2%的 PP/ODTMA-22-BA 复合材料的熔点比 PP 降低 1℃左右，结晶度有明显升高；而含量为 5%的 PP/ODTMA-22-BA 复合材料，以及所有 PP/DHAB-14-BA 复合材料的熔点与 PP 基本一致，结晶度提高幅度较小。这可能与复合材料中 ODTMA-22-BA 片层的剥离和分散效果较好有关，剥离的蒙脱土具有较好的促进成核作用，提供了较多的α晶成核位点，α晶成核作用更加明显，从而使 PP 晶片厚度变小，结晶度增大。而含量较高而发生团聚，或未插层的 NaB-OMMT 的α晶成核作用则相对较弱。从熔点和结晶度数据来看，当 NaB-OMMT 为剥离结构时促进α晶成核作用优于插层结构，而插层结构又优于未插层结构。

2) NaB-OMMT 中改性剂含量的影响

为了研究 NaB-OMMT 中改性剂含量，即 NaB-OMMT 初始层间距的影响，同样选取以 ODTMA 为改性剂的 NaB-OMMT 与 PP 组成的复合材料为研究对象，其中 NaB-OMMT 的含量为 1%。各复合材料的 DSC 结晶和熔融曲线见图 9-15，DSC 曲线分析结果列于表 9-10 中。几种 PP/NaB-OMMT 复合材料的 T_c 基本一致，为 122.1～122.6℃，比 PP 提高了 7.6～8.1℃，同时峰宽变窄，表明 NaB-OMMT 对 PP 结晶具有成核作用，可加速 PP 结晶过程的进行。而 NaB-OMMT 中改性剂 ODTMA 的含量对其结晶成核作用的影响不明显。由图 9-15(b)中复合材料的 DSC 升温熔融曲线可见，各复合材料均仅有一个熔融峰，对应 PP α晶的熔融，说明各 NaB-OMMT 对 PP 结晶过程的促进作用表现为α晶成核作用。由表 9-10 中结果可知，几种复合材料的α晶熔融温度在 167.1～168.4℃范围内，均低于 PP 的 T_m 值，即晶片厚度变小。此外，复合材料的结晶度均高于 PP，说明 ODTMA 改性所得的 NaB-OMMT 以 1%含量与 PP 复合后，均表现出较好的α晶成核作用。

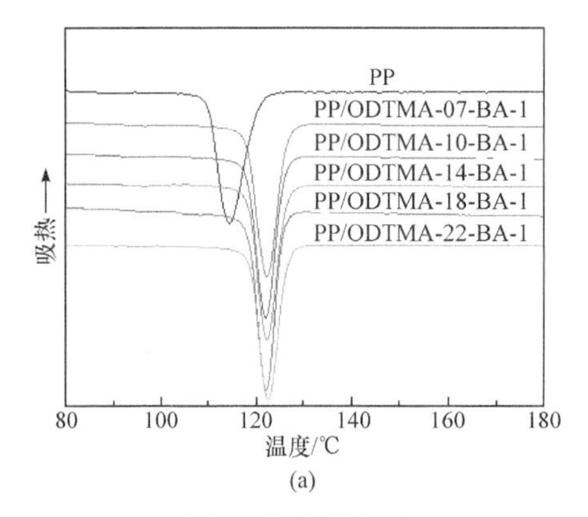

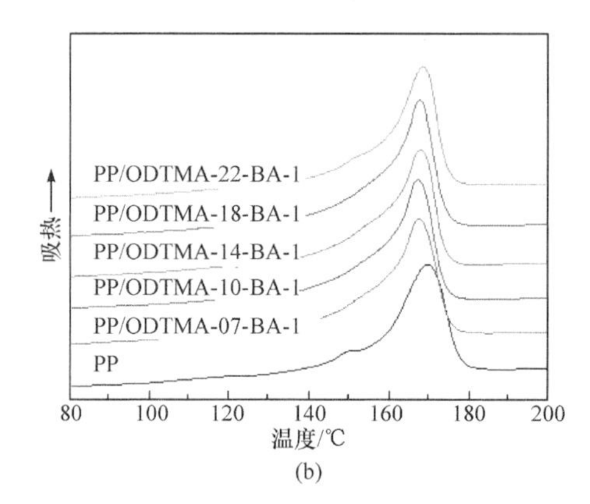

图 9-15 PP 及不同改性剂含量的 PP/NaB-OMMT 复合材料的 DSC 降温结晶(a)和升温熔融(b)曲线

表 9-10 PP 及不同改性剂含量的 PP/NaB-OMMT 复合材料的 DSC 曲线分析结果

样品	T_c/℃	$T_{m\beta}$/℃	$T_{m\alpha}$/℃	X_c/%
PP	114.5	151.1	169.4	41.2
PP/ODTMA-07-BA-1	122.3	—	167.3	43.8
PP/ODTMA-10-BA-1	122.1	—	167.1	44.2
PP/ODTMA-14-BA-1	122.3	—	167.8	43.6
PP/ODTMA-18-BA-1	122.3	—	167.6	44.5
PP/ODTMA-22-BA-1	122.6	—	168.4	44.6

3) 负载与未负载的对比

为了对比成核剂的负载与否对 Na-OMMT 结晶成核能力的影响，测试了直接混合法所制备的 PP/Na-OMMT+NaB 复合材料的 DSC 结晶和熔融行为，并与相对应的 PP/NaB-OMMT 复合材料进行对比，DSC 升降温曲线如图 9-16 所示，分析结果列于表 9-11 中。与直接混合法制备的复合材料相比，PP/ODTMA-10-BA-1 和 PP/ODTMA-22-BA-1 复合材料的 T_c 分别提高了 1.7℃和 2.6℃，同时结晶度也有所提高。可见虽然 NaB 的负载量较低，同时 NaB-OMMT 在复合材料中的含量也较低，但其对 PP 的结晶成核和结晶促进作用比直接混合的样品更加明显，尤其是蒙脱土插层和剥离效果较好的 PP/ODTMA-22-BA-1 复合材料，由于其中 ODTMA-22-BA 的蒙脱土片层大部分实现了剥离，比表面积增大，使结晶成核位点增多，所负载 NaB 的α晶成核效率得到提高。

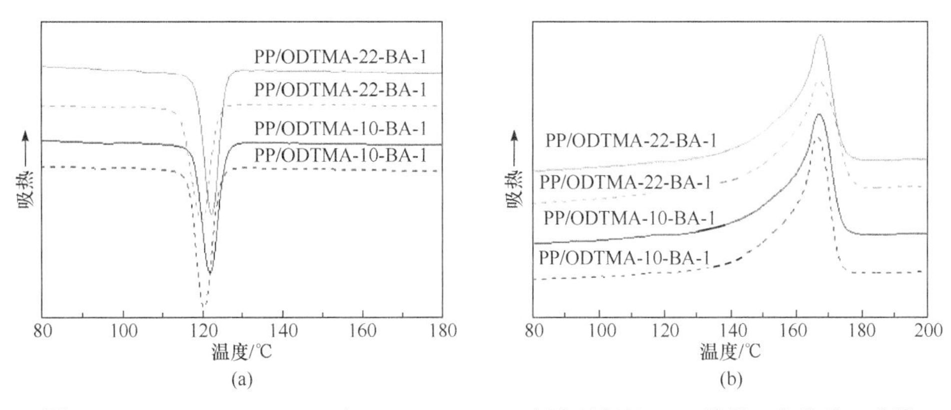

图 9-16 PP/Na-OMMT+NaB 与 PP/NaB-OMMT 复合材料的 DSC 结晶(a)和熔融(b)曲线

表 9-11 PP/Na-OMMT 与 PP/NaB-OMMT 复合材料的 DSC 分析结果

复合材料	T_c/℃	T_m/℃	X_c/%
PP/Na-ODTMA-10-1	120.4	166.6	41.3
PP/ODTMA-10-BA-1	122.1	167.1	44.2
PP/Na-ODTMA-22-1	120.0	167.1	41.5
PP/ODTMA-22-BA-1	122.6	168.4	44.6

3. PP/NaB-OMMT 复合材料的熔体强度

1) NaB-OMMT 含量的影响

分别以 PP/ODTMA-22-BA 和 PP/DHAB-14-BA 为研究对象，研究了 NaB-OMMT 含量对复合材料熔体流动性和熔体强度的影响，结果见图 9-17。PP 的 MFR 为 2.9g/10min，熔体强度为 978kPa · s。在 PP/ODTMA-22-BA 复合材料中，当 NaB-OMMT 的含量在 0.5%～2%之间逐渐增大时，MFR 略低于 PP，且随着含量的升高而略有降低；而当 NaB-OMMT 含量为 5%时，MFR 增大，其值略高于 PP 的 MFR。在 PP/DHAB-14-BA 复合材料中，无论 DHAB-14-BA 含量是多少，其 MFR 的值均高于 PP，且随着含量升高而逐渐增大。相应地，ODTMA-22-BA 含量为 0.5%～2%时，PP/ODTMA-22-BA 复合材料的熔融强度均高于 PP，其中含量为 2%时熔体强度最大，为 1267kPa · s，比 PP 提高了 29.6%；而含量达到 5%时熔体强度降低。在复合材料 PP/DHAB-14-BA 中，除含量为 0.5%的样品熔体强度略高于 PP 外，其余复合材料的熔体强度均低于 PP。结合上述 XRD 和 TEM 的结果，说明分散均匀、剥离的蒙脱土结构对熔体强度有利。而 PP/DHAB-14-BA 复合材料中可能由于 PP 分子链未插层于层间，蒙脱土片层主要仍以紧密的多层堆积结构存在，如上述 XRD 结果所示，因此对熔体强度不利。

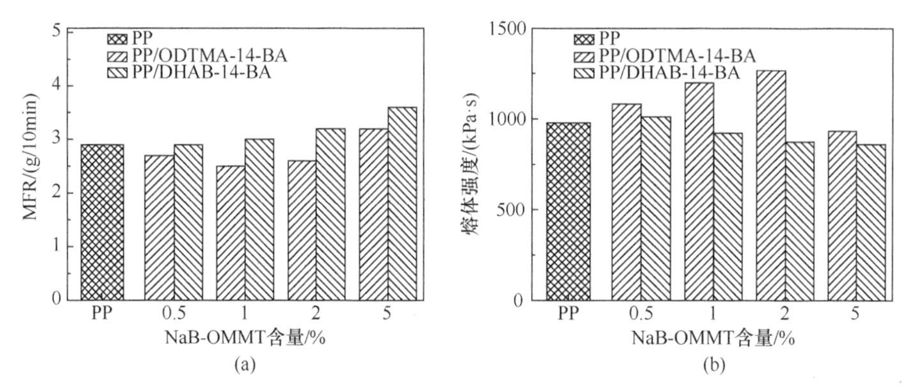

图 9-17　PP 及不同 NaB-OMMT 含量的 PP/ODTMA-22-BA 和 PP/DHAB-14-BA 复合材料的 MFR(a)和熔体强度(b)

2) NaB-OMMT 中改性剂含量的影响

选取以 ODTMA 为改性剂所制备的 NaB-OMMT 含量为 1%的 PP/NaB-OMMT 复合材料为研究对象，研究 NaB-OMMT 中改性剂含量对复合材料熔体强度的影响。各复合材料的 MFR 和熔体强度测试结果见图 9-18。改性剂含量从 0.7CEC 增加至 1.4CEC 时，复合材料的 MFR 无明显变化，而改性剂含量继续增加时，MFR 有所降低。复合材料的 MFR 分布于 2.5～3.0g/10min 范围内。其中 PP/ODTMA-22-BA 的 MFR 值最小。复合材料的熔体强度均略高于 PP，且随着改性剂含量的增加，熔体强度略有逐渐增大的趋势，但总体变化幅度较小。这是由于复合材料中蒙脱土片层的分散情况相差不大，如上述 XRD 的结果所示，说明剥离的蒙脱土层状结构更有助于 PP 熔体强度的提高。

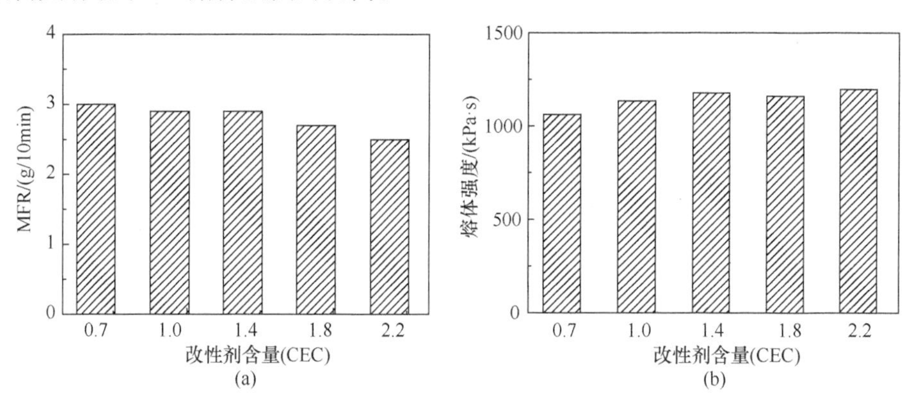

图 9-18　不同改性剂含量的 PP/NaB-OMMT 复合材料的 MFR(a)和熔体强度(b)

4. PP/NaB-OMMT 复合材料的振荡剪切流变性能

1) NaB-OMMT 含量的影响

根据以上分析结果可知，相对于 NaB-OMMT 中的改性剂含量，PP/NaB-

OMMT 复合材料中 NaB-OMMT 的含量对复合材料的熔体强度的影响更加明显。为此，本节选取复合材料 PP/ODTMA-22-BA 为对象，首先研究 NaB-OMMT 的含量对复合材料流变性能的影响。各组复合材料的η^*-ω和 G'-ω曲线如图 9-19 所示。与 PP 相比，当含量不高于 2%时，PP/ODTMA-22-BA 复合材料的η^*在所测试频率范围内均高于 PP，尤其在低频端更加明显，且在 0.5%～2%含量范围内，随着复合材料中 ODTMA-22-BA 含量升高，η^*逐渐增大，同时剪切变稀现象更加明显。当含量增大至 5%时，η^*反而明显降低。由 G'-ω曲线也可观察到类似的规律，当 ODTMA-22-BA 的含量不高于 2%时，低频区的 G'-ω曲线逐渐上升，同时曲线斜率逐渐减小，并略偏离典型的末端行为，而当 ODTMA-22-BA 含量为 5%时，G'-ω曲线明显降低。高含量下η^*和 G'降低可能是纳米粒子发生了一定程度的团聚所致。

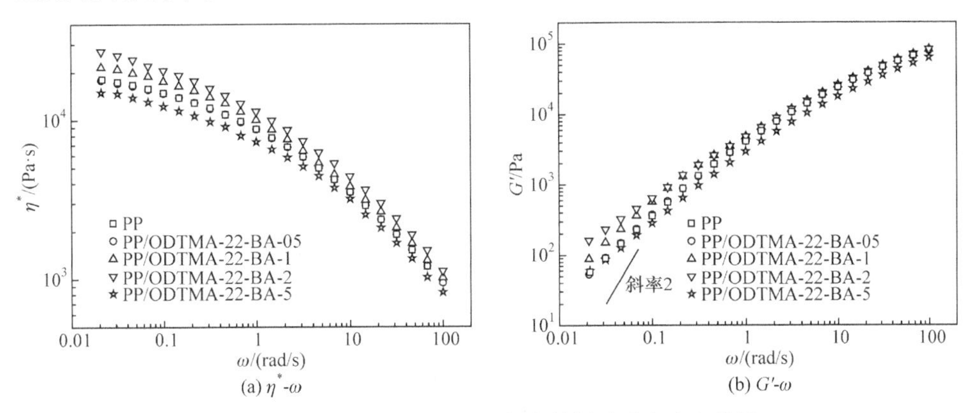

图 9-19　PP/ODTMA-22-BA 复合材料的动态流变曲线

以上结果与第 8 章中 PP/CaHA-OMMT 复合材料的流变性能变化趋势有所不同，在 PP/CaHA-OMMT 复合材料中熔体黏度和模量无明显增大，这可能与其中蒙脱土的结构特征有关，根据上述 TEM 结果可知 Na-OMMT 的径向尺寸远大于 Ca-OMMT，这使其纳米尺寸效应更加明显，说明纳米粒子径向尺寸或径厚比较大时有利于提高复合材料的流变性能。

2) NaB-OMMT 中改性剂含量的影响

研究并对比了改性剂含量不同，即初始状态不同的 NaB-OMMT 对 PP 流变行为的影响。图 9-20 是含量均为 1%的复合材料 PP/ODTMA-10-BA 和 PP/ODTMA-22-BA 的流变曲线对比，可见二者区别不大，在低频区前者的η^*-ω曲线略高于后者，$\tan\delta$-ω曲线略低于后者。由上述分析结果可知两种复合材料中蒙脱土的分散状态基本一致，同样说明纳米粒子的分散状态是决定复合材料流变行为的主要因素。同时也证明即使初始层间距相对较小的 ODTMA-10-BA 与 PP 复合后同样达到了较好的分散效果，并且能明显改善 PP 的流变性能。

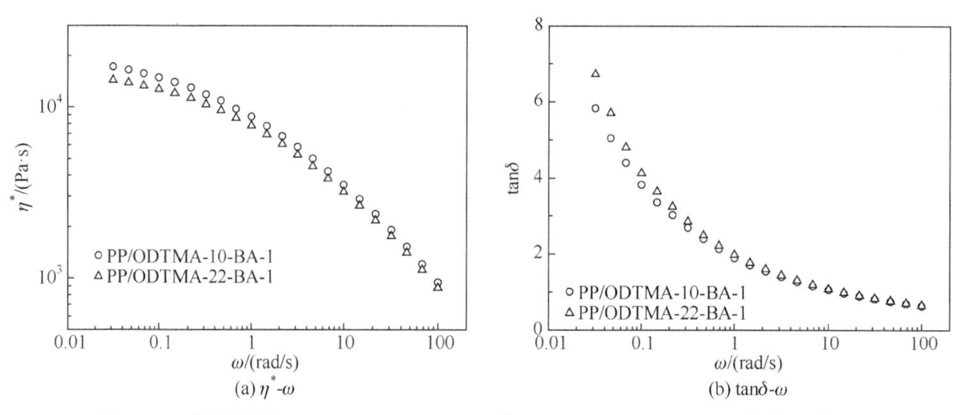

图 9-20　复合材料 PP/ODTMA-10-BA-1 与 PP/ODTMA-22-BA-1 的流变曲线

5. PP/NaB-OMMT 复合材料的力学性能

1) NaB-OMMT 含量的影响

分别测试了 PP、PP/ODTMA-22-BA 和 PP/DHAB-14-BA 复合材料的拉伸性能，两种复合材料中所含 ODTMA-22-BA、DHAB-14-BA 的含量分别为 0.5%、1%、2%和 5%。所测得的屈服强度和断裂伸长率结果见图 9-21。PP 的屈服强度为 20.9MPa，无论 NaB-OMMT 含量多还是少，两种复合材料的屈服强度均略高于 PP，同时复合材料 PP/ODTMA-22-BA 的屈服强度略高于 PP/DHAB-14-BA。PP 的断裂伸长率为 210%，复合材料中 NaB-OMMT 含量为 0.5%和 1%时断裂伸长率有所增加。其中，含量为 1%的 PP/ODTMA-22-BA 和 PP/DHAB-14-BA 复合材料的断裂伸长率均为同种复合材料中最高，相比 PP 分别提高了 26.5%和 19.4%。随着 NaB-OMMT 含量继续增大，两种复合材料的断裂伸长率均呈线性降低，含量为 5%时，两种复合材料的断裂伸长率约降低

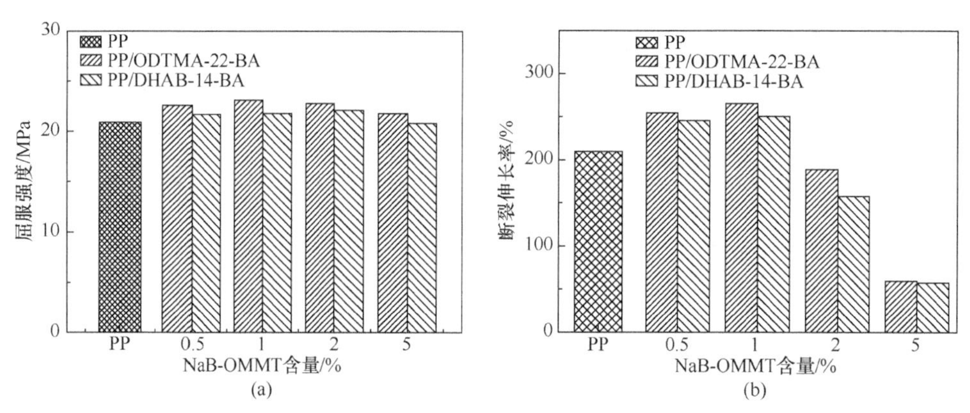

图 9-21　PP、PP/ODTMA-22-BA 和 PP/DHAB-14-BA 复合材料的拉伸屈服强度(a)和断裂伸长率(b)

为 PP 的 25%。此外，无论含量多少，复合材料 PP/ODTMA-22-BA 的断裂伸长率均高于 PP/DHAB-14-BA。前者的屈服强度和断裂伸长率均高于后者，可能与复合材料中黏土片层的分散情况有关，前者的蒙脱土以部分剥离结构存在，可以更好地发挥其纳米尺寸效应，同时其α晶成核效果更佳，结晶结构更优，结晶度较高，而后者主要为未插层的多层结构，因此前者具有更高的屈服强度和韧性。

结合上述 XRD 和 DSC 的结果，拉伸性能的结果表明较低含量的 NaB-OMMT 容易在 PP 中达到良好的分散效果，PP 分子链在蒙脱土层间的良好插层，特别是实现剥离的层状结构一方面发挥其纳米尺寸效应，另一方面其负载的 NaB 通过较大的比表面积为 PP 提供了更多的成核位点，促进 PP 晶粒细化，从而使复合材料的韧性得到提高；而 NaB-OMMT 含量较高时，蒙脱土粒子团聚、片层堆积等现象，使其难以表现出纳米尺寸效应，成核效率明显降低，因此复合材料的韧性也显著降低。

2) NaB-OMMT 中改性剂含量的影响

测试了 NaB-OMMT 含量为 1%的各组 PP/ODTMA-22-BA 复合材料的拉伸性能，其屈服强度和断裂伸长率测试结果见图 9-22。复合材料的屈服强度在 21.8～23.1MPa 范围内，均略高于 PP，屈服强度受 NaB-OMMT 中改性剂含量的影响不明显。复合材料的断裂伸长率随着 NaB-OMMT 中改性剂含量的升高呈逐渐增大的趋势，但除复合材料 PP/ODTMA-22-BA-1 的断裂伸长率明显高于 PP 外，其他复合材料的断裂伸长率均略低于或相当于 PP 的值，可见具有α晶成核作用的 NaB-OMMT 含量为 1%时，对 PP 的增韧作用比较有限，这可能是由于其他复合材料中 NaB-OMMT 的 OMMT 初始层间距小，结构相对紧密，与 PP 复合后仍存在较高比例的插层结构。而 ODTMA-22-BA 由于初始层间距较大，在复合材料中形成剥离结构的比例可能更高，因此有利于 PP 韧性的提高。

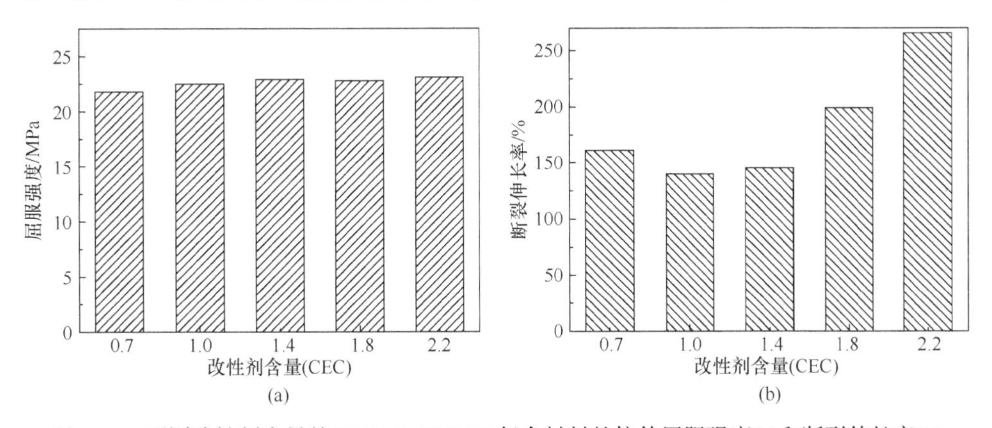

图 9-22　不同改性剂含量的 PP/NaB-OMMT 复合材料的拉伸屈服强度(a)和断裂伸长率(b)

9.4 本章小结

(1) 以天然 Na-MMT 为原料，分别以 DHAB 和 ODTMA 为有机改性剂制备了 Na-OMMT，随后 Na-OMMT 与苯甲酸反应制得负载量不同的蒙脱土负载型α晶成核剂 NaB-OMMT。与 Na-OMMT 相比，仅高含量 ODTMA 改性所制备的 NaB-OMMT 层间距明显增大。在研究范围内，以 DHAB 或 ODTMA 为改性剂所制备的 NaB-OMMT 中，NaB 的负载量分别为 0.02%～0.65%和 0.02%～2.28%。

(2) 采用熔融共混法制备了 PP/NaB-OMMT 复合材料，以 ODTMA 为改性剂所制备的 NaB-OMMT 中，ODTMA 含量较高、初始层间距较大的 NaB-OMMT 以较低含量与 PP 复合后，主要以剥离结构存在，而含量大于 2%时则以插层结构为主。以 DHAB 为改性剂所制备的 NaB-OMMT 与 PP 复合后未发生明显插层。相对而言，复合材料中几种状态的 NaB-OMMT 对 PP 的结晶成核促进作用大小顺序为：剥离结构＞插层结构＞未插层结构。与直接混合法制备的 PP/Na-OMMT + NaB 复合材料相比，PP/NaB-OMMT 复合材料的 T_c 和结晶度均更高，说明 NaB 的负载使 Na-OMMT 的α晶成核能力提高，尤其当 Na-OMMT 发生剥离时效果更加明显。

(3) 当复合材料中的 NaB-OMMT 含量适当、部分剥离时，MFR 略有降低，熔体强度略有提高，在研究范围内复合材料的熔体强度可比 PP 提高 29.6%。剪切流变曲线中熔体的复合黏度、储能模量均明显提高，tanδ降低；而当含量较高时，则以插层结构为主，且难免出现团聚，熔体复合黏度和储能模量降低，但 tanδ仍有明显减小。复合材料的拉伸屈服强度比 PP 均略有提高，而断裂伸长率仅在一定条件下有所提高，其最大值可比 PP 提高 26.5%。

第 10 章　B-GO/充油 SEBS 改性剂

10.1　引　　言

SEBS 经 SBS 加氢后得到，故其高分子链上不含不饱和双键，因此 SEBS 不会轻易被氧化，同时也意味着它具有优良的稳定性及耐候性。除此之外，SEBS 还拥有良好的耐紫外线辐射和耐老化性能，即使在室外曝晒也不易老化。作为一种工程材料，SEBS 还有着出色的相容性，常常在充油之后与聚丙烯(PP)、聚乙烯(PE)、三元乙丙橡胶(EPDM)、聚苯乙烯(PS)等橡塑材料共混使用。其应用领域包括运动场地材料、电缆料、汽车、建筑、医疗卫生等各行各业。SEBS 与 PP 共混后毫无疑问可以提升其综合力学性能，但是如果作为运动场地材料，需要长期面对风吹日晒等恶劣环境，因此其力学性能、耐磨性能的要求显得格外严格。

填料改性高分子复合材料是一种常用的提升体系性能的方法，常用的填料包括白炭黑、碳酸钙、高岭土等。但是这些无机填料有一个共同的弊端就是需要大量的添加才能起到理想的作用。与这些常用的填料不同，氧化石墨烯(GO)作为一种新兴的纳米碳材料，不仅拥有优异的力学性能，可以起到补强作用，而且易于与聚合物复合，能够提升体系的综合性能，近年来被广泛应用于聚合物改性的研究工作中。

本章采用 Hummers 法成功制备了 GO，并通过偶联剂接枝法，利用硼酸(H_3BO_3)对其进行改性，得到了硼酸改性氧化石墨烯(B-GO)。通过 FT-IR、XRD、FE-SEM、TG 等分析方法对其进行表征分析，进一步确认改性成功，并将 GO、B-GO 作为一种纳米无机填料应用在充油 SEBS/PP 复合材料体系中，研究它对体系阻燃性能、耐磨性能及力学性能的影响。基于目前国家对体育行业的大力扶持，本章工作对未来运动场地用材料的进一步发展具有较为重要的意义。

10.2　B-GO/充油 SEBS 改性剂的制备过程

10.2.1　GO 的制备

用电子天平依次准确称取 2g 天然鳞片石墨与 6g $KMnO_4$ 备用，用量筒依次准确量取 46mL 的浓硫酸、88mL 的去离子水待用。将量好的浓硫酸缓缓加入到盛有 2g 天然鳞片石墨的烧杯中，轻轻地搅拌均匀，然后将烧杯转移到磁力搅拌器中，温度控制在 0～5℃，转速控制在 120r/min，搅拌 2h，在此期间慢慢分批次加入称好的 6g $KMnO_4$。随后将搅拌器升温至 45℃，继续搅拌 2h。向烧杯中缓慢加入 88mL 去离子水，随之将温度升至 95℃，继续搅拌 30min。加入 5%的过氧化氢溶液，直至烧杯中溶液金黄、无气泡生成，目的是去除溶液中过量的 $KMnO_4$。将反应后的溶液转移至离心机，设置转速为 8000r/min，离心分离洗涤 GO 悬浮液，并先后用 5%的盐酸和去离子水洗涤至悬浮液上清液呈中性。将离心后的产物在冻干机中冷冻干燥得到 GO。

10.2.2 B-GO 的制备

称取 100mg GO，将其分散于 200mL 醇水比为 9：1 的乙醇溶液中，温度控制在 25℃，超声剥离 2h。在超声后的 GO 浆料中加入 1mL KH-550，于 25℃水浴搅拌 30min。然后缓缓加入 0.5g 硼酸，继续搅拌 1h。过滤，用无水乙醇洗涤数次后，于 60℃鼓风干燥箱中干燥 24h，得到 B-GO。由石墨到氧化石墨烯再到改性氧化石墨烯的过程如图 10-1 所示。

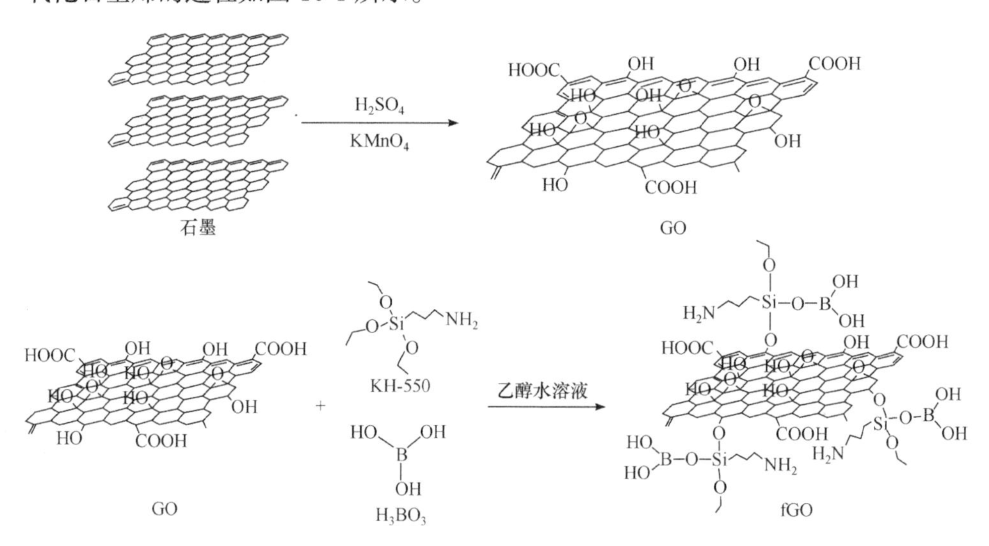

图 10-1 改性氧化石墨烯制备工艺路线图

10.2.3 B-GO/充油 SEBS 改性剂应用材料的制备

按表 10-1 所示配方称取所需份数的 SEBS、PP、26#石蜡油以及 GO、B-GO。将 SEBS 倒入高速混合机中，开启升温及搅拌开关，待温度升至 50℃后，将 26#石蜡油缓缓倒入其中，搅拌 30～40min 至 SEBS 完全充油。将称好的 PP、GO(B-GO) 倒入高速混合机中，继续搅拌 20～30min 至混合均匀。工艺路线如图 10-2 所示。

表 10-1　实验基本配方表

样品	配方组成(添加剂百分含量)/phr				
	SEBS	26#石蜡油	PP	GO	B-GO
1	100	100	30	—	—
2	100	100	30	2	—
3	100	100	30	4	—
4	100	100	30	6	—
5	100	100	30	8	—
6	100	100	30	10	—
7	100	100	30	—	2
8	100	100	30	—	4
9	100	100	30	—	6
10	100	100	30	—	8
11	100	100	30	—	10

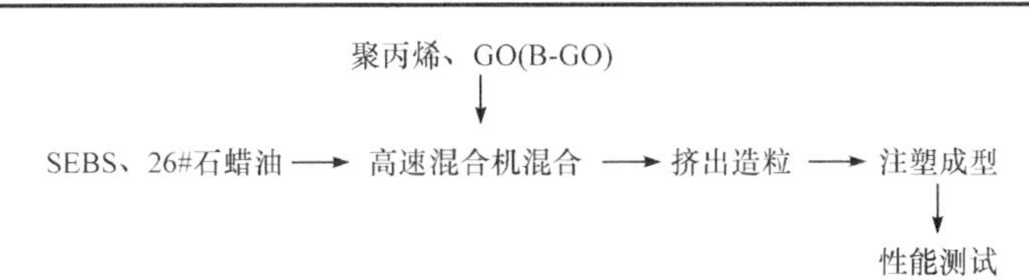

图 10-2　B-GO/充油 SEBS 改性剂应用材料的制备工艺路线图

10.3　B-GO/充油 SEBS 改性剂的结构与性能表征

10.3.1　FT-IR 表征

图 10-3 给出了 GO 和 B-GO 的 FT-IR 分析对比谱图。上面一条曲线是 GO 的特征图谱，其中 3495cm^{-1} 处特征吸收峰对应 GO 表面存在的大量羟基(—OH)的伸缩振动；在 1740cm^{-1} 处的特征峰来源于羧基(—COOH)中 C═O 的伸缩振动；1618cm^{-1} 处特征峰则对应于 GO 芳香环上 C═C 的伸缩振动；此外在 1375cm^{-1} 和 1046cm^{-1} 处还有 C—O 环氧基团延伸引起的峰。反观 B-GO 的 FT-IR 谱图，除了较 GO 峰有所增强外，还出现了 2950cm^{-1}、1360cm^{-1}、1125cm^{-1} 三处新特征峰。其中 2950cm^{-1} 处峰对应—CH_2—的伸缩振动；1360cm^{-1} 处特征峰是由 B—O 伸缩振动产生；与此同时，GO 曲线上 1046cm^{-1} 处的环氧基吸收峰延伸至 1125cm^{-1} 处，说明 B-GO 中有 Si—O—C 键的存在，这是因为 KH-550 水解产生的硅醇(Si—OH)可与 GO 表面羟基、羧基反应，并能与硼酸中的羟基发生脱水反应，从而将 B—O 接枝在 GO 表

面。综上分析，这些新特征峰的出现表明 B-GO 表面存在大量 B—O、Si—O—C，进而说明 KH-550 水解后和硼酸发生了化学反应，并成功地接枝在 GO 上。

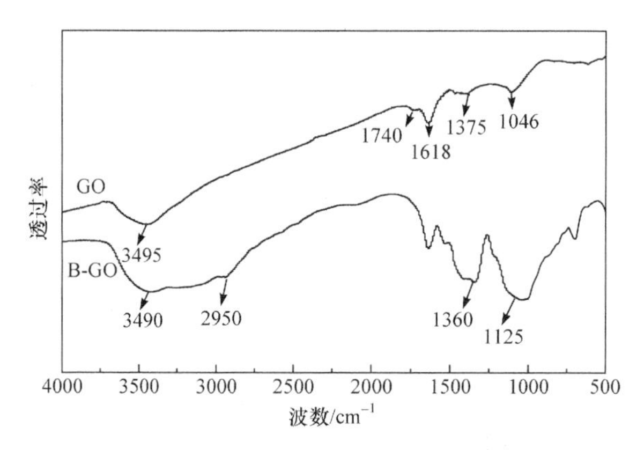

图 10-3　GO 和 B-GO 的 FT-IR 谱图

10.3.2　XRD 表征

图 10-4 为石墨、GO 和 B-GO 的 XRD 谱图。由图可知，石墨在 $2\theta=26.5°$附近出现了非常强烈的特征衍射峰，说明石墨晶体结构高度规整，此时晶面间距为 0.35nm。而 GO 的衍射峰只在 $2\theta=10.9°$附近有较为明显的衍射峰，同时原 26.5°处的强衍射峰完全消失，此时对应晶面间距为 0.81nm，远大于石墨的 0.35nm，由此说明石墨得到了较为充分的氧化，且在浓硫酸等插层剂的作用下被剥离，羟基等含氧基团进入石墨层间，使得晶面间距增大。观察 B-GO 的曲线可以看出，在 $2\theta=7.2°$附近有一个较为尖锐的峰，对应晶面间距为 1.22nm，可能是 B—O、Si—O—C 等含氧官能团以及水分子进入了 GO 层间所致。此外，在 $2\theta=22°$附近出现了一个低强度的较宽衍射峰，可能为 KH-550 水解后和 GO 表面含氧基团反应的结果。

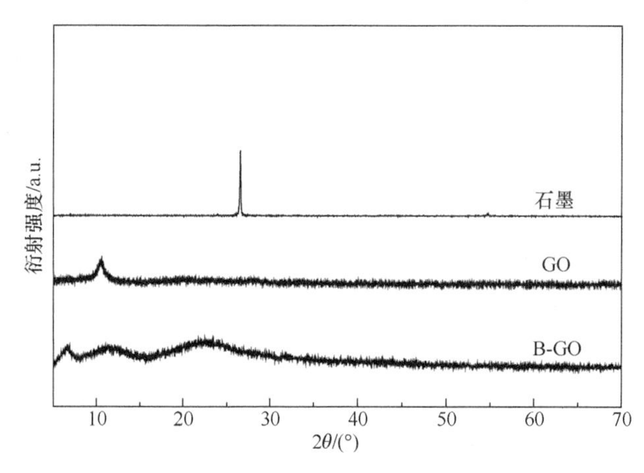

图 10-4　石墨、GO、B-GO 的 XRD 谱图

10.3.3　FE-SEM 表征

1. GO 和 B-GO 的表面形貌

图 10-5(a)和(b)分别给出了 GO 和 B-GO 的表面形貌 SEM 图。由图 10-5(a)可以看出，未改性的 GO 片层质地均匀且轻薄，表面存在一些褶皱，说明含有羟基、羧基等含氧官能团。反观改性后的 B-GO，片层表面出现了较为明显的变化，粗糙度增大，这是因为 KH-550 水解后将 B—O 接枝在 GO 表面，致使表面含氧官能团数量增多。由此可以说明在偶联剂的作用下，硼酸成功地改性了 GO。

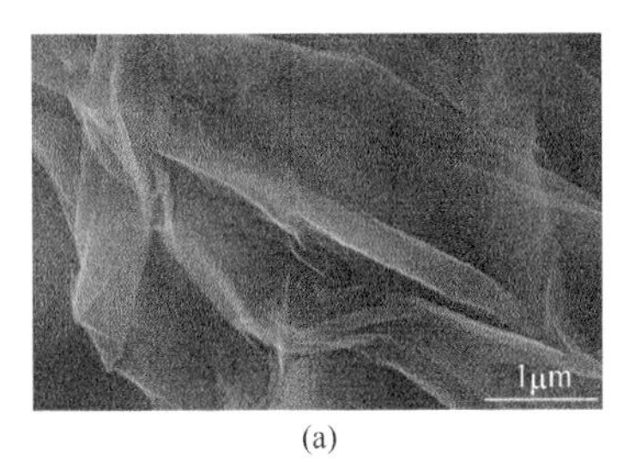

(a)

(b)

图 10-5　GO(a)和 B-GO(b)表面形貌的 SEM 图

2. GO/充油 SEBS/PP 和 B-GO/充油 SEBS/PP 残炭层表面形貌

图 10-6(a)和(b)分别为 GO/充油 SEBS/PP 和 B-GO/充油 SEBS/PP 复合材料燃烧后残炭层的 SEM 图。由图 10-6(a)可以看出，添加 GO 的 SEBS/PP 复合材料燃烧后的残炭层较为疏松多孔；反观图 10-6(b)，添加 B-GO 的 SEBS/PP 复合材料燃烧后则形成了致密的、无明显孔洞的残炭层，这是因为经硼酸改性过的 GO 中存在大量 B—O，它可以发挥脱水、吸热、降温的功效，同时也具备促进炭化和抑烟的功能。从阻燃机理上来讲，致密的炭层可以起到阻隔空气、减少热量传播、防止可燃气体逸出等作用，所以理论上添加 B-GO 的体系阻燃效果会更好。

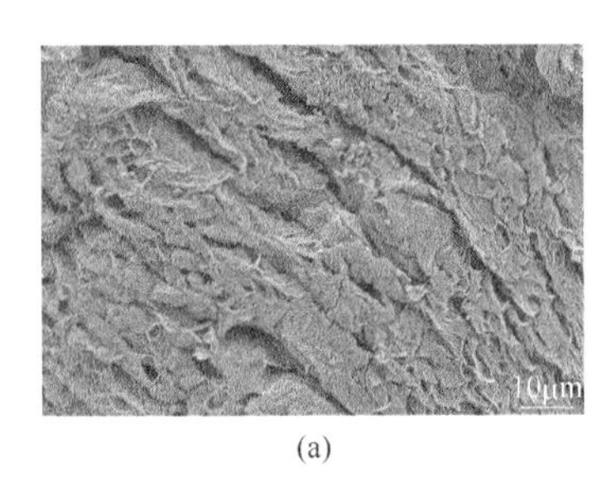

(a)

(b)

图 10-6　GO/充油 SEBS/PP(a)和 B-GO/充油 SEBS/PP(b)残炭层的 SEM 图

10.3.4　阻燃性能测试表征

表 10-2 为充油 SEBS/PP 复合材料的阻燃配方及其极限氧指数(LOI)、塑料燃

烧等级(UL-94)测试数据。从表中可以看出，随着 GO、B-GO 添加量的增多，复合材料的阻燃性能有较为明显的提升，表现在 LOI 的升高及 UL-94 阻燃等级的提升。在添加量相同的情况下，B-GO 较 GO 对体系阻燃性的提升更好。当添加量同为 10phr，即 4.2wt%时，B-GO 阻燃体系的 LOI 为 26.1%，对应阻燃等级为 V-1 级，同比添加 GO 的阻燃体系的 25.3%和 V-2 级都有明显的提升，说明 GO 的加入确实可以起到提升体系阻燃性能的作用。因为 GO 在燃烧时可以促进成炭，发挥隔绝氧气、阻隔热传递的功能，而经硼酸改性过的 GO 由于 B—O 的引入可以加速脱水成炭，使得形成的炭层更加致密，所以阻燃效果更优。但是由于加入量过少，故尚且达不到 V-0 级。

表 10-2　充油 SEBS/PP 复合材料的阻燃配方及 LOI、UL-94 测试数据

样品	配方组成/phr					LOI/%	UL-94
	SEBS	26#石蜡油	PP	GO	B-GO		
1	100	100	30	—	—	19.1	—
2	100	100	30	2	—	19.8	—
3	100	100	30	4	—	21.2	HB
4	100	100	30	6	—	23.4	HB
5	100	100	30	8	—	24.5	V-2
6	100	100	30	10	—	25.3	V-2
7	100	100	30	—	2	20.7	—
8	100	100	30	—	4	22.4	HB
9	100	100	30	—	6	24.2	V-2
10	100	100	30	—	8	25.0	V-2
11	100	100	30	—	10	26.1	V-1

10.3.5　TG 分析

1. GO 和 B-GO 的 TG 分析

图 10-7 给出了 N_2 气氛下 GO 和 B-GO 的 TG 曲线。可以看出，GO 的热分解分为两个阶段，第一阶段是水在 100℃左右汽化造成的质量下降，第二阶段是羟基、羧基等含氧官能团在大约 215℃开始分解所带来的质量下降，其失重率分别为 5%和 34%。反观 B-GO 的热分解过程则经历了三个阶段，失重率分别为 2%、17%和 15%。另外，与 GO 明显不同的是，首先，B-GO 在 195℃之前表现出比 GO 更好的热稳定性，从图上来看这一阶段曲线的下降程度较小，是由于硼酸改

性后的 GO 水含量减少；其次，在 B-GO 的 TG 曲线在 195～225℃的温度范围内快速下降，是因为 B-GO 中羟基、羧基及烷基等基团在此区间发生分解；最后，225℃以上为 B—O、Si—O—C 等官能团的分解，而 B-GO 的 TG 曲线整体位于 GO 曲线的上方，且最后的残炭量为 66%，高于 GO 的 61%，说明 B-GO 在高温条件下具有更好的热稳定性。

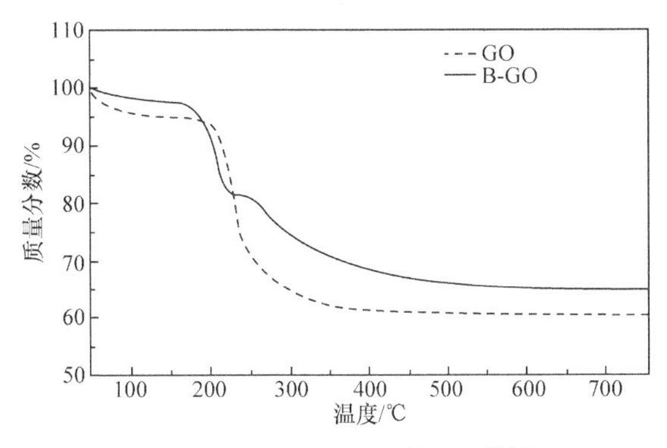

图 10-7　GO 和 B-GO 的 TG 曲线

2. GO/充油 SEBS/PP 和 B-GO/充油 SEBS/PP 的 TG 分析

图 10-8 给出了 GO/充油 SEBS/PP 和 B-GO/充油 SEBS/PP 复合材料的 TG 曲线。从图中能够看出，二者的分解过程均可以分为两个阶段：在 275℃之后，首先是石蜡油及聚合物部分链段发生热氧降解，所以两个体系开始以相同的趋势分解，当失重率为 37%时，添加 B-GO 的体系的分解温度较添加 GO 的体系高出约 5℃，这是因为 B-GO 较 GO 对体系热稳定性的提升更大；温度大于 445℃时，SEBS 与 PP 开始快速分解，直至 500℃后趋于稳定，此时，添加 B-GO 的体系的残炭率较添加 GO 的体系多出约 4%，这可能是因为经硼酸改性过的 GO 中引入了 B—O，相比未改性的 GO 脱水成炭效果更好。

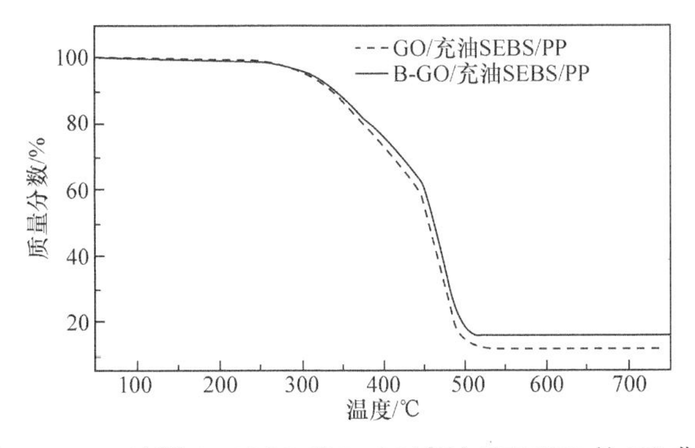

图 10-8　GO/充油 SEBS/PP 和 B-GO/充油 SEBS/PP 的 TG 曲线

10.3.6　耐磨性能测试表征

图 10-9 为不同添加量的 GO 和 B-GO 对充油 SEBS/PP 体系耐磨性能的影响。从图中能够看出，随着 GO、B-GO 含量的增加，体系的德国标准 DIN 磨耗量均先减小后增大，不同的是，当 GO 添加量为 6phr 时，对应磨耗量最低，为 286mm^3，而当 B-GO 添加 8phr 时，体系磨耗量才达到最低值 270mm^3。因为 GO 表面含有大量的羟基、羧基等含氧官能团，有助于其很好地分散于基体材料中，同时能够与基体材料产生较为强烈的界面作用，可以认为 GO 的加入影响了摩擦界面的理化行为，进而提升了体系的耐磨性能。而过量的 GO 极易团聚，不利于分散，故性能会有所下降。同比于普通的 GO，经硼酸改性后的 B-GO 含氧基团更多，在基体内的分散性更好，与基体材料的结合力更强，所以对体系耐磨性能的提升更高。

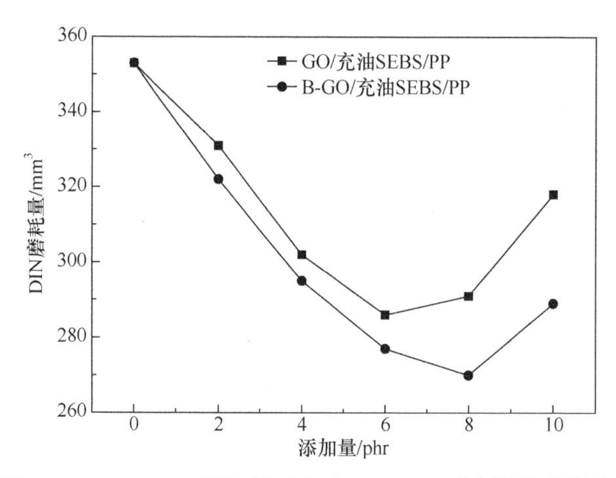

图 10-9　GO/B-GO 添加量对充油 SEBS/PP 耐磨性能的影响

10.3.7　物理力学性能测试表征

图 10-10 为不同添加量的 GO 和 B-GO 对充油 SEBS/PP 复合材料体系各力学性能的影响曲线。从图 10-10(a)、(b)、(e)可以看出，体系的拉伸强度、断裂伸长率和撕裂强度曲线随 GO、B-GO 添加量的增加均呈现先上升后下降的趋势，且 B-GO 对体系力学性能的提升更显著，这是因为适量的 GO、B-GO 可以均匀地分散在体系中，一方面可以提升分子链的交联度，使分子链缠绕得更紧密，另一方面 GO、B-GO 本身就具有比较高的强度，当体系受到外力作用时可以承担、分散一部分力，故可以提升体系的拉伸强度、断裂伸长率和撕裂强度。其中 B-GO 由于表面含氧官能团更多，可以和基体材料更紧密地结合，所以对体系力学性能提升更大。但当添加量继续增加时，GO、B-GO 容易在体系中团聚，产生应力集中点，反而不利于其力学性能的提升。由图 10-10(c)可知，体系回弹性随 GO、B-GO

添加量的增大而逐渐降低，分别添加 10phr 的 GO、B-GO 时，对应回弹性分别为 55.56%和 56.28%。观察图 10-10(d)可以发现，体系的邵氏 A 硬度随 GO、B-GO 添加量增大逐渐增大，分别添加 10phr 的 GO、B-GO 时，对应硬度分别可达 63HA 和 66A。综合几项力学性能分析可知，当 B-GO 添加量为 4phr 时，体系的力学性能较为出色。

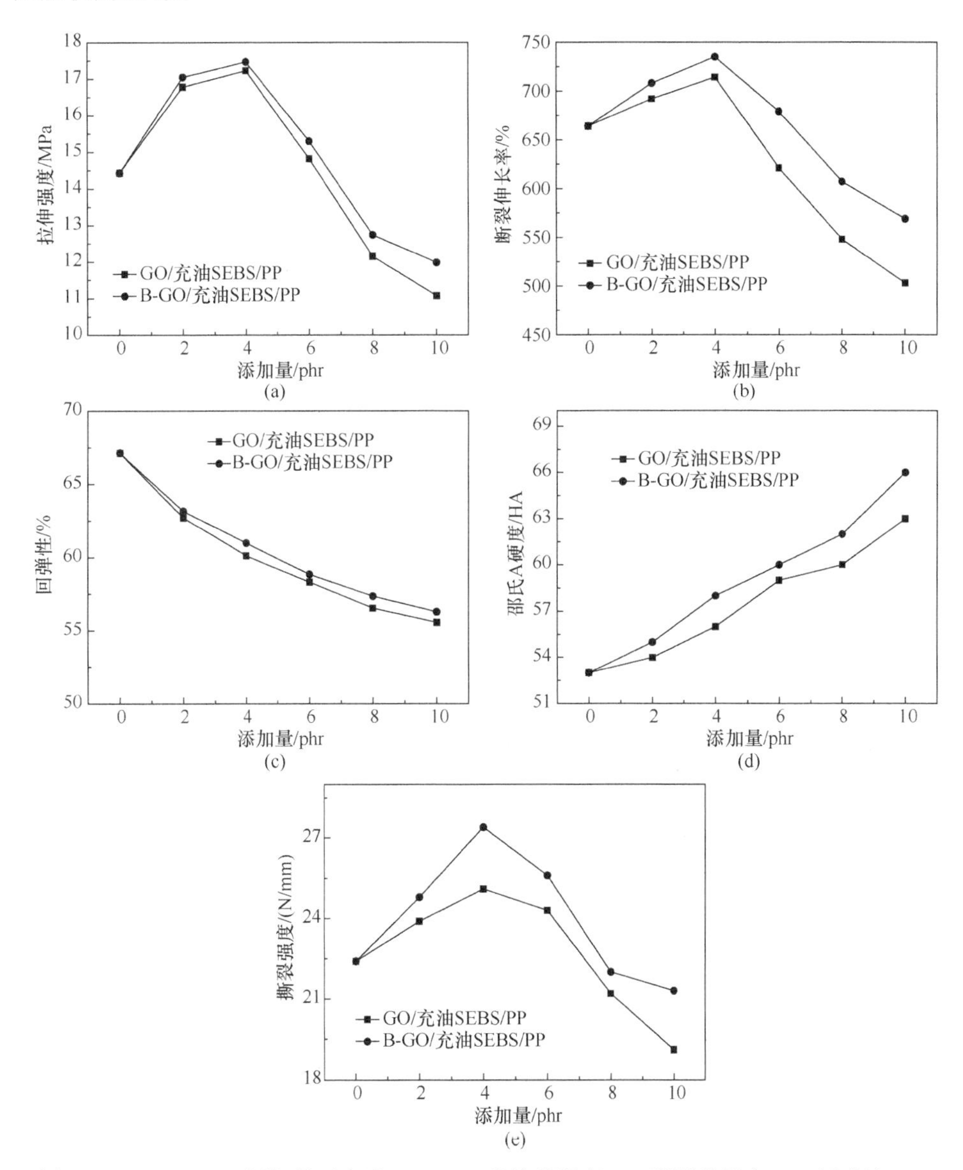

图 10-10 GO/B-GO 添加量对充油 SEBS/PP 的拉伸强度(a)、断裂伸长率(b)、回弹性(c)、邵氏 A 硬度(d)、撕裂强度(e)的影响

10.4 本章小结

本章利用 Hummers 法制备 GO，并运用偶联剂接枝法，利用硼酸对其进行改性处理，得到了功能化氧化石墨烯 B-GO。借助 FT-IR、XRD、FE-SEM 等表征来分析改性效果，同时将 GO、B-GO 应用于充油 SEBS/PP 复合材料体系中，分别研究其对体系阻燃性能、耐磨性能及力学性能的影响，结果表明：

(1)GO 的 FT-IR 谱图上出现—OH、—COOH 等含氧官能团的伸缩振动峰，同时 XRD 分析显示其层间距约为 0.81nm；而 B-GO 的 FT-IR 谱图显示其接入大量 B—O、Si—O—C，同时 XRD 分析表明改性后的 B-GO 层间距约为 1.22nm，相较 GO 进一步增大，说明大量基团进入 GO 层间，因此可以认为 B-GO 的改性效果较好。SEM 测试结果显示，B-GO 比 GO 表面更加粗糙，褶皱更多，也可以说明有更多的基团接入。

(2) TG 分析显示，GO 在 700℃时残炭量约为 61%，说明其热稳定性较好；而 B-GO 在 700℃时残炭量约为 66%，比 GO 高出 5 个百分点，表明经过硼酸改性后得到的 B-GO 的热稳定性更为出色。将两者分别应用到充油 SEBS/PP 体系中后，B-GO 对体系热稳定性的提升更大，促进成炭效果更加显著。燃烧后残炭的 SEM 结果显示，燃烧时 B-GO 更利于体系脱水成炭，形成致密炭层。阻燃测试显示，随着 GO 与 B-GO 添加量的增加，体系的极限氧指数升高，垂直燃烧等级提升，且 B-GO 的效果更佳，当 B-GO 添加量为 10phr 时，体系的极限氧指数为 26.1%，对应阻燃等级达到 V-1 级。

(3) DIN 磨耗测试结果表明，GO 与 B-GO 的加入可以提升体系的耐磨性能，当 B-GO 添加量为 8phr 时，DIN 磨耗量最低，为 270mm^3。力学性能测试结果显示，体系的回弹性随 B-GO 添加量增加而降低，硬度则相反，B-GO 在低添加量时可以提升体系拉伸强度、断裂伸长率和撕裂强度，当添加量过多时反而下降。当 B-GO 添加量为 4phr 时，体系的综合力学性能较好，拉伸强度、断裂伸长率、回弹性、邵氏 A 硬度、撕裂强度分别为 17.47MPa、735%、60.98%、58HA、27.4N/mm。其中，拉伸强度、断裂伸长率、邵氏 A 硬度和撕裂强度分别较未添加之前提高了 21.07%、10.69%、9.43%和 22.32%。

第 11 章　聚磷酸铵(MAPP)阻燃充油 SEBS 改性剂

11.1　引　言

橡塑材料运动场地相比于传统土质场地拥有更为出色的弹性、防滑性、减震性等优良性能，自然而然逐步取代了传统土质场地，成为各体育馆、运动场的首选。

任何事物都有两面性，虽然橡塑材料的运动场地拥有得天独厚的优势，但是无论 SEBS 弹性体还是 PP 材料都有着易燃烧的缺点，一旦发生火灾将会产生大量的浓烟，火势也容易快速蔓延，因此对橡塑材料进行阻燃、抑烟方面的改性工作显得至关重要。

外加阻燃剂是一种提升材料阻燃性能最常见的方法，阻燃剂的种类不外乎卤素阻燃剂、氢氧化物阻燃剂、膨胀系阻燃剂等几大类别，其中膨胀系阻燃剂由于具有无毒环保、阻燃效率好等优点而广受关注。酸源、气源、碳源是膨胀系阻燃剂的三个必要组成部分，高温条件下，酸源可以受热分解生成脱水剂，加速碳源脱水成炭，在气源的作用下形成泡沫炭层，一来可以隔绝热量，二来可以阻止可燃性气体逸出，避免基体和氧气接触，从而发挥阻燃抑烟功效。

聚磷酸铵(MAPP)作为一种常用的膨胀型阻燃剂，具有良好的阻燃抑烟效果，同时不会产生污染。它受热时可以产生磷酸与氨气，所以可以充当气源与酸源，加之碳源就可以构成膨胀阻燃剂。但是，MAPP 在使用时也存在着一些缺点，如受热不够稳定、与聚合物的相容性比较差等，所以很有必要在使用前对其进行改性处理。

本章选用 KH-550 对 MAPP 进行接枝改性，从而提升 MAPP 的热稳定性，利用 FT-IR、XRD、FE-SEM、TG 等表征测试方法对改性的聚磷酸铵进行分析。并将改性后的 MAPP 和第 10 章制得的 B-GO 组成膨胀型阻燃剂，应用于充油 SEBS/PP 复合材料体系中，分析接枝改性前后 MAPP 对充油 SEBS/PP 复合材料的阻燃性能及力学性能的影响。

11.2　MAPP 阻燃充油 SEBS 改性剂的制备过程

用电子天平准确称取 10g MAPP，将其分散于 150mL 无水乙醇中，超声分散

1h 备用。分别量取 10mL KH-550、36mL 无水乙醇、4mL 去离子水，将三者在烧杯中混合后转移到磁力搅拌器中，温度控制在 50℃，转速设置为 120r/min，搅拌 30min，使硅烷水解。取 10mL 水解后的 KH-550 加入到分散有 APP 的无水乙醇中，将搅拌器升温至 60℃，继续搅拌 1h。抽滤后于 60℃鼓风干燥箱中干燥 6h，得到 MAPP。具体合成路径如图 11-1 所示。

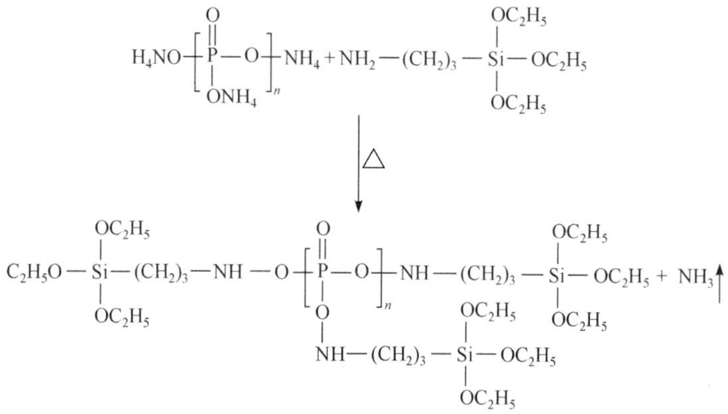

$$H_4NO-\left[\overset{\overset{\displaystyle O}{\|}}{\underset{\underset{\displaystyle ONH_4}{|}}{P}}-O\right]_n-NH_4 + NH_2-(CH_2)_3-\overset{\overset{\displaystyle OC_2H_5}{|}}{\underset{\underset{\displaystyle OC_2H_5}{|}}{Si}}-OC_2H_5$$

$$\Big\downarrow \triangle$$

$$C_2H_5O-\overset{\overset{\displaystyle OC_2H_5}{|}}{\underset{\underset{\displaystyle OC_2H_5}{|}}{Si}}-(CH_2)_3-NH-O-\left[\overset{\overset{\displaystyle O}{\|}}{\underset{\underset{\displaystyle NH-(CH_2)_3-Si(OC_2H_5)_3}{\underset{|}{O}}}{P}}-O\right]_n-NH-(CH_2)_3-\overset{\overset{\displaystyle OC_2H_5}{|}}{\underset{\underset{\displaystyle OC_2H_5}{|}}{Si}}-OC_2H_5 + NH_3\uparrow$$

图 11-1　MAPP 合成路径图

表 11-1 为实验基本配方表。按表 11-1 所示配方称取所需份数的 SEBS、PP、26#石蜡油、B-GO 及 APP/MAPP。将 SEBS 倒入高速混合机中，开启升温及搅拌开关，待温度升至 50℃后，将 26#石蜡油缓缓倒入其中，搅拌 30～40min 至 SEBS 完全充油。将称好的 PP、APP/MAPP 倒入高速混合机中，继续搅拌 20～30min 至混合均匀。

表 11-1　实验基本配方表

样品	配方组成/phr					
	SEBS	26#石蜡油	PP	B-GO	APP	MAPP
1	100	100	30	4	—	—
2	100	100	30	4	5	—
3	100	100	30	4	10	—
4	100	100	30	4	15	—
5	100	100	30	4	20	—
6	100	100	30	4	25	—
7	100	100	30	4	—	5
8	100	100	30	4	—	10

续表

样品	配方组成/phr					
	SEBS	26#石蜡油	PP	B-GO	APP	MAPP
9	100	100	30	4	—	15
10	100	100	30	4	—	20
11	100	100	30	4	—	25

整个过程工艺路线如图 11-2 所示。

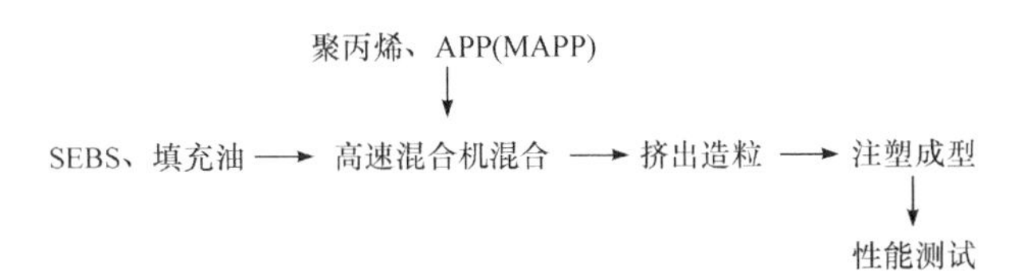

图 11-2　MAPP 阻燃充油 SEBS 改性剂应用复合材料制备工艺路线图

11.3　MAPP 阻燃充油 SEBS 改性剂的结构与性能表征

11.3.1　FT-IR 表征

图 11-3 为 APP 和 MAPP 的 FT-IR 图。从图中可以看出，APP 和 MAPP 在波长 3500～3000cm^{-1} 的范围内均有比较明显的特征峰，此为 N—H 伸缩振动的吸收峰。波长 1250cm^{-1} 和 1050cm^{-1} 附近分别为 P═O、P—O 的对称伸缩振动峰。波长 1680cm^{-1} 附近为 N—H 面内弯曲振动的特征吸收峰，相较于 APP，MAPP 在此处的峰强有比较明显的减弱，这是由于 KH-550 水解后生成的 Si—OH 和 APP 表

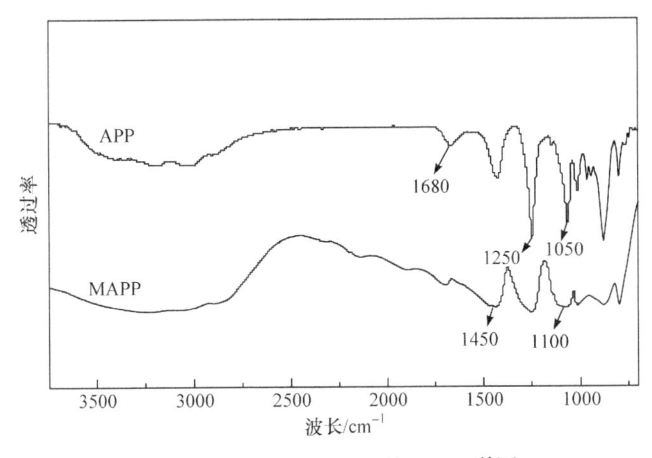

图 11-3　APP 和 MAPP 的 FT-IR 谱图

面的 P—OH 反应生成 P—O—Si，降低了 N—H 吸收峰的强度。此外，MAPP 在 1100～1020cm^{-1} 处出现了代表着 Si—O—C 键伸缩振动的新峰，在 1450cm^{-1} 附近出现了代表—CH_3 变形振动和—CH_2—伸缩振动的特征峰，这些变化也可以说明 APP 已经被 KH-550 成功改性。

11.3.2　XRD 表征

图 11-4 为 APP 和 MAPP 的 XRD 谱图，可以看出 APP 和 MAPP 的 XRD 谱几乎没有区别，这说明经 KH-550 改性的 APP 晶体结构没有发生大的变化。唯一的不同在于 MAPP 在 11.8°处有一个衍射峰，该峰来自$(NH_4)_2SiP_4O_{13}$，这个衍射峰的出现也表明 KH-550 对 APP 成功进行了改性，且二者是通过共价键作用键合，并非单纯的物理吸附或者是表面插层。

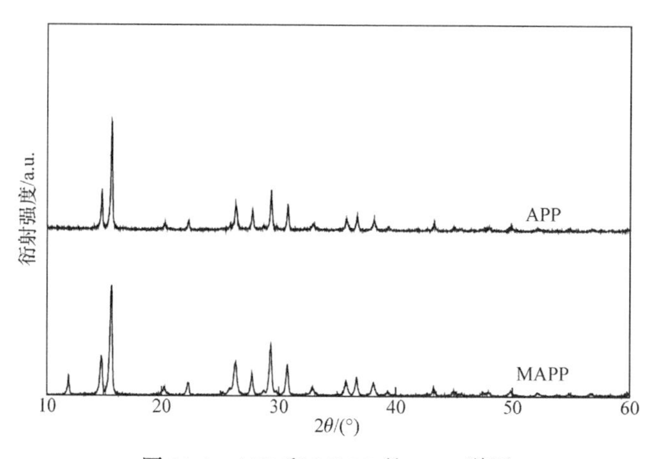

图 11-4　APP 和 MAPP 的 XRD 谱图

11.3.3　FE-SEM 表征

1. APP 和 MAPP 的表面形貌

图 11-5 为 APP 和经 KH-550 改性后得到的 MAPP 的 SEM 图。从图 11-5(a)、(b)可以清晰地看出未作任何处理的 APP 其表面比较光滑，未见细小颗粒；而观察图 11-5(c)、(d)则可以发现改性后的 MAPP 表面明显较 APP 更为粗糙，表面有大量的微小颗粒。这可能是因为 KH-550 的作用改变了 APP 的表面形貌，通过 SEM 对样品表面微观形貌的观察可以发现 APP 在改性前后存在比较明显的不同，这与上面 FT-IR、XRD 分析一致，从而进一步证明 KH-550 对 APP 成功进行了改性。

2. APP/充油 SEBS/PP 和 MAPP/充油 SEBS/PP 残炭层表面形貌

图 11-6(a)和(b)分别为 APP/充油 SEBS/PP 和 MAPP/充油 SEBS/PP 燃烧后残

(a)　(b)　(c)　(d)

图 11-5　APP[(a)、(b)]和 MAPP[(c)、(d)]的 SEM 图

炭层的 SEM 图。从图 11-6(a)可以明显看出，添加 APP 的 SEBS/PP 复合材料燃烧后的残炭层比较疏松多孔；反观图 11-6(b)，添加 MAPP 的 SEBS/PP 复合材料燃烧后则形成了无明显孔洞的致密残炭层。这是因为在高温条件下，APP 分解产生磷酸，可以促进成炭，而 MAPP 中含有 Si 元素的阻燃基团，分解会产生 Si—O、Si—C，能够捕获体系内的羟基自由基，进而加速脱水成炭，同时由于 MAPP 存在—CH_3、—CH_2—，所以更利于形成致密炭层。致密的残炭层可以发挥阻隔空气、减少热量传播、防止可燃气体逸出等作用，所以理论上添加 MAPP 的体系阻燃效果会更好。

(a)　(b)

图 11-6　APP/充油 SEBS/PP(a)和 MAPP/充油 SEBS/PP(b)残炭层的 SEM 图

11.3.4　阻燃性能测试表征

表 11-2 为 APP、MAPP 阻燃充油 SEBS/PP 复合材料的配方以及相应的 LOI、UL-94 测试数据。从表中可以看出，随着 APP、MAPP 添加量的增多，复合材料的阻燃性能有较为明显的提升，表现在 LOI 的升高以及 UL-94 阻燃等级的提升。在

添加量相同的情况下，MAPP 较 APP 对体系阻燃性的提升更大。当添加量同为 25phr 时，MAPP 阻燃体系 LOI 为 28.3%，对应阻燃等级为 V-0，同比 APP 阻燃体系 26.4% 的 LOI 和 V-1 阻燃等级都有明显的提升，说明 MAPP 和 B-GO 组成的膨胀阻燃体系比 APP 体系的阻燃效果更好。在此阻燃体系中，MAPP 提供酸源与气源，B-GO 提供碳源，高温条件下，MAPP 分解生成磷酸、氨气，加速体系脱水成炭，发挥炭层隔绝氧气、阻隔热传递的功能，而 MAPP 较 APP 分散效果更好，且引入了 Si—O—C、—CH_3、—CH_2—结构，更利于致密炭层的形成，故阻燃效果更佳。

表 11-2　充油 SEBS/PP 复合材料的阻燃配方及 LOI、UL-94 测试数据

样品	配方组成/phr						LOI/%	UL-94
	SEBS	26#石蜡油	PP	B-GO	APP	MAPP		
1	100	100	30	4	—	—	22.4	HB
2	100	100	30	4	5	—	23.1	HB
3	100	100	30	4	10	—	23.9	HB
4	100	100	30	4	15	—	25.0	V-2
5	100	100	30	4	20	—	25.8	V-2
6	100	100	30	4	25	—	26.4	V-1
7	100	100	30	4	—	5	23.5	HB
8	100	100	30	4	—	10	24.6	HB
9	100	100	30	4	—	15	25.9	V-2
10	100	100	30	4	—	20	26.7	V-1
11	100	100	30	4	—	25	28.3	V-0

11.3.5　TG 分析

1. APP 和 MAPP 的 TG 分析

图 11-7 给出了 N_2 气氛下 APP 和 MAPP 的 TG 曲线。从图中可以看出，APP 的分解主要分两个阶段，第一个阶段是在 280～550℃，质量下降 23%，对应的是 APP 热解，释放出氨气及水，同时产生聚磷酸的过程；第二个阶段是 550℃后，APP 受热快速分解，质量下降 59%。反观 MAPP 的分解过程，其初始分解温度低于 APP，在 250℃时质量开始第一次下降，可能是 KH-550 的改性使其表面水解，降低了它的聚合度；而最终 750℃时 MAPP 的残余量为 46%，远高于 APP 的 18%，说明经 KH-550 改性后的 MAPP 热稳定性更好。

2. APP/充油 SEBS/PP 和 MAPP/充油 SEBS/PP 的 TG 分析

图 11-8 给出了 APP/充油 SEBS/PP 和 MAPP/充油 SEBS/PP 复合材料的 TG 曲

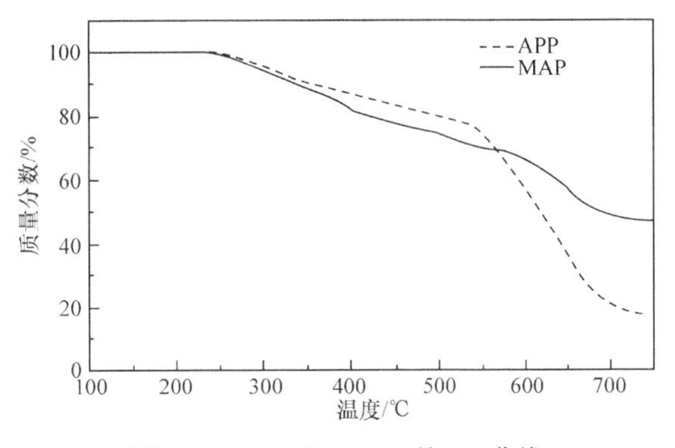

图 11-7　APP 和 MAPP 的 TG 曲线

线。从图中能够发现，在 300℃之前，两个体系几乎均不发生分解，300℃后由于石蜡油、SEBS 和 PP 开始逐步发生热氧降解，所以两个体系开始以相同的趋势分解，直至 500℃左右，质量趋于稳定不再分解。在分解的过程中 MAPP/充油 SEBS/PP 体系的 TG 曲线一直处在 APP/充油 SEBS/PP 体系的右上方，且最后残炭量为 26%，大于添加 APP 复合体系的 20%，说明 MAPP 在燃烧时更利于促进体系的脱水成炭，对体系热稳定性的提升更好，因而阻燃效果会更加明显，这一结果也与前面所测得的阻燃数据相吻合。

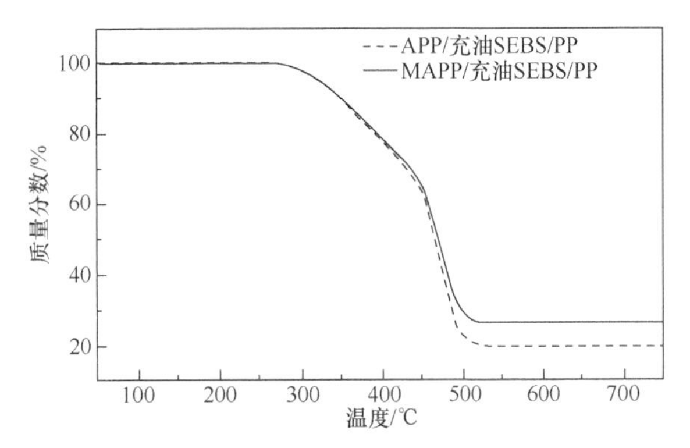

图 11-8　APP/充油 SEBS/PP 和 MAPP/充油 SEBS/PP 的 TG 曲线

11.3.6　物理力学性能测试表征

图 11-9 为不同添加量的 APP 和 MAPP 对充油 SEBS/PP 复合材料体系各力学性能的影响曲线。从图 11-9(a)、(b)、(c)、(e)可以看出，体系的拉伸强度、断裂伸长率、回弹性及撕裂强度曲线随 APP、MAPP 添加量的增加均呈现一定程度的下降趋势，这是因为无论 APP 还是 MAPP 都属于无机填料，在添加量比较大的情况下分散性难以保证，且无机填料与聚合物集体之间难以形成较强的界面结合力，故力学性能会出现一定的下降。其中，添加 MAPP 的体系的力学性能下降程

度较 APP 体系小，可能与 MAPP 表面的 Si—O—C、—CH_3 等基团提升了它的分散性有关。由图 11-9(d)可知，两种阻燃剂的加入均可以提升体系的邵氏 A 硬度，这可能是因为大量无机填料的加入使得材料的密度增大，进而使其硬度增大。当 MAPP 的添加量为 25phr 时，体系的拉伸强度、断裂伸长率、回弹性、邵氏 A 硬度及撕裂强度分别为 10.33MPa、418%、39.98%、73HA、17.2N/mm。

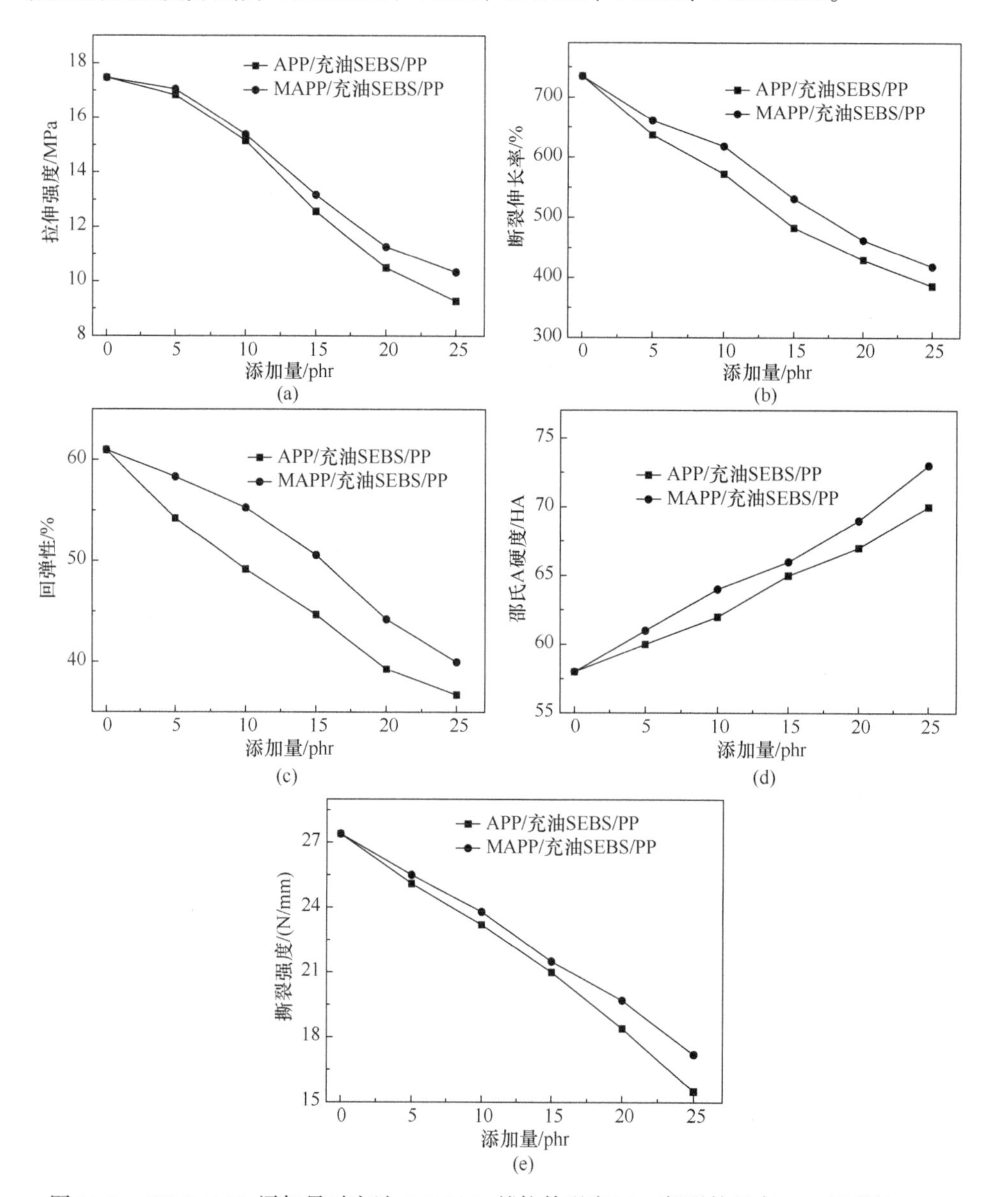

图 11-9　APP/MAPP 添加量对充油 SEBS/PP 的拉伸强度(a)、断裂伸长率(b)、回弹性(c)、邵氏 A 硬度(d)、撕裂强度(e)的影响

11.4 本章小结

本章利用硅烷偶联剂 KH-550 对 APP 进行改性，得到接枝有 Si—O—C 的 MAPP，并借助 FT-IR、XRD、FE-SEM、TG 等表征测试手段来分析改性效果，分别将 APP、MAPP 协同 B-GO 应用于充油 SEBS/PP 复合材料体系中，研究其对体系阻燃性能和力学性能的影响，结果表明：

(1) MAPP 的 FT-IR 图上出现 Si—O—C、—CH_3、—CH_2—的特征峰，同时 XRD 分析显示 MAPP 的 XRD 谱在 11.8°处出现一个新的衍射峰。SEM 图显示，APP 表面较为光滑，MAPP 与之相比表面更加粗糙，有更多微小颗粒，说明其中有基团接入。因此可以认为 KH-550 成功改性了 APP。

(2) 阻燃测试表明，随着 APP 或 MAPP 添加量的增加，体系的极限氧指数升高，垂直燃烧等级提升，且 MAPP 的效果更佳；当 MAPP 添加量为 25phr 时，体系的极限氧指数为 28.3%，对应阻燃等级达到 V-0 级。TG 分析显示，MAPP 拥有比 APP 更好的热稳定性；将它们分别应用于充油 SEBS/PP 体系，当加热到 750℃时，添加 MAPP 的体系残余量为 26%，相对添加 APP 的体系增加 6%，说明改性后的 MAPP 对于体系燃烧时的脱水成炭帮助更大。对燃烧后的残炭进行 SEM 分析，结果显示，加入 MAPP 的聚合物可以形成致密而又规整的炭层，进而证明 MAPP 更利于体系脱水成炭。

(3) 力学性能测试结果显示，除了邵氏 A 硬度外，体系的拉伸强度、断裂伸长率、撕裂强度等力学性能均会随 APP 或 MAPP 添加量的增加而降低，添加 APP 的体系性能降低尤为明显，这与过量的 APP 难以在体系中均匀分散有关，相比之下，MAPP 对体系力学性能的降低影响更小一些。

第12章 阻 隔 剂

12.1 引 言

聚对苯二甲酸乙二醇酯(PET)具有优良的物理机械性能和宽泛的使用温度范围(−60～120℃)，并且能够耐一般的化学腐蚀性，由于PET的分子结构高度对称，具有一定程度的结晶能力，因而具有良好的成膜性和加工性能。PET的化学稳定性和尺寸稳定性较好，被广泛用于电气绝缘、工业用膜、包装装饰、纤维和工程塑料等领域。双向拉伸的PET薄膜被广泛地应用于食品和生物医药包装领域。

然而，相比于聚乙烯醇(PVA)、聚萘二甲酸乙二醇酯(PEN)、乙烯-乙烯醇共聚物(EVOH)和偏氯乙烯共聚物(PVDC)等高阻隔性树脂，PET是阻隔性能一般的中等阻隔性树脂，因而PET的应用范围受到其阻隔性的影响而被大大限制。为了拓宽PET的应用范围，提高PET的阻隔性能就显得非常重要而且具有重大的意义。目前，研究人员在提高PET的阻隔性能方面取得了一定的进展，较常用的方法是通过共聚、共混、表面涂层、多层共挤和纳米复合等方法。与其他几种方法相比，纳米复合改性不仅简单高效，而且能降低生产成本，是一种性价比较高的改性方法。但是，纳米粒子巨大的表面能使其易于团聚，难以在聚合物材料中分散均匀，因此在采用纳米复合改性方法来提高聚合物材料的阻隔性能时，要先对纳米粒子进行改性以提高其在聚合物中的分散性。

石墨烯因其表面带有负电荷、对气体不透过性等特性而被用于制备气体阻隔材料，但是由于石墨烯是一种单层二维材料，属于一种分散的相态，因而不能直接用于制备气体阻隔材料；而纳米SiO_2因其粒径小、比表面积巨大和表面具有大量活泼羟基等特性而体现出优异的机械性能。同时，由于在聚合物材料中加入纳米SiO_2可以提高聚合物材料的结晶度及增大聚合物中非结晶区的密度，因而其在气体阻隔性能方面展现出较大潜能。但是，石墨烯和纳米SiO_2易于团聚，要将石墨烯和纳米SiO_2结合在一起来提高聚合物材料的阻隔性，要先对其进行改性。

壳聚糖是自然界中产量仅次于纤维素的一种多糖，优异的成膜性、生物降解性与相容性使其在生物医用方面引起了广泛的关注。通过*N*-烷基化反应可以在羧甲基壳聚糖的胺基上接枝憎水性长链，使羧甲基壳聚糖具有疏水性。但美中不足的是，羧基化壳聚糖的结构较软，将其与聚合物材料复合时会使复合材料的物理力学性能降低。因此，为了获得具有疏水型的聚合物复合材料，同时保持其物理力学性能不变，将无机纳米粒子掺杂到羧基化壳聚糖中，可以起到弥补羧基化壳聚糖结构柔软的作用。

纳米 ZnO 对波长在 280～400nm 的紫外线具有优异的屏蔽效应，使其具有杀菌、除臭等功能。除此以外，纳米 ZnO 是一种无毒、无味的白色颗粒。这些特性使纳米 ZnO 在生物医用等方面引起了关注。当纳米 ZnO 的粒子尺寸小于 530nm 时，纳米 ZnO 在聚合物复合材料中具有较好的分散性，克服了大多数纳米材料在聚合物材料中易于团聚、分散不均匀的问题。并且绝大多数的纳米粒子表面都含有活性羟基，使其易于进行表面改性。因此，可以对纳米 ZnO 粒子进行相应的改性，使其具有符合人们预期的某种性能。

本章制备三种阻隔剂，具体过程如下。

首先制备 RGO-SiO_2 阻隔剂：选用将还原氧化石墨烯(RGO)原位生长在 SiO_2 上面，然后用硅烷偶联剂(KH-550)对其进行表面改性，将改性后的 RGO-SiO_2 应用于 PET 的原位聚合中。利用 XRD、FT-IR、FE-SEM 和 TG 等表征方法对改性后的 RGO-SiO_2 和 RGO-SiO_2/PET 进行分析，采用气体透过率测试仪对 RGO-SiO_2/PET 的氧气透过率进行测试，并通过拉伸强度、硬度、断裂伸长率、冲击强度等测试分析加入改性 RGO-SiO_2 前后对 PET 复合膜材料的基本物理力学性能的影响。

然后制备改性硅铝酸盐掺杂羧基化壳聚糖阻隔剂：采用高岭土熔融制备硅铝酸盐溶胶，然后经过筛选及 KH-550 改性，并将改性硅铝酸盐溶胶加入羧基化壳聚糖溶液中，制备改性硅铝酸盐掺杂羧基化壳聚糖，将改性后的硅铝酸盐掺杂羧基化壳聚糖应用于 PET 的原位聚合中。利用 XRD、FT-IR、FE-SEM 和 TG 等表征方法对改性后的硅铝酸盐掺杂壳聚糖和改性硅铝酸盐掺杂壳聚糖/PET 进行分析，采用气体透过率测试仪对改性硅铝酸盐掺杂壳聚糖/PET 的氧气透过率和水蒸气透过率进行测试，并通过拉伸强度、硬度、断裂伸长率、冲击强度等测试分析加入改性硅铝酸盐掺杂壳聚糖前后对 PET 复合膜材料的基本物理力学性能的影响。

最后制备改性纳米 ZnO 阻隔剂：采用硬脂酸锌为锌源和改性剂制备改性纳米 ZnO，然后将改性后的纳米 ZnO 应用于 PET 的原位聚合中。利用 XRD、FT-IR、FE-SEM、比表面积和 TG 等表征方法对改性后的纳米 ZnO 和改性纳米 ZnO/PET 进行分析，采用气体透过率测试仪对改性纳米 ZnO/PET 的氧气透过率和水蒸气透过率进行测试，并通过拉伸强度、邵氏 A 硬度、断裂伸长率、冲击强度等测试分析加入改性纳米 ZnO 前后对 PET 复合膜材料的基本物理力学性能的影响。

12.2　阻隔剂的制备过程

12.2.1　RGO-SiO_2阻隔剂的制备过程

1. RGO 的制备

将 1g 膨胀石墨加入装有 23mL 浓硫酸的容量为 100mL 的烧杯中，室温下超声 30min 混合均匀。将混合溶液置于集热式恒温加热磁力搅拌器中，在磁力搅拌的情况下加热至 35℃。称取 3g $KMnO_4$ 在 2h 内缓慢加入混合溶液中，$KMnO_4$ 加入完毕后将混合溶液温度升高至 50℃，继续反应 2h。将混合溶液的温度升高至 96℃，向混合溶液中极缓慢地加入 46mL 去离子水，反应 10min 后，滴加 H_2O_2 至混合溶液为金黄色且无气泡，然后用一定量的稀盐酸除去过量的 H_2O_2。将反应产物 GO 静置、离心洗涤、干燥备用。

取一定量上述 GO 溶于 100mL 去离子水中，超声 2h 混合均匀，配制成 1mg/mL 的氧化石墨烯溶液，向溶液中加入 0.5g 纳米铝粉和 5mL 浓盐酸，室温下将所得溶液静置 30min，向溶液中加入一定量的盐酸以除去多余的铝粉，即得到 RGO 溶液。将所得产物进行洗涤、干燥。

2. RGO-SiO_2 阻隔剂的制备

将上述所得的 RGO 加入去离子水中进行超声处理，滴加一定量的稀盐酸。将超声过后的混合溶液放入磁力搅拌器中加热至 80℃，逐滴加入四甲氧基硅烷，磁力搅拌 2h，加入 KH-550 进行表面处理。冷却后得到白色固体，用去离子水洗涤产物，80℃烘干即得到 RGO-SiO_2。

3. RGO-SiO_2 阻隔剂应用复合材料 RGO-SiO_2/PET 的制备

将 RGO-SiO_2 加入 59.8mL 的乙二醇(EG)中，超声至溶液混合均匀得到 RGO-SiO_2/乙二醇配合物。将 40.0g PTA、0.05g Sb_2O_3、0.05g $(NH_4)_3PO_4$ 加入三口烧瓶中，最后加入处理过后的 RGO-SiO_2/乙二醇配合物，通入氮气提供无氧环境，启动机械搅拌器，使混合溶液在 180～220℃下酯化 90min，升温至 260～280℃进行缩聚，至体系中不再排出水即停止反应，倒入模具中，在 160℃真空干燥箱中熟化 12h 后，将所得到的产物挤出造粒即得到 RGO-SiO_2/PET 改性母粒。

将 PET 树脂和 PET 改性母粒按 100∶30 高速混合之后，在 120～150℃下烘干 4～6h，由温度为 245～255℃的注射机注射成型。

12.2.2 改性硅铝酸盐掺杂羧基化壳聚糖阻隔剂的制备过程

1. 改性硅铝酸盐的制备

称取 10g 高岭土与 10g NaOH 混合均匀后于管式炉中 550℃下活化 2h，去除高岭土中的有机杂质，得到硅铝酸盐溶胶。将硅铝酸盐溶胶研磨粉碎，经 200 目筛进行筛选。将筛选后的溶胶用去离子水溶解，向溶液中加入过量 NaOH 以去除高岭土中的杂质 Fe，最后滴加过量氨水，将产物干燥即制得硅铝酸盐。将上述所得的硅铝酸盐溶解于 75mL 无水乙醇中，80℃水浴搅拌下滴加一定量的 KH-550，反应 2h，使硅铝酸盐中 SiO_2 表面氨基化。

2. 改性硅铝酸盐掺杂羧基化壳聚糖阻隔剂的制备

称取 2g 羧基化壳聚糖溶于 100mL 去离子水和 1mL 冰醋酸的混合溶液中，将上述所得的改性硅铝酸盐溶胶加入羧基化壳聚糖溶液中，室温下搅拌 4h 后陈化一夜，使氨基化的硅铝酸盐溶胶与羧基化壳聚糖表面的羧基发生反应，然后将产物进行干燥，即得改性硅铝酸盐掺杂羧基化壳聚糖。

3. 改性硅铝酸盐掺杂羧基化壳聚糖阻隔剂应用复合材料——改性硅铝酸盐掺杂羧基化壳聚糖/PET 的制备

将改性硅铝酸盐掺杂壳聚糖加入 59.8mL 的乙二醇中，超声至溶液混合均匀得到改性硅铝酸盐掺杂壳聚糖/乙二醇配合物。将 40.0g PTA、0.05g Sb_2O_3、0.05g $(NH_4)_3PO_4$ 加入三口烧瓶中，最后加入处理过后的改性硅铝酸盐掺杂壳聚糖/乙二醇配合物，通入氮气提供无氧环境，启动机械搅拌器，使混合溶液在 180～220℃下酯化 90min，升温至 260～280℃进行缩聚，至体系中不再排出水即停止反应，倒入模具中，在 160℃真空干燥箱中熟化 12h 后，将所得到的产物挤出造粒即得到改性硅铝酸盐掺杂壳聚糖/PET 改性母粒。

将 PET 树脂和 PET 改性母粒按 100∶30 高速混合之后，在 120～150℃下烘干 4～6h，由温度为 245～255℃的注射机注射成型。

12.2.3 改性纳米 ZnO 阻隔剂的制备过程

1. 改性纳米 ZnO 的制备

将 10.0g 硬脂酸锌溶于 50mL 甲苯中形成均匀溶液，向溶液中缓慢滴加 15mL 4mol/L 稀硫酸溶液，待溶液上下分层后将所得溶液萃取分离得硬脂酸/甲苯混合溶液与硫酸锌溶液。将 7g 木质素磺酸钠溶于 50mL 去离子水中形成表面活性剂溶液，将萃取所得硫酸锌溶液在搅拌情况下缓慢滴加到表面活性剂溶液中，混合均匀后加入 100mL 的无水乙醇，缓慢滴加 20mL 2.5mol/L 的 NaOH 溶液，搅拌 30min 混合均匀。将混合溶液置于 80℃水浴中搅拌 5h，将所得产物进行离心、洗涤，并且在 50℃下进行干燥得纳米 ZnO。将干燥后的纳米 ZnO 悬浮于上述萃取分离出来的硬脂酸/甲苯混合液中，35℃下搅拌 30min，将所得产物进行离心、洗涤，干燥即得到改性纳米 ZnO。

2. 改性纳米 ZnO 阻隔剂应用材料——ZnO/PET 复合材料的制备

将改性纳米 ZnO 加入 59.8mL 乙二醇中，超声至溶液混合均匀得到改性纳米 ZnO/乙二醇配合物。将 40.0g 对苯二甲酸(PTA)、0.05g Sb_2O_3、0.05g $(NH_4)_3PO_4$ 加入三口烧瓶中，最后加入处理过后的改性纳米 ZnO/乙二醇配合物，通入氮气提供无氧环境，启动机械搅拌器，使混合溶液在 180～220℃下酯化 90min，升温至 260～280℃进行缩聚，至体系中不再排出水即停止反应，倒入模具中，在 160℃真空干燥箱中熟化 12h 后，将所得到的产物挤出造粒即得到改性纳米 ZnO/PET 改性母粒。

将 PET 树脂和 PET 改性母粒按 100：30 高速混合之后，在 120～150℃下烘干 4～6h，由温度为 245～255℃的注射机注射成型。

12.3 阻隔剂的结构与性能表征

12.3.1 RGO-SiO_2 阻隔剂的结构与性能表征

1. FT-IR 表征

图 12-1 为 SiO_2 和 RGO-SiO_2 的红外光谱图。

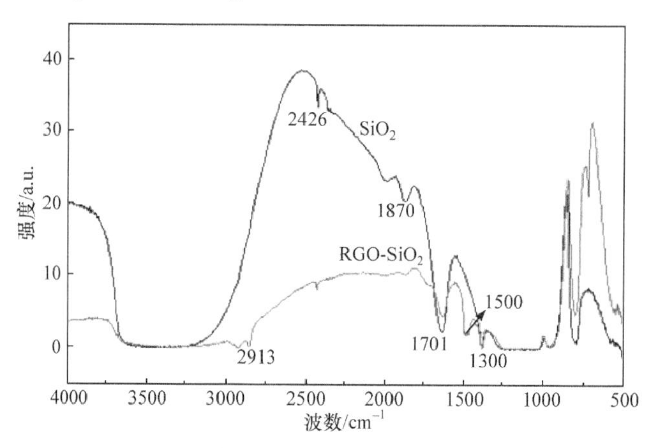

图 12-1 SiO_2 和 RGO-SiO_2 的红外光谱图

从图 12-1 可以看出，SiO_2 和 RGO-SiO_2 的红外光谱图大部分可以重合，在

1700cm^{-1}左右有一个较强的吸收峰，它是硅羟基与RGO表面的羧基发生缩合所形成的酯键的伸缩振动峰；在1300cm^{-1}左右有一个强度较弱的吸收峰，它是硅羟基和RGO表面的羧基发生缩合形成的酯键以及KH-550与SiO_2表面形成的胺的伸缩振动峰，说明SiO_2与RGO发生了化学结合；KH-550在RGO-SiO_2表面也发生了化学键合，说明改性RGO成功负载到SiO_2上。

2. XRD表征

图12-2为RGO和RGO-SiO_2的XRD谱图。从图中可以看出，相比于RGO，经过改性之后的RGO-SiO_2的特征峰向左发生了明显的偏移，衍射峰的强度大大增加，峰的宽度也相应变窄，但是特征峰的数量并没有发生变化，说明经过改性的RGO-SiO_2并不会影响RGO的晶体结构变化。然而特征峰的偏移、峰形的变化及特征峰强度的变化说明RGO和SiO_2并不是通过简单的物理机械混合在一起，而是发生了强烈的化学键合作用。

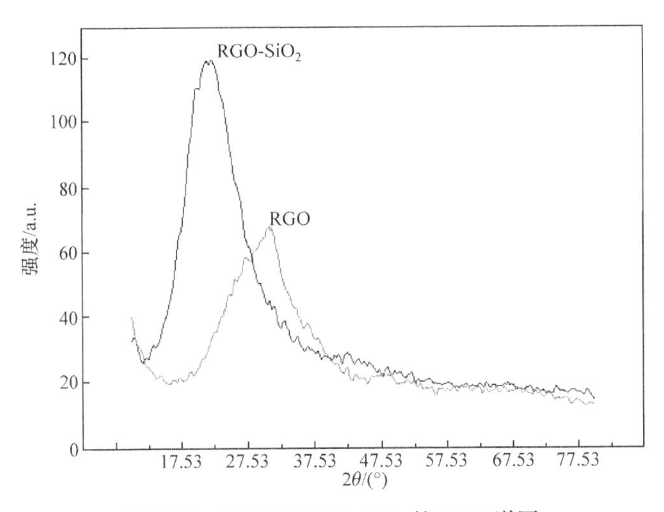

图12-2 RGO和RGO-SiO_2的XRD谱图

3. FE-SEM表征

1) RGO和RGO-SiO_2表面形貌分析

图12-3为RGO、SiO_2和RGO-SiO_2的表面形貌SEM图。从图12-3(a)可以清楚地看出，RGO是表面比较光滑平整的片层结构，表面无其他颗粒。从图12-3(b)可以看出，SiO_2为表面光滑的球形颗粒，且粒径大小不一。从图12-3(c)可以看出，颗粒状的SiO_2是生长在片状的RGO表面的，说明SiO_2和RGO并不是经过简单的机械混合，而是通过化学键合在一起的，这也与前面的红外光谱和XRD分析相一致。另外，从图12-3(d)可以看出，原位生长在RGO片层上的SiO_2颗粒，粒

径大小比较均匀，说明通过此种改性方法获得的 RGO-SiO_2 不易团聚，且粒径得到了控制。

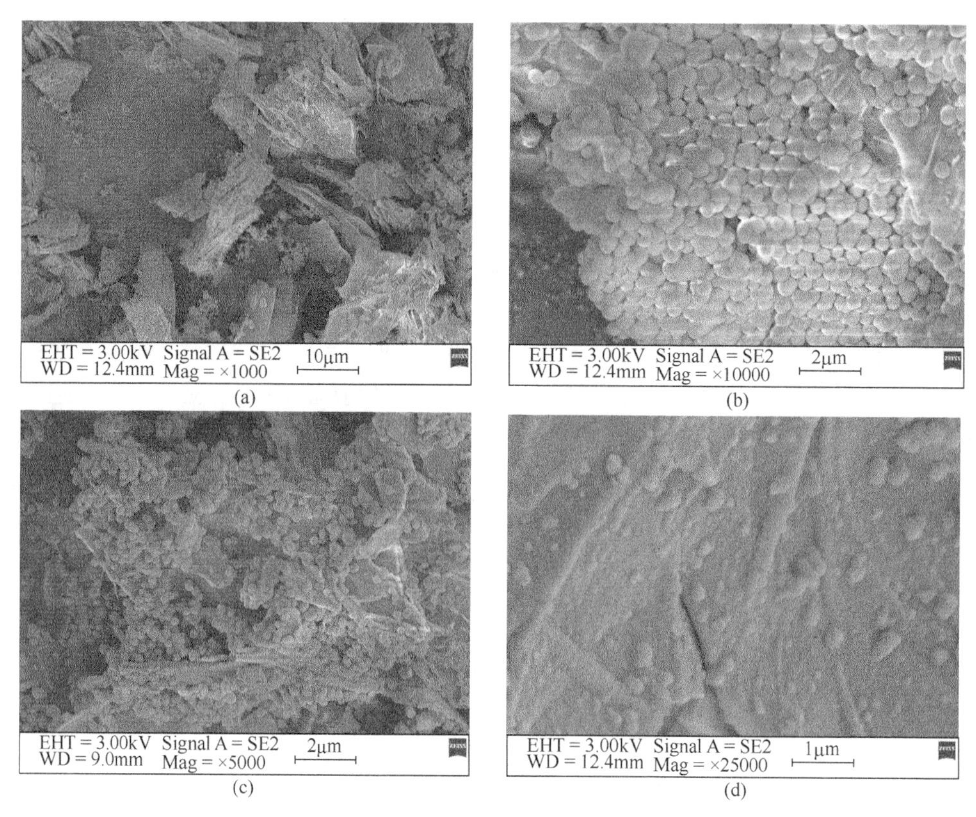

图 12-3　RGO(a)、SiO_2(b)和 RGO-SiO_2[(c)、(d)]表面形貌的 SEM 图

2) RGO/PET 和 RGO-SiO_2/PET 表面形貌分析

图 12-4 为不同含量的 RGO/PET 和 RGO-SiO_2/PET 的 SEM 图。其中，图 12-4(a)、(c)、(e)分别为 RGO 含量为 0.5wt%、1.0wt%和 2.0wt%的 RGO/PET 的 SEM 图；图 12-4(b)、(d)、(f)分别为 RGO-SiO_2 含量为 0.5wt%、1.0wt%和 2.0wt%的 RGO-SiO_2/PET 的 SEM 图。通过左右两边对比可知，RGO/PET 表面粗糙不平，含有大量的细小凸起颗粒，并且层与层之间含有断层现象，说明 RGO 在 PET 的原位聚合中混合不均匀，产生了团聚。而相比于左边的凹凸不平，右边的 RGO-SiO_2/PET 表面较为光滑，断层现象也不甚明显，说明改性后的 RGO-SiO_2 在 PET 的原位聚合中混合均匀，且并未发生团聚现象，改性后的 RGO-SiO_2 与 PET 之间发生了化学键合，并不是简单的机械混合。从上往下看，无论是 RGO/PET 还是 RGO-SiO_2/PET，并不是说添加的量越多效果越好，当 RGO 和 RGO-SiO_2 的添加量为 0.5wt%时，混合效果最好，分散得最为均匀，团聚现象发生得最少。

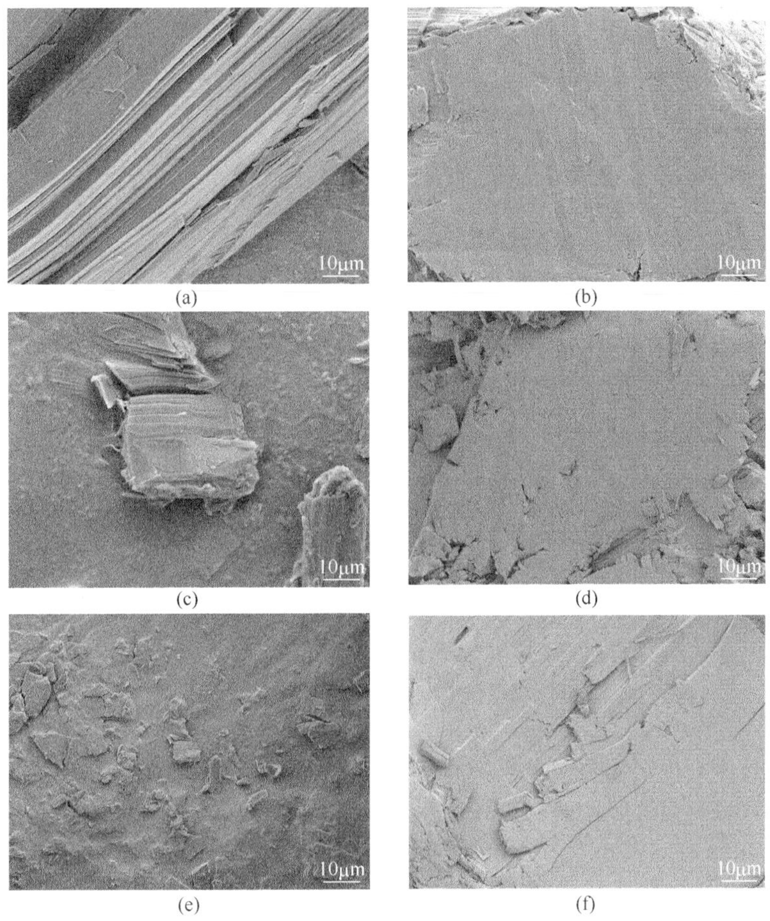

图 12-4 RGO/PET 和 RGO-SiO_2/PET 表面形貌的 SEM 图

RGO/PET 的 RGO 含量：(a) 0.5wt%；(c) 1.0wt%；(e) 2.0wt%。

RGO-SiO_2/PET 的 RGO-SiO_2 含量：(b) 0.5wt%；(d) 1.0wt%；(f) 2.0wt%

4. TG 分析

图 12-5 是 RGO/PET 和经过改性后的 RGO-SiO_2/PET 的 TG 曲线。从 TG 曲线可以看出：RGO/PET 和 RGO-SiO_2/PET 的分解都呈现出两个热分解阶段，但是分解程度和分解温度却不尽相同。RGO/PET 分别在 260℃和 410℃左右开始分解，而 RGO-SiO_2/PET 在 230℃和 390℃左右开始分解。RGO/PET 在 250～350℃之间开始出现热分解，这一过程的质量损失很快，为 65%左右，主要是 RGO 和水蒸气的释放；第二次出现质量损失是在 400℃左右，主要是 PET 的分解导致 EG 的释放。RGO-SiO_2/PET 的质量损失相较于 RGO/PET 较慢，第一次出现质量损失是在 230～350℃，主要是 RGO-SiO_2 中 RGO、KH-550 的分解，为 40%左右；第二次出现质量损失是在 390℃之后，主要是 RGO-SiO_2/PET 中 PET 的分解导致 EG

的释放。$RGO-SiO_2/PET$ 的最终质量要多于 RGO/PET 的最终质量，主要是相对于 RGO/PET，$RGO-SiO_2/PET$ 中最终多出了 SiO_2 成分。说明经过改性后的 $RGO-SiO_2/PET$ 热稳定性比 RGO/PET 好。

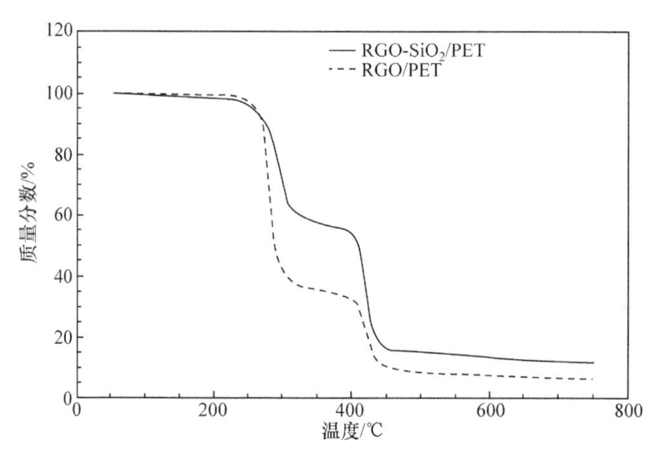

图 12-5 RGO/PET 和 $RGO-SiO_2/PET$ 的 TG 曲线

5. 气体透过率分析

1) 氧气透过率分析

图 12-6 为 $RGO-SiO_2/PET$ 复合材料的氧气透过率测试结果。为了研究 $RGO-SiO_2$ 的添加量对 PET 薄膜阻隔性的影响，将不同质量分数(0wt%、0.5wt%、1.0wt%、1.5wt%、2.0wt%)的阻隔剂 $RGO-SiO_2$ 添加到 PET 的原位聚合中，并对其阻隔性进行了测试。从图中可以看出，对于未添加 $RGO-SiO_2$ 的单纯 PET 薄膜而言，其氧气透过率的平均值为 59.2cm^3/(m^2 · 24h · MPa)，随着 $RGO-SiO_2$ 添加量的增加，$RGO-SiO_2/PET$ 复合材料的氧气透过率呈现出先减小后增大的趋势，也就是说并不

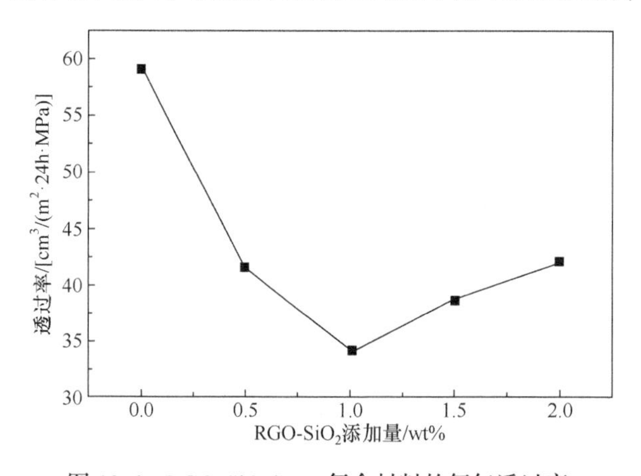

图 12-6 $RGO-SiO_2/PET$ 复合材料的氧气透过率

是阻隔剂 RGO-SiO_2 添加越多，RGO-SiO_2/PET 复合材料的阻隔性越好。从图中可以看出，当 RGO-SiO_2 的添加量为 1.0wt%时，RGO-SiO_2/PET 复合材料的阻隔性最好，此时该复合材料的氧气透过率最低，为 34.1cm^3/(m^2 · 24h · MPa)。

2) 水蒸气透过率分析

图 12-7 为 RGO-SiO_2/PET 复合材料的水蒸气透过率测试结果。为了研究 RGO-SiO_2 的添加量对 PET 薄膜阻隔性的影响，将不同质量分数(0wt%、0.5wt%、1.0wt%、1.5wt%、2.0wt%)的阻隔剂 RGO-SiO_2 添加到 PET 的原位聚合中，并对其阻隔性进行了测试。从图中可以看出，对于未添加 RGO-SiO_2 的单纯 PET 薄膜而言，其水蒸气透过率的平均值为 18.31g/(m^2 · 24h)，随着 RGO-SiO_2 添加量的增加，RGO-SiO_2/PET 复合材料的水蒸气透过率呈现出先减小后增大的趋势，也就是说并不是阻隔剂 RGO-SiO_2 添加越多，RGO-SiO_2/PET 复合材料的阻隔性越好。从图中可以看出，当 RGO-SiO_2 的添加量为 1.0wt%时，RGO-SiO_2/PET 复合材料的阻隔性最好，此时该复合材料的水蒸气透过率最低，为 7.82g/(m^2 · 24h)。

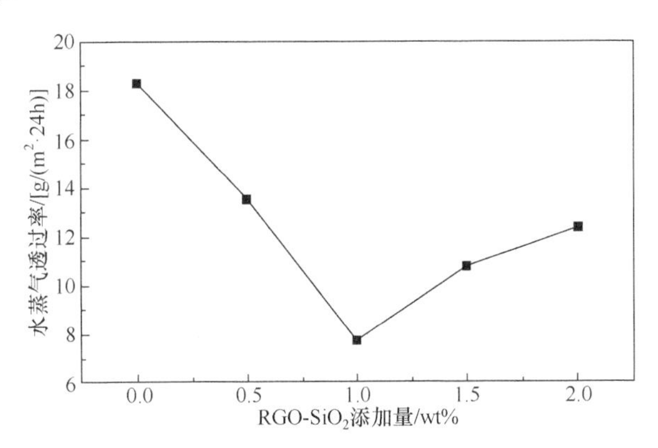

图 12-7　RGO-SiO_2/PET 复合材料的水蒸气透过率

6. 物理力学性能分析

图 12-8 为阻隔剂 RGO-SiO_2 添加量与 RGO-SiO_2/PET 复合材料物理力学性能关系图。由图 12-8(a)可以看出，随着阻隔剂 RGO-SiO_2 添加量的增加，RGO-SiO_2/PET 复合材料的拉伸强度逐渐减小。这是由于 RGO-SiO_2 添加到 PET 的原位聚合中时，起到了无机填料的作用，而无机填料加入聚合物材料中会引起聚合物复合材料脆性增加，拉伸强度降低，因此 RGO-SiO_2/PET 复合材料的拉伸强度随着阻隔剂 RGO-SiO_2 添加量的增加而降低。同理，从图 12-8(b)可以看出，随着阻隔剂 RGO-SiO_2 添加量的增加，RGO-SiO_2/PET 复合材料的断裂伸长率反而逐渐减小。这是由于无机填料 RGO-SiO_2 的加入会降低聚合物复合材料的脆性，

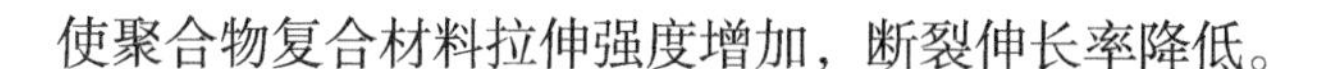
使聚合物复合材料拉伸强度增加，断裂伸长率降低。

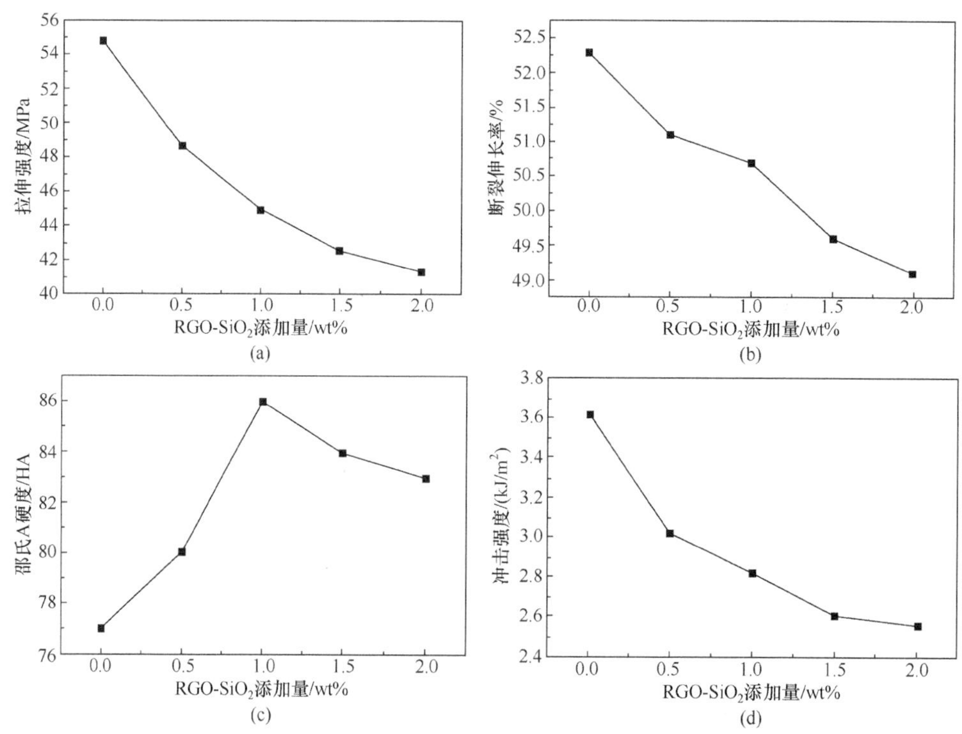

图 12-8 RGO-SiO_2 添加量对复合材料拉伸强度(a)、断裂伸长率(b)、邵氏 A 硬度(c)和冲击强度(d)的影响

由图 12-8(c)可以看出，随着阻隔剂 RGO-SiO_2 添加量的增加，RGO-SiO_2/PET 复合材料的邵氏 A 硬度也得到了相应的增加，但是，聚合物复合材料的邵氏 A 硬度并不是一味地增加，而是呈现先增大后减小的趋势。这是因为随着无机填料 RGO-SiO_2 的增加，聚合物复合材料的邵氏 A 硬度也相应增加，但当无机填料的添加量达到一定占比，且与聚合物材料混合均匀时，复合材料的硬度会有稍微的降低。从图中可以看出，当阻隔剂 RGO-SiO_2 的添加量为 1.0wt%时，聚合物复合材料的邵氏 A 硬度达到最大，为 86HA。

从图 12-8(d)可以看出，随着阻隔剂 RGO-SiO_2 添加量的增加，RGO-SiO_2/PET 复合材料的冲击强度反而逐渐降低。这是由于无机填料 RGO-SiO_2 的加入会增加聚合物复合材料的脆性，使聚合物复合材料的冲击强度得到迅速降低，当无机填料的添加量达到一定的占比，且与聚合物材料混合均匀时，复合材料的冲击强度虽然也在逐渐降低，但是降低的幅度明显变小。从图中可以看出，当阻隔剂 RGO-SiO_2 的添加量为 1.5wt%时，聚合物复合材料的冲击强度逐渐趋于稳定。

12.3.2　改性硅铝酸盐掺杂壳聚糖阻隔剂的结构与性能表征

1. FT-IR 表征

图 12-9 为硅铝酸盐掺杂羧基化壳聚糖和羧基化壳聚糖的红外光谱图。从图中可以看出，未经掺杂改性的羧基化壳聚糖(CS)和经过改性硅铝酸盐掺杂的羧基化壳聚糖的红外光谱图大致是可以重合的，但是同时也可以看出，经过改性硅铝酸盐掺杂的羧基化壳聚糖的红外光谱图上也出现了未经掺杂改性的羧基化壳聚糖所不具备的吸收峰。

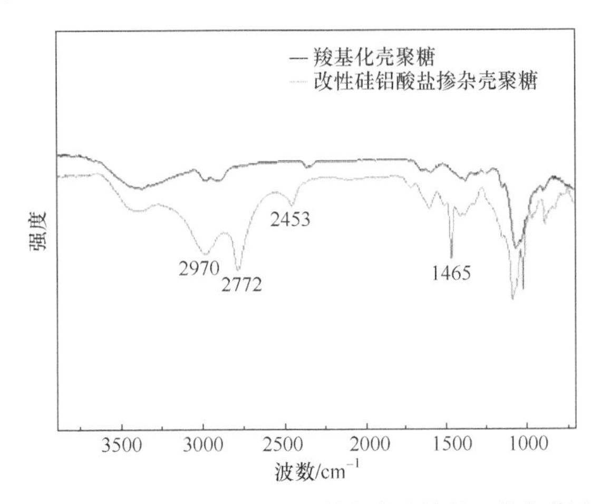

图 12-9　CS 和改性硅铝酸盐掺杂壳聚糖的红外光谱图

相比于未经掺杂改性的羧基化壳聚糖，改性后的羧基化壳聚糖在 1465cm^{-1} 处有一个极强的吸收峰，是 C—OH 的面内弯曲振动峰，说明经过 KH-550 改性后的硅铝酸盐掺杂羧基化壳聚糖表面生成了—OH；在 2453cm^{-1} 处有一个较弱的吸收峰，是经过 KH-550 改性后生成的 C≡N 的伸缩振动峰，此峰的生成说明 KH-550 对其进行了成功地改性；在 2772cm^{-1}、2970cm^{-1} 处有两个极强的吸收峰，是改性后生成的羧基(—COOH)上的—OH 伸缩振动峰。这些官能团的生成，说明硅铝酸盐已经被成功地改性官能化，并且其与羧基化壳聚糖的红外光谱图大致重合，说明改性硅铝酸盐成功掺杂到羧基化壳聚糖上。

2. XRD 表征

图 12-10 为改性硅铝酸盐掺杂羧基化壳聚糖的 XRD 谱图。从 XRD 谱图上可以看出，在 29.83°左右有一个强烈的衍射单峰，此峰与硅铝酸盐的衍射峰基本吻合，但是相比于单纯的硅铝酸盐来说，此衍射峰的位置要稍稍往左偏移，说明用 KH-550 对其进行了成功地改性。另外，XRD 谱图上只出现了一个单峰，且峰形

较宽，说明样品中含有非晶态物质，即改性过后的硅铝酸盐成功地掺杂到羧基化壳聚糖里面。

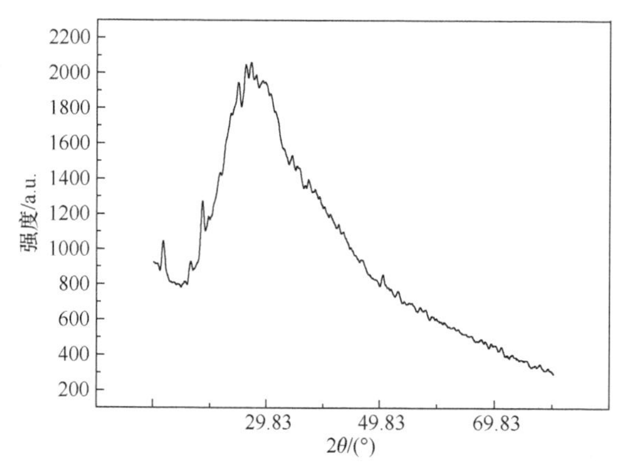

图 12-10　改性硅铝酸盐掺杂羧基化壳聚糖的 XRD 谱图

3. FE-SEM 表征

1) CS 和改性硅铝酸盐掺杂羧基化壳聚糖表面形貌分析

图 12-11(a)、(b)是未经掺杂改性的羧基化壳聚糖的 SEM 图。从图 12-11(a)可以看出，未经掺杂改性的羧基化壳聚糖是一种无定形状态，其表面没有固定的形态，是由无数的羧基化壳聚糖进行无序堆砌而成的。图 12-11(b)是图 12-11(a)的局部放大图，从图中可以看出，未经改性的羧基化壳聚糖表面较为光滑平整，且较为致密，表面并没有其他的多余颗粒或者结构。图 12-11(c)和(d)是经过改性硅铝酸盐掺杂的羧基化壳聚糖的 SEM 图，从图中可以看出，与未经掺杂改性的羧基化壳聚糖表面光滑致密不同,改性硅铝酸盐掺杂的壳聚糖表面呈现出疏松多孔状，且表面含有大量的细小白色茸状颗粒，说明改性后的硅铝酸盐成功地掺杂到羧基化壳聚糖表面，改变了羧基化壳聚糖的表面形貌。图 12-11(d)是图 12-11(c)的局部放大图，从图中可以看出，改性硅铝酸盐将无定形的羧基化壳聚糖表面撑开，使其形成大量的孔洞，表面积发生急剧地增加，而正是这些孔洞使其对水蒸气和其他气体起到了很好的阻隔作用，同时，表面形貌的改变和孔洞的产生也说明改性硅铝酸盐和羧基化壳聚糖发生了化学键合作用。

2) 改性硅铝酸盐掺杂羧基化壳聚糖/PET 表面形貌分析

图 12-12 为改性硅铝酸盐掺杂羧基化壳聚糖/PET 复合材料的 SEM 图。图 12-12(a)为单纯 PET 薄膜的表面形貌图，可以看出，纯 PET 表面较为致密平滑，其表面偶有粗糙不平之处是在脆断过程中造成的。图 12-12(b)、(c)、(d)分别为改性硅铝酸盐掺杂羧基化壳聚糖添加量为 0.5wt%、1.0wt%、2.0wt%的改性硅铝酸盐掺杂羧基化壳聚糖/PET 复合材料的表面形貌图。从图 12-12(b)可以看出，当改性

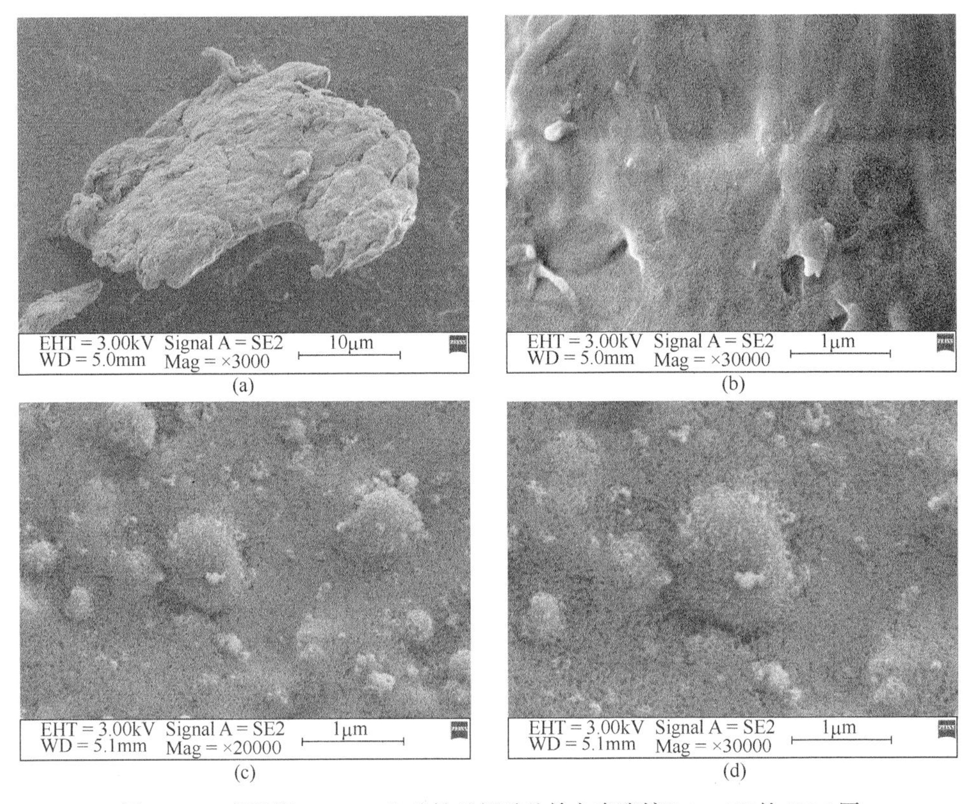

图 12-11 壳聚糖[(a)、(b)]和改性硅铝酸盐掺杂壳聚糖[(c)、(d)]的 SEM 图

硅铝酸盐掺杂羧基化壳聚糖的添加量为 0.5wt%时，改性硅铝酸盐掺杂羧基化壳聚糖与 PET 的混合并不是很好，复合材料表面凹凸不平，并且表面有很多细小的颗粒。对比图 12-12(b)、(c)、(d)可以看出，随着改性硅铝酸盐掺杂羧基化壳聚糖添加量的增加，复合材料表面也更加光滑，说明改性硅铝酸盐掺杂羧基化壳聚糖与 PET 混合得越均匀，这主要是由于羧基化壳聚糖本身具有优异的成膜性，随着羧基化壳聚糖含量的增加，其成膜性就表现得更为明显，造成的结果就是复合材料间各组分的相容性变得更好。

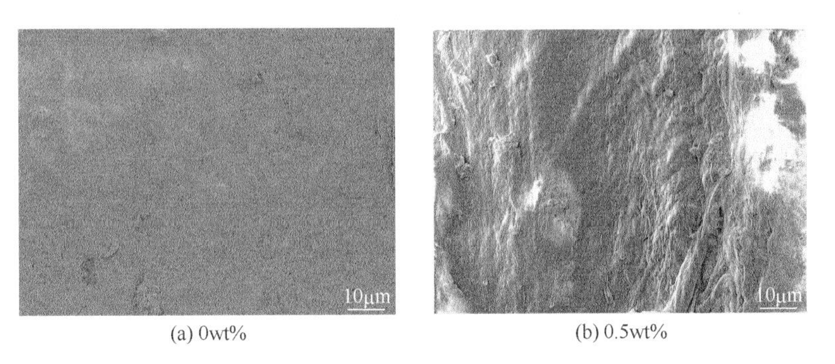

(a) 0wt% (b) 0.5wt%

(c) 1.0wt%

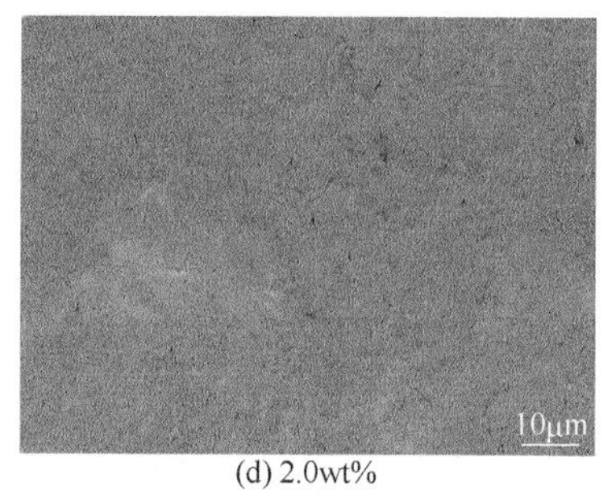

(d) 2.0wt%

图 12-12　PET 和改性硅铝酸盐掺杂羧基化壳聚糖/PET 表面形貌的 SEM 图

4. TG 分析

图 12-13 为改性硅铝酸盐掺杂羧基化壳聚糖/PET 与单纯 PET 的同步热分析图。

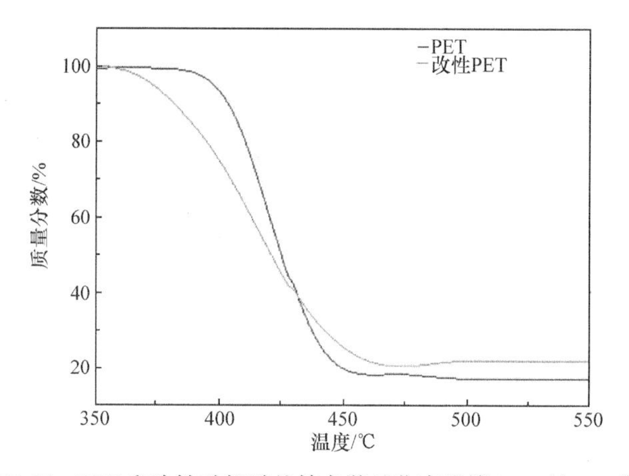

图 12-13　PET 和改性硅铝酸盐掺杂羧基化壳聚糖/PET 的 TG 曲线

从图中可以看出，单纯的 PET 在 400℃左右开始热分解，随着温度的升高，质量损失逐渐增多，当温度达到 450℃时质量损失逐渐停止，此时质量损失达到最大，为 80%，说明 PET 热分解出来的 EG 已全部逸出。然而从改性硅铝酸盐掺杂羧基化壳聚糖/PET 的 TG 曲线上可以看出，相比于单纯的 PET，改性 PET 复合材料在 350℃开始热分解，这个阶段主要是复合材料中的羧基化壳聚糖发生了热分解，从而也说明了羧基化壳聚糖的热稳定性不好，从而导致了改性硅铝酸盐掺杂羧基化壳聚糖/PET 复合材料的热稳定性降低。从图中可以看出，当温度达到 450℃时，复合材料同样也停止了热分解，这与单纯的 PET 热分解过程是一致的，说明羧基化壳聚糖已全部进行热分解，但是复合材料最终所剩质量却要大于单纯 PET，多出部分主要是硅铝酸盐，此时温度还没有达到其热分解温度。

5. 气体透过率分析

1) 氧气透过率分析

图 12-14 为改性硅铝酸盐掺杂羧基化壳聚糖/PET 复合材料的氧气透过率测试结果。为了研究改性硅铝酸盐掺杂羧基化壳聚糖的添加量对 PET 薄膜阻隔性的影响，将不同质量分数(0wt%、0.5wt%、1.0wt%、1.5wt%、2.0wt%、2.5wt%、3.0wt%)的阻隔剂改性硅铝酸盐掺杂羧基化壳聚糖添加到 PET 的原位聚合中，并对其阻隔性进行了测试。从图中可以看出，对于未添加改性硅铝酸盐掺杂羧基化壳聚糖的单纯 PET 薄膜而言，其氧气透过率的平均值为 $59.2cm^3/(m^2 \cdot 24h \cdot MPa)$，随着改性硅铝酸盐掺杂羧基化壳聚糖添加量的增加，改性硅铝酸盐掺杂羧基化壳聚糖/PET 复合材料的氧气透过率呈现出持续减小的趋势，但减小的速率却逐渐变缓。也就是说，随着阻隔剂改性硅铝酸盐掺杂羧基化壳聚糖添加越多，改性硅铝酸盐掺杂羧基化壳聚糖/PET 复合材料的阻隔性越好，当改性硅铝酸盐掺杂羧基化壳聚糖的添加量达到一定占比时，其氧气透过率趋于不变。从图中可以看出，当改性硅铝酸盐掺杂羧基化壳聚糖的添加量为 2.0wt%时，改性硅铝酸盐掺杂羧基化壳聚糖/PET 复合材料的综合阻隔性能较好，此时该复合材料的氧气透过率降低速率最小，其氧气透过率为 $30.9cm^3/(m^2 \cdot 24h \cdot MPa)$。

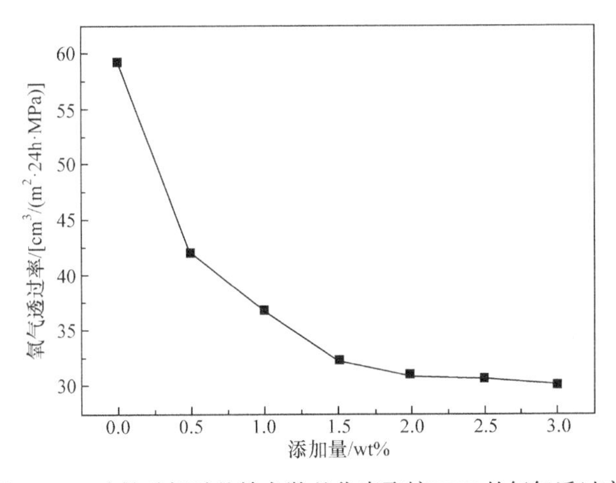

图 12-14 改性硅铝酸盐掺杂羧基化壳聚糖/PET 的氧气透过率

2) 水蒸气透过率分析

图 12-15 为改性硅铝酸盐掺杂羧基化壳聚糖/PET 复合材料的水蒸气透过率测试结果。为了研究改性硅铝酸盐掺杂羧基化壳聚糖的添加量对 PET 薄膜阻隔性的影响，将不同质量分数(0wt%、0.5wt%、1.0wt%、1.5wt%、2.0wt%、2.5wt%、3.0wt%)的阻隔剂改性硅铝酸盐掺杂羧基化壳聚糖添加到 PET 的原位聚合中，

并对其阻隔性进行了测试。从图中可以看出，对于未添加改性硅铝酸盐掺杂羧基化壳聚糖的单纯 PET 薄膜而言，其水蒸气透过率的平均值为 18.31g/(m^2 · 24h)，随着改性硅铝酸盐掺杂羧基化壳聚糖添加量的增加，改性硅铝酸盐掺杂羧基化壳聚糖/PET 复合材料的水蒸气透过率呈现出持续减小的趋势，但减小的速率却逐渐变缓。也就是说，阻隔剂改性硅铝酸盐掺杂羧基化壳聚糖添加越多，改性硅铝酸盐掺杂羧基化壳聚糖/PET 复合材料的阻隔性越好，当改性硅铝酸盐掺杂羧基化壳聚糖的添加量达到一定占比时，其水蒸气透过率趋于不变。从图中可以看出，当改性硅铝酸盐掺杂羧基化壳聚糖的添加量为 2.0wt%时，改性硅铝酸盐掺杂羧基化壳聚糖/PET 复合材料的综合阻隔性能较好，此时该复合材料的水蒸气透过率降低速率最小，其水蒸气透过率为 7.89g/(m^2 · 24h)。

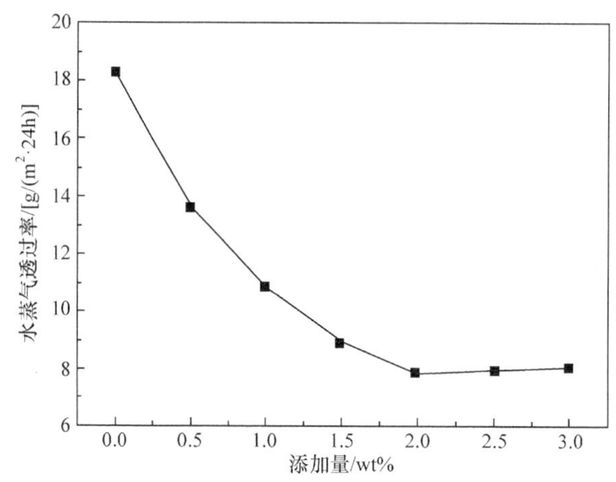

图 12-15　改性硅铝酸盐掺杂羧基化壳聚糖/PET 的水蒸气透过率

6. 物理力学性能分析

图 12-16 为阻隔剂改性硅铝酸盐掺杂羧基化壳聚糖添加量与改性硅铝酸盐掺杂羧基化壳聚糖/PET 复合材料物理力学性能关系图。由图 12-16(a)可以看出，随着阻隔剂改性硅铝酸盐掺杂羧基化壳聚糖添加量的增加，改性硅铝酸盐掺杂羧基化壳聚糖/PET 复合材料的拉伸强度先增大后减小。这是由于羧基化壳聚糖的力学强度较低，加入到 PET 的原位聚合中时会使 PET 复合材料的韧性增加，因此改性硅铝酸盐掺杂羧基化壳聚糖/PET 复合材料的拉伸强度随着阻隔剂添加量的增加而增加。同理，由图 12-16(b)可以看出，随着阻隔剂改性硅铝酸盐掺杂羧基化壳聚糖添加量的增加，改性硅铝酸盐掺杂羧基化壳聚糖/PET 复合材料的断裂伸长率反而逐渐增大。这是由于分子链段柔软的羧基化壳聚糖的加入会增加聚合物复合材料的韧性，使聚合物复合材料拉伸强度增加，断裂伸长率增加。

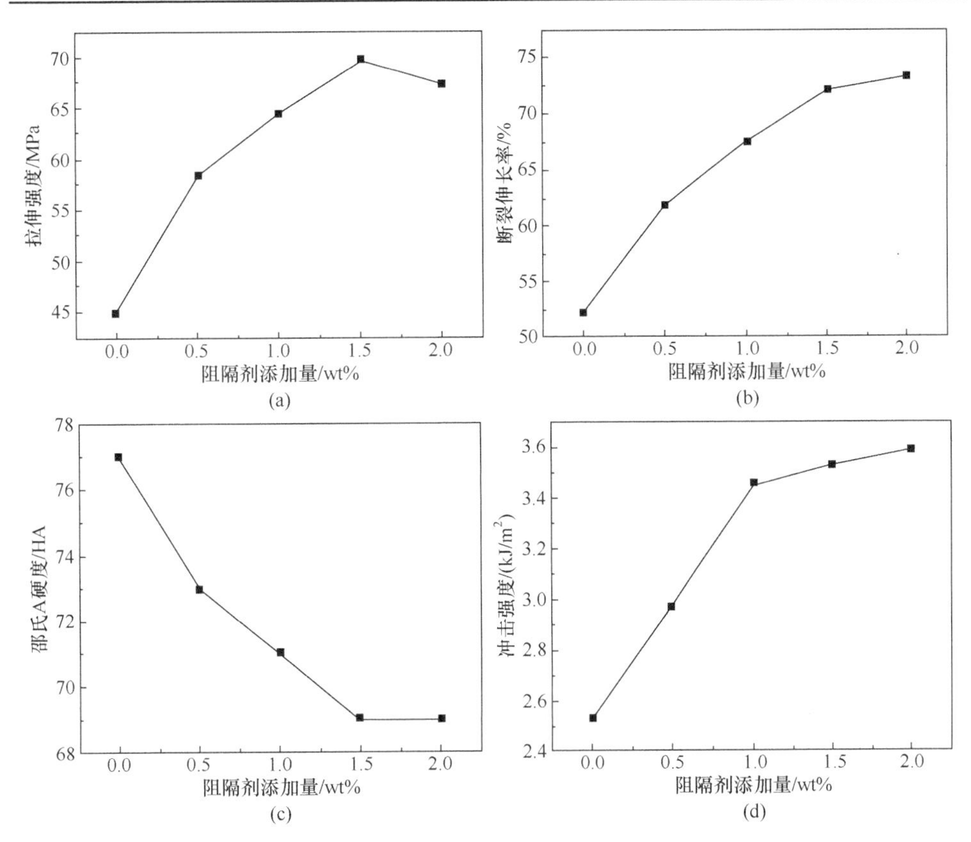

图 12-16　阻隔剂含量对复合材料拉伸强度(a)、断裂伸长率(b)、邵氏 A 硬度(c)和冲击强度(d)的影响

由图 12-16(c)可以看出，随着阻隔剂添加量的增加，改性硅铝酸盐掺杂羧基化壳聚糖/PET 复合材料的邵氏 A 硬度逐渐降低。这是由于分子链段柔软的羧基化壳聚糖会使聚合物复合材料的力学性能降低，从而导致复合材料的邵氏 A 硬度也相应降低。

从图 12-16(d)可以看出，随着阻隔剂添加量的增加，改性硅铝酸盐掺杂羧基化壳聚糖/PET 复合材料的冲击强度也得到了相应的增加。这是由于链段柔软的羧基化壳聚糖的加入会增加聚合物复合材料的韧性，使聚合物复合材料的冲击强度得到迅速增加，但是当羧基化壳聚糖的添加量达到一定占比，且与聚合物材料混合均匀时，复合材料的冲击强度虽然也在增加，但是增长的幅度明显变小。从图中可以看出，当阻隔剂的添加量为 1.0wt%时，聚合物复合材料的增长幅度达到最大，此后增长幅度开始减小。

12.3.3　改性 ZnO 阻隔剂的结构与性能表征

1. FT-IR 表征

图 12-17 是经过改性的纳米 ZnO 和未经改性的纳米 ZnO 的红外光谱图。从

图中可知，经硬脂酸改性后的纳米 ZnO 与未经硬脂酸改性的纳米 ZnO 的红外光谱图有很大的不同。这是由于硬脂酸属于有机小分子物质，在使用硬脂酸对纳米 ZnO 进行改性后，改性纳米 ZnO 表面接枝上了许多有机小分子，因而其红外光谱图上出现了许多原本纳米 ZnO 所不具备的吸收峰，这些吸收峰的出现说明硬脂酸已经成功接枝到纳米 ZnO 上。

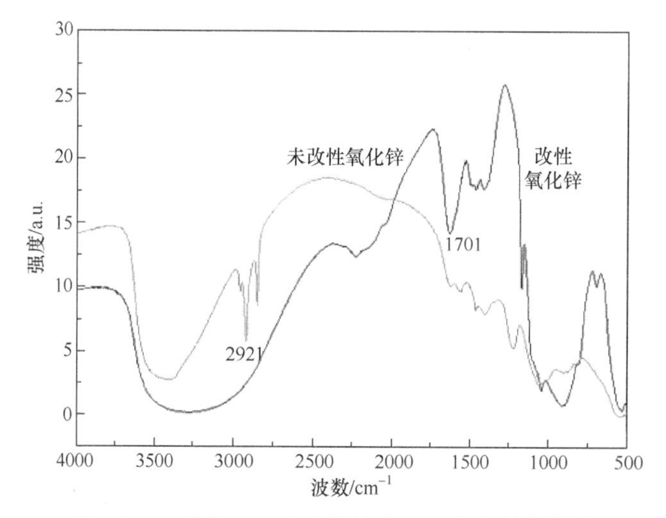

图 12-17　纳米 ZnO 和改性纳米 ZnO 的红外光谱图

由图 12-17 可知，经硬脂酸改性后的纳米 ZnO 在 1701cm^{-1} 比未改性的 ZnO 要明显多出一个峰，而 1701cm^{-1} 正好是硬脂酸与纳米 ZnO 生成的酯峰；未经硬脂酸改性的纳米 ZnO 在 2921cm^{-1} 有一个较强的吸收峰，这是未经改性的纳米 ZnO 表面的羟基的伸缩振动峰，而此峰是经过硬脂酸改性后的纳米 ZnO 所没有的。这些特征吸收峰的不同，说明纳米 ZnO 已经被硬脂酸成功改性，在其表面生成了一层聚合酯。

2. XRD 表征

图 12-18 是经过硬脂酸改性的纳米 ZnO 和未经硬脂酸改性的纳米 ZnO 的 XRD 谱图。从未经硬脂酸改性的纳米 ZnO 的 XRD 谱图可以看出，由左向右的三个强烈的峰分别为(100)、(002)和(101)，剩下的四个强度较弱的峰分别为(102)、(110)、(103)和(112)，由此可以看出生成的物质为纳米 ZnO，且晶型完整。相应地，从经过硬脂酸改性的纳米 ZnO 的 XRD 谱图可以看出，经过改性后的纳米 ZnO 的晶体衍射峰与未经改性的纳米 ZnO 的晶体衍射峰大致重合，其中纳米 ZnO 的特征峰存在且强度稍稍减弱。除此以外，相比于未经改性的纳米 ZnO，经过改性后的纳米 ZnO 多出了很多强度不一的衍射峰，这是由于硬脂酸在纳米 ZnO 表面成功接

枝，生成了一层聚合酯，说明硬脂酸与纳米 ZnO 是通过化学键合在一起，而不是通过简单的机械混合或者物理吸附。

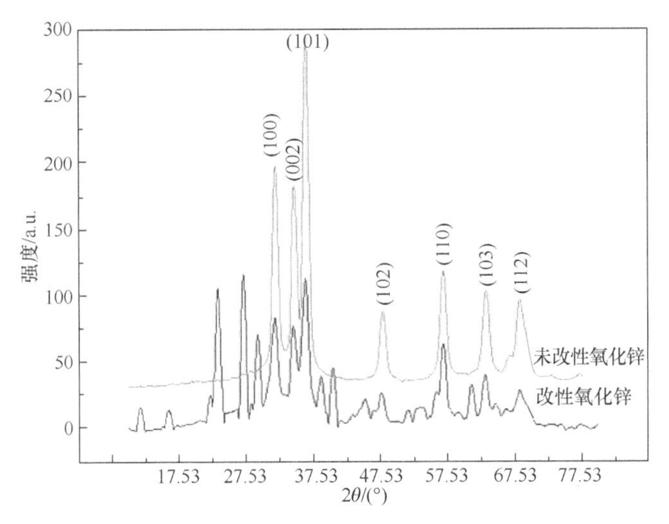

图 12-18 纳米 ZnO 和改性纳米 ZnO 的 XRD 谱图

3. FE-SEM 表征

1) 纳米 ZnO 和改性纳米 ZnO 表面形貌分析

图 12-19(a)、(b)是未经硬脂酸改性的纳米 ZnO 的 SEM 图，图 12-19(c)、(d)是经过硬脂酸改性的纳米 ZnO 的 SEM 图。从图 12-19(a)和(b)可以清楚地看到，未经改性的纳米 ZnO 呈现出块状或者片状，块状的纳米 ZnO 表面较粗糙，且粒径分布较为均匀，片状的纳米 ZnO 表面较为光滑致密，片层厚度较为均匀。从图 12-19(c)和(d)可以看到，经过硬脂酸改性的纳米 ZnO 表面呈现出疏松多孔的絮状，从远处看呈现出花瓣的形状，说明硬脂酸对纳米 ZnO 的改性使纳米 ZnO 得到插层，层与层之间的间距变大，结构变疏松，比表面积增大，使其对水蒸气和氧气的阻隔能力增强。

(a)

(b)

(c)

(d)

图 12-19　纳米 ZnO[(a)、(b)]和改性纳米 ZnO[(c)、(d)]的 SEM 图

2) 改性纳米 ZnO/PET 复合材料表面形貌分析

图 12-20 是不同含量的纳米 ZnO/PET 和改性纳米 ZnO/PET 的 SEM 图。其中，图 12-20(a)、(c)、(e)分别为纳米 ZnO 含量为 0.5wt%、1.0wt%和 2.0wt%的纳米 ZnO/PET 的 SEM 图。图 12-20(b)、(d)、(f)分别为改性纳米 ZnO 含量为 0.5wt%、1.0wt%和 2.0wt%的改性纳米 ZnO/PET 的 SEM 图。

通过左右两边对比可知，纳米 ZnO/PET 表面粗糙不平，含有大量的细小凸起颗粒，并且层与层之间含有断层现象，说明纳米 ZnO 在 PET 的原位聚合中混合不均匀，产生了团聚。而相比于左边的凹凸不平，右边的改性纳米 ZnO/PET 表面较为光滑，断层现象也不甚明显，说明改性后的纳米 ZnO 在 PET 的原位聚合中混合均匀，且并未发生团聚现象，改性后的纳米 ZnO 与 PET 之间发生了化学键合，并不是简单的机械混合。从上往下看，无论是纳米 ZnO/PET 还是改性纳米 ZnO/PET，并不是说添加的量越多效果越好，从图中可以看出，当纳米 ZnO 和改性纳米 ZnO 的添加量为 0.5wt%时，混合效果最好，分散得最为均匀，团聚现象发生得最少。

4. TG 分析

图 12-21 是改性纳米 ZnO/PET 和未经改性的单纯 PET 的 TG 曲线。从图中可

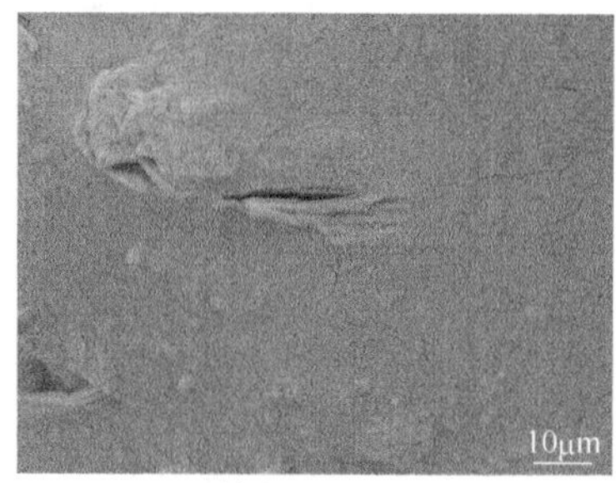

(a) 纳米ZnO, 0.5wt%

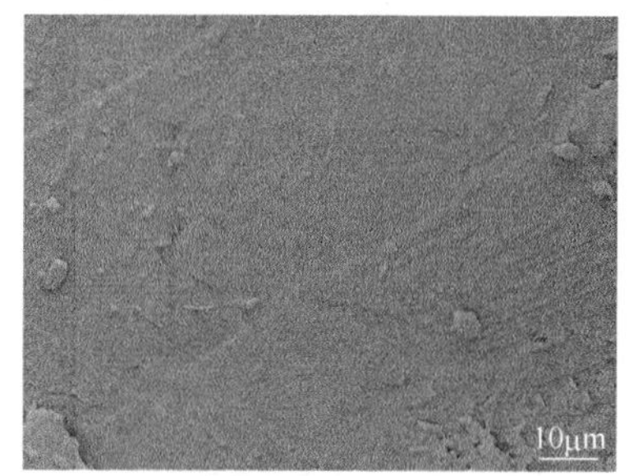

(b) 改性纳米ZnO, 0.5wt%

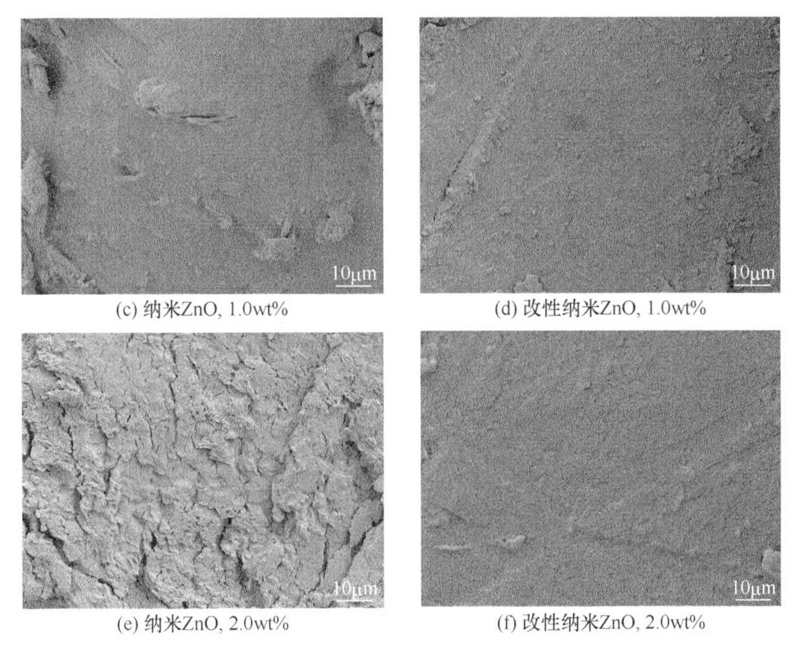

(c) 纳米ZnO, 1.0wt%　(d) 改性纳米ZnO, 1.0wt%

(e) 纳米ZnO, 2.0wt%　(f) 改性纳米ZnO, 2.0wt%

图 12-20　纳米 ZnO/PET 和改性纳米 ZnO/PET 的 SEM 图

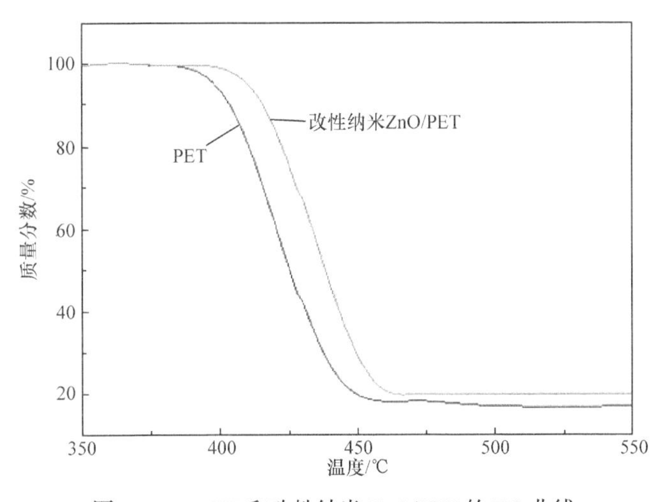

图 12-21　PET 和改性纳米 ZnO/PET 的 TG 曲线

以看出，单纯的 PET 在 400℃左右开始热分解，随着温度的升高，质量损失逐渐增多，当温度达到 450℃时质量损失逐渐停止，此时质量损失达到最大，为 80%，说明 PET 热分解出来的 EG 已全部逸出。然而从改性纳米 ZnO/PET 复合材料的 TG 曲线可以看出，改性纳米 ZnO/PET 在 425℃左右开始热分解，随着温度的升高，质量损失逐渐增大，当温度达到 460℃时质量损失逐渐停止，说明改性纳米

ZnO/PET 复合材料的热稳定性比单纯 PET 的热稳定性好。从图中可以看出，改性纳米 ZnO/PET 的热分解趋势与单纯 PET 的热分解趋势是一致的，但是复合材料最终所剩质量却要大于单纯 PET，多出部分主要是硅铝酸盐，此时温度还没有达到其热分解温度。

5. BET 分析

表 12-1 是未经硬脂酸改性的纳米 ZnO 和经过硬脂酸改性的纳米 ZnO 的比表面积对比。从表 12-1 可以看出，未经硬脂酸改性的纳米 ZnO 的比表面积较小，而经过硬脂酸改性后的纳米 ZnO 的比表面积呈直线增加趋势。说明硬脂酸的改性使纳米 ZnO 的表面形态发生了巨大的变化，这也与改性纳米 ZnO 的 SEM 图相吻合。

表 12-1　不同含量改性纳米 ZnO 的比表面积

改性纳米 ZnO 添加量/wt%	比表面积/(m^2/g)
未经改性 ZnO	5.3247
0	13.6964
0.5	22.9830
1.0	41.7346
1.5	74.8350

6. 气体透过率分析

1) 氧气透过率分析

图 12-22 为改性纳米 ZnO/PET 复合材料的氧气透过率测试结果。为了研究改性纳米 ZnO 的添加量对 PET 薄膜阻隔性的影响，将不同质量分数(0wt%、0.5wt%、1.0wt%、1.5wt%、2.0wt%、2.5wt%、3.0wt%)的阻隔剂改性纳米 ZnO 添加到 PET 的原位聚合中，并对其阻隔性进行了测试。从图中可以看出，对于未添加改性纳米 ZnO 的单纯 PET 薄膜而言，其氧气透过率的平均值为 59.2cm^3/(m^2 · 24h · MPa)，随着改性纳米 ZnO 添加量的增加，改性纳米 ZnO/PET 复合材料的氧气透过率呈现出持续减小的趋势，但减小的速率却逐渐变缓。也就是说，阻隔剂改性纳米 ZnO 添加越多，改性纳米 ZnO/PET 复合材料的阻隔性越好，当改性纳米 ZnO 的添加量达到一定占比时，氧气透过率趋于不变。从图中可以看出，当改性纳米 ZnO 添加量为 2.0wt%时，改性纳米 ZnO/PET 复合材料的综合阻隔性能较好，此时该复合材料的氧气透过率降低速率最小，氧气透过率为 41.6cm^3/(m^2 · 24h · MPa)。

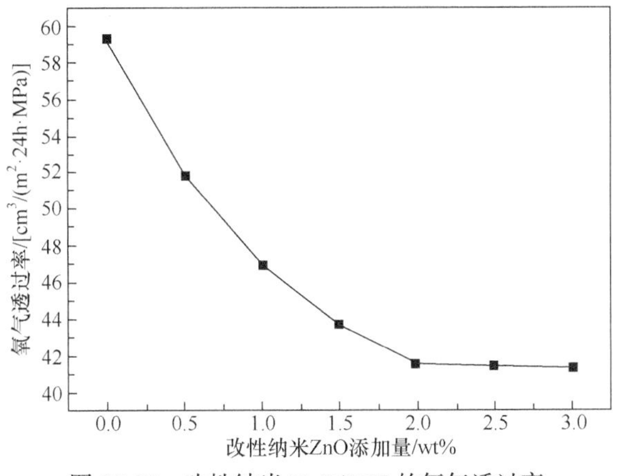

图 12-22 改性纳米 ZnO/PET 的氧气透过率

2) 水蒸气透过率分析

图 12-23 为改性纳米 ZnO/PET 复合材料的水蒸气透过率测试结果。为了研究改性纳米 ZnO 的添加量对 PET 薄膜阻隔性的影响，将不同质量分数(0wt%、0.5wt%、1.0wt%、1.5wt%、2.0wt%、2.5wt%、3.0wt%)的阻隔剂改性纳米 ZnO 添加到 PET 的原位聚合中，并对其阻隔性进行了测试。从图中可以看出，对于未添加改性纳米 ZnO 的单纯 PET 薄膜而言，其水蒸气透过率的平均值为 18.31g/(m^2 · 24h)，随着改性纳米 ZnO 添加量的增加，改性纳米 ZnO/PET 复合材料的水蒸气透过率呈现出持续减小的趋势，但减小的速率却逐渐变缓。也就是说，随着阻隔剂改性纳米 ZnO 添加越多，改性纳米 ZnO/PET 复合材料的阻隔性越好，当改性纳米 ZnO 的添加量达到一定占比时，其水蒸气透过率趋于不变。从图中可以看出，当改性纳米 ZnO 的添加量为 2.0wt%时，改性纳米 ZnO/PET 复合材料的综合阻隔性能较好，此时该复合材料的水蒸气透过率降低速率最小，其水蒸气透过率为 7.89g/(m^2 · 24h)。

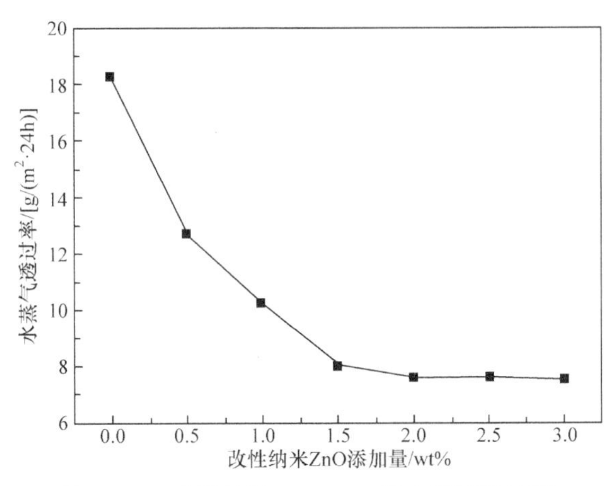

图 12-23 改性纳米 ZnO/PET 的水蒸气透过率

7. 物理力学性能分析

图 12-24 为阻隔剂改性纳米 ZnO 添加量与改性纳米 ZnO/PET 复合材料物理力学性能关系图。由图 12-24(a)可以看出，改性纳米 ZnO/PET 复合材料的拉伸强度随着阻隔剂改性纳米 ZnO 添加量的增加而逐渐减小。这是由于改性纳米 ZnO 添加到 PET 的原位聚合中时，起到了无机填料的作用，而无机填料加入到聚合物材料中会引起聚合物复合材料脆性增加，拉伸强度降低，因此改性纳米 ZnO/PET 复合材料的拉伸强度随着阻隔剂改性纳米 ZnO 添加量的增加而降低。同理，由图 12-24(b)可以看出，随着阻隔剂改性纳米 ZnO 添加量的增加，改性纳米 ZnO/PET 复合材料的断裂伸长率反而逐渐减小。这是由于无机填料改性纳米 ZnO 的加入会降低聚合物复合材料的脆性，使聚合物复合材料拉伸强度增加，断裂伸长率降低。

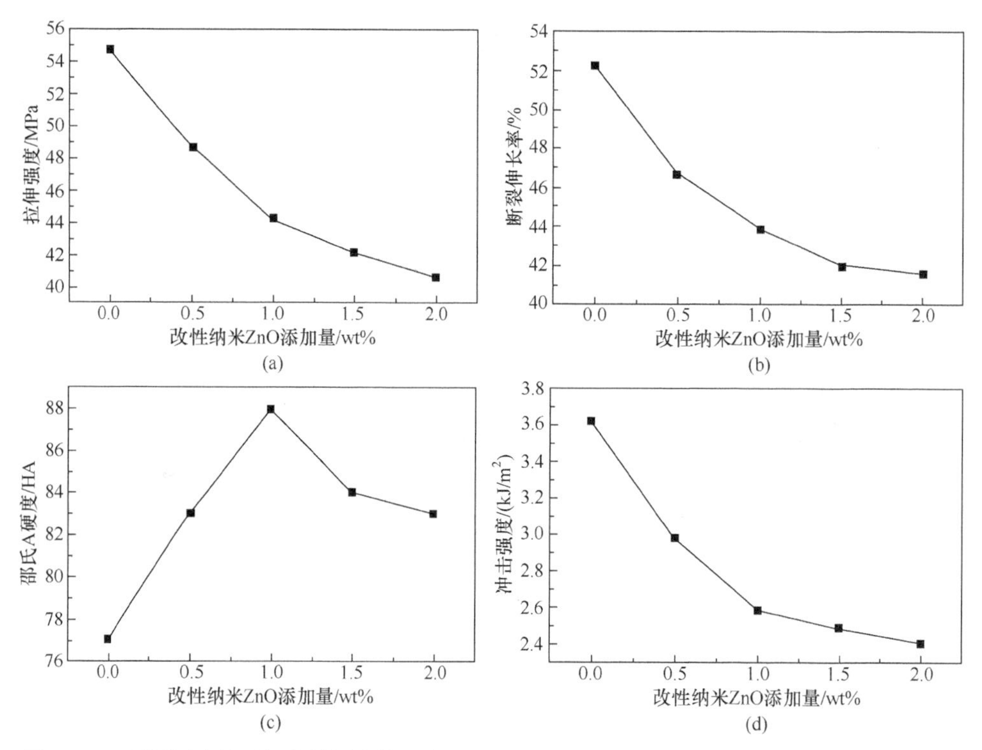

图 12-24　阻隔剂含量对复合材料拉伸强度(a)、断裂伸长率(b)、邵氏 A 硬度(c)和冲击强度(d)的影响

由图 12-24(c)可以看出，随着阻隔剂改性纳米 ZnO 添加量的增加，改性纳米 ZnO/PET 复合材料的邵氏 A 硬度也得到了相应的增加。但是，聚合物复合材料的邵氏 A 硬度并不是一味地增加，而是呈现出先增大后减小的趋势。这是因为随着

无机填料改性纳米 ZnO 的增加，聚合物复合材料的邵氏 A 硬度也相应增加，但当无机填料的添加量达到一定占比，且与聚合物材料混合均匀时，复合材料的硬度会有稍微的降低。从图中可以看出，当阻隔剂改性纳米 ZnO 的添加量为 1.0wt%时，聚合物复合材料的邵氏 A 硬度达到最大，为 88HA。

由图 12-24(d)可以看出，随着阻隔剂改性纳米 ZnO 添加量的增加，改性纳米 ZnO/PET 复合材料的冲击强度反而逐渐降低。这是由于无机填料改性纳米 ZnO 的加入会增加聚合物复合材料的脆性，使聚合物复合材料的冲击强度得到迅速地降低。当无机填料的添加量达到一定占比，且与聚合物材料混合均匀时，复合材料的冲击强度虽然也在逐渐降低，但是降低的幅度明显变小。从图中可以看出，当阻隔剂改性纳米 ZnO 的添加量为 1.0wt%时，复合材料的冲击强度逐渐趋于不变。

12.4 本章小结

(1) 本章选用将 RGO 原位生长在 SiO_2 上面，然后用硅烷偶联剂(KH-550)对其进行表面改性，将改性后的 RGO-SiO_2 应用于 PET 的原位聚合中，并利用 XRD、FT-IR、FE-SEM 和 TG 等表征方法对改性后的 RGO-SiO_2 和 RGO-SiO_2/PET 进行分析，采用气体透过率测试仪对 RGO-SiO_2/PET 的氧气透过率和水蒸气透过率进行测试，并通过拉伸强度、硬度、断裂伸长率、冲击强度等测试分析加入改性 RGO-SiO_2 前后对 PET 复合膜材料的基本物理力学性能的影响。结果表明：

(i) 通过红外光谱图分析，SiO_2 和 RGO-SiO_2 的红外光谱图大部分可以重合，在 1700cm^{-1} 左右有一个较强的吸收峰，它是硅羟基与 RGO 表面的羧基发生缩合所形成的酯键的伸缩振动峰；在 1300cm^{-1} 左右有一个强度较弱的吸收峰，它是硅羟基和 RGO 表面的羧基发生缩合形成的酯键以及 KH-550 与 SiO_2 表面形成的胺的伸缩振动峰，说明 SiO_2 与 RGO 发生了化学结合；KH-550 在 RGO-SiO_2 表面也发生了化学键合，说明改性 RGO 成功负载到了 SiO_2 上。通过 XRD、SEM 分析也说明改性 RGO 成功负载到 SiO_2 上。

(ii) 当 RGO-SiO_2 的添加量为 1.0wt%时，其在 PET 的原位聚合中分布得比较均匀，团聚现象最少，综合力学性能最好。总体来说，其拉伸强度达到 44.9MPa，断裂伸长率为 50.7%，邵氏 A 硬度为 86HA，冲击强度为 2.82kJ/m^2。

(iii) 经过改性的 RGO-SiO_2/PET 复合材料，其透湿性和氧气透过率得到大幅度的降低，当 RGO-SiO_2 的添加量为 1.0wt%时，透湿性和氧气透过率降到了最低值，其氧气透过率为 34.1$cm^3/(m^2 \cdot 24h \cdot MPa)$，相比于单纯的 PET 降低了 42.4%，其水蒸气透过率为 7.82$g/(m^2 \cdot 24h)$，相比于单纯的 PET 降低了 57.3%。

(2) 采用高岭土熔融制备硅铝酸盐溶胶，然后经过筛选及 KH-550 改性，并将改性硅铝酸盐溶胶加入羧基化壳聚糖溶液中，制备改性硅铝酸盐掺杂羧基化壳聚糖。将改性后的硅铝酸盐掺杂羧基化壳聚糖应用于 PET 的原位聚合中，并利用 XRD、FT-IR、FE-SEM 和 TG 等表征方法对改性后的硅铝酸盐掺杂壳聚糖和改性硅铝酸盐掺杂壳聚糖/PET 进行分析，采用气体透过率测试仪对改性硅铝酸盐掺杂壳聚糖/PET 的氧气透过率和水蒸气透过率进行测试，并通过拉伸强度、邵氏 A 硬度、断裂伸长率、冲击强度等测试分析加入改性硅铝酸盐掺杂壳聚糖前后对 PET 复合膜材料的基本物理力学性能的影响。结果表明：

(i) 通过红外光谱图分析，未经掺杂改性的羧基化壳聚糖和经过改性硅铝酸盐掺杂的羧基化壳聚糖的红外光谱图大致是可以重合的，但改性后的羧基化壳聚糖在 $1465cm^{-1}$ 处有一个极强的吸收峰，是 C—OH 的面内弯曲振动峰，说明经过 KH-550 改性后的硅铝酸盐掺杂羧基化壳聚糖表面生成了—OH；在 $2453cm^{-1}$ 处有一个较弱的吸收峰，是经过 KH-550 改性后生成的 C≡N 的伸缩振动峰，此峰的生成说明 KH-550 对其进行了成功的改性；在 $2772cm^{-1}$、$2970cm^{-1}$ 处有两个极强的吸收峰，是改性后生成的羧基(—COOH)上的—OH 伸缩振动峰。这些官能团的生成，说明硅铝酸盐已经被成功地改性官能化，并且其与羧基化壳聚糖的红外光谱图大致重合，说明改性硅铝酸盐成功掺杂到了羧基化壳聚糖上。通过 XRD、SEM 也充分说明了改性硅铝酸盐成功掺杂到了羧基化壳聚糖上。

(ii) 当阻隔剂的添加量为2.0wt%时，其在PET的原位聚合中分布得比较均匀，团聚现象最少，综合力学性能最好。总体来说，其拉伸强度达 66.1MPa，断裂伸长率为 73.4%，邵氏 A 硬度为 69HA，冲击强度为 $3.59kJ/m^2$。

(iii) 经过改性后的硅铝酸盐掺杂羧基化壳聚糖/PET 复合材料，其透湿性和氧气透过率得到了大幅度的降低，当改性硅铝酸盐掺杂羧基化壳聚糖的添加量为 2.0wt% 时，透湿性和氧气透过率降到了最低值，其氧气透过率为 $30.9cm^3/(m^2 \cdot 24h \cdot MPa)$，相比于单纯的 PET 降低了 47.8%，其水蒸气透过率为 $7.89g/(m^2 \cdot 24h)$，相比于单纯的 PET 降低了 57.0%。

(3) 采用硬脂酸锌为锌源和改性剂制备改性纳米 ZnO，然后将改性后的纳米 ZnO 应用于 PET 的原位聚合中，并利用 XRD、FT-IR、FE-SEM、比表面积和 TG 等表征方法对改性后的纳米 ZnO 和改性纳米 ZnO/PET 进行分析，采用气体透过率测试仪对改性纳米 ZnO/PET 的氧气透过率和水蒸气透过率进行测试，并通过拉伸强度、邵氏 A 硬度、断裂伸长率、冲击强度等测试分析加入改性纳米 ZnO 前后对 PET 复合膜材料的基本物理力学性能的影响。结果表明：

(i) 通过红外光谱分析，经硬脂酸改性后的纳米 ZnO 在 $1701cm^{-1}$ 比未改性的 ZnO 要明显多出一个峰，而 $1701cm^{-1}$ 正好是硬脂酸与纳米 ZnO 生成的酯峰；未经硬脂酸改性的纳米 ZnO 在 $2921cm^{-1}$ 有一个较强的吸收峰，这是未经改性的纳米 ZnO 表面的羟基的伸缩振动峰，而此峰是经过硬脂酸改性后的纳米 ZnO 所没有的。这些特征吸收峰的不同，说明纳米 ZnO 已经被硬脂酸成功改性，在其表面生成了一层聚合酯。

(ii) 通过 XRD 图谱分析，经过改性后的纳米 ZnO 的晶体衍射峰与未经改性的纳米 ZnO 的晶体衍射峰大致重合，其中纳米 ZnO 的特征峰存在且强度稍稍减弱。除此以外，相比于未经改性的纳米 ZnO，经过改性后的纳米 ZnO 多出了很多强度不一的衍射峰，这是由于硬脂酸在纳米 ZnO 表面成功接枝，生成了一层聚合酯，说明硬脂酸与纳米 ZnO 是通过化学键合在一起，而不是通过简单的机械混合或者物理吸附。通过 SEM 表面形貌分析也可以表明纳米 ZnO 经过了成功地改性。

(iii) 当阻隔剂的添加量为 1.0wt%时，其在 PET 的原位聚合中分布得比较均匀，团聚现象最少，综合力学性能最好。总体来说，其拉伸强度达到 44.3MPa，断裂伸长率为 43.9%，邵氏 A 硬度为 88HA，冲击强度为 2.58kJ/m^2。

(iv) 经过改性的纳米 ZnO/PET 复合材料，其透湿性和氧气透过率得到大幅度降低，当改性纳米 ZnO 的添加量为 2.0wt%时，透湿性和氧气透过率降到最低值，其氧气透过率为 41.6cm^3/(m^2 · 24h · MPa)，相比于单纯的 PET 降低了 29.7%，其水蒸气透过率为 7.89g/(m^2 · 24h)，相比于单纯的 PET 降低了 58.4%。

第 13 章　磷酸酯淀粉黏结剂

13.1　引　　言

由于淀粉中含有大量的羟基，糊化淀粉用作黏结剂时，所制芯砂容易吸潮，特别是在南方阴雨天气中，吸湿后芯砂强度明显降低，因此必须对原淀粉进行改性来提高芯砂的抗吸潮性。磷酸酯淀粉作为淀粉的衍生物，只要很小的磷取代度就可以明显改善淀粉的综合性能，被广泛应用于食品、造纸、铸造、纺织等行业中。本章将通过半干法制备磷酸酯淀粉，讨论其作为铸造黏结剂使用时磷取代度与芯砂抗拉强度和抗吸潮性之间的关系。

淀粉颗粒中含有大量的羟基，在适当条件下可以与多种水溶性磷酸盐发生酯化反应。例如，以磷酸氢二钠和磷酸二氢钠混合盐为酯化剂，则可得到磷酸酯淀粉，其反应方程式如下：

$$\text{淀粉}-OH + NaH_2PO_4 \longrightarrow \text{淀粉}-O-\underset{\underset{\displaystyle O}{\|}}{\overset{\overset{\displaystyle OH}{|}}{P}}-ONa + H_2O \tag{13-1}$$

$$\text{淀粉}-OH + Na_2HPO_4 \longrightarrow \text{淀粉}-O-\underset{\underset{\displaystyle O}{\|}}{\overset{\overset{\displaystyle OH}{|}}{P}}-ONa + H_2O \tag{13-2}$$

13.2　磷酸酯淀粉黏结剂的制备过程

将木薯淀粉在 45～50℃下烘干 10h，得到绝干木薯淀粉。配制具有一定 pH 值的混合磷酸盐溶液，其中磷酸氢二钠与磷酸二氢钠的物质的量比为 1∶1。加入尿素作为催化剂，其用量为淀粉质量的 8%。取绝干木薯淀粉 100g 加入到 200mL 混合磷酸盐溶液中，常温下搅拌反应 3h。抽滤，将滤饼在 45～50℃下烘干 24h，在指定温度下焙烧一定时间进行酯化反应。冷却至室温，粉碎过筛(100～150 目)后即得磷酸酯淀粉。

实验采用正交实验设计。实验选取四个因素：酯化温度、酯化时间、磷酸盐溶液的 pH 和磷酸盐用量，每个因素取四个水平，因此选取正交实验表 $L_{16}(4^5)$，因素及水平分布见表 13-1。

表 13-1　正交实验 $L_{16}(4^5)$的因素及水平分布

序号	1 (酯化温度/℃)	2 (pH)	3 (磷酸盐用量/wt%)	4 (酯化时间/h)	5 (空白列)
1	140	5.0	5	1.5	
2	150	5.2	10	2.0	
3	160	5.5	15	2.5	
4	170	6.0	20	3.0	

注：磷酸盐用量为磷酸盐与绝干木薯淀粉的质量分数。

13.3　磷酸酯淀粉黏结剂的结构与性能表征

13.3.1　红外光谱表征

图 13-1 是木薯淀粉和磷酸酯木薯淀粉的红外光谱图。木薯淀粉在红外光谱图中的吸收峰和结构归属为：3421cm^{-1} 为氢键缔合的 O—H 键的伸缩振动，该吸收峰宽而强；2931cm^{-1} 为 C—H 键的伸缩振动吸收峰；1650cm^{-1} 为 H—O—H 的弯曲振动；1151cm^{-1} 为 C—O—C 的伸缩振动；1076cm^{-1} 为仲醇羟基相连的 C—O 伸缩振动，1018cm^{-1} 吸收峰为伯醇羟基相连的 C—O 伸缩振动；926cm^{-1}、860cm^{-1} 和 760cm^{-1} 为 D-吡喃葡萄糖的吸收带。

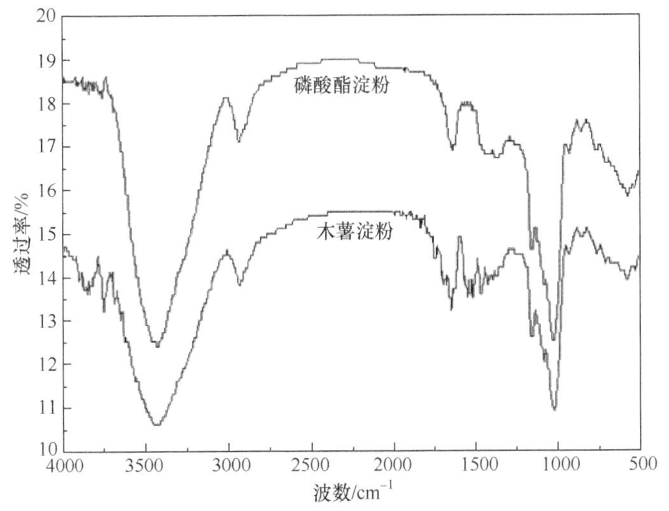

图 13-1　木薯淀粉和磷酸酯淀粉的红外光谱图

对照两个样品分析发现：磷酸酯淀粉在 1442～1359cm^{-1} 出现较宽的吸收峰，此吸收峰为 P═O 的伸缩振动所致，说明磷元素已经参与到反应中。由于淀粉分子发生酯化反应的位置主要发生在葡萄糖单元的 C6—OH 位置上，故磷酸酯淀粉在 C6—OH 位置的吸收峰强度应该相对减弱，但磷酸酯淀粉红外光谱图中对于 $1076cm^{-1}$ 和 $1018cm^{-1}$ 处的吸收峰似乎并没有发生改变，这是因为该位置不仅对应着与伯醇羟基相连的 C—O 键的伸缩振动，而且还落在 P—O—C 键的伸缩振动吸收带之内，红外光谱在此显示的结果是 P—O—C 的出现与葡萄糖 C6—OH 减少的共同体现，这也间接反映出 P—O—C 的存在。因此，可以判定木薯淀粉与正磷酸盐进行酯化反应后，淀粉分子引入了 P═O 双键及 P—O—C 基团。

另外，二者红外光谱图中的其他官能团吸收峰的位置、强度和形状均没有明显差异，说明木薯淀粉在进行半干法酯化反应之后仍然维持着淀粉的原有结构，这为磷酸酯淀粉发挥黏结效力提供了保障。因为淀粉拥有分枝状支链淀粉形成的胶状分子团；在混砂时，水分子进入分子团后，淀粉膨胀并形成黏状的糊，形成复杂的网络，从而产生黏结力。只有维持淀粉的原有结构才能保障磷酸酯淀粉充分发挥黏结效力。

13.3.2 淀粉及其衍生物磷总含量表征

实验根据《淀粉及其衍生物磷总含量测定》(GB/T 22427.11—2008)①中的相关测试步骤操作，得到磷含量 m 与吸光度 Abs 的标准曲线方程：

$$\text{Abs} = 0.00848m + 0.01832 \tag{13-3}$$

根据式(13-3)，可以由实验测得的游离磷和总磷的吸光度计算出相对应磷含量，结果如表 13-2 所示。

表 13-2 吸光度测试数据及分析

序号	游离磷		总磷	
	Abs	m/μg	Abs	m/μg
1	0.090994	8.57	0.1288144	13.03
2	0.124914	12.57	0.1954672	20.89
3	0.158834	16.57	0.2592368	28.41
4	0.133478	13.58	0.2199744	23.78
5	0.050459	3.79	0.126864	12.80
6	0.225317	24.41	0.3107104	34.48
7	0.197842	21.17	0.3071488	34.06
8	0.108208	10.6	0.2162432	23.34
9	0.200386	21.47	0.287984	31.8
10	0.251096	27.45	0.3644736	40.82

① 该标准已于 2017 年底废止，但鉴于其为目前公认使用最广的标准，因此本书仍使用该标准。

续表

序号	游离磷		总磷	
	Abs	*m*/μg	Abs	*m*/μg
11	0.215989	23.31	0.3353872	37.39
12	0.179440	19.00	0.2857792	31.54
13	0.141534	14.53	0.2480432	27.09
14	0.137888	14.10	0.2577952	28.24
15	0.327925	36.51	0.4662336	52.82
16	0.209290	22.52	0.3179184	35.33

依据《淀粉及其衍生物磷总含量测定》(GB/T 22427.11—2008)的相关公式，可由样品液的磷质量计算出样品中的总磷含量和游离磷含量，继而计算出磷酸酯淀粉的取代度，计算结果如表 13-3 所示。

表 13-3　正交实验表 $L_{16}(4^5)$

序号		酯化温度/℃	pH	磷酸盐用量/wt%	酯化时间/h	空白列	总磷含量/%	游离磷含量/%	取代度
1		140	5.0	5	1.5		1.303	0.857	0.0245
2		140	5.2	10	2.0		2.089	1.257	0.0471
3		140	5.5	15	2.5		2.841	1.657	0.0690
4		140	6.0	20	3.0		2.378	1.358	0.0584
5		150	5.0	10	2.5		1.28	0.379	0.0493
6		150	5.2	5	3.0		3.448	2.441	0.0600
7		150	5.5	20	1.5		3.406	2.117	0.0770
8		150	6.0	15	2.0		2.334	1.06	0.0727
9		160	5.0	15	3.0		3.18	2.147	0.0612
10		160	5.2	20	2.5		4.082	2.745	0.0823
11		160	5.5	5	2.0		3.739	2.331	0.0853
12		160	6.0	10	1.5		3.154	1.900	0.0741
13		170	5.0	20	2.0		2.709	1.453	0.0728
14		170	5.2	15	1.5		2.824	1.410	0.0863
15		170	5.5	10	3.0		5.282	3.651	0.1060
16		170	6.0	5	2.5		3.533	2.252	0.0777
均值	K_1	0.050	0.052	0.062	0.065	0.071			
	K_2	0.065	0.069	0.070	0.069	0.066			
	K_3	0.076	0.084	0.072	0.070	0.069			
	K_4	0.086	0.071	0.073	0.071	0.070			
极差	R	0.036	0.032	0.011	0.006	0.005			

极差大小反映了因素对测试结果的影响程度，从表 13-3 中可以看出空白列的极差最小，即不存在能够强烈影响实验结果的其他因素或某些因素的交互作用项。反应因素对磷酸酯淀粉取代度影响的强弱顺序为：酯化温度＞pH＞磷酸盐用量＞酯化时间。各个因素对磷酸酯淀粉取代度的影响趋势具体介绍如下。

由图 13-2 可以看出，在实验条件范围内，磷酸酯淀粉取代度随着酯化温度的升高而增大。在 140℃时，磷酸酯淀粉的取代度为 0.050；在 170℃时，取代度则提高到 0.086。这是因为温度升高，各个分子的活性增大，淀粉分子的氢键更易断裂，同时会有更多的磷酸盐分子进入到淀粉分子内部、接近淀粉羟基发生酯化反应，从而提高了磷酸酯淀粉取代度。但是，实验中发现，当酯化温度达到 170℃时，产品颜色会因酯化温度过高而加深，影响产品质量，故酯化温度不应超过 160℃。

由图 13-3 可以看出，磷酸酯淀粉的取代度随着 pH 的增大呈现先增大后减小的趋势，在 pH 为 5.5 时达到最大值，为 0.084。pH 较低时，溶液中氢离子浓度较大，根据淀粉磷酸盐酯化反应机理可知，此时能够促进酯化反应的进行，有利于提高产品取代度；但是，pH 过低易引起淀粉分子糖苷键的水解，降低淀粉溶液的黏度，达不到预期效果。pH 较高时，溶液体系呈现偏碱性，易引起淀粉的糊化，导致溶胀交联，降低反应效率，造成磷酸盐的浪费。分析图 13-3 中的变化趋势，可以得出，酯化反应的最佳 pH 应该控制在 5.5 左右。

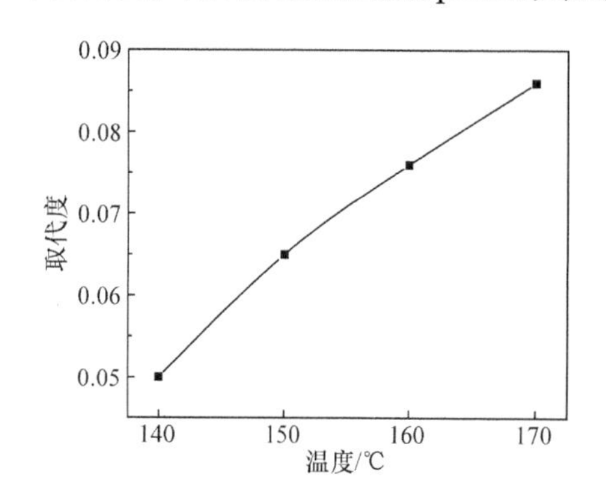

图 13-2　磷酸酯淀粉取代度随酯化温度的变化曲线

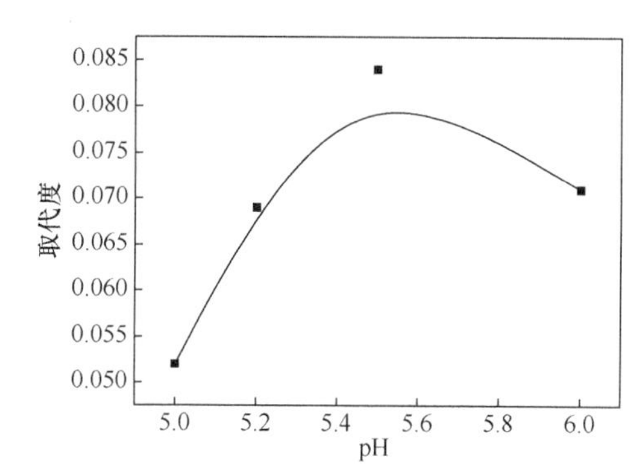

图 13-3　磷酸酯淀粉取代度随 pH 的变化曲线

由图 13-4 可以看出，磷酸酯淀粉取代度随磷酸盐用量的增加而增大。分析其原因是磷酸盐用量越大，淀粉分子中吸附的磷酸盐浓度越高，磷酸盐接近淀粉羟基的数量越多，发生酯化反应的羟基也随之增多，进而引起取代度增加。当磷酸盐用量达到 15wt%后，继续增加磷酸盐用量，产品中吸附的磷酸盐量还是会增加，但是取代度的增加却不明显；不仅造成原料的浪费，还会影响产品的性能。因此，磷酸盐用量应维持在 15wt%。

由图 13-5 可以看出，随着酯化时间的延长，磷酸酯淀粉的取代度显著升高。但是实验中发现，150℃下，当酯化时间超过 3h，样品颜色会明显变黄。这是因为酯化反应的温度和反应时间是密切相关的，酯化温度高时，由于反应效率高，达到同样取代度所需要的酯化时间就会缩短，过长时间的焙烧对提高产品取代度影响不大，反而会改变产品性状。因此，酯化时间应控制在 3h。

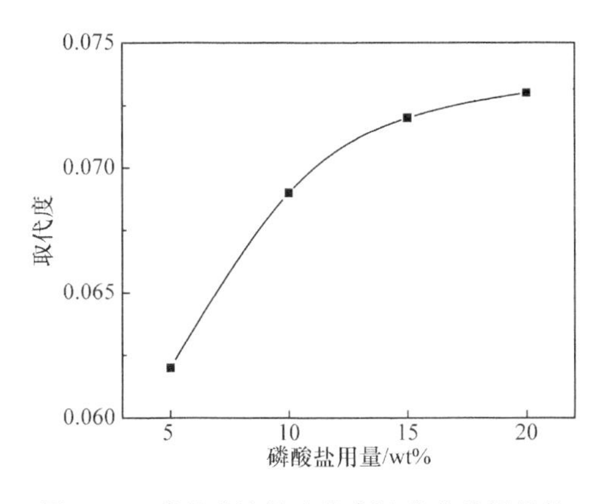

图 13-4　磷酸酯淀粉取代度随磷酸盐用量的变化曲线

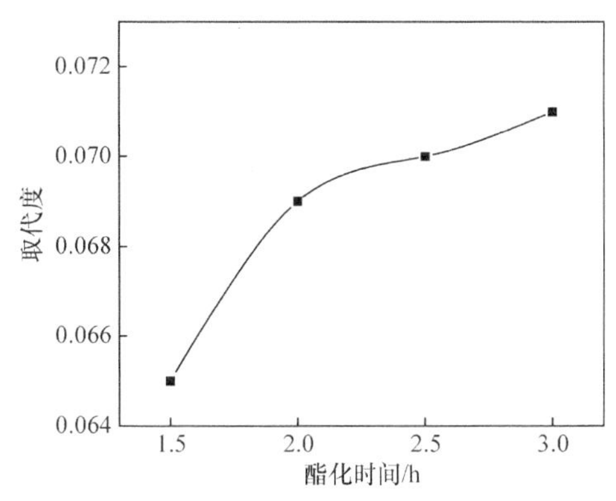

图 13-5　磷酸酯淀粉取代度随酯化时间的变化曲线

综上所述，生产高取代度磷酸酯淀粉的最佳条件：酯化温度为 160℃，磷酸盐溶液 pH 为 5.5，磷酸盐用量为 15wt%(15g/100g 木薯淀粉)，酯化时间为 3h。

13.3.3　芯砂性能表征

将磷酸酯淀粉分散于计量的冷水中，边搅拌边加热，升温至 70～80℃，得到磷酸酯淀粉糊化液。将磷酸酯淀粉糊化液加入到混砂机中，与计量的硅砂进行湿混，5～8min 后出砂。混砂结束后，打成标准“8”字试样。将试样放入烘箱中烘干，升温至 180℃保温 45min，出炉冷却至室温后测定芯砂干态抗拉强度。

向水平放置的敞口容器中注入适量的水，在水面上方距离约 50mm 处设置隔网。封闭容器 3h 后，经过湿度计测量，容器内部相对湿度达到 90%。将已烘干样品冷却后放置于格网上，封闭 72h 后取出，测定试样的强度，即得到吸湿后抗拉强度。

图 13-6 和图 13-7 分别给出了芯砂干态抗拉强度和吸湿后抗拉强度随磷酸酯淀粉取代度的变化趋势。由图 13-6 可以看出，芯砂干态抗拉强度随着磷酸酯淀粉取代度的增大而升高，在取代度为 0.1080 时高达 2.27MPa。由图 13-7 可以看出，吸湿后抗拉强度也随着磷酸酯淀粉取代度增大而升高，在取代度很小时就可达到 0.60MPa，在取代度为 0.1080 时高达 0.85MPa。

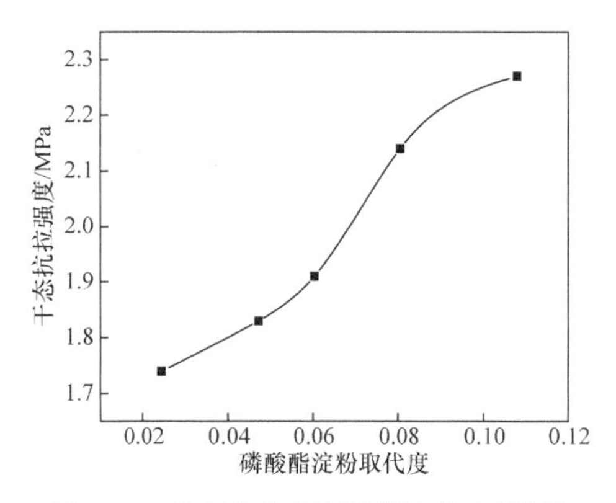

图 13-6　芯砂干态抗拉强度随磷酸酯淀粉取代度的变化曲线

标准砂 2kg，黏结剂 3%(占砂量)，加水量 10%(占砂量)，烘干温度 180℃，保温时间 45min

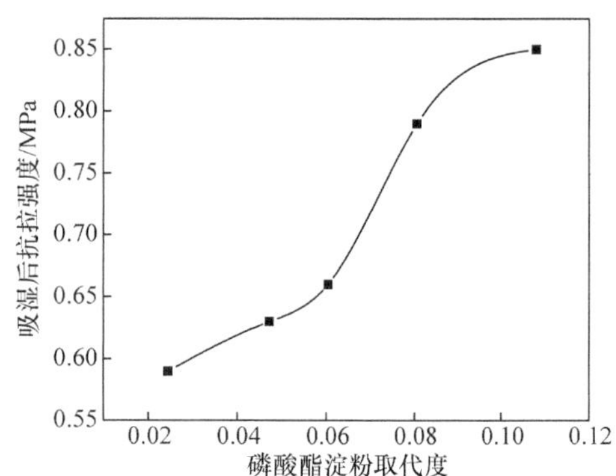

图 13-7　芯砂吸湿后抗拉强度随磷酸酯淀粉取代度的变化曲线

标准砂 2kg，黏结剂 3%(占砂量)，加水量 10%(占砂量)，烘干温度 180℃，保温时间 45min

分析其原因是：淀粉和磷酸盐发生酯化反应的过程实际上是淀粉的羟基与磷酸盐离子发生反应的过程。相对羟基，磷酰基 P═O 的极性更强，P═O 之间的作用力相比它与羟基之间的作用力要强，所以磷酸酯淀粉分子链之间往往是 P═O 端与 P═O 端紧密结合；同时由于淀粉烘干时具有表面迁移效应，所以在烘干后的芯砂试样表面会出现一层 P═O 表面层。当芯砂试样处于潮湿环境中时，水分子首先进攻的是 P═O 基团，暴露在外的 P═O 基团在充分吸收水分子后，便在芯砂试样表面形成了一层有效阻隔水分子进入的膜，使黏结剂能够长时间维持包裹砂粒连续膜的完整性，降低了强度损耗，因此提高了芯砂试样的抗吸潮性。

13.4　本 章 小 结

通过正交实验，得出制备高取代度磷酸酯淀粉的最佳工艺条件：酯化温度为 160℃，磷酸盐溶液 pH 为 5.5，磷酸盐用量为 15g/100g 木薯淀粉，酯化时间为 3h。

不同取代度的磷酸酯淀粉制备芯砂时，芯砂干态抗拉强度随磷酸酯淀粉取代度的增大而提高，最高可达 2.27MPa；芯砂抗吸潮性也会因取代度的增大而得到改善，在相对湿度为 90%的空气中吸湿 72h 后的抗拉强度最高可达 0.85MPa。

第 14 章　糊化淀粉/有机高岭土复合黏结剂

14.1　引　言

在铸造工业中，糊化淀粉作为芯砂黏结剂使用时，具有黏结性能好、溃散性好、烘干温度低且范围宽等优点，但是也存在着自身的缺点：芯砂流动性不好，难以充分均匀地填满整个模具，劳动强度大，制件缺陷率高。因此在铸造工业中，糊化淀粉不能直接使用，必须经过改性或与其他添加剂复配才能达到良好效果。

高岭土以低廉的价格和优异的性能广泛应用于各行各业中，由于高岭土属于无机物，在应用时一般需进行有机化改性才能达到预期的效果。常用的有机改性剂有硅烷偶联剂、钛酸酯偶联剂、铝酸酯偶联剂，以及高级脂肪酸、醇、酯等。在结构上，与硅烷偶联剂相比，钛酸酯偶联剂不仅含有水解基团，而且含有柔性有机分子长链，在用于混砂制芯时，不仅可以简化工艺条件，还可以增加芯砂的流动性。硬脂酸作为长链有机酸，一端的羧基可与高岭土或淀粉的羟基发生反应，一端的有机长链可增加芯砂的流动性。因而实验中选取钛酸酯偶联剂(YDH-201、Tc-311)和硬脂酸(即十八烷酸)作为有机改性剂。钛酸酯偶联剂的结构式如图 14-1 所示。将糊化淀粉与有机高岭土复配，以期得到黏结强度高、芯砂柔软、流动性良好、抗吸潮性能高的黏结剂。

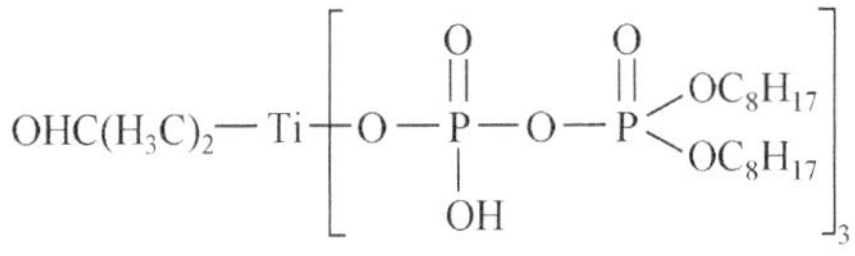

$OHC(H_3C)_2—Ti[O—P(=O)(OH)—O—P(=O)(OC_8H_{17})_2]_3$

(a) YDH-201

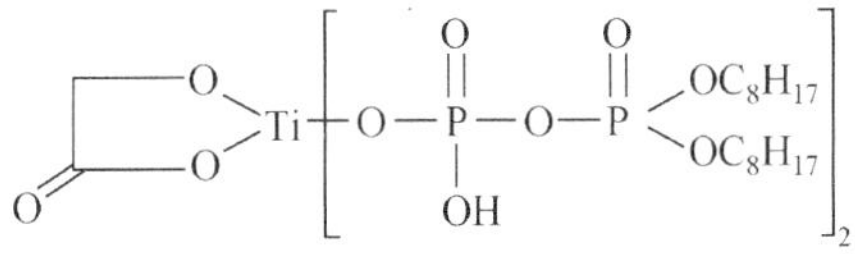

(b) Tc-311

图 14-1　钛酸酯偶联剂的化学结构式

14.2　糊化淀粉/有机高岭土复合黏结剂的制备过程

14.2.1　高岭土的有机化改性

将十八烷基三甲基溴化铵溶于水，制成质量浓度为 0.2%的溶液；加入定量的高岭土分散均匀，在 70～80℃下搅拌反应 1h 后，进行抽滤干燥。在搅拌下将所得高岭土加入有机化改性剂分散液中，在 80℃下，搅拌反应 2～3h(其中，水的用量为高岭土质量的 2～3 倍)。最后进行抽滤、烘干、破碎、过筛(100～150 目)，制得有机高岭土。

14.2.2 糊化淀粉/有机高岭土复合黏结剂的制备

将木薯淀粉和有机高岭土粉末按比例混合均匀，分散于水中，其中水的用量是黏结剂质量的 3 倍。室温下搅拌 30min 后，边搅拌边加热，当温度升至 70～80℃时，体系糊化，将糊化液倒入蒸发器中于 45～50℃下烘干约 24h。最后对样品进行破碎、研磨、过筛(100～150 目)，得到糊化淀粉/有机高岭土复合黏结剂。

14.3 糊化淀粉/有机高岭土复合黏结剂的结构与性能表征

14.3.1 红外光谱表征

1. 高岭土的红外光谱图

图 14-2 为高岭土原土和有机高岭土的红外光谱图：谱线 a 为高岭土原土，谱线 b 为硬脂酸改性高岭土，谱线 c 为 Tc-311 改性高岭土，谱线 d 为 YDH-201 改性高岭土。对比谱线 a 和 b、c、d 可以看出，四条谱线均在 3500cm^{-1} 处出现较宽的吸收峰，在 1649cm^{-1}、1083cm^{-1}、800cm^{-1} 和 476cm^{-1} 处也存在吸收峰。分析可知，3500cm^{-1} 处的较宽吸收峰为 Al—O—H 键的伸缩振动；1649cm^{-1} 为 H—O—H 的弯曲振动，反映了高岭土层间结合水的存在；1083cm^{-1} 和 476cm^{-1} 处的吸收峰分别为 Si—O 和 Si—Si 基团；800cm^{-1} 处为 Al—O 吸收峰。

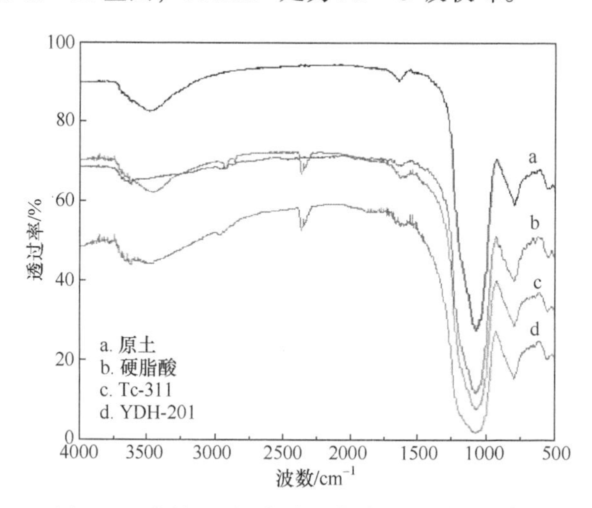

图 14-2 高岭土原土与有机高岭土的红外光谱图

除上述相同的吸收峰外，谱线 b 在 2951cm^{-1} 处有微弱吸收，谱线 c 在 2915cm^{-1}、2852cm^{-1} 和 2369cm^{-1} 处出现吸收峰，谱线 d 在 2970cm^{-1} 和 2351cm^{-1}

处也有吸收。分析可知，谱线 c 在 2369cm^{-1} 处的吸收峰和谱线 d 在 2351cm^{-1} 处的吸收峰反映了磷羟基的伸缩振动；谱线 b 在 2951cm^{-1} 处的微弱吸收峰、谱线 c 在 2915cm^{-1} 和 2852cm^{-1} 处的弱吸收峰以及谱线 d 在 2970cm^{-1} 处的吸收峰，均为 C—H 键的反对称伸缩振动和对称伸缩振动峰。可以得出以下结论：Tc-311、YDH-201 和硬脂酸已与高岭土表面发生吸附耦合，使高岭土表面有机化，从而改变了高岭土表面性质，有助于增强高岭土与淀粉黏结剂和硅砂的亲和力。

2. 糊化淀粉/有机高岭土复合粉黏结剂的红外光谱图

图 14-3 中的谱线 a 和谱线 b 分别为糊化淀粉和糊化淀粉/YDH-201 改性高岭土复合黏结剂的红外光谱图。从图中可以看出：改性后的黏结剂中 3427cm^{-1} 处氢键缔合的 O—H 键的伸缩振动吸收峰减弱，表明黏结剂中淀粉分子中的氢键缔合的 O—H 键含量减少，这是因为偶联剂分子的有机端吸附在淀粉颗粒表面，从而减少了淀粉分子链之间的接触和碰撞，造成氢键的减弱。同时，改性后黏结剂在 1026cm^{-1} 处的吸收峰强度增大，此处对应着 P—O 间的伸缩振动，反映了钛酸酯偶联剂的存在。从以上两点可以看出在制备的复合粉黏结剂中，偶联剂分子已经吸附到淀粉分子表面，在淀粉和高岭土之间起到“桥梁”作用。

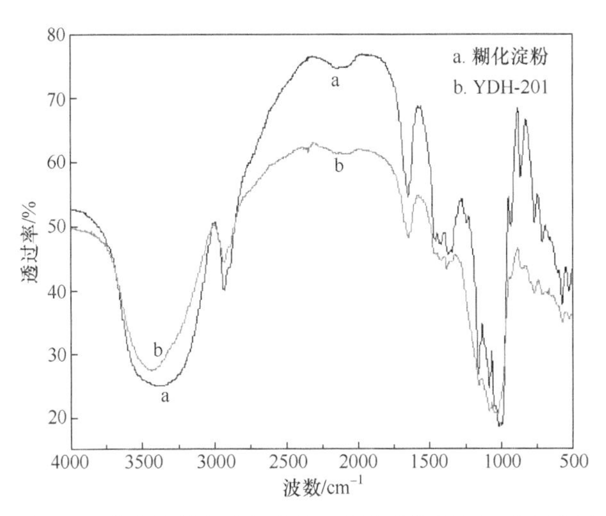

图 14-3　糊化淀粉与有机高岭土复合黏结剂的红外光谱图

14.3.2　不同偶联剂对复合黏结剂芯砂强度的影响

1. 硬脂酸用量对复合黏结剂芯砂强度的影响

向碾轮式混砂机中加入定量复合黏结剂和硅砂，干混 3～5min，加入计量的水进行湿混，5～8min 后出砂制样测试表征。图 14-4 和图 14-5 反映了芯砂干态抗拉强度和吸湿后抗拉强度随硬脂酸用量的变化趋势。可以看出：芯砂的干态抗拉强度随着硬脂酸用量的增多而提高；在硬脂酸用量为高岭土质量的 2.0%时可达 3.00MPa 以上，吸湿后抗拉强度可达 0.45MPa。

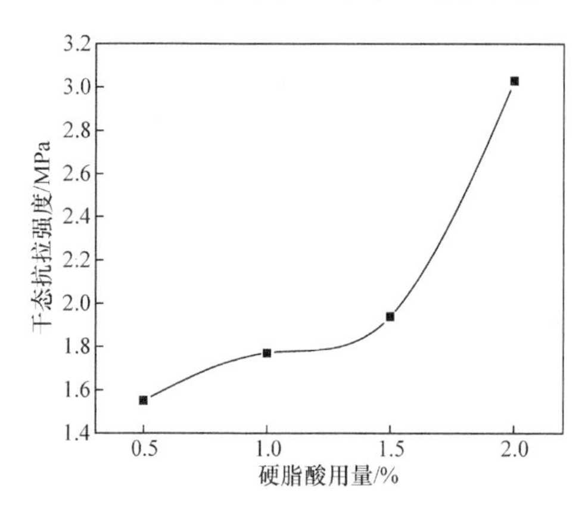

图 14-4　芯砂干态抗拉强度随硬脂酸用量的变化曲线

硬脂酸用量为其质量占高岭土质量的百分数；混砂工艺：标准砂 2kg，黏结剂 3%(占砂量)，糊化淀粉：有机高岭土(质量比)＝8：2，加水量 10%(占砂量)，烘干温度 180℃，保温时间 45min

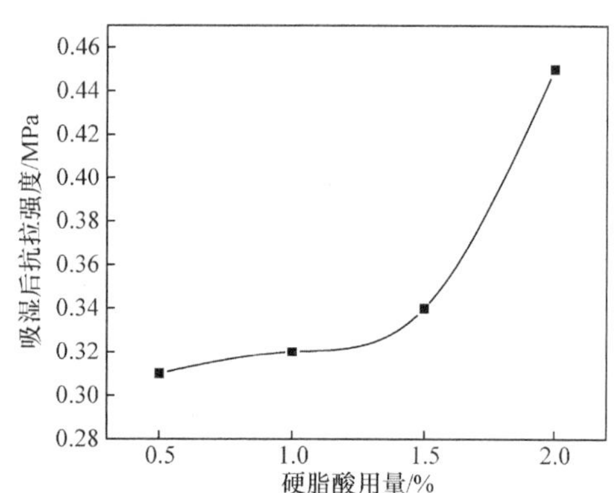

图 14-5　芯砂吸湿后抗拉强度随硬脂酸用量的变化曲线

硬脂酸用量为其质量占高岭土质量的百分数；混砂工艺：标准砂 2kg，黏结剂 3%(占砂量)，糊化淀粉：有机高岭土(质量比)＝8：2，加水量 10%(占砂量)，烘干温度 180℃，保温时间 45min

硬脂酸即十八烷酸，在使用过程中，一端的羧基可与羟基反应，另一端的柔性有机长链之间由于相似相溶原理可以相互紧密连接，同时有利于增加芯砂流动性。这样淀粉和高岭土就可以通过硬脂酸分子连接起来，形成连续的黏结网络，在芯砂实验中获得很好的黏结强度，故而硬脂酸用量越多，黏结强度越高。

2. 钛酸酯偶联剂用量对复合黏结剂芯砂强度的影响

图 14-6 和图 14-7 反映了芯砂干态抗拉强度和吸湿后抗拉强度随 YDH-201 用量的变化趋势。芯砂干态抗拉强度随着硬脂酸用量的增多呈现先增大后降低的趋势，当 YDH-201 用量为高岭土质量的 1.0%时达到最高值，为 2.48MPa。芯砂吸湿后抗拉强度随着 YDH-201 用量的增多而增大，最高可达 0.71MPa。

图 14-8 和图 14-9 反映了芯砂干态抗拉强度和吸湿后抗拉强度随 Tc-311 用量的变化趋势。芯砂干态抗拉强度随着 Tc-311 用量的增多呈现先增大后降低的趋势，在 Tc-311 用量为高岭土质量的 1.5%时达到 2.08MPa。芯砂吸湿后抗拉强度随 Tc-311 用量的增多而增大，最高可达 0.51MPa。

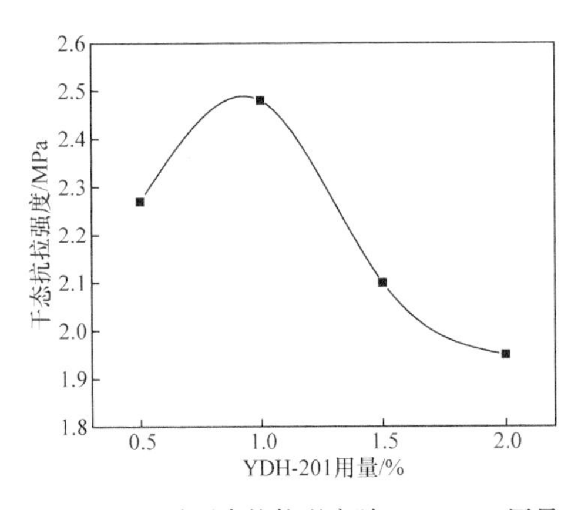

图 14-6　芯砂干态抗拉强度随 YDH-201 用量的变化曲线

YDH-201 用量为其质量占高岭土质量的百分数；混砂工艺：标准砂 2kg，黏结剂 3%(占砂量)，糊化淀粉∶有机高岭土(质量比)＝8∶2，加水量 10%(占砂量)，烘干温度 180℃，保温时间 45min

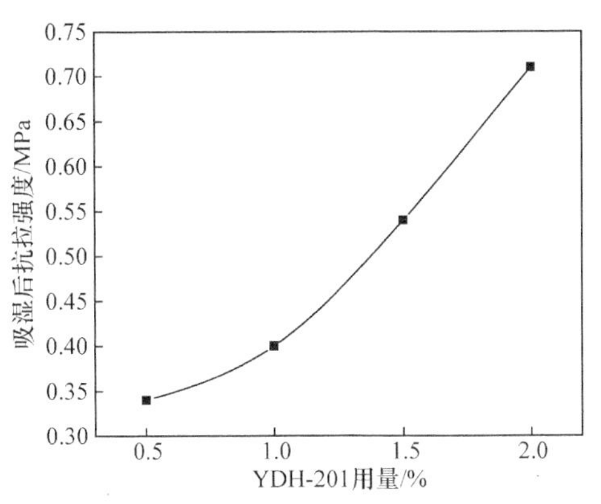

图 14-7　芯砂吸湿后抗拉强度随 YDH-201 用量的变化曲线

YDH-201 用量为其质量占高岭土质量的百分数；混砂工艺：标准砂 2kg，黏结剂 3%(占砂量)，糊化淀粉∶有机高岭土(质量比)＝8∶2，加水量 10%(占砂量)，烘干温度 180℃，保温时间 45min

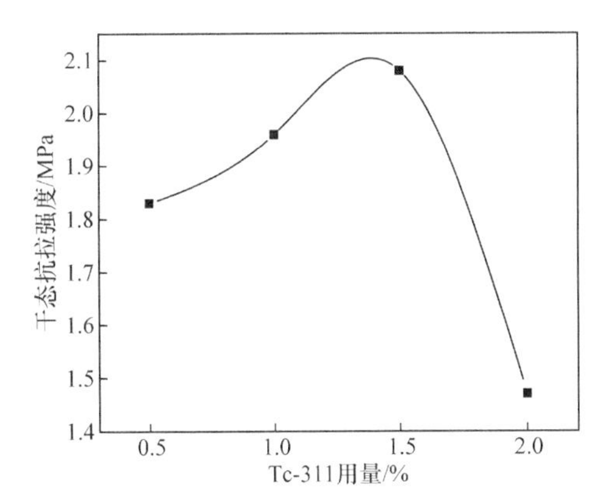

图 14-8　芯砂干态抗拉强度随 Tc-311 用量的变化曲线

Tc-311 用量为其质量占高岭土质量的百分数；混砂工艺：标准砂 2kg，黏结剂 3%(占砂量)，糊化淀粉∶有机高岭土(质量比)＝8∶2，加水量 10%(占砂量)，烘干温度 180℃，保温时间 45min

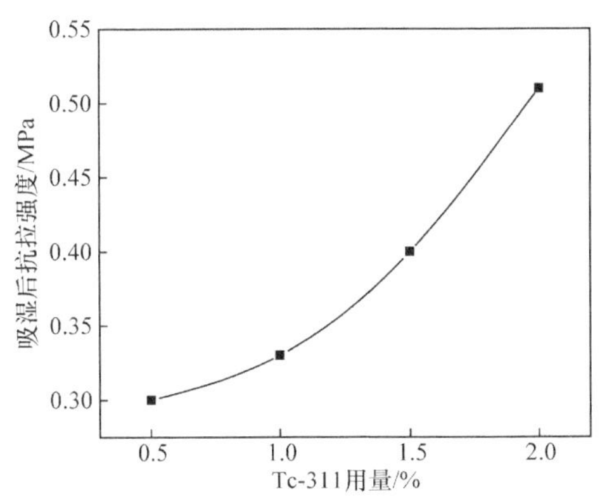

图 14-9　芯砂吸湿后抗拉强度随 Tc-311 用量的变化曲线

Tc-311 用量为其质量占高岭土质量的百分数；混砂工艺：标准砂 2kg，黏结剂 3%(占砂量)，糊化淀粉∶有机高岭土(质量比)＝8∶2，加水量 10%(占砂量)，烘干温度 180℃，保温时间 45min

对于两种钛酸酯偶联剂 YDH-201 和 Tc-311，在实验时均出现了这种变化趋势，分析原因主要是偶联剂使用过量会导致高岭土出现多层包覆，造成有机高岭土难以在淀粉中分散均匀，与砂粒的连接作用强度减弱，混砂过程中难以形成完整的黏结网络来均匀包裹砂粒，以至于在黏结网络中造成断裂点，使芯砂干态抗拉强度降低。偶联剂用量对芯砂抗吸潮性的作用则不同，因为吸湿后，芯砂试样黏结网络的断裂点会显著增加，吸湿对黏结网络的破坏作用比偶联剂过量的破坏作用要大得多，所以偶联剂过量对吸湿后抗拉强度的影响相比对干态抗拉强度的影响要小得多。但是偶联剂用量越多，单位体积芯砂中的羟基含量越少，吸湿后抗拉强度越高。

14.3.3　不同偶联剂改性高岭土的效果比较

表 14-1 为糊化淀粉黏结剂和糊化淀粉/高岭土复合黏结剂的芯砂抗拉强度测试结果，表 14-2～表 14-5 为不同偶联剂在使用量相同时，黏结剂的芯砂抗拉强度。

表 14-1　不同黏结剂的芯砂抗拉强度

黏结剂	干态抗拉强度/MPa	吸湿后抗拉强度/MPa
糊化淀粉	2.45	0.18
糊化淀粉/高岭土	1.75	0.25

注：标准砂 2kg，黏结剂 3%(占砂量)，糊化淀粉：高岭土(质量比) = 8：2，加水量 10%(占砂量)，烘干温度 180℃，保温时间 45min。

表 14-2　偶联剂用量为 0.5%时的芯砂抗拉强度

改性剂	干态抗拉强度/MPa	吸湿后抗拉强度/MPa
硬脂酸	1.55	0.31
YDH-201	2.27	0.34
Tc-311	1.83	0.31

注：标准砂 2kg，黏结剂 3%(占砂量)，糊化淀粉：高岭土(质量比) = 8：2，加水量 10%(占砂量)，烘干温度 180℃，保温时间 45min。

表 14-3　偶联剂用量为 1.0%时的芯砂抗拉强度

改性剂	干态抗拉强度/MPa	吸湿后抗拉强度/MPa
硬脂酸	1.77	0.30
YDH-201	2.48	0.40
Tc-311	1.96	0.33

注：标准砂 2kg，黏结剂 3%(占砂量)，糊化淀粉：高岭土(质量比) = 8：2，加水量 10%(占砂量)，烘干温度 180℃，保温时间 45min。

表 14-4　偶联剂用量为 1.5%时的芯砂抗拉强度

改性剂	干态抗拉强度/MPa	吸湿后抗拉强度/MPa
硬脂酸	1.94	0.34
YDH-201	2.10	0.54
Tc-311	2.08	0.40

注：标准砂 2kg，黏结剂 3%(占砂量)，糊化淀粉：高岭土(质量比) = 8：2，加水量 10%(占砂量)，烘干温度 180℃，保温时间 45min。

表 14-5　偶联剂用量为 2.0%时的芯砂抗拉强度

改性剂	干态抗拉强度/MPa	吸湿后抗拉强度/MPa
硬脂酸	3.03	0.45
YDH-201	1.95	0.71
Tc-311	1.47	0.51

注：标准砂 2kg，黏结剂 3%(占砂量)，糊化淀粉：高岭土(质量比) = 8：2，加水量 10%(占砂量)，烘干温度 180℃，保温时间 45min。

由表 14-1 可以看出，糊化淀粉/高岭土复合黏结剂相比单独使用糊化淀粉，前者的芯砂抗拉强度剧烈降低。由表 14-2 反映了偶联剂用量为 0.5%时芯砂性能测试结果，可以看出：在偶联剂使用量为 0.5%，高岭土经偶联剂改性后，芯砂干态抗拉强度升高；效果最好的偶联剂为 YDH-201，其芯砂抗拉强度高达 2.27MPa。表 14-3 反映了偶联剂用量为 1.0%时芯砂性能测试结果，从中可以看出：效果最好的偶联剂是 YDH-201，其芯砂干态抗拉强度高达 2.48MPa，已经超过了单独使用糊化淀粉作为黏结剂时的芯砂干态抗拉强度。表 14-4 为偶联剂使用量为 1.5%时芯砂性能测试结果，可以看出：此时所有干态抗拉强度均低于使用糊化淀粉作为黏结剂时的测试结果，偶联剂 YDH-201 对应的芯砂干态抗拉强度也低于 2.45MPa。表 14-5 为偶联剂用量为 2.0%时芯砂性能测试结果，可以看出：硬脂酸拥有最高芯砂干态抗拉强度，其值为 3.03MPa；其他两种偶联剂的强度都不高，Tc-311 最低，只有 1.47MPa。

比较表 14-2～表 14-5 中芯砂吸湿后抗拉强度，可以发现，有机高岭土的加入在一定程度上提高了芯砂的抗吸潮性。单纯糊化淀粉作为黏结剂时试样吸湿后抗拉强度只有 0.18MPa，而使用 YDH-201 改性的高岭土后，吸湿后抗拉强度提高到 0.5MPa 以上，在使用量为 2.0%时高达 0.71MPa。这是因为高岭土的加入降低了黏结剂中淀粉的相对含量，继而降低了芯砂中羟基的含量，同时高岭土经有机改性后，在与淀粉分子复合时会附着于淀粉颗粒表面，又再次减少了淀粉分子暴露在外的羟基数量，从而提高了抗吸潮性。

14.3.4　不同偶联剂改性高岭土的混砂工艺性能比较

表 14-6 反映了不同黏结剂在使用时芯砂流动性及粘模性的情况，可以看出，加入高岭土后，黏结剂的工艺性能明显好转，芯砂流动性变好，粘模情况得到改善。

表 14-6　芯砂流动性及粘模性

改性剂	流动性	粘模性
糊化淀粉	差	严重粘模
高岭土	较好	稍有粘模
硬脂酸	好	稍有粘模

续表

改性剂	流动性	粘模性
YDH-201	好	稍有粘模
Tc-311	好	稍有粘模

加入高岭土后，黏结剂中的流动支点增多，使淀粉的黏结网络流动性增强，从而使附着于黏结网络结构中的芯砂流动性增强，粘模状况得到改善。而且高岭土经过有机改性之后，偶联剂的有机长分子链在混砂过程中可以起到润滑的作用，能够赋予芯砂更好的流动性，在使用时具有明显的优势。

比较三种改性剂，达到同样黏结强度时用量最少的是 YDH-201，而且在使用量为 1.0%时就能达到很好的黏结强度、抗吸潮性和流动性，所以考虑选择 YDH-201 为最佳有机改性剂。分析原因是在分子中，与 Ti 相连的四个基团中有三个属于有机长链；故在单位体积中，YDH-201 芯砂的有机长链含量高，更有助于提高芯砂流动性，使芯砂柔软。使用 YDH-201 作为高岭土的有机改性剂，不仅可以获得良好的抗拉强度、抗吸潮性和芯砂流动性，又可以减少偶联剂的使用量，降低生产成本。

14.4　本 章 小 结

本章通过不同改性剂制备了有机高岭土，并按比例与糊化淀粉复配制备了糊化淀粉/有机高岭土复合黏结剂，发现：高岭土的添加可以显著改善芯砂的流动性，使芯砂变得柔软，易于成模；但是会在某种程度上降低黏结剂的芯砂抗拉强度。通过大量实验得出了最佳改性剂及用量：选取钛酸酯偶联剂 YDH-201 为有机改性剂，当其用量为高岭土质量的 1.0%时，芯砂干态抗拉强度可达 2.48MPa，吸湿后抗拉强度达 0.40MPa。这既能满足芯砂流动性的要求，又能保持较高的抗拉强度，而且节省了偶联剂用量，降低了成本。

第 15 章　糊化磷酸酯淀粉/有机高岭土复合黏结剂

15.1　引　　言

纵观国内外，使用淀粉类黏结剂已经成为砂型铸造行业中的一种趋势。但是目前使用的淀粉类黏结剂同其他有机类、无机类黏结剂一样，也存在着自身的缺点，如芯砂流动性差、抗吸潮性差、耐高温冲击强度低。为了克服淀粉类黏结剂的芯砂抗吸潮性差和流动性差的问题，本章采用物理和化学手段对淀粉进行改性，同时添加有机高岭土进行复配，得到了糊化磷酸酯淀粉/有机高岭土复合黏结剂。该黏结剂充分解决了芯砂抗吸潮性差和流动性差的问题。

15.2　糊化磷酸酯淀粉/有机高岭土复合黏结剂的制备过程

将磷酸酯淀粉和有机高岭土按比例混合均匀，分散于水中，此时水的用量是黏结剂质量的 3 倍。室温下搅拌 30min 后，边搅拌边加热，当温度升至 70～80℃时，体系糊化，将糊化液倒入蒸发器中于 45～50℃下烘干约 24h。最后对样品进行破碎、研磨、过筛(100～150 目)处理，得到糊化磷酸酯淀粉/有机高岭土复合黏结剂。

采用干法与湿法相结合的混砂工艺路线：向碾轮式混砂机中加入定量的糊化磷酸酯淀粉/有机高岭土复合黏结剂，与芯砂干混 3～5min，加入定量的水湿混 5～8min，出砂制样。

15.3　糊化磷酸酯淀粉/有机高岭土复合黏结剂的结构与性能表征

15.3.1　红外光谱表征

图 15-1 为糊化磷酸酯淀粉/有机高岭土复合黏结剂的红外光谱图，图中反映了不同偶联剂改性复合黏结剂的效果。谱线 a 在 $2932cm^{-1}$、$2870cm^{-1}$ 和 $1658cm^{-1}$ 处都有吸收，这是—CH_2—的特征吸收峰。谱线 a 和谱线 b 在 $1049cm^{-1}$ 处的吸收

峰为 P═O 键的伸缩振动。对比谱线 a 和谱线 b，可以发现谱线 b 在 2932cm^{-1} 处的吸收峰强度明显高于谱线 a，此处为—CH_2—的特征吸收峰，说明 YDH-201 与淀粉或高岭土的结合能力更高，改性效果更好。谱线 c 在 1668cm^{-1}、1341cm^{-1} 和 1067cm^{-1} 处存在吸收峰，反映了—COO—酯基的存在，说明硬脂酸分子已与淀粉分子或高岭土的羟基发生了结合。

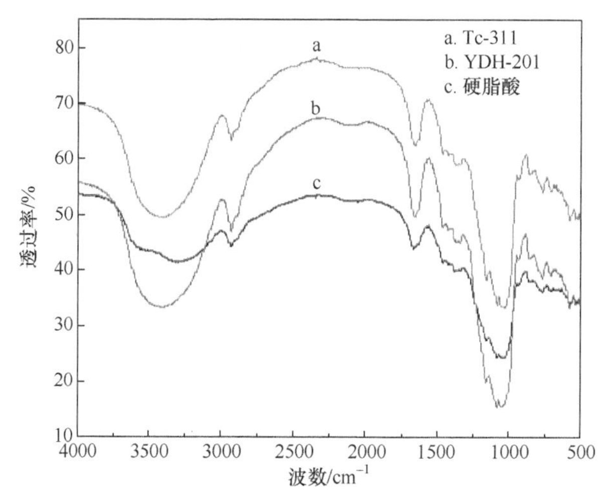

图 15-1　糊化磷酸酯淀粉/有机高岭土复合黏结剂的红外光谱图

15.3.2　最佳工艺路线的确定

实验中选取磷酸酯淀粉与有机高岭土的质量比、黏结剂总加入量(占砂量)和加水量(占砂量)三个因素，每个因素取三个水平进行正交实验，以求获得糊化磷酸酯淀粉/有机高岭土复合黏结剂最佳工艺配方。选取正交实验表 $L_9(3^4)$进行实验，测试结果与分析见表 15-1。

表 15-1　糊化磷酸酯淀粉/有机高岭土复合黏结剂测试结果数据

序号	磷酸酯淀粉与有机高岭土的质量比	黏结剂总加入量(占砂量)/%	空白列	加水量(占砂量)/%	干态抗拉强度/MPa
1	8∶2	2		8	1.67
2	8∶2	3		10	2.28
3	8∶2	4		12	2.78
4	7∶3	2		12	1.56
5	7∶3	3		8	2.12
6	7∶3	4		10	2.36
7	6∶4	2		10	1.48

续表

序号		磷酸酯淀粉与有机高岭土的质量比	黏结剂总加入量(占砂量)/%	空白列	加水量(占砂量)/%	干态抗拉强度/MPa
8		6∶4	3		12	2.02
9		6∶4	4		8	1.78
均值	K_1	2.243	1.570	2.017	1.857	
	K_2	2.013	2.140	1.873	2.040	
	K_3	1.760	2.307	2.127	2.120	
极差	R	0.483	0.737	0.244	0.263	

注：磷酸酯淀粉取代度为 0.1060，有机高岭土的改性剂是 1.0% YDH-201。

由正交实验结果分析得知，各因素对复合黏结剂干态抗拉强度影响的强弱顺序为：黏结剂总加入量>磷酸酯淀粉与有机高岭土的质量比＞加水量，各因素对干态抗拉强度的影响趋势分别如图 15-2～图 15-4 所示。

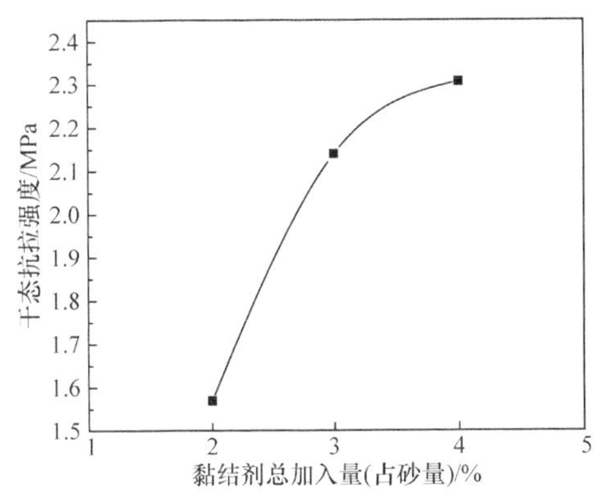

图 15-2　芯砂干态抗拉强度随黏结剂总加入量的变化曲线

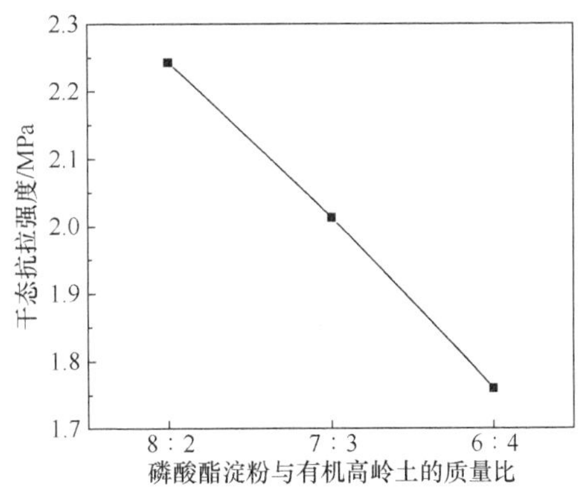

图 15-3　芯砂干态抗拉强度随磷酸酯淀粉与有机高岭土质量比的变化曲线

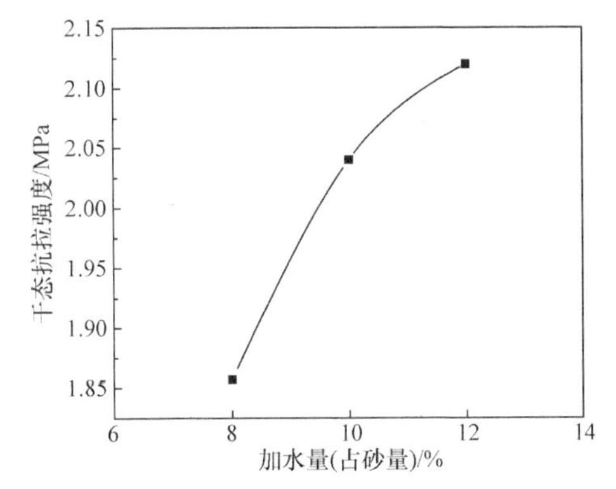

图 15-4　芯砂干态抗拉强度随加水量的变化曲线

观察图 15-2～图 15-4 可以看出，混砂过程中，黏结剂的加入量越多，芯砂的干态抗拉强度越高；黏结剂中有机高岭土所占的比例越高，芯砂干态抗拉强度越低；芯砂干态抗拉强度随着混砂过程中加水量的增多而升高。

对于碾轮式混砂机，混砂过程中，芯砂在被碾轮碾压的同时还伴有刮板的翻动、松散和搅拌；如此碾压、翻起、再碾压、再翻起，直至达到混砂的要求，使芯砂和黏结剂中的各成分混合均匀，同时能使淀粉黏结剂充分吸收水分形成水化薄膜，均匀地包覆在砂粒表面，包裹砂粒，形成连续的黏结网络。若黏结剂加入量不足，在芯砂中的比例过低，在吸水之后形成的黏结网络不完整，不足以均匀覆盖砂粒表面，使试样干态抗拉强度降低。混砂过程中加入水分，是为了使芯砂中的淀粉黏结剂吸水后形成水化膜，形成均一的黏结网络，使黏结剂颗粒之间连接起来，紧密黏结处在此系统中的砂粒，从而产生黏结强度。

淀粉黏结剂在应用时，由于淀粉的黏性，芯砂流动性差，致使在将芯砂注入模具制型时，难以捣实，造成模具中留有空隙，导致工人工作劳动强度大。实验中通过加入有机高岭土改进了淀粉黏结剂的此类缺陷。有机高岭土的加入，不仅增强了淀粉与芯砂的结合力，而且增加了芯砂的流动点，使芯砂变得柔软，易于捣实成型。

综上所述，糊化磷酸酯淀粉/有机高岭土复合黏结剂的最佳工艺配方为：磷酸酯淀粉与有机高岭土的质量比为 8：2、黏结剂总加入量(占砂量)为 4%、加水量(占砂量)为 12%。

15.3.3 不同黏结剂的芯砂性能表征

1. 抗拉强度和抗吸潮性

表 15-2 列举了实验过程中所涉及的五种淀粉类黏结剂的芯砂抗拉强度，通过观察发现：磷酸酯淀粉和有机高岭土的加入均提高了芯砂的抗吸潮性，同时又保持了较高的干态抗拉强度。

表 15-2 不同黏结剂的芯砂抗拉强度和抗吸潮性

序号	黏结剂	干态抗拉强度/MPa	吸湿后抗拉强度/MPa
1	糊化淀粉	2.45	0.18
2	糊化淀粉/无机高岭土	1.75	0.25
3	糊化淀粉/有机高岭土	2.48	0.40
4	糊化磷酸酯淀粉	2.27	0.85
5	糊化磷酸酯淀粉/有机高岭土	2.28	0.91

注：复合黏结剂中淀粉与高岭土的质量比为 8：2，磷酸酯淀粉取代度为 0.1060；工艺条件：标准砂 2kg，黏结剂 3%(占砂量)，加水量 10%(占砂量)，烘干温度 180℃，保温时间 45min。

淀粉经磷酸盐酯化后，淀粉分子中的一些羟基被酯基所取代，在芯砂试样表面形成隔离水分子的 P═O 层。酯化取代度越高，淀粉中的 P═O 基团就越多，隔离层就越完整，抗吸潮性能就越好。这种酯化反应条件温和，不会破坏淀粉的大分子链结构，直链淀粉和支链淀粉仍维持原有结构形态，因此，磷酸酯淀粉的黏结强度不会降低。

高岭土经偶联剂有机化改性之后，有机端可以和淀粉分子链发生相互作用，在混砂过程中间接加强了淀粉与高岭土和硅砂的联系，完善了黏结网络，提高了芯砂的黏结强度；同时，有机高岭土的加入减少了淀粉的使用比例，使芯砂单位体积内的羟基数量减少，提高了抗吸潮性。

2. 流动性

表 15-3 列出了不同黏结剂的型砂流动性和粘模性状况。可以看出：淀粉经磷酸盐酯化后，由于分子链中羟基数量的减少，淀粉分子链之间的氢键作用力减弱，有助于改善黏结剂的流动性。还可以观察到：高岭土的加入明显改善了芯砂的流动性。这是因为加入高岭土复配时，降低了黏结剂中淀粉的相对使用量，减少了单位体积内淀粉分子链的相互缠绕；同时，偶联剂分子的有机长链在混砂造型中还可以起到润滑作用，也使芯砂流动性提高。

表 15-3　芯砂的流动性及粘模性

序号	黏结剂	流动性	粘模性
1	糊化淀粉	较差	严重粘模
2	糊化淀粉/有机高岭土	良好	稍有粘模
3	糊化磷酸酯淀粉	较差	稍有粘模
4	糊化磷酸酯淀粉/有机高岭土	良好	不粘模

15.3.4　糊化磷酸酯淀粉/有机高岭土复合黏结剂的应用

将自制糊化磷酸酯淀粉/有机高岭土复合黏结剂应用于铸造生产柴油机机体(Ⅱ级埚芯)，混砂工艺为：硅砂(GB50/100)100%+黏结剂(3%～3.5%)干混 5min+水 10%(占砂量)，湿混砂 10min，出砂造芯；其性能指标：干强度 2.3～2.6MPa，黏结剂加入量 3%～4%。烘干温度 180℃，保温时间视具体情况而定，小件不需烘干能自干。所得芯砂如图 15-5 和图 15-6 所示。

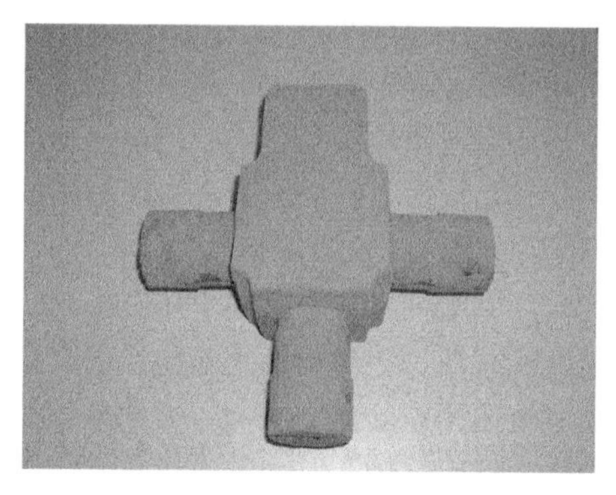

图 15-5　铸造零件芯砂模型 I

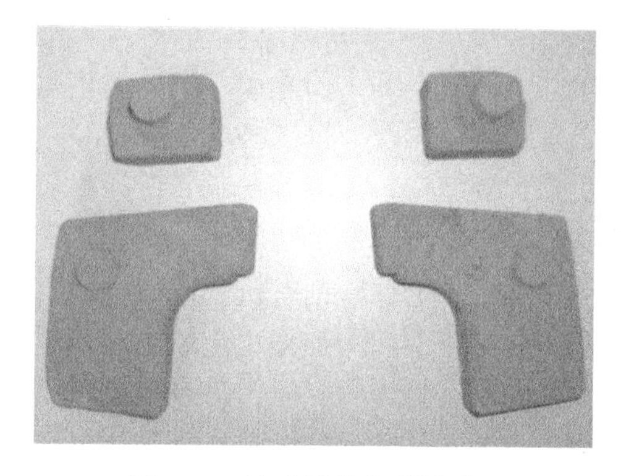

图 15-6　铸造零件芯砂模型 II

15.4　本章小结

本章通过正交实验获得了性能最佳的糊化磷酸酯淀粉/有机高岭土复合黏结剂混砂工艺配方：磷酸酯淀粉与有机高岭土的质量比为 8∶2、黏结剂总加入量(占砂量)为 4%、加水量(占砂量)为 12%。该黏结剂在使用时抗拉强度高、抗吸潮性好、芯砂流动性良好，可以成功应用于铸造行业中。

第 16 章　热塑性苯酚-淀粉树脂黏结剂

16.1 引　　言

酚醛树脂由酚类化合物的酚羟基邻对位上的活泼氢与醛类化合物的醛基相互之间进行缩聚反应，反应的平衡常数很大($K = 10000$)。热塑性酚醛树脂性能优异、成本较低，至今仍广泛应用于覆膜砂等领域。但由于传统酚醛树脂较高含量的游离醛与游离酚在成型过程中容易逸出，对环境造成污染，因此加强无污染的酚醛树脂替代品的研究，寻求一种低廉、无污染的原料代替或部分代替苯酚、甲醛合成树脂势在必行。

淀粉在酸性催化条件下受热水解为葡萄糖，同时也产生 5-羟基糠醛、果糖等。葡萄糖脱水产生的衍生物 5-羟甲基糠醛是具有广泛应用价值的呋喃衍生物，由六碳糖脱去 3 个水分子形成，其分子中含有一个醛基和一个羟甲基，可用于合成众多新型高分子材料，如医药、柴油燃料添加物、树脂等。淀粉水解生成葡萄糖，葡萄糖在酸性催化下又进一步脱水生成烯醇式产物 3-脱氧-D-赤藓己酮糖，而后又脱去第二个羟基，发生脱水反应闭环生成 5-羟甲基糠醛。葡萄糖与 5-羟甲基糠醛具备醛基的特性，能够用来代替甲醛等有毒性的醛类化合物。淀粉作为来源广泛且价格低廉的生物质资源，利用其代替甲醛与苯酚或酚类化合物反应合成一种环保型的类似酚醛树脂的树脂聚合物意义深远，既避免了甲醛的污染问题，同时也保持了树脂的廉价优势。

本章通过用淀粉完全替代甲醛，并与苯酚发生聚合反应，制备了热塑性苯酚-淀粉树脂(PSR)，并对不同的淀粉用量(即苯酚/淀粉的物质的量比)、pH、反应温度、反应时间等反应条件进行讨论和优化，以合成树脂的树脂产率作为评价指标。同时，将所得的苯酚-淀粉树脂用作铸造黏结剂制备树脂覆膜砂，并通过探讨不同的淀粉用量对树脂覆膜砂在冷、热态的抗弯与抗拉强度的影响，获取最佳的淀粉用量，即最优的苯酚/淀粉物质的量比。通过 IR、^{1}H NMR、^{13}C NMR、TG、DSC 等表征手段，对比研究酚醛树脂(PF)、苯酚-淀粉树脂的结构、热学性能及固化行为，初步探讨了苯酚-淀粉树脂的合成机理。

16.2 热塑性苯酚-淀粉树脂黏结剂的制备过程

60℃下将 50g 熔化的苯酚加入事先在 60℃下预热的 250mL 三口烧瓶中，然后将一定比例的淀粉(按苯酚/淀粉物质的量比计)用适量蒸馏水调成约含 18%淀粉的淀粉乳，在三口烧瓶中与苯酚充分搅拌几分钟，并加入几滴 2mol/L 稀硫酸以避免淀粉糊化结块，缓慢升温加热至 90℃，恒温搅拌约 0.5h 至淀粉糊化完全，此时混合液澄清透明。然后继续加入 2mol/L 稀硫酸，调节反应液的 pH 为 2.5。缓慢升温至 105℃，恒温搅拌约 1h 至淀粉基本水解完全。而后在 160℃下恒温回流反应 2h。在 60℃下用温水对产物水洗 2～3 次，加入 $Ca(OH)_2$ 进行中和，用砂芯漏斗滤去不溶物。将滤液在 50～160℃下减压蒸馏约 2h，趁热倒出，在真空干燥器中冷至室温，得棕褐色固体，真空干燥后粉碎研磨得热塑性苯酚-淀粉树脂，固体粉末密封保存防止吸潮和杂质污染。

将上述所制得的树脂(苯酚-淀粉树脂)用作铸造黏结剂制备树脂覆膜砂，并与普通酚醛树脂制备的树脂覆膜砂对比。

将 1kg 铸造用硅砂在 200℃下预热 1h，然后在混砂机中加入少量水湿混 1～2min 后，将 30g 树脂均匀地倒在砂上，并用砂将树脂黏结剂覆盖，开动电动机进行混碾，混碾过程中逐渐补充水分至达到要求的紧实率。大约混碾 1min 后，加入 10wt%树脂用量的六亚甲基四胺(HTMA)水溶液作为固化剂并使 HTMA 分布在砂表面使砂激冷。为了防止砂粒在混砂过程中黏结团聚，继续加入 1.8g (6wt%树脂用量)的硬脂酸钙粉末，保持砂粒的疏松状态。整个混砂周期大约持续 6min 后，拉开出砂门出砂，待型砂全部排净后关闭电动机，结束混砂。

16.3 热塑性苯酚-淀粉树脂黏结剂的结构与性能表征

16.3.1 反应条件参数的选取

本章通过正交实验选取 5 因素 4 水平的正交实验表 $L_{16}(4^5)$(其中多余的一个空白列作为误差列)探讨分析了物质的量比 n(苯酚)：n(淀粉)、pH、反应温度、反应时间 4 个因素对合成的苯酚-淀粉树脂产率的影响。正交实验表 $L_{16}(4^5)$设计如表 16-1 所示。

表 16-1 苯酚-淀粉树脂合成实验因素水平表

水平	因素				
	物质的量比 n(苯酚)：n(淀粉)	pH	反应温度/℃	反应时间/h	空白列
1	1.2：1	2.5	140	1.5	
2	1.6：1	2.0	150	2.0	
3	2.0：1	1.5	160	2.5	
4	2.4：1	1.0	170	3.0	

以树脂产率作为评价标准，对合成反应条件进行优化，测定结果及数据处理结果如表 16-2 所示。对数据结果进行极差分析，可以发现，四个影响因素对树脂产率的影响大小顺序为：pH＞反应温度＞反应时间＞物质的量比 *n*(苯酚)：*n*(淀粉)。

表 16-2　正交因素水平表 $L_{16}(4^5)$及实验结果

序号		物质的量比	pH	反应温度/℃	反应时间/h	空白列	产率/wt%
1		1.2：1	2.5	140	1.5		80.71
2		1.2：1	2.0	150	2.0		76.82
3		1.2：1	1.5	160	2.5		72.53
4		1.2：1	1.0	170	3.0		69.20
5		1.6：1	2.5	150	3.0		82.15
6		1.6：1	2.0	140	2.5		77.92
7		1.6：1	1.5	170	2.0		73.74
8		1.6：1	1.0	160	1.5		65.30
9		2.0：1	2.5	160	2.0		86.37
10		2.0：1	2.0	170	1.5		82.66
11		2.0：1	1.5	140	3.0		69.04
12		2.0：1	1.0	150	2.5		62.08
13		2.4：1	2.5	170	2.5		86.06
14		2.4：1	2.0	160	3.0		78.07
15		2.4：1	1.5	150	1.5		72.05
16		2.4：1	1.0	140	2.0		64.50
产率均值	K_1	74.82	84.82	73.04	75.18		
	K_2	74.78	78.87	73.28	75.36		
	K_3	75.04	71.84	75.57	74.65		
	K_4	75.17	65.27	77.92	74.62		
极差	R	0.392	18.553	4.872	0.743		

1. pH 的影响

苯酚-淀粉树脂的反应原料之一淀粉并不能直接与苯酚反应生成所需要的树脂聚合物，需要将其水解生成葡萄糖，葡萄糖进一步分解成 5-羟甲基糠醛(5-HMF)。淀粉的水解与葡萄糖的分解反应受 pH 的影响较大。催化能力较强的酸有盐酸、硫酸和草酸，其中，盐酸对淀粉水解催化效能最高，硫酸次之，草酸最慢，一般硫酸对设备腐蚀能力也较强，故本章采用硫酸作为催化剂。

pH 对树脂产率的影响如图 16-1 所示。树脂产率随 pH 的升高呈现增长的趋势。

淀粉经酸水解生成葡萄糖的过程中，实际上有三个不同的反应发生，主要是淀粉的水解，还有葡萄糖的复合反应以及葡萄糖分解生成 5-HMF，5-HMF 再分解成甲酸、乙酰丙酸和有色物质等的分解反应。为了获得较高的树脂产率，并使淀粉更快更多地水解成葡萄糖和 5-HMF 且尽量减少乙酰丙酸和有色物质等副产物的生成，本章选取淀粉的水解及合成树脂的反应 pH 为 2.5。

2. 反应温度的影响

树脂合成的反应温度对树脂产率的影响如图 16-2 所示。树脂产率随温度的升高而增大。

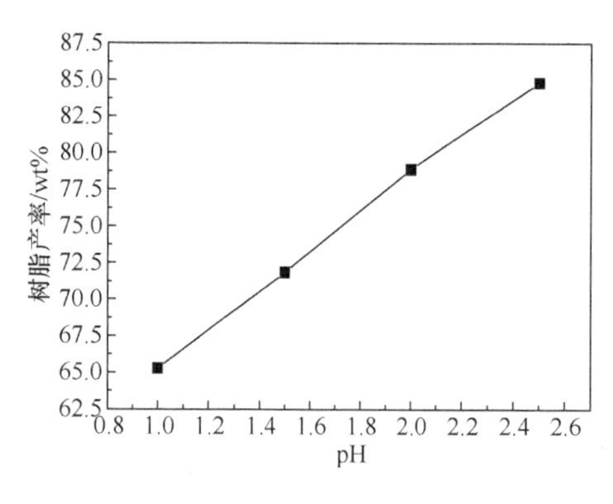

图 16-1　pH 对树脂产率的影响

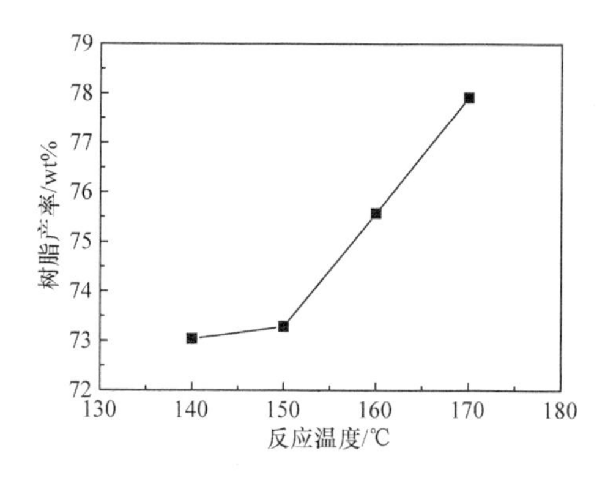

图 16-2　反应温度对树脂产率的影响

当淀粉悬浮液加热到 60℃以上时，淀粉粒结构逐渐破坏，体积膨胀破裂而溶于水，此过程称为糊化，采用 105～110℃的温度进行糊化，即可满足多数淀粉对糊化的要求。淀粉在热水中糊化形成高黏度凝胶，如继续加热到糊化温度以上，即 105℃以上，可使淀粉长链断裂成短链状，黏度迅速降低，这个过程即为淀粉的水解。工业上淀粉水解制葡萄糖的条件一般采取 140℃左右的温度，且考虑到苯酚的沸点为 181.4℃，本章实验取反应温度在 140～170℃的范围内考察其对树脂化反应的影响。

如前所述，制备苯酚-淀粉树脂过程中，淀粉水解成葡萄糖，葡萄糖进一步部分酸解成 5-HMF，反应过程中还存在葡萄糖的复合以及羟甲基糠醛的分解这两种不期望的副反应。据相关文献报道，用 0.1% HCl 于不同温度下水解淀粉，计算反应速率常数 K，结果发现，温度每升高 10℃，反应速率约增高 3 倍。可见提高温度可以加速淀粉的水解程度，但过高的温度同时也会加剧复合反应及副分解反应的进行，其中葡萄糖的复合反应受温度的影响较大，且高温下葡萄糖复合反应速率超过淀粉的水解速率。因此，为减少葡萄糖复合反应的发生，应避免过高的温度。

图 16-2 显示了温度的升高使树脂缩合反应速率加快，所得树脂产率有所提高。因此，本章实验取最适宜树脂化温度为 170℃。

3. 反应时间的影响

树脂合成的反应时间对树脂产率的影响如图 16-3 所示。树脂产率随反应时间的延长而呈现先增长后缓慢降低的状态。

据相关文献证明，在一定的 pH 时，加热时间越长，葡萄糖分解生成的 5-HMF 含量越高，然而 5-HMF 副分解反应的进行程度也相应提高，因此需控制合适的反应时间，尽量减少葡萄糖和 5-HMF 在与苯酚反应的同时又发生副分解反应。由图 16-3 可以看出，反应时间小于 2.0h 时，树脂产率有所提高，然后随着时间的进一步延长，树脂产率无明显变化甚至有所降低，而且实验中发现树脂化时间超过 3.0h 后，不仅树脂黏度增大，而且树脂颜色偏黑，不宜取用。故本章实验取最适宜反应时间为 2.0h。

4. 苯酚/淀粉物质的量比的影响

树脂合成的苯酚/淀粉物质的量比对树脂产率的影响如图 16-4 所示。

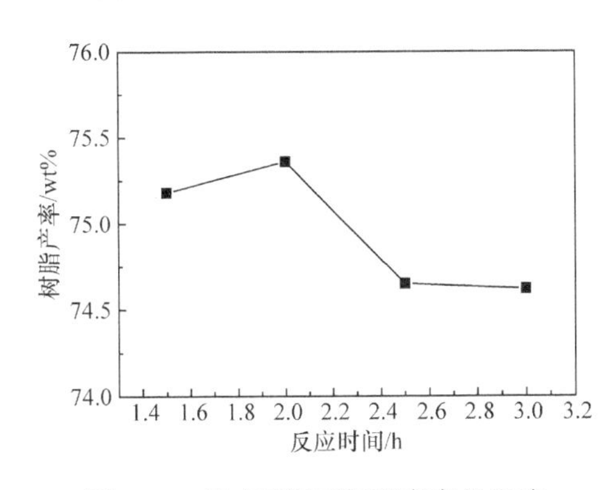

图 16-3　反应时间对树脂产率的影响

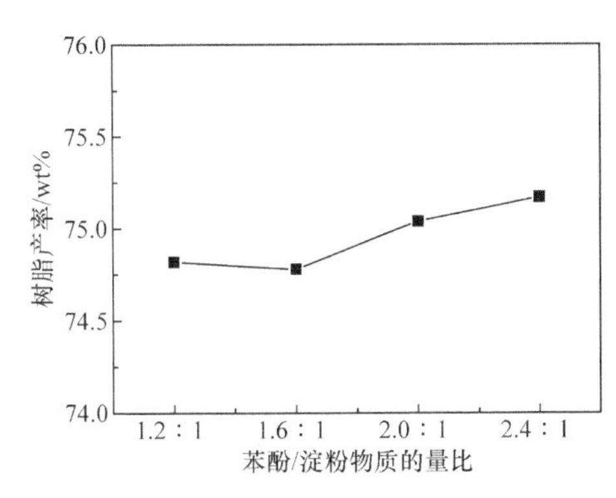

图 16-4　苯酚/淀粉物质的量比对树脂产率的影响

采用不同的苯酚/淀粉物质的量比，树脂产率的变化并不明显，但在物质的量比小于 2.0 即淀粉用量较多的情况下，产率有些许降低，这是由于淀粉的浓度及水解生成的葡萄糖浓度高、复合副反应强。淀粉浓度越低，水解生成的葡萄糖分子相互碰撞的机会越少，苯酚用量的增多降低了体系的黏度，5-HMF 不易发生自聚，更多的葡萄糖或 5-HMF 就能与苯酚充分反应生成树脂，因此苯酚/淀粉物质的量比的提高，即淀粉用量减少、苯酚用量的适当增加有利于减少副反应的发生，提高树脂所得产率。但苯酚用量不宜过多，过量的苯酚不仅不能与淀粉水解物有效反应，使树脂的游离酚含量升高，过多的苯酚被排出成为废液，也不利于环保。初步选定苯酚/淀粉物质的量比为 2.0∶1，但最优的苯酚/淀粉物质的量比的选取仍需通过考察其对树脂覆膜砂材料的性能影响进一步分析判断。

5. 反应条件实验验证及分析

对如上正交实验的分析选取出的较优的反应条件进行验证实验，即在苯酚/淀粉物质的量比 2.0∶1、pH 2.5、反应温度 170℃、反应时间 2.0h 的条件下合成苯酚-淀粉树脂，对树脂的软化点、游离酚含量、固含量、凝胶时间等性能指标进行测试验证，并与酚醛树脂及标准规定值进行比较，结果如表 16-3 所示。

表 16-3　苯酚-淀粉树脂与酚醛树脂的理化性能

树脂	软化点/℃	游离酚含量/wt%	固含量/wt%	凝胶时间/s
苯酚-淀粉树脂	89.2	6.55	44.4	65
酚醛树脂	85.0	6.80	45.2	52
标准规定值	75～105	≤6.0	≥35.0	25～75

表 16-3 中苯酚-淀粉树脂的性能指标表明，按照选取的适宜树脂化反应条件参数，所合成的苯酚-淀粉树脂基本满足标准的要求，且性能指标与酚醛相近，可以用于代替传统的热塑性酚醛树脂。

16.3.2　树脂覆膜砂性能分析

固定树脂合成的其他反应条件：pH 为 2.5，反应温度为 170℃，反应时间为 2.0h，选取不同的淀粉用量(苯酚/淀粉物质的量比为 1.2∶1、1.6∶1、2.0∶1、2.4∶1)分别合成相应的苯酚-淀粉树脂，将所得树脂用于制备相应的树脂覆膜砂。不同的淀粉用量对树脂覆膜砂性能的影响如表 16-4 所示，并列出酚醛树脂制备的树脂覆膜砂的性能及标准规定值进行参照对比。

表 16-4　苯酚-淀粉树脂覆膜砂与酚醛树脂覆膜砂的机械性能

树脂覆膜砂	冷态抗拉强度/MPa	热态抗拉强度/MPa	冷态抗弯强度/MPa	热态抗弯强度/MPa
PSR(物质的量比 2.4∶1)	1.70	1.52	4.60	3.48
PSR(物质的量比 2.0∶1)	1.76	1.55	4.68	3.48
PSR(物质的量比 1.6∶1)	1.73	1.50	4.70	3.44

续表

树脂覆膜砂	冷态抗拉强度/MPa	热态抗拉强度/MPa	冷态抗弯强度/MPa	热态抗弯强度/MPa
PSR(物质的量比 1.2：1)	1.69	1.49	4.51	3.43
PF	2.20	1.45	4.20	2.71
标准规定值	2.0～3.5	1.2～2.4	≥3.0	1.5～5.0

图 16-5 与图 16-6 分别反映了覆膜砂试样的冷态(常温)与热态(260℃)抗拉强度及冷态(常温)与热态(260℃)抗弯强度随苯酚/淀粉物质的量比的变化趋势。

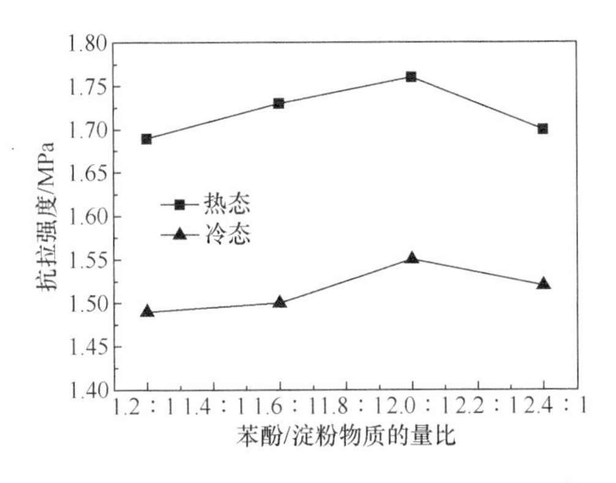

图 16-5　苯酚/淀粉物质的量比对覆膜砂抗拉强度的影响

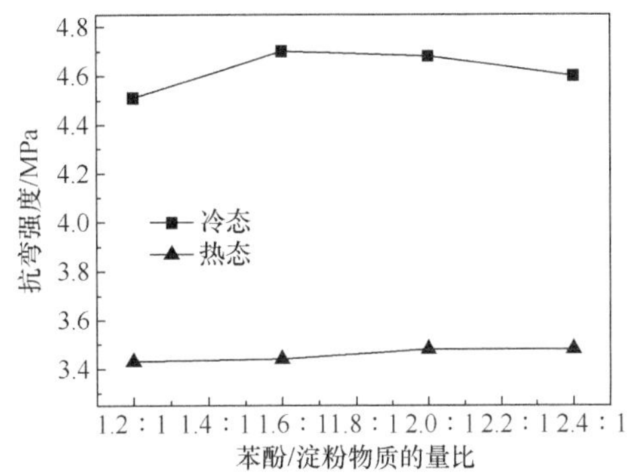

图 16-6　苯酚/淀粉物质的量比对覆膜砂抗弯强度的影响

由表 16-4 可以看出，苯酚-淀粉树脂所制备的覆膜砂材料冷、热态抗拉强度与抗弯强度均能达到标准的规定值，且强度性能与酚醛树脂相近，有望代替传统酚醛树脂制备铸造用材料。图 16-5、图 16-6 则显示了覆膜砂的冷态、热态抗拉强度在苯酚/淀粉物质的量比为 2.0：1 时达到最大值，苯酚/淀粉物质的量比为 2.0：1 时冷态抗弯强度有最高值，热态抗弯强度在物质的量比为 2.0：1 时仅比最高值略低，因此选取最适宜苯酚/淀粉物质的量比为 2.0：1。

16.3.3　苯酚-淀粉树脂的 FT-IR 表征

图 16-7 展示了苯酚-淀粉树脂与传统酚醛树脂的 FT-IR 谱图。

表 16-5 列出了图 16-7 中苯酚-淀粉树脂与酚醛树脂的主要红外峰归属。

由图 16-7 和表 16-5 可以看出，苯酚-淀粉树脂与酚醛树脂有相似的红外吸收峰，如苯环骨架振动峰、苯酚与醇羟基振动峰、苯环取代峰等，这暗示了苯酚-淀粉树脂结构中酚与醛的连接方式与传统的热塑性酚醛树脂相似，两种树脂具有相似的官能团。但苯酚-淀粉树脂在 1750cm^{-1} 左右额外出现的羰基振动峰可能是淀粉水解产物中的呋喃环或葡萄糖结构参与了反应导致结构发生了变化。由于苯环与呋喃环的骨架振动吸收峰位置相近，图 16-7 中苯酚-淀粉树脂在 1670cm^{-1}、1588cm^{-1} 和 1448cm^{-1} 处的红外峰较之酚醛树脂的谱峰略有加宽，这可能是苯环与呋喃环的骨架峰相互叠加的结果。因此，可以推测苯酚-淀粉树脂中可能含有呋喃环或葡萄糖结构。

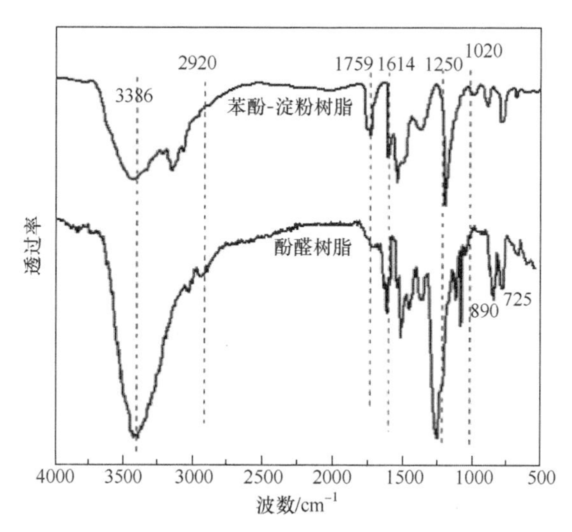

图 16-7 苯酚-淀粉树脂与酚醛树脂的 FT-IR 谱图

表 16-5 苯酚-淀粉树脂与酚醛树脂的主要红外峰归属

酚醛树脂		苯酚-淀粉树脂	
红外峰波数/cm^{-1}	归属	红外峰波数/cm^{-1}	归属
3386	醇和酚 O—H 伸缩振动	3424	醇和酚 O—H 伸缩振动
2941	C—H 伸缩振动	3098	C—H 伸缩振动
—	—	1759	羰基—C═O 伸缩振动
1614	芳环骨架振动	1610	芳环或呋喃环骨架振动
1518	芳环骨架振动	1542	芳环或呋喃环骨架振动
1459	芳环 C—H 伸缩振动	1476	芳环或呋喃环 C—H 伸缩振动
1354	O—H 面内弯曲振动	1392	O—H 面内弯曲振动
1250	醇和酚 C—O 伸缩振动	1210	醇和酚 C—O 伸缩振动
1078	醚 C—O—C 伸缩振动	1010	醚 C—O—C 伸缩振动
847、775、664	苯环邻位、对位多取代	879、777、691	苯环邻位、对位多取代

16.3.4　苯酚-淀粉树脂核磁共振谱表征

图 16-8 的核磁共振碳谱图(^{13}C NMR)反映了苯酚-淀粉树脂与酚醛树脂两种树脂的结构对比。表 16-6 罗列了图 16-8 中苯酚-淀粉树脂与酚醛树脂的碳峰归属。

由图 16-8 与表 16-6 可知，155～157ppm 处的信号峰为苯环上连着酚羟基的碳的位移峰，而 127～130ppm 处的信号峰为苯环上邻位、对位上被取代的碳的位移峰，这也意味着苯环上发生了邻位和对位的亲电取代反应及交联反应。相比于酚醛树脂的碳谱，苯酚-淀粉树脂除了与酚醛树脂有相似的苯环取代碳峰，在 152～155ppm、108ppm、26～30ppm 处额外出现的信号则代表着呋喃环α-位和β-位上被取代的碳的位移，这暗示了淀粉的水解产物 5-HMF 与苯环之间发生了类似于甲醛与苯酚之间的缩聚反应，苯酚-淀粉树脂中含有呋喃环结构。

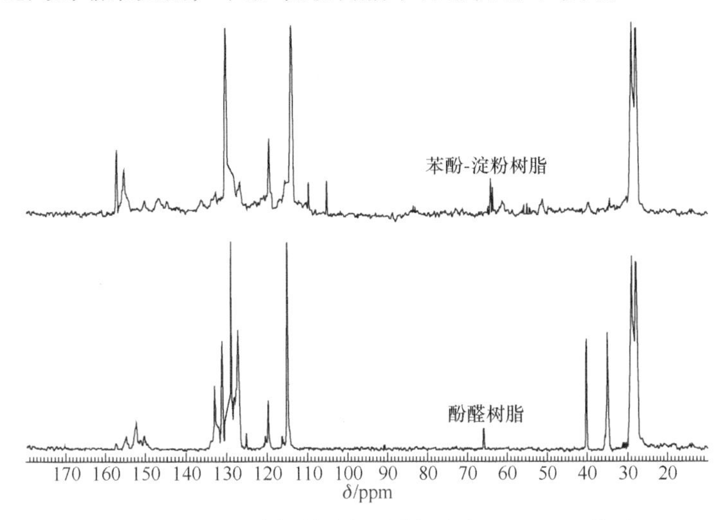

图 16-8　苯酚-淀粉树脂与酚醛树脂的 ^{13}C NMR 谱图

表 16-6　苯酚-淀粉树脂与酚醛树脂的核磁共振碳谱峰归属

酚醛树脂		苯酚-淀粉树脂	
化学位移/ppm	归属	化学位移/ppm	归属
155	OH	158	OH
		150～155	O
130～133	OH	127～130	OH

续表

酚醛树脂		苯酚-淀粉树脂	
化学位移/ppm	归属	化学位移/ppm	归属
116～120	OH	115～120	OH
		105～108	O
68	HO—　H_2 C—OH	64	O　H_2 C—OH
41	HO—　H_2 C—　—OH		
35	HO　HO—　H_2 C—		
		26～30	HO　O　H C

注：结构图上的(·)指的是该信号峰位移所对应的碳位置。

16.3.5　苯酚-淀粉树脂 TG 分析

本章通过 TG 分析探查了苯酚-淀粉树脂相较于普通酚醛树脂的热力学行为及热分解情况。图 16-9 和图 16-10 分别为以不同的苯酚/淀粉物质的量比(2.4∶1、2.0∶1、1.6∶1、1.2∶1)所合成的苯酚-淀粉树脂与酚醛树脂的 TG 曲线和 DTG 曲线对比图。

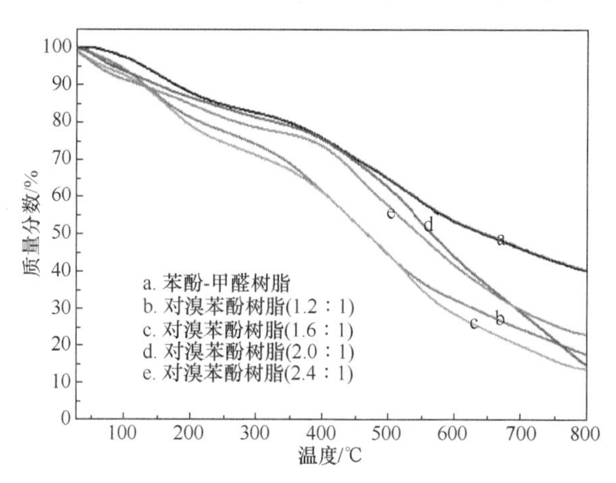

图 16-9　不同苯酚/淀粉物质的量比合成的苯酚-淀粉树脂与酚醛树脂的 TG 曲线

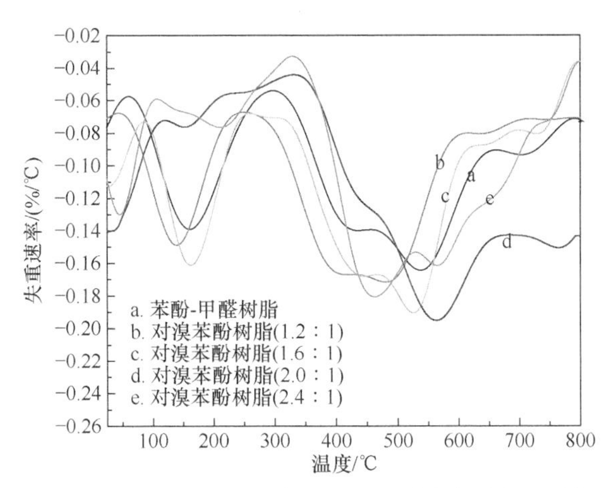

图 16-10　不同的苯酚/淀粉物质的量比合成的苯酚-淀粉树脂与酚醛树脂的 DTG 曲线

根据相关文献报道，传统的酚醛树脂的热分解可以划分为三个阶段：固化、热重整、环断裂。由图 16-10 可以看出，苯酚-淀粉树脂的热分解过程与酚醛树脂相似，也可以划分为三个热失重温度阶段。第一阶段，温度低于 300℃时，热失重很小，树脂本身基本上不发生分解，产生的气体主要来自小分子有机物的逸出，水分的蒸发及少量树脂固化时束缚于树脂中未能释放的醛或酚单体[19]。第二阶段的热分解在 300～600℃之间，当温度超过 300℃，树脂开始热分解，即树脂开始进入热降解阶段，且热分解速率很高。这一阶段的热失重主要来源于大量的醚键及一部分亚甲基、苯环的氧化和键断裂，以及水蒸气、CO、CO_2、甲烷、苯酚等气体的逸出。第三阶段的热分解在 600～800℃之间，从图 16-9 可以看出，苯酚-淀粉树脂与酚醛树脂均仍有 20wt%～50wt%的残炭率，这一阶段的热失重主要是苯环的进一步热分解，树脂残余物成为炭。

为了进一步判定酚醛树脂与不同苯酚/淀粉物质的量比合成的一系列苯酚-淀粉树脂之间的热稳定性，表 16-7 中分别列出了失重 5wt%时的热分解温度 $T_{5wt\%}$、分解速率最快时的热解温度 DTG_{max}，以及树脂在 800℃时的残炭率。

表 16-7　苯酚-淀粉树脂与酚醛树脂的热分解情况

树脂样	$T_{5wt\%}$/℃	DTG_{max}/℃	800℃残炭率/wt%
PF	131	540	40.1
PSR(物质的量比 2.4∶1)	57	462	22.9
PSR(物质的量比 2.0∶1)	77	566	14.2
PSR(物质的量比 1.6∶1)	64	528	13.4
PSR(物质的量比 1.2∶1)	93	485	17.5

从图 16-9 和表 16-7 可以看出，苯酚-淀粉树脂失重 5wt%的热分解温度及在

800℃时的残炭率均低于普通酚醛树脂，热分解速率最大温度也基本略低于酚醛树脂。根据广泛的研究报道，影响酚醛树脂残炭率的因素主要有：酚醛树脂的结构类型、平均分子量、交联密度、交联后的分子尺寸等。酚醛树脂交联密度越高，芳环部分的比例越大，直链部分比例越小，使得非碳元素比例也越少，因此其残炭率也就会更高。要提高树脂的实际炭化率，可以增加苯环及稠环结构，因为树脂成炭所产生的乱层结构主要来源于稳定的芳环结构。普通的酚醛树脂的耐热性较优于合成的苯酚-淀粉树脂，热分解速率也比较慢，可以推测普通的酚醛树脂结构排列相对均一，而苯酚-淀粉树脂的结构排布则较为散乱，芳环结构也不够稳定，且活性点少、交联密度低，所以其残炭率不如普通酚醛树脂，热稳定性也较酚醛树脂低。另外，由于苯酚-淀粉树脂反应过程的复杂及其结构的复杂性，苯酚/淀粉物质的量比对其热稳定性的影响并无明显规律，且其耐热性需要进一步改性以改善其热稳定性。

16.3.6　苯酚-淀粉树脂 DSC 分析

热塑性树脂合成的基本条件之一是采取过量的苯酚而不足量的甲醛，因此其结构中基本不存在未反应的羟甲基，导致了树脂无法继续自我交联反应而固化。由于树脂中的酚核还存在未反应的活性点，只要添加适量的醛即可交联固化，因此热塑性树脂的固化往往要借助于固化剂如六亚甲基四胺。DSC 表征手段在树脂分析中的应用主要是考察其固化温度及固化行为。图 16-11 的 DSC 曲线展示了酚醛树脂和苯酚-淀粉树脂(物质的量比 2.0：1)分别与固化剂六亚甲基四胺交联固化的固化历程，表 16-8 分别给出了两种树脂的特征固化温度：起始温度(T_0)、峰值温度(T_p)、终止温度(T_f)及固化热焓ΔH。其中，T_0代表近似凝胶温度，T_p代表固化温度，T_f代表固化终止温度。

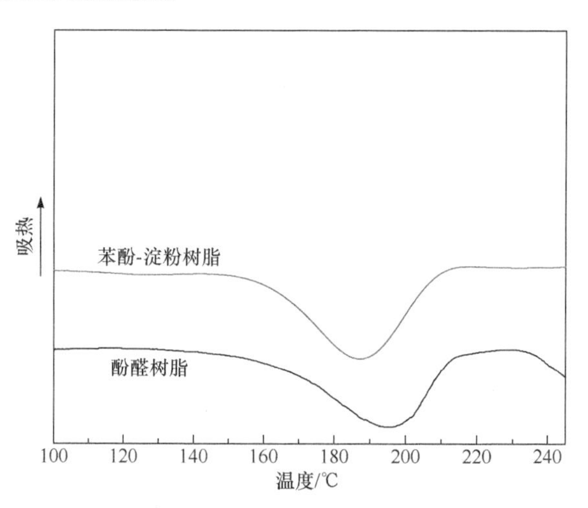

图 16-11　酚醛树脂与苯酚-淀粉树脂的 DSC 曲线

表 16-8　苯酚-淀粉树脂与酚醛树脂的 DSC 曲线特征值

树脂样	T_0/℃	T_p/℃	T_f/℃	ΔH/(J/g)
PF	166	195	213	−132.8
PSR	155	187	210	−110.2

如图 16-11 所示，两种树脂的放热峰峰形相近，只有一个宽广的放热峰且峰形平缓，代表苯酚-淀粉树脂的固化形为与酚醛树脂类似，其固化反应过程为一种放热过程，反应放出的热量可促使固化反应的进一步进行。根据文献报道，传统的酚醛树脂的这个固化放热峰代表羟甲基与酚环上的活泼氢发生缩合形成醚键的过程，醚键形成过程中产生的小部分小分子物质挥发时吸收的热量与固化反应放出的热量共同作用，导致了固化 DSC 曲线峰形平缓且宽广。同时可以看出，苯酚-淀粉树脂的固化起始温度 T_0 比酚醛树脂略低，表明苯酚-淀粉树脂会比酚醛树脂更易于凝胶，室温放置时黏度升高速率较快，储存稳定性也会较普通酚醛树脂略差。苯酚-淀粉树脂的固化温度(T_p)及固化反应热焓(ΔH)均比普通酚醛树脂略低，表明固化反应容易进行。可见，所合成的苯酚-淀粉树脂较酚醛树脂有易于固化的特点。

16.3.7　苯酚-淀粉树脂合成反应机理初探

通过 IR、NMR 等表征手段对苯酚-淀粉树脂结构的研究，并参考国内外相关文献的报道，可以推断苯酚-淀粉树脂的合成反应的反应进程如下。如前所述，淀粉首先水解成葡萄糖，葡萄糖经过分子重排，形成 1,2-烯二醇，在酸催化下又失去三分子水，形成 5-羟甲基-2-糠醛，在高温和酸性条件催化下，羟甲基糠醛与苯酚发生了类似于酚醛树脂的缩合缩聚反应，形成了一种黑褐色的苯酚-淀粉树脂，如图 16-12 所示。

1. $$(C_6H_{10}OH_5)_n + nH_2O \longrightarrow nC_6H_{12}O_6$$
淀粉　　　葡萄糖

2.
HC═O
HC—OH
HO—CH
HC—OH
HC—OH
H_2C—OH
葡萄糖
⇌
CH_2
C—OH
HO—CH
C—OH
C—OH
H_2C—OH
$\xrightarrow{-2H_2O}$
OH　OH
HC—CH
HO—$\overset{H_2}{C}$—HC　C═CHOH
O
$\xrightarrow{-H_2O}$
HC—CH
HO—$\overset{H_2}{C}$—C　C—CHO
O

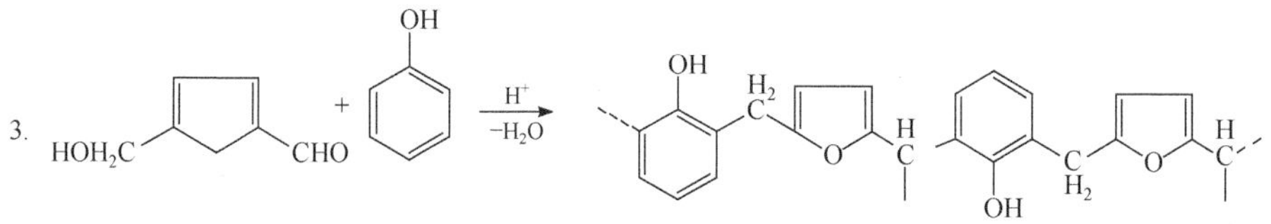

3. HOH_2C—(环)—CHO + (OH 苯酚) $\xrightarrow[-H_2O]{H^+}$ (OH, H_2C, O, H C, OH, C H_2, O, H C)

图 16-12　苯酚-淀粉树脂的合成反应机理

16.4 本 章 小 结

(1) 以淀粉代替传统的甲醛，在酸性催化条件下与苯酚加热反应，合成一种新型的热塑性苯酚-淀粉树脂。通过对合成反应条件的优化，确定实验条件参数为：苯酚/淀粉物质的量比 2.0：1，pH 2.5，反应温度 170℃，反应时间 2.0h。通过最佳工艺条件合成的苯酚-淀粉树脂，其理化性能如游离酚含量、固含量、软化点均符合国家标准要求。

(2) 当将此苯酚-淀粉树脂应用于制备覆膜砂时，其覆膜砂材料的冷态、热态抗拉强度与抗弯强度均达到标准规定值，与普通酚醛树脂相比机械性能强度相近，有望代替传统的酚醛树脂服务于铸造用覆膜砂 v 材料的广泛使用。

(3) 结合红外光谱表征与核磁共振波谱图分析，苯酚-淀粉树脂除含有呋喃环结构外，结构和键接方式与普通酚醛树脂相近，合成反应机理相近，但苯酚-淀粉树脂由于淀粉水解过程中的复杂性，其更深一步的反应机理仍需加强探索。通过热失重分析与示差扫描量热表征，苯酚-淀粉树脂较易于固化，但耐热性能比普通酚醛树脂略差，需进一步考虑对其改性以提高其耐热性能。

第 17 章　木质素-苯酚-淀粉树脂黏结剂

17.1　引　　言

木质素是自然界中唯一一类可以提供可再生的芳香基化合物的天然物质，其结构中具有酚羟基、醇羟基、醛基、羧基等，与酚醛树脂十分相似，可与其他一些化合物通过一定方法缩聚反应得到树脂。木质素应用于酚醛树脂的合成，既可降低生产成本，降低酚醛树脂中的游离甲醛、游离苯酚的含量，又可降低酚醛树脂的固化温度、加快固化速度。

天然高分子如木质素等大多由于溶解熔化难、活性低等特点而难于通过直接加工得到利用。近年来，利用热液化手段即以酚类或多羟基醇等作为液化试剂，经加热和酸催化，能将天然高分子纤维原料液化改性成为具有一定活性基团的可有效利用的低分子物质。其中，酚液化改性方法简单温和、成本较低、易于控制、效果良好，有利于提高木质素磺酸盐的反应活性，木质素磺酸盐作为造纸废液的副产物，经过酚化改性后，其酚羟基活性可得到提高，能用作苯酚的部分代替物与甲醛反应制备酚醛类树脂，为有效利用木质素资源制备木质素基树脂提供了基础。

本章采用正交实验方法研究了木质素磺酸盐在硫酸催化条件下，不同反应条件对其酚化的影响，以对酚羟基含量的影响作为评价标准。并通过 IR、^{1}H NMR 等表征手段对酚化产物磺木盐进行表征，研究酚化改性对木质素磺酸盐结构的影响，初步探讨其酚化改性的机理。同时，将酚化改性后的木质素磺酸盐代替一部分的苯酚，与淀粉合成制备了一种木质素改性的苯酚-淀粉树脂，即木质素-苯酚-淀粉树脂(LPSR)，并将所得的 LSPR 用作铸造黏结剂制备树脂覆膜砂材料。通过考察不同的木质素用量(即木质素对苯酚的替代率)对 LPSR 的游离酚含量、固含量、软化点、固化时间等性能的影响，以及对树脂覆膜砂在冷态、热态的抗弯强度与抗拉强度的影响，获取最佳的木质素用量。通过 IR、^{13}C NMR、TG、DSC、SEM 等表征测试手段，对比研究酚醛树脂(PF)、苯酚-淀粉树脂(PSR)、LPSR 这三种树脂的结构、热性能及固化行为，并初步探讨推测 LPSR 的合成机理。

17.2 木质素-苯酚-淀粉树脂黏结剂的制备过程

17.2.1 木质素磺酸盐的酚化改性实验

1. 酚化木质素磺酸盐的制备

在 250mL 三口烧瓶中，加入一定质量[以木质素对苯酚的替代率计，即木质素质量/(苯酚质量+木质素质量)]的木质素磺酸钠(SL)，用适量的蒸馏水充分搅拌溶解，在 60℃下加入定量熔化的苯酚，加热搅拌使其充分混合 10min，然后在 80℃时加入一定量的 72%浓硫酸溶液，缓慢升温至设定的温度，恒温回流反应一定的时间后，冷至室温静置。溶液分为 2 层，分离出下层浅黄色酸相，将上层黑色有机相用氢氧化钙[$Ca(OH)_2$]中和后滤去沉淀，然后加入无水乙醇稀释洗涤，充分搅拌后移去上层乙醇溶液，而后继续加入丙酮溶液，充分搅拌静置后移去上层丙酮溶液，最后剩余的黑色有机相用蒸馏水稀释洗涤后，减压蒸馏，得到棕褐色固体，室温下真空干燥，粉碎研磨得酚化木质素磺酸盐(PSL)粉末。

2. PSL 酚羟基含量的测定

本章采用差示紫外分光光谱法测定木质素结构中酚羟基的含量。木质素结构中的酚羟基在碱性条件下解离成酚盐离子，从而使特征吸收峰向长波方向位移，吸收强度也增强。在木质素的差示紫外光谱中，有在 250nm 和 300nm 处的两个与酚羟基有关的明显的吸收峰，通常用 250nm 处的吸光度确定酚羟基含量。因此，由木质素的碱性溶液(pH 为 13 以上)的光谱减去其中性溶液的光谱，可得酚羟基的光谱，然后用适当的模型物(苯酚、香草醛、愈创木酚等)的示差紫外光谱作为标准，即可定量木质素中酚羟基的含量。本章以蒸馏水作为溶剂，苯酚作为模型物即标准物质。

操作步骤如下：

苯酚标准溶液的配制：准确称取 0.5g 苯酚，用蒸馏水配制成 250mL 样液(浓度为 20mmol/L)。分别移取 0mL、1mL、2mL、4mL、8mL、14mL 此样液置于 6 个 50mL 容量瓶中，分别用 0.1mol/L 的 NaOH 溶液定容至刻度(浓度分别为 0mmol/L、0.400mmol/L、0.800mmol/L、1.600mmol/L、3.200mmol/L、5.600mmol/L)，此为苯酚标准物的碱性溶液。另从样液中移取 0mL、2mL、4mL、6mL、8mL、10mL 于另外 6 个 10mL 容量瓶中用蒸馏水定容至刻度(浓度分别为 0mmol/L、0.400mmol/L、0.800mmol/L、1.600mmol/L、3.200mmol/L、5.600mmol/L)，此为苯酚标准物的中性溶液。

木质素磺酸盐溶液的配制：准确称取 0.3g 木质素磺酸盐(或酚化木质素磺酸盐)，用蒸馏水配制成 250mL 样液。移取 5mL 此样液置于 50mL 容量瓶中，用浓度为 0.1mol/L 的 NaOH 溶液定容至刻度，此为木质素磺酸盐的碱性溶液。另从样液中移取 5mL 于另一个 50mL 容量瓶中，用蒸馏水定容，此为木质素磺酸盐的中性溶液。

紫外分光光谱的测定：以苯酚中性溶液作为参比液，碱性溶液作为待测液，用 UV-1800 型紫外可见分光光谱仪在 250nm 处测定苯酚的吸光度差值，吸收池光路长为 1cm，并将测定结果绘制成苯酚标准曲线。同样以木质素中性溶液作为参比液，碱性溶液作为待测液，在 250nm 处测定其吸光度差值，对比苯酚标准工作曲线即可计算得木质素中酚羟基含量。

17.2.2　热塑性木质素-苯酚-淀粉树脂的合成实验

1. 热塑性木质素-苯酚-淀粉树脂的制备

在 250mL 三口烧瓶中，加入一定质量[以木质素对苯酚的替代率计，即木质素质量/(苯酚质量+木质素质量)]的木质素磺酸钠，用适量的蒸馏水充分搅拌溶解，在 60℃下加入 50g 熔化的苯酚，加热搅拌使其充分混合 10min，然后在 80℃时加入 8wt%的浓度为 72%的浓硫酸溶液，缓慢升温至 140℃，恒温回流反应 1h 后，冷至室温静置。溶液分为 2 层，分离出下层浅黄色酸相，将上层黑色有机相用 $Ca(OH)_2$ 中和后滤去沉淀，然后用蒸馏水稀释洗涤 2～3 次，所得的酚化木液静置备用。

在 250mL 三口烧瓶中加入 47.9g 淀粉(苯酚/淀粉的物质的量比为 2.0：1)，用适量蒸馏水充分搅拌几分钟，缓慢升温至 90℃，恒温搅拌约 0.5h 至淀粉糊化完全，此时混合溶液澄清透明。然后加入 2mol/L 稀硫酸，调节反应液的 pH 为 2.5。缓慢升温至 105℃，继续恒温搅拌约 1h 至淀粉基本水解完全。保持反应液的 pH 为 2.5，随后加入上述的酚化木液，在 160℃下恒温回流反应 2h。在 60℃下用温水对产物水洗 2～3 次，加入 $Ca(OH)_2$ 进行中和，用砂芯漏斗滤去不溶物。将滤液在 50～160℃下减压蒸馏约 2h，趁热倒出，冷至室温，得棕褐色固体，真空干燥后粉碎研磨得热塑性木质素-苯酚-淀粉树脂，固体粉末密封保存，防止吸潮和杂质污染。

2. 树脂覆膜砂的制备

将上述制得的树脂(木质素-苯酚-淀粉树脂)用作铸造黏结剂制备树脂覆膜砂。

将 1kg 铸造用硅砂在 200℃下预热 1h，然后在混砂机中加入少量水湿混 1～2min 后，将 30g 树脂均匀地倒在砂上，并用砂将树脂黏结剂覆盖，开动电动机进行混碾，混碾过程中逐渐补充水分至达到要求的紧实率。大约混碾 1min 后，加入 10wt%树脂用量的六亚甲基四胺水溶液作为固化剂并使六亚甲基四胺分布在砂表面使砂激冷。为了防止砂粒在混砂过程中黏结团聚，继续加入 1.8g(6wt% 树脂用量)的硬脂酸钙粉末，保持砂粒的疏松状态。整个混砂周期大约持续 6min 后，拉开出砂门出砂，待型砂全部排净后关闭电动机，结束混砂。

3. 树脂黏结剂性能检测

游离酚含量(free phenol content)测定：游离酚是指酚醛类树脂反应体系中，未参与反应或反应停止后残留于树脂中的酚。游离酚含量即未参与反应的酚的质量占树脂溶液总质量的百分数，根据 GB/T 14074—2017 标准检测。反应原理为酚醛类树脂与定量的 Br_2 标准溶液反应，过量的溴通过加入 KI 和盐酸与之反应，而且析出的碘用 $Na_2S_2O_3$ 标准溶液标定，从而可测得树脂中游离酚含量。

固含量(solid content)测定：固含量是指树脂黏结剂在规定条件下烘干后剩余的不挥发物质占总质量的百分数，根据 GB/T 14074—2017 标准检测。

凝胶时间(gel time)测定：凝胶时间一般是指液态树脂或胶液在规定的温度下由流动的液态转变成固体凝胶所需的时间。热塑性酚醛类树脂的凝胶时间反映了树脂加入六亚甲基四胺作为固化交联剂的情况下聚合速度的快慢，根据 GB/T 14074—2017 标准检测。

软化点(softening point)测定：软化点是指树脂软化时的温度，根据 GB/T 8146—2003 标准的环球法测定。

4. 树脂覆膜砂性能检测

1) 试样的制备

根据 GB/T 2684—2009，称取一定量的型砂试样放入相应的标准铁制模具中，在锤击式制样机上冲击 3 次，在规定条件下干燥或硬化。“8”字形腰部尺寸为 22.36mm × 11.18mm 的标准试样用于抗拉强度的测定，22.36mm × 11.18mm × 70mm 的长条形标准试样用于抗弯强度的测定。

2) 抗拉强度的测定

冷态(常温)抗拉强度和热态(260℃)抗拉强度值的测定参照 GB/T 2684—2009 规定进行。将抗拉夹具置于液压强度试验机上，将制得的“8”字形抗拉制样放入夹具中，迅速在液压强度试验机上拉断，测定值即为“8”字形抗拉制样的常温抗拉强度。热态抗拉强度的测定同于常温抗拉强度，试样与模具在 260℃下加热 0.5h 后，取出并迅速在液压强度试验机上拉断，测定值即为“8”字形抗拉制样的热态抗拉强度。

3) 抗弯强度的测定

冷态(常温)抗弯强度和热态(260℃)抗弯强度值的测定参照 GB/T 2684—2009 规定进行。将抗弯夹具固定在液压强度试验机上，将制得的长条形抗弯制样放入夹具中，使三角刃头对准试样中心部位，逐渐加载，直至试样断裂，压力表中抗拉刻度上测定值乘以 10 即为长条形抗弯制样的常温抗弯强度值。热态抗弯强度的测定同于常温抗弯强度，试样与模具在 260℃下加热 0.5h 后，取出并迅速在液压强度试验机上拉断，测定值乘以 10 即为长条形抗弯制样的热态抗弯强度。

5. 测试与表征

1) FT-IR 表征

使用仪器：美国 Lambda 900 傅里叶变换红外光谱仪。

测定方法：将样品在 60℃下真空干燥，用 KBr 压片。

扫描范围：4000～500cm^{-1}。

2) ^{13}C NMR 表征

使用仪器：德国瑞士 Bruker 公司 AVANCEⅢ500 型核磁共振波谱仪，5mm BBFO 型号探头，弛豫时间 2s。

测定方法：将测定样品用色谱级的氘代丙酮稀释后在 25℃下进行测定，TMS 为内标物。

3) TG 测试

使用仪器：美国 TA 公司 SDT-Q600 型热重分析仪。

测定方法：将样品在氮气保护气氛下以 10℃/min 的速率升温。

测定范围：25～800℃。

4) DSC 测试

使用仪器：美国 TA 公司 TA Q2000 型差示扫描量热仪。

测定方法：将样品密封在铝坩埚中，在氮气气氛下以 10℃/min 的速率升温，以铟或锌作为校准标样。

扫描范围：25～250℃。

5) 环境扫描电子显微镜(ESEM)分析

使用仪器：荷兰 Philips-FEI 公司的 XL30 ESEM-TMP 型扫描电子显微镜，加速电压 15kV。

测定方法：测定样品经低温液氮脆断后喷金处理或碾磨成粉末过 100 目筛后经喷金处理直接进行 SEM 分析。

17.3　木质素-苯酚-淀粉树脂黏结剂的结构与性能表征

17.3.1　酚羟基含量测定的标准曲线

苯酚作为模型物在 250nm 处测得的吸光度如表 17-1 所示。依据表 17-1 绘制苯酚浓度-吸光度曲线，如图 17-1 所示。

表 17-1　苯酚在 250nm 处的吸光度

苯酚浓度/(mmol/L)	吸光度差值ΔA_{250}
0	0
0.427	0.275
0.854	0.551
1.708	1.102
3.416	1.653
5.978	2.503

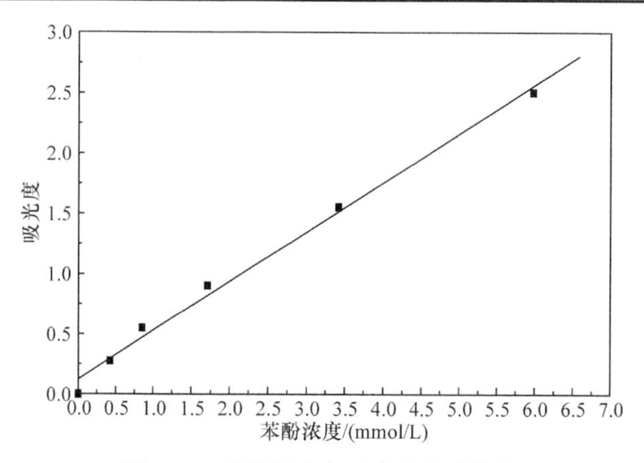

图 17-1　苯酚浓度与吸光度关系曲线

图 17-1 显示了苯酚浓度与其 250nm 处的吸光度间存在线性关系，直线方程为：$A = 0.4073c + 0.1233$(相关系数 $R^2 = 0.9922$)，该直线为 SL 与 PSL 酚羟基含量测定的标准工作曲线。

17.3.2　正交实验结果分析木质素磺酸盐的酚化改性

本章采用正交实验法，选取 5 因素 4 水平的正交实验表 $L_{16}(4^5)$(其中多余的一个空白列作为误差列)考察了木质素替代率[木质素质量/(苯酚质量+木质素质量)]、催化剂(30%浓硫酸)用量、酚化温度、酚化时间 4 个因素对木质素磺酸盐酚化改性实验的影响，如表 17-2 所示。

表 17-2　正交因素水平表 $L_{16}(4^5)$

水平	因素				
	木质素替代率/%	催化剂用量/%	酚化温度/℃	酚化时间/h	空白列
1	10	6	120	0.5	
2	30	8	130	1.0	
3	50	10	140	1.5	
4	70	12	160	2.0	

以酚羟基含量作为评价标准，对酚化改性实验反应条件进行优化，测定结果及数据处理结果如表 17-3 所示。对数据结果进行极差分析，可以发现，四个影响因素对酚羟基含量的影响大小顺序为：木质素替代率＞催化剂用量＞酚化温度＞酚化时间。

表 17-3　正交实验结果及极差分析表

序号	木质素替代率/%	催化剂用量/%	酚化温度/℃	酚化时间/h	空白列	吸光度差值 ΔA_{250}	浓度/(mmol/L)	酚羟基含量/(mmol/g)
1	10	6	120	0.5		1.142	2.501	20.760
2	10	8	130	1.0		1.165	2.558	21.264
3	10	10	140	1.5		1.173	2.577	21.021
4	10	12	160	2.0		1.096	2.388	19.888
5	30	6	160	1.5		1.332	2.968	24.746
6	30	8	140	2.0		1.401	3.137	26.177
7	30	10	130	0.5		1.329	2.960	24.562
8	30	12	120	1.0		1.345	2.999	24.651
9	50	6	130	2.0		0.833	1.742	14.535
10	50	8	120	1.5		0.831	1.738	14.480
11	50	10	160	1.0		0.845	1.772	14.786
12	50	12	140	0.5		0.828	1.730	14.318
13	70	6	140	1.0		0.721	1.467	12.184
14	70	8	160	0.5		0.725	1.477	12.286
15	70	10	120	2.0		0.718	1.460	12.147
16	70	12	130	1.5		0.729	1.487	12.384
均值 K_1	20.733	18.056	18.010	17.982				
均值 K_2	25.034	18.552	18.186	18.221				
均值 K_3	14.530	18.129	18.425	18.158				
均值 K_4	12.250	17.810	17.927	18.147				
极差 R	12.784	0.742	0.498	0.239				

1. 木质素替代率对酚羟基含量的影响

木质素替代率对 PSL 酚羟基含量的影响趋势如图 17-2 所示。

由图 17-2 可见，随着木质素用量的增加，PSL 酚羟基含量逐渐升高，但当木质素用量超过 30wt%时，酚羟基含量开始降低。这是因为通常的木质素虽然仅含 0.1～0.2mol/C_9 单元(C_9 指苯丙基单元)的酚羟基，然而其侧链上的 C-α位具有很强的反应活性。在强酸性条件下，木质素与苯酚的反应类似于醛与苯酚的缩合反应，苯酚可作为亲电试剂进攻木质素侧链α位上的碳正离子使木质素的β-*O*-4 键断裂，形成新的活泼酚羟基单元，因此木质素用量的增加有利于酚羟基含量的增加。然而，当木质素替代率超过 30%，尤其在 70%高浓度的木质素存在下，酚羟基含量减少，即意味着过高浓度的木质素并不利于木质素酚型结构的转化。这是由于苯酚与木质素侧链 C-α位的亲电取代反应同木质素的自我缩聚反应是一对竞争反应。过高的木质素用量促进了木质素磺酸盐的芳环结构与其自身酚单元的缩聚，产生二苯甲烷及砜类化合物。因此，木质素磺酸盐对苯酚的替代率以 30%为宜。

2. 催化剂用量对酚羟基含量的影响

硫酸催化剂加入量对 PSL 酚羟基含量的影响如图 17-3 所示。

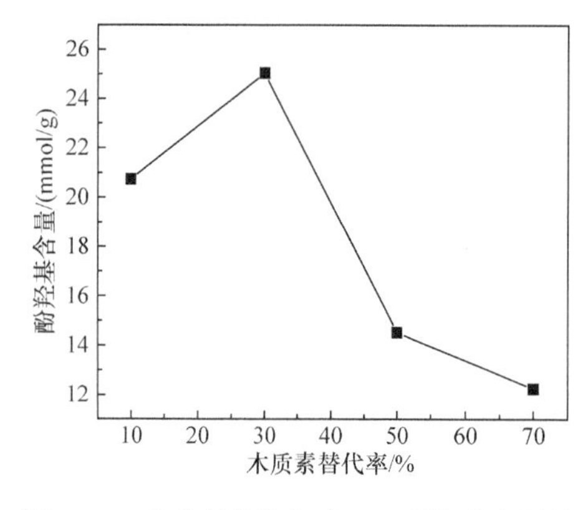

图 17-2　木质素替代率对 PSL 酚羟基含量的影响

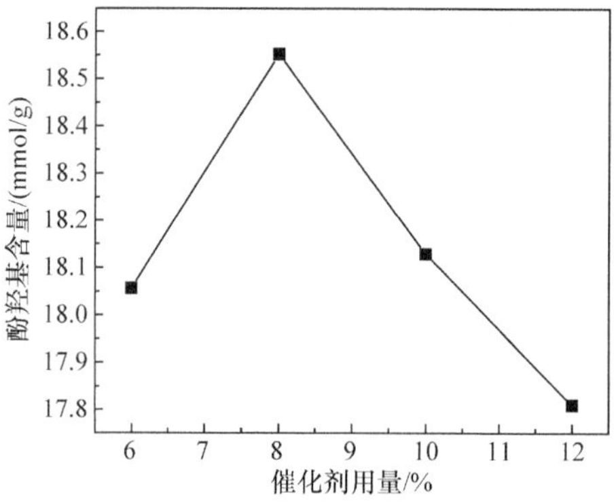

图 17-3　催化剂用量对 PSL 酚羟基含量的影响

由图 17-3 可以发现，随着硫酸催化剂用量的增加，PSL 酚羟基含量呈现先上升后下降的趋势，在催化剂用量达 8%时，酚羟基含量最高。催化剂用量超过 8%时，酚羟基含量略有下降，这是因为木质素磺酸盐在强酸催化和长时间加热(或短时间高温加热)下易发生自身的缩聚反应，产生二苯甲烷及砜类化合物。因此高温强酸虽对酚化反应速率有一定的提升，但不利于木质素与苯酚的酚化反应，故最佳硫酸催化剂用量为 8%。

3. 酚化温度对酚羟基含量的影响

酚化温度对 PSL 酚羟基含量的影响如图 17-4 所示。

图 17-4 显示了酚化温度的提高使 PSL 酚羟基含量呈现先上升后下降的趋势，140℃为其变化趋势转折点，此温度下的酚羟基含量获得最大值。在 120～140℃温度范围内，酚化温度的提高加快酚化反应速率，使苯酚与木质素磺酸盐的反应更趋于完全，因此酚羟基含量得到升高。而当酚化温度超过 140℃时，有可能发生了木质素磺酸盐或酚解木质素的自身缩合副反应，使酚羟基的含量下降。因此，应控制酚化温度在 140℃为宜。

4. 酚化时间对酚羟基含量的影响

PSL 酚羟基含量随酚化时间的变化趋势见图 17-5。

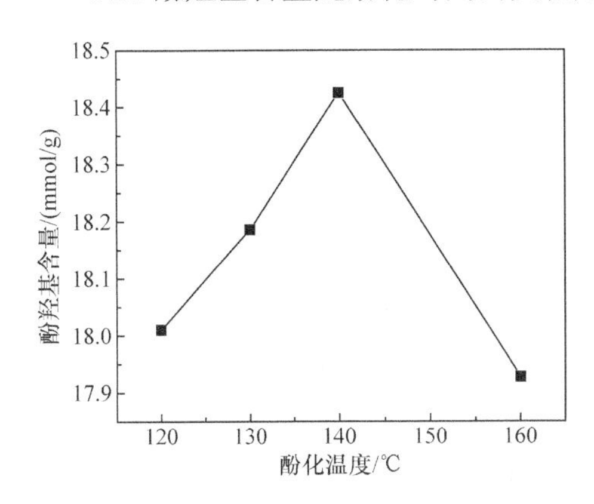

图 17-4　酚化温度对 PSL 酚羟基含量的影响

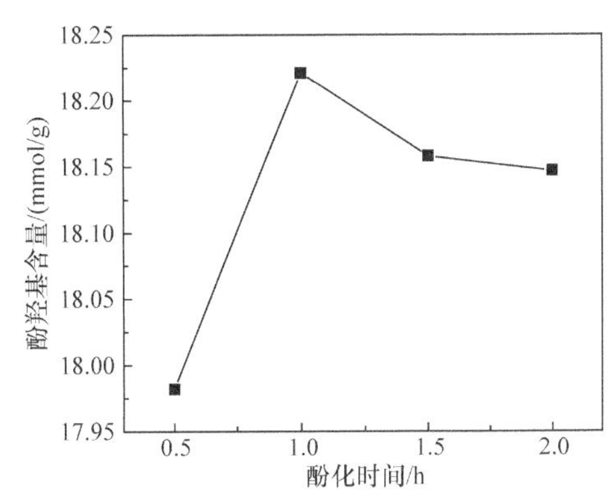

图 17-5　酚化时间对 PSL 酚羟基含量的影响

如图 17-5 所示，随着酚化时间的逐渐延长，PSL 酚羟基含量先升高后逐渐降低。酚化时间越长，酚化反应越趋于完全，有利于酚羟基含量的提升，酚化时间为 1.0h 时达到最大值。然而，如前所述，长时间的加热极易促进木质素磺酸盐的自身缩合副反应，使酚羟基含量下降，故取最佳酚化时间为 1.0h。

综上所述，木质素磺酸盐的酚化改性最优反应条件应取木质素替代率 30%、硫酸催化剂用量 8%、酚化温度 140℃及酚化时间 1.0h。

17.3.3　酚化改性对木质素磺酸盐结构的影响

本章通过 FT-IR 与 ^{1}H NMR 等表征手段对酚化前后 SL 与 PSL 的结构进行表征分析。

1. SL 与 PSL 的 FT-IR 表征

图 17-6 展示了 SL 与 PSL 的 FT-IR 谱图。表 17-4 列出了图 17-6 中 SL 与 PSL 的主要红外峰归属。

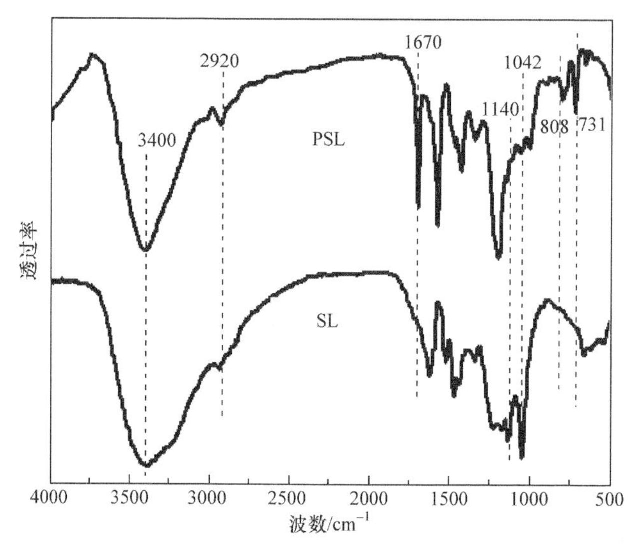

图 17-6　SL 与 PSL 的 FT-IR 谱图

表 17-4　SL 与 PSL 的红外峰归属

SL		PSL	
红外峰波数/cm^{-1}	归属	红外峰波数/cm^{-1}	归属
3378	醇和酚 O—H 伸缩振动	3415	醇和酚 O—H 伸缩振动
2925	C—H 伸缩振动	2922	C—H 伸缩振动
1630	芳环骨架振动	1670	苯环骨架振动
1540	芳环骨架振动	1588	苯环骨架振动
1469	芳环 C—H 伸缩振动	1448	苯环 C—H 伸缩振动
1345	O—H 面内弯曲振动	1345	O—H 面内弯曲振动
1210	醇和酚 C—O 伸缩振动	1200	醇和酚 C—O 伸缩振动
1141	醚 C—O—C 伸缩振动	1140	醚 C—O—C 伸缩振动
1046	磺酸基—SO_3H 伸缩振动	1042	磺酸基—SO_3H 伸缩振动
669	苯环单取代	808、731、650	苯环邻位、对位多取代

由图 17-6 和表 17-4 可以看出，酚化改性前后 SL 有相似的红外吸收峰，其峰位置相似，但在峰强度上有所差别。SL 结构中酚羟基的对位侧链的 C-α位是个极为活泼的反应活性点，极容易被酚羟基基团取代。因此，通过在这个反应活性点进行选择性酚化改性，能使 SL 成为具有高度酚羟基活性的酚类化合物。PSL 在 1670cm^{-1}、1588cm^{-1} 和 1448cm^{-1} 的苯环骨架振动峰吸收增强，表明 SL 与苯酚发生了缩合交联反应，产生了更具反应性能的芳香族衍生物，意味着酚化产物活性的提高；而 PSL 在 1140cm^{-1} 处的醚 C—O 键伸缩振动吸收峰和在 1042cm^{-1} 处的磺酸基伸缩振动吸收峰的减弱，则表明酚化改性使磺酸基团被苯环取代而大部分

脱除及醚键的断裂。除此之外，酚化后的 PSL 在 808cm^{-1}、731cm^{-1} 处出现了新的吸收峰，这是由于 SL 结构中的侧链 C-α位上的羟基进攻苯酚的邻位、对位，发生了取代反应，产生了新的化学键。

2. SL 与 PSL 的 ^{1}H NMR 表征

由于 SL 分子量较大、组分复杂，不易于对其进行定量研究，本章的核磁共振氢谱分析只是对 SL 酚化前后的结构变化进行定性分析，如图 17-7 所示。

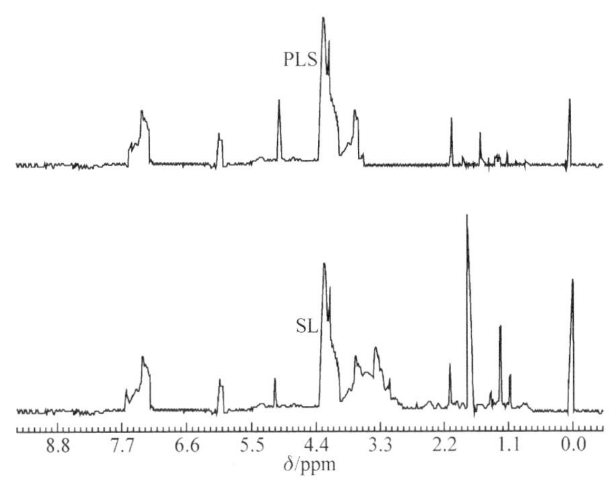

图 17-7　SL 与 PLS 的核磁共振氢谱图

图 17-7 的核磁共振氢谱图反映了酚化改性前后 SL 与 PSL 的结构变化。其中，0ppm 与 2.05ppm 位置处的化学位移，是分别由内标物 TMS 及溶剂氘代丙酮所引起的残余溶剂峰。表 17-5 罗列了 SL 与 PSL 的质子峰归属。

表 17-5　SL 与 PSL 的核磁共振氢谱归属

化学位移/ppm		质子峰归属
SL	PSL	
0	0	TMS
1.1～2.0	1.1～2.0	亚甲基、甲基上的 H
2.0～2.1	2.0～2.1	氘代丙酮
3.3～3.9	3.6～3.9	甲氧基上的 H
4.0～4.5	4.0～4.5	侧链上 H_{α}、H_{β}、H_{γ}上的 H
5.0	5.0	酚羟基上的 H
6.0	6.0	β-*O*-4 结构的 H
7.0～7.6	7.0～7.6	芳香环骨架上的 H

由图 17-7 和表 17-5 可以看出，在 3.6～3.9ppm 处代表甲氧基质子峰的峰区，以及 1.1～2.0ppm 处代表甲基、亚甲基质子峰的峰区，酚化后的 PSL 的质子峰较

酚化前的质子峰吸收强度有比较明显的减弱，而其在 5.0ppm 处的酚羟基质子峰强度则较酚化前有所增强，但在 7.0～7.6ppm 峰区的苯环骨架质子峰强度则基本保持不变。可见，酚化改性使 PSL 中的醚键大部分断裂，苯环上引入了更多的酚羟基，进一步验证了前面所述的红外光谱的分析结果。

17.3.4 木质素磺酸盐的酚化改性机理推测

通过 IR、NMR 等表征手段对木质素磺酸盐酚化前后结构变化的研究，基于木质素磺酸盐的基本结构信息并参考国内外相关文献的报道，可以推断木质素磺酸盐酚化改性的反应进程如图 17-8 所示。

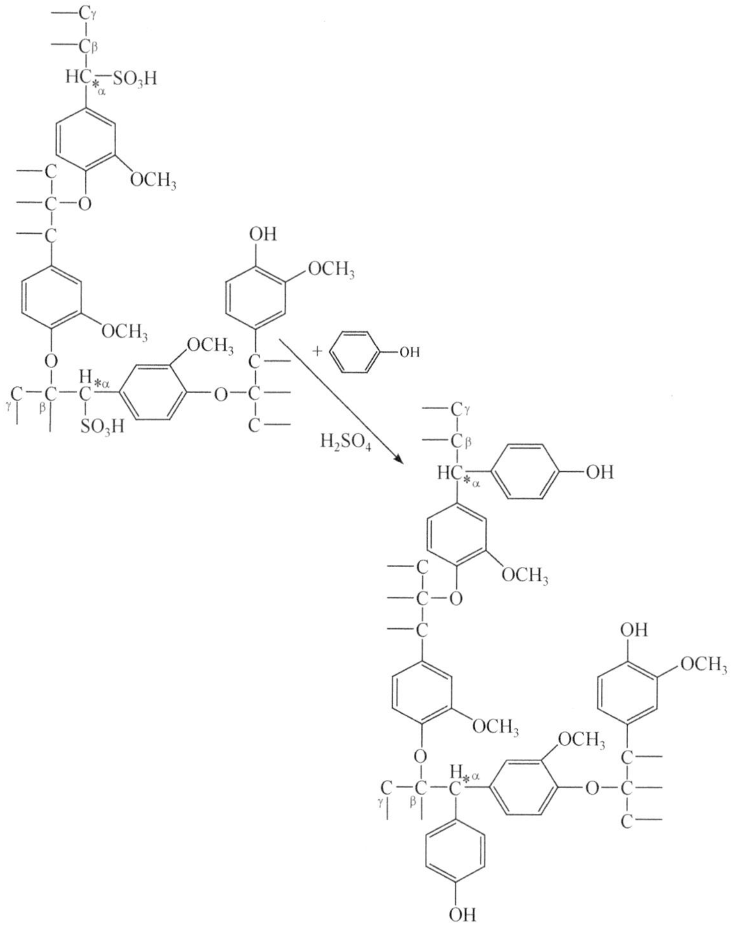

图 17-8　木质素磺酸盐的酚化改性反应进程

在酸性介质下，木质素磺酸盐结构中的侧链上α位碳形成正碳离子，可作为亲电试剂进攻苯酚中电子云密度较高的邻位和对位(以对位为主)，与苯酚发生亲电取代反应，该反应类似酚醛树脂的缩聚反应。

17.3.5　木质素用量对木质素-苯酚-淀粉树脂性能的影响

1. 木质素用量对 LPSR 理化性能的影响

本章根据不同的木质素用量(木质素替代率为 0%、10%、20%、30%)对合成树脂 LPSR 的软化点、游离酚含量、固含量、凝胶时间 4 个性能指标的影响，对木质素的最佳用量进行优化，实验结果如表 17-6 所示。木质素用量以木质素对苯酚的替代率计，即木质素质量/(苯酚质量+木质素质量)。其中，0wt%木质素指以苯酚/淀粉物质的量比为 2.0：1 合成的苯酚-淀粉树脂；10wt%木质素指木质素替代率为 10%时所合成的木质素-苯酚-淀粉树脂，随后的 20wt%木质素等代表相似的意思。

表 17-6　木质素-苯酚-淀粉树脂的理化性能

树脂样	软化点/℃	游离酚含量/wt%	固含量/wt%	凝胶时间/s
PF	85.0	6.80	45.2	52
0wt%木质素	89.2	6.55	44.4	65
10wt%木质素	90.5	5.56	48.5	66
20wt%木质素	96.5	5.02	52.1	69
30wt%木质素	99.8	4.66	58.9	72
40wt%木质素	104.2	3.89	66.2	76
50wt%木质素	104.8	3.68	69.6	85
60wt%木质素	105.8	2.95	72.4	90
70wt%木质素	106.2	1.49	74.8	95
标准	75～105	≤6	≥35.0	25～75

由表 17-6 可以看出，随着木质素替代率的增加，合成树脂的软化点、固含量及凝胶时间都呈现上升趋势，而游离酚含量则逐渐减少。

软化点即物质软化的温度，可以定义为无定形高聚物开始变软时的温度。软化点不但与高聚物的结构有关，而且还受其分子量大小的影响。木质素是一种三维网状结构的高聚物，具有较高的分子量。木质素用量的增加，即意味着分子链段的增长，分子链的平均运动自由能变大，使大分子链段移动更加困难，因此相应的软化点升高。

固含量即不挥发物的含量。酚化改性不仅使木质素的酚羟基反应活性得到提高，同时促进了其与苯酚及 5-HMF 的反应交联程度。木质素用量越多，越多的苯酚参与同苯酚的交联反应，同时也意味着游离酚含量的减少，易挥发物越少，因此所得固含量越高。因此，木质素用量的增多使固含量变大，却在一定程度上有利于降低游离酚含量。从表 17-6 也可以发现，当木质素替代率超过 30wt%时，特别是 70wt%木质素替代率的情况下，所得树脂的固含量呈现一种偏高的现象，这可能是因为过量的木质素并没有参与同苯酚的树脂化交联反应，而仅仅起到一种填充物的作用。因此，应控制适宜的木质素用量。

对于热塑性树脂，凝胶时间一般是指从添加固化剂后从流动的液态转变形成固体凝胶所需的时间，在一定程度上，它也可以视为固化时间。木质素复杂的三维网状结构容易屏蔽阻碍树脂与固化剂的接触，限制了大分子链段的自由运动，使得树脂进一步交联固化所需的时间变长。因此，木质素用量过多，不利于所合成树脂的固化。

2. 木质素用量对 LPSR 覆膜砂材料力学性能的影响

表 17-7 列出了木质素-苯酚-淀粉树脂制备的覆膜砂材料在不同的木质素替代率情况下的力学性能。

表 17-7　木质素-苯酚-淀粉树脂覆膜砂的力学性能

树脂样	冷态抗拉强度/MPa	热态抗拉强度/MPa	冷态抗弯强度/MPa	热态抗弯强度/MPa
PF	2.20	1.45	4.20	2.71
0wt%木质素	1.76	1.55	4.68	3.48
10wt%木质素	1.88	1.61	5.64	3.60
20wt%木质素	1.90	1.64	5.69	3.88
30wt%木质素	2.23	1.85	5.60	3.79
40wt%木质素	2.06	1.80	5.01	3.77
50wt%木质素	1.81	1.75	4.99	3.53
60wt%木质素	1.75	1.26	4.11	3.10
70wt%木质素	1.50	1.05	3.81	2.87
标准	2.0～3.5	1.2～2.4	≥3.0	1.5～5.0

可以看出，随着木质素用量的增加，树脂覆膜砂材料在冷态、热态的抗拉强度与抗弯强度均呈现一种先缓慢上升后逐渐下降的趋势。虽然与传统的酚醛树脂相比，其覆膜砂的力学强度仍有一定差距，但也达到了相关标准的规定值。当木质素替代率达 30wt%时，冷态抗拉强度、热态抗拉强度达到最大值，分别为 2.23MPa、1.85MPa，而其所得冷态抗弯强度和热态抗弯强度虽然并非最大值，但也与 20wt%木质素替代率情况下所获得的最大抗弯强度值相近。木质素替代率超过 30wt%时，力学性能反而有变差的趋势，这可能是因为木质素复杂的交联网状结构增加了酚醛树脂分子链的刚性，而且过多的木质素会增大体系的黏性，导致树脂覆膜砂团聚成块，因此力学性能反而下降。为了获得低游离酚含量、低软化点、适宜固含量与固化时间、力学性能高的树脂，本章选取适宜的木质素替代率为 30wt%。

17.3.6　木质素-苯酚-淀粉树脂的红外光谱表征

图 17-9 展示了 LPSR 与 PSR、PF 的 FT-IR 谱图。

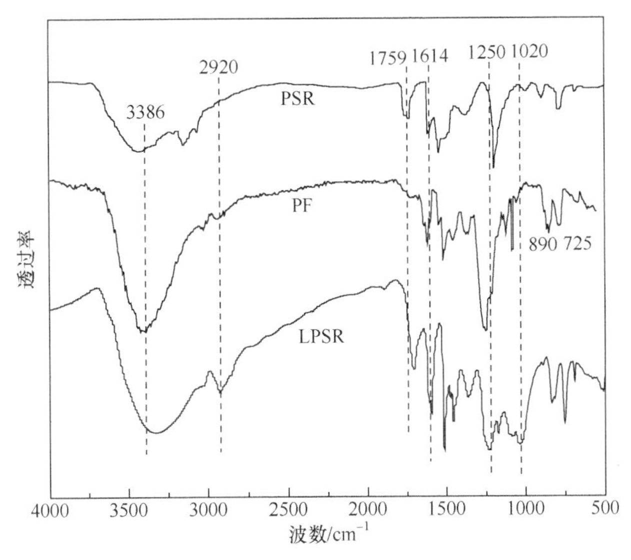

图 17-9　树脂 LPSR 与 PSR、PF 的 FT-IR 谱图

表 17-8 列出了图 17-9 中 LPSR 与 PSR、PF 的主要红外峰归属。

表 17-8　LPSR、PSR、PF 的主要红外峰归属

LPSR		PF		PSR	
红外峰波数/cm^{-1}	归属	红外峰波数/cm^{-1}	归属	红外峰波数/cm^{-1}	归属
3330	醇和酚 O—H 伸缩振动	3386	醇和酚 O—H 伸缩振动	3424	醇和酚 O—H 伸缩振动
2922	C—H 伸缩振动	2941	C—H 伸缩振动	3098	C—H 伸缩振动
1710	羰基—C═O 伸缩振动	—	—	1759	羰基—C═O 伸缩振动
1610	芳环或呋喃环骨架振动	1614	芳环骨架振动	1610	芳环或呋喃环骨架振动
1511	芳环或呋喃环骨架振动	1518	芳环骨架振动	1542	芳环或呋喃环骨架振动
1448	芳环或呋喃环 C—H 伸缩振动	1459	芳环 C—H 伸缩振动	1476	芳环或呋喃环 C—H 伸缩振动
1363	O—H 面内弯曲振动	1354	O—H 面内弯曲振动	1392	O—H 面内弯曲振动
1230	醇和酚 C—O 伸缩振动	1250	醇和酚 C—O 伸缩振动	1210	醇和酚 C—O 伸缩振动

续表

LPSR		PF		PSR	
红外峰波数/cm^{-1}	归属	红外峰波数/cm^{-1}	归属	红外峰波数/cm^{-1}	归属
1021	醚 C—O—C 伸缩振动	1078	醚 C—O—C 伸缩振动	1010	醚 C—O—C 伸缩振动
840、755、695	苯环邻位、对位多取代	847、775、664	苯环邻位、对位多取代	879、777、691	苯环邻位、对位多取代

根据 PSR 结构，LPSR 与 PSR、PF 也有相似的红外吸收峰，如苯环骨架振动峰、苯酚与醇羟基振动峰、苯环取代峰等，这也意味着 LPSR 与 PSR 结构中酚与醛的连接方式均与传统的热塑性 PF 相似，这三种树脂具有相似的官能团。而树脂 LPSR 与 PSR 在 1710cm^{-1} 与 1750cm^{-1} 处都有额外出现的羰基振动峰，可能是淀粉水解产物中的呋喃环或葡萄糖结构参与反应导致结构发生了变化。由于苯环与呋喃环在骨架振动吸收峰位置相近，图 17-9 中 LPSR 在 1670cm^{-1}、1588cm^{-1} 和 1448cm^{-1} 处的红外峰较 PF 的谱峰吸收强度变大，可能是苯环与呋喃环的骨架峰相互叠加、共同作用的结果。因此，可以推测 LPSR 中同样可能含有呋喃环或葡萄糖结构。此外，由于富含酚羟基基团，木质素的加入促使合成的树脂在 3420cm^{-1} 处的羟基吸收谱峰变得宽而广且吸收强度略有变大。

17.3.7　木质素-苯酚-淀粉树脂 ^{13}C NMR 表征

图 17-10 的核磁共振碳谱反映了 LPSR 与 PSR、PF 三种树脂的结构对比。表 17-9 列出了图 17-10 中 LPSR 的主要信号峰归属。

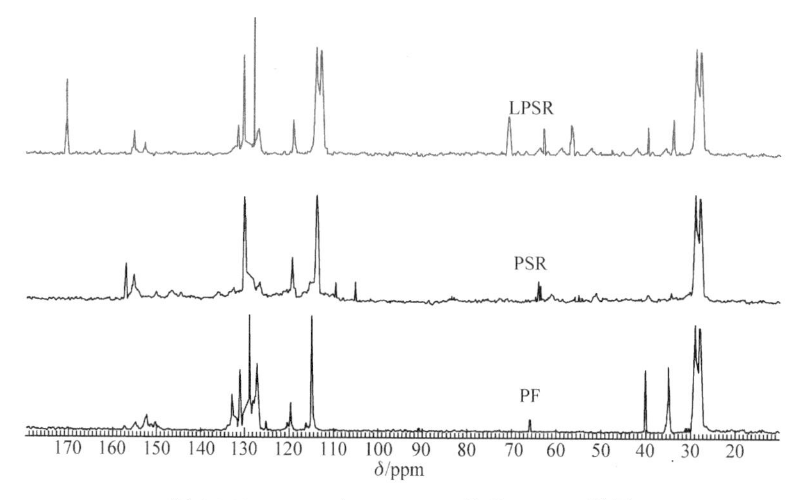

图 17-10　LPSR 与 PSR、PF 的 ^{13}C NMR 谱图

表 17-9 LPSR 核磁共振碳谱峰归属

化学位移/ppm	归属	化学位移/ppm	归属
170	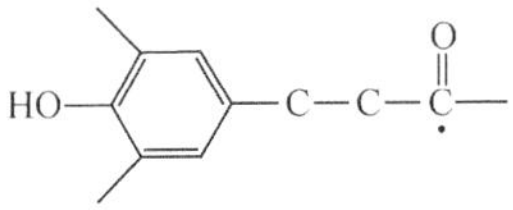 HO, C—C—C, O	71	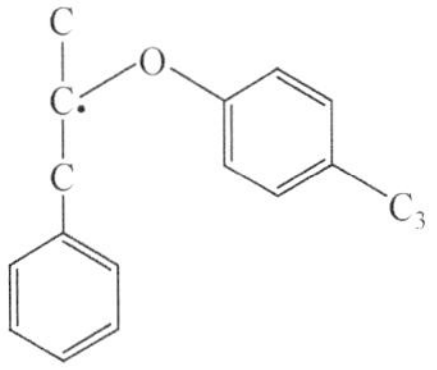 C, C, O, C, C_3
155	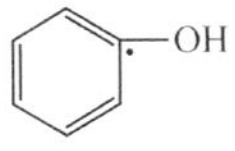 OH	63	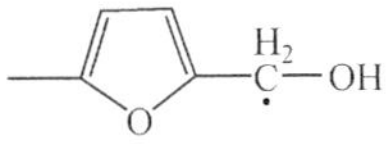 H_2, C—OH, O
152	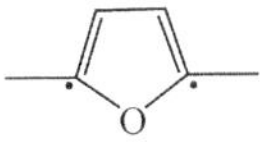 O	56	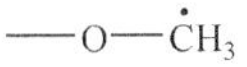 —O—CH_3
128～132	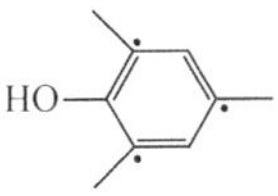 HO	40	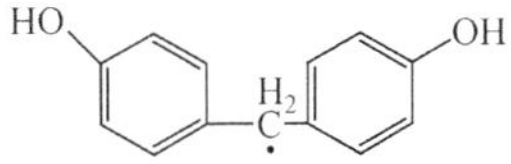 HO, OH, H_2, C
115～119	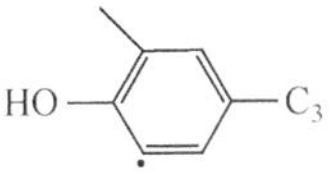 HO, C_3	28	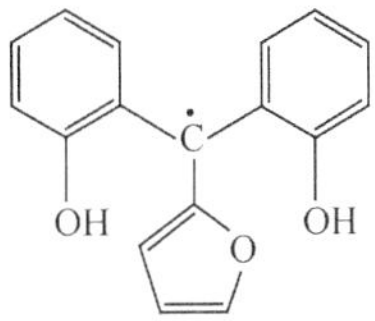 C, OH, OH, O

注：结构图上的(·)指的是该信号峰位移所对应的碳位置。

由图 17-10 与表 17-9 可知，155～157ppm 处的信号峰为苯环上连着酚羟基的碳的位移峰，而 128～132ppm 处的信号峰为苯环上邻位、对位上被取代的碳的位移峰，这也意味着芳环上发生了邻位和对位的亲电取代反应及交联反应。相比于 PF 的核磁共振碳谱，PSR 与 LPSR 除了与 PF 有相似的苯环取代碳谱峰，在 152～155ppm、108ppm、26～30ppm 处额外出现的信号则代表着呋喃环结构α位和β位上被取代的碳的位移，可见 LPSR 合成过程中同样可能发生淀粉的水解产物 5-HMF 与苯环之间的类似于甲醛与苯酚之间的缩聚反应，LPSR 中同样含有呋喃环结构。另外，LPSR 在 170ppm 处额外出现的碳谱峰来源于木质素结构单元中芳环侧链γ位上的羧甲基—COOR 上的碳信号，而在 71ppm 处的信号峰则可能归属木质素单元侧链之间以β-*O*-4 形式连接的结构中β位上的碳的位移，56ppm 处的碳谱峰代表木质素侧链上甲氧基上碳的位移，这些也证实了 LPSR 聚合物中木质素结构的存在。

17.3.8 木质素-苯酚-淀粉树脂 TG 分析

图 17-11 和图 17-12 分别为以不同的木质素替代率(0wt%、10wt%、20wt%、30wt%)所合成的一系列 LPSR 树脂与 PF 的 TG 曲线和 DTG 曲线。其中，0wt%木

质素树脂即为 PSR(此时的苯酚/淀粉物质的量比为 2.0∶1)。

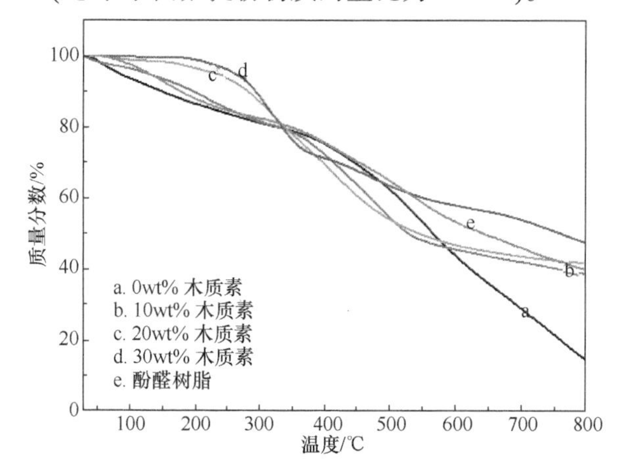

图 17-11 不同木质素用量合成的 LPSR 系列树脂与 PF 的 TG 曲线

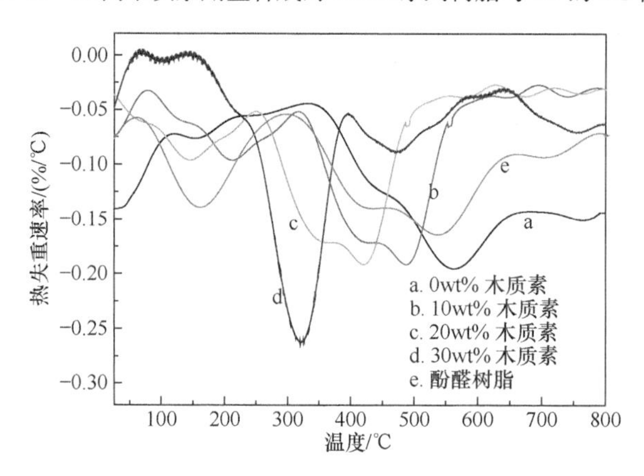

图 17-12 不同的木质素用量合成的 LPSR 系列树脂与 PF 的 DTG 曲线

为了进一步判定酚醛树脂与一系列 LPSR 之间的热稳定性，表 17-10 中列出了失重 5wt%时的热分解温度、三个热分解阶段分解速率最快时的温度 T_{max} 及树脂在 800℃时的残炭率。

表 17-10 LPSR 与 PF 的热分解情况

树脂样	$T_{5wt\%}$/℃	T_{max1}/℃	T_{max2}/℃	T_{max3}/℃	800℃残炭率/wt%
PF	131	162	540	713	40.1
LPSR(0wt%木质素)	77	158	566	765	14.2
LPSR(10wt%木质素)	127	212	487	650	38.9
LPSR(20wt%木质素)	232	147	419	584	41.7
LPSR(30wt%木质素)	263	104	323	472	47.4

从 DTG 曲线可以看出，LPSR 的热失重同样可以划分为三个热转变阶段：水分蒸发；醚键、苯环等的氧化断裂；苯环分解、炭化。表 17-10 反映出，随着木质素用量的增加，所合成的 LPSR 的热解峰值温度均呈现下降趋势，耐热性能逐渐降低，且 PF 比起木质素改性的树脂有着相对较好的热稳定性。这是因为在 LPSR 制备过程中大部分木质素发生了化学降解和缩合，温度超过 300℃便开始快速分解，且木质素树脂的醚键较为脆弱，温度一旦升高便容易发生断裂，使热解峰值温度有所降低。

然而，从表 17-10 也可以发现，随着木质素用量的增加，树脂在 800℃时最终残炭率均有明显的提高。如前所述，影响酚醛树脂残炭率的因素主要有：酚醛树脂的结构类型、平均分子量、交联密度、交联后的分子尺寸等。树脂交联密度越高，芳环部分的比例越大，直链部分比例越小，使得非碳元素比例也越少，因此其残炭率就越高。木质素中富含高度聚合的芳环结构，且具有三维网状交联结构、较大的分子量，合成的树脂结构中苯环含量高，分解成炭量高，残炭率也较高，因此木质素用量的增加，有利于提高树脂的最终残炭率。可见，对 LSPR 仍可进一步改性，在保持其较高残炭率的同时，提高其耐热性。

17.3.9　木质素-苯酚-淀粉树脂固化性能及固化行为分析

图 17-13 的 DSC 曲线展示了 LPSR、PSR、PF 三种树脂分别与六亚甲基四胺交联固化的固化历程，三种树脂的放热峰峰形相近，放热峰峰形平缓，固化行为比较类似，且其固化反应过程为一种放热过程，反应放出的热量可促使固化反应的进一步进行。表 17-11 分别给出了三种树脂的特征固化温度：起始温度(T_0)、峰

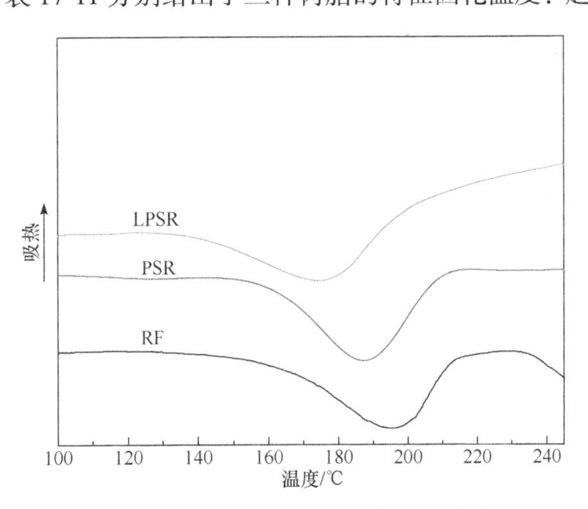

图 17-13　LPSR、PSR、PF 的 DSC 曲线

值温度(T_p)、终止温度(T_f)及固化热焓ΔH 的对比。其中，T_0 代表近似凝胶温度，T_p代表固化温度，T_f代表固化终止温度。

表 17-11　LSPR、PSR 和 PF 的 DSC 曲线特征值

树脂样	T_0/℃	T_p/℃	T_f/℃	ΔH/(J/g)
PF	166	195	213	−132.8
PSR	155	187	210	−110.2
LPSR	140	175	200	−105.6

树脂的固化放热峰代表着羟甲基与酚环上的活泼氢发生缩合形成醚键的过程，醚键形成过程中产生的小部分小分子物质挥发时吸收的热量与固化反应放出的热量共同作用，导致了固化 DSC 曲线峰形平缓且宽广。可以看出，木质素改性树脂由于具有更高的交联程度，更容易捕捉固化剂进一步固化，其固化温度及固化热焓都更低，表明木质素改性后的树脂固化反应更容易进行。

17.3.10　SEM 分析

图 17-14(a)和(b)分别是传统酚醛树脂和所制备的木质素-苯酚-淀粉树脂放大倍数为 5000 时的 SEM 图。对比图中的微观结构，可以看出，普通酚醛树脂表面比木质素-苯酚-淀粉树脂更为平整光滑，粒径分布更小，树脂结构更为细腻和均匀，同时也说明了传统酚醛树脂体系结构更为密实。而木质素-苯酚-淀粉树脂结构表面有些不平整，能看到部分物理缠结点随机无序排列，但不明显。其含有的颗粒比酚醛树脂中的颗粒物较大，可能是在树脂合成过程中，木质素由于反应活性较苯酚要低些，未能完全与淀粉水解产物缩聚反应，因此有少部分的木质素残留物，同时也说明木质素参与交联反应程度和能力要比苯酚低些。

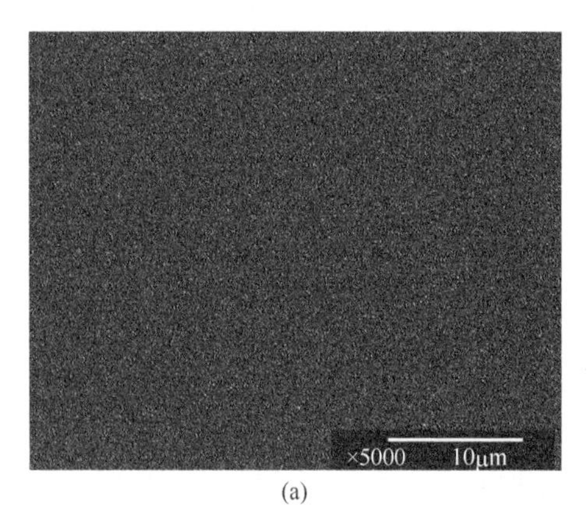

(a)

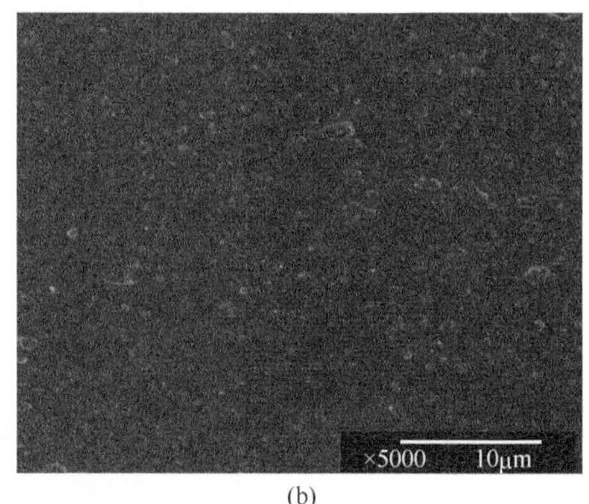

(b)

图 17-14　普通酚醛树脂(a)和木质素-苯酚-淀粉树脂(b)的 SEM 图

17.3.11　木质素-苯酚-淀粉树脂合成反应机理初探

通过 IR、NMR 等表征手段对木质素-苯酚-淀粉树脂结构的研究，并参考国内外相关文献的报道，可以推断木质素-苯酚-淀粉树脂的合成过程中可能发生的反应如下。淀粉的水解产物 5-羟甲基-2-糠醛，在高温和酸性条件催化下，与木质素或苯酚发生了类似于酚醛树脂的缩聚反应，可能发生的反应如图 17-15 所示。

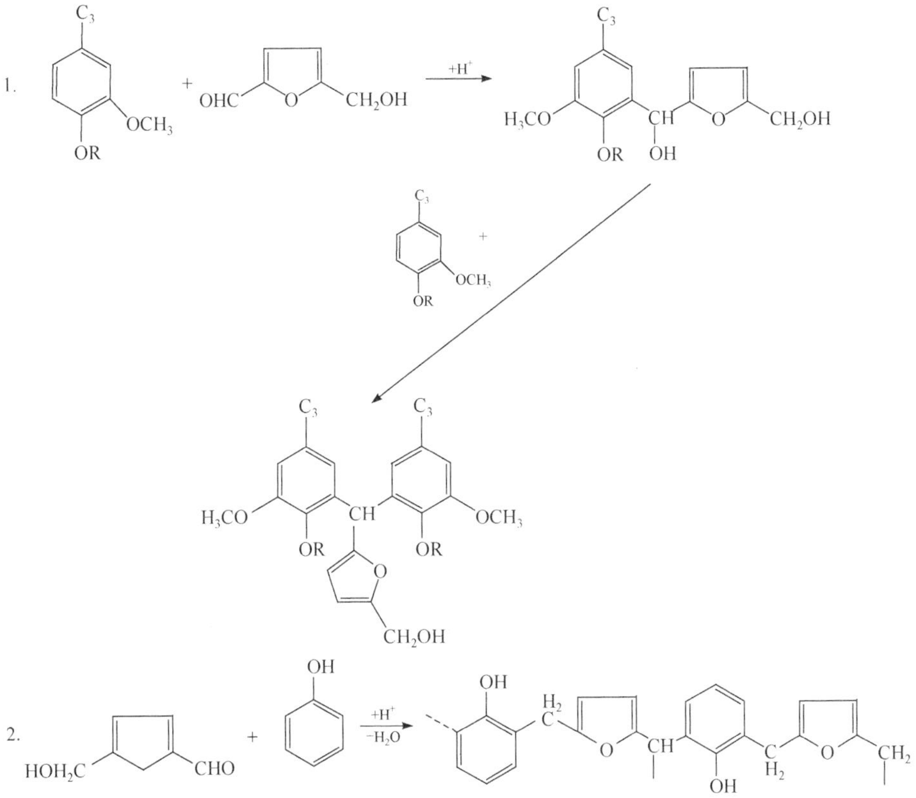

图 17-15　木质素-苯酚-淀粉树脂合成反应机理

17.4　本 章 小 结

(1) 木质素磺酸盐酚化改性的最优反应条件为：木质素对苯酚的替代率为 30wt%，硫酸催化剂用量为 8wt%，酚化温度为 140℃，酚化时间为 1.0h。红外光谱和核磁共振氢谱结果表明木质素磺酸盐与苯酚发生了类似于酚醛树脂的缩合交联反应，产生了更具活泼性的酚羟基和反应活性的芳香族衍生物，酚化产物的活性有所提高，有望用于部分代替苯酚与醛类反应制备类似酚醛树脂的化合物。

(2) 用酚化改性后的木质素磺酸盐合成制备的木质素-苯酚-淀粉树脂，其性能良好，游离酚含量、软化点、凝胶时间、固含量等理化性能均符合标准要求。以该树脂为芯砂黏结剂制备的树脂覆膜砂在冷态、热态的抗拉与抗弯均表现出较为优异的强度值。红外光谱和核磁共振碳谱结果表明酚化磺木盐与淀粉水解产物发生了类似于酚醛树脂的缩合交联反应。热失重分析可以发现木质素的加入对树脂的热稳定性略有降低，但在 800℃时木质素改性树脂表现出更高的残炭率。DSC 分析发现木质素改性后的树脂固化温度低，固化反应更容易进行。

第18章 结　　语

(1) 采用双单体固相接枝法制备 PP-*g*-MAH/St。研究发现，接枝反应的影响因素按影响程度依次为：反应温度＞反应时间＞单体物质的量比＞引发剂浓度＞单体浓度，最佳接枝反应条件为：反应温度 120℃，反应时间 1h，$n(\mathrm{St})/n(\mathrm{MAH}) = 1.2:1$，$m(\mathrm{MAH})/m(\mathrm{PP}) = 0.14$，$m(\mathrm{BPO})/m(\mathrm{PP}) = 0.02$。接枝物的熔体质量流动速率随引发剂用量和温度先降低后升高，随反应时间增加而升高，随苯乙烯用量升高而降低，随马来酸酐用量先降低后趋于平稳。接枝前后 PP 的晶体类型保持不变，分子链的断裂和支链的形成对结晶度有一定影响。

(2) 利用双单体悬浮共聚接枝法制备 PP-*g*-St/MAH 接枝物。结果表明，双单体悬浮共聚接枝 PP 的最佳工艺条件为：苯乙烯和马来酸酐的物质的量比为 1.4：1，反应时间 6h，反应温度 90℃，BPO 用量为 PP 的 1wt%，H_2O 用量为 PP 质量的 3 倍；此外，溶胀时间、界面剂种类和界面剂用量对 PP 接枝反应都有一定程度的影响。XRD 和 DSC 测试表明，接枝前后 PP 的α晶型保持不变，但分子链的断裂和支链的形成对结晶度有一定影响。初步研究了悬浮接枝的反应动力学，结果表明，悬浮接枝反应速率符合扩散吸附控制的动力学模型，即聚合速率方程为 $R_g = A\exp(-E_a/RT)[\mathrm{BPO}][\mathrm{MAH}][\mathrm{St}]$，接枝聚合速率与引发剂初始浓度呈一次方、与单体初始浓度呈一次方关系，聚合温度服从 Arrhenius 方程。

(3) 对钙基膨润土进行钠化改性和有机化改性。红外光谱分析表明季铵盐有机链已与膨润土成功发生化学键合；XRD 分析表明，经有机化改性后，膨润土片层的层间距由原来的 1.53nm 增加到 2.34nm；TG 结果表明，季铵盐有机链在 230℃左右开始分解，有机膨润土在 230～450℃之间的失重约为 27.3%，进一步说明季铵盐有机链已成功嵌入膨润土片层间。

(4) 利用熔体插层法制备 PP/有机膨润土纳米复合材料。XRD 表明相容剂的加入有助于聚丙烯大分子链在有机膨润土片层的插入。力学性能测试表明，PP/有机膨润土复合材料的拉伸性能、弯曲性能和冲击强度随膨润土含量的增加先增大后减小，同时相容剂的加入有利于复合材料力学性能的进一步提高。DSC 及 TG 结果表明，PP/有机膨润土纳米复合材料的熔点稍高于纯 PD，且相容剂对复合材料的热稳定性和熔点影响不大。此外，复合材料的熔体质量流动速率和热变形温度均随有机膨润土含量的增加先增大后减小。

(5) 选用自制硬脂酸盐和癸二酸盐β成核剂对 PP 进行改性。XRD 结果表明，PP 的β晶的相对含量(K_β)和总结晶度(X_{all})随着成核剂用量的增加而先增加后减小，

K_{β}在硬脂酸盐用量为 0.3wt%和癸二酸盐用量为 0.5wt%时分别达到最大值，为 76.64%和 35.33%。DSC 测试发现，添加了硬脂酸盐成核剂的 PP 在熔融时，除了出现 166℃的α特征熔融峰，还有 152℃的β特征熔融峰；同时，改性 PP 的结晶起始温度和结晶峰温度都比纯 PP 提高近 20℃。PLM 照片显示，添加成核剂的 PP 形成的球晶比纯 PP 更细更均匀，且球晶之间的界面无明显边界。此外，研究了β成核剂对 PP 的力学性能和热变形温度的影响，结果表明，随着成核剂用量的增加，改性 PP 的冲击强度和热变形温度先上升后下降，其中，硬脂酸盐对 PP 的冲击强度和热变形温度的影响更显著，分别提高了 128%和 15℃。成核剂改性 PP 的拉伸强度和弯曲强度略有下降，但幅度不大。

(6) 以天然 Ca-MMT 为原料，首先分别以 DHAB 和 ODTMA 为改性剂制备有机化程度不同的 Ca-OMMT，随后将 Ca-OMMT 与庚二酸反应制备了 CaHA 负载量分别为 7.0%～15.2%和 0.7%～7.7%的蒙脱土负载型β晶成核剂 CaHA-OMMT。发现 Ca-OMMT 与庚二酸反应后不仅成功将 CaHA 引入到 Ca-OMMT 中，同时可使其层间距进一步增大。受 Ca-OMMT 层间距和层间剩余 Ca^{2+}含量的影响，CaHA-OMMT 中 CaHA 的负载量随改性剂含量增大而出现先减小后增大的趋势。

采用熔融共混法制备了 PP/CaHA-OMMT 复合材料，PP 分子链在 CaHA-OMMT 层间实现了不同程度的插层。当 CaHA-OMMT 中改性剂含量较高，同时 CaHA-OMMT 在 PP 中含量较低时，插层和分散效果比较理想。当 CaHA 分布于良好分散、插层效果好或剥离的 Ca-OMMT 片层时，使 Ca-OMMT 由α晶成核剂转变为高效的β晶成核剂，β晶成核作用可得到显著增强，其中 PP/CaHA-OMMT 复合材料在含量仅为 0.5%时可生成高达 94%的β晶。复合材料中 CaHA-OMMT 含量较低，且 CaHA-OMMT 中改性剂含量较高时，对熔体强度有利，其中含量 0.5%的复合材料最高熔体强度值比 PP 提高了 28.1%。当 CaHA-OMMT 在复合材料中以剥离结构存在时，在较低的含量下即可明显改善 PP 的熔体黏度和熔体弹性，其流变性能改善效果优于插层结构的 CaHA-OMMT。

当 CaHA-OMMT 中改性剂含量较高，同时 CaHA-OMMT 在 PP 中含量较低时，对拉伸性能有利，在研究范围内，ODTMA 含量为 1.4CEC，CaHA-OMMT 含量为 0.5%的 PP/CaHA-OMMT 复合材料屈服强度和断裂伸长率均为最大，比 PP 分别提高了 12.9%和 92.4%。总结了 CaHA-OMMT 的增韧机理，分散良好、剥离且负载有 CaHA 的 Ca-OMMT 可充分发挥蒙脱土的纳米尺寸效应和β晶的韧性，对 PP 起到协同增韧作用。

(7) 以天然 Na-MMT 为原料，首先制备有机化程度不同的 Na-OMMT，随后将 Na-OMMT 与苯甲酸反应制备了蒙脱土负载型α晶成核剂 NaB-OMMT。在一定条件下，NaB 的负载能带来 OMMT 层间距的增大。

采用熔融共混法制备了 PP/NaB-OMMT 复合材料，PP 分子链在 NaB-OMMT

层间插层比较有限。当 NaB-OMMT 含量较低时可实现良好分散且主要以剥离结构存在，此时 NaB 的α晶成核作用可得到增强，复合材料中晶片厚度减小，结晶度增大；而含量较高时发生团聚。复合材料中不同状态的 NaB-OMMT 对 PP 的结晶成核作用大小顺序为：剥离结构＞插层结构＞未插层结构。剥离且负载有 NaB 的 OMMT 具有最佳的α晶成核作用，在较低的含量下即可使 PP 的 T_c 和结晶度明显提高。

熔体强度和剪切流变行为的测试结果表明，当复合材料中 NaB-OMMT 含量较低，且主要以剥离状态存在时，其流动性略有降低，熔体强度、黏度和弹性均有所提高，其中含量为 2%时，熔体强度比 PP 提高了 29.6%；而当含量较高，以插层结构为主、出现团聚时，对熔体黏度不利，但熔体弹性仍有提高。NaB-OMMT 的加入使 PP 的拉伸屈服强度有所提高，但对断裂伸长率的改善效果比较有限，较低含量、层间负载有 NaB 的 OMMT 在复合材料中发生剥离后可使断裂伸长率明显提高。

(8) 分别采用硅烷偶联剂和钛酸酯偶联剂湿法改性四针状氧化锌晶须(T-ZnOw)，并且将其添加到聚丙烯中，制备 PP/T-ZnOw 复合材料。研究发现，硅烷偶联剂改性的 T-ZnOw 有利于提高复合材料的拉伸性能，钛酸酯类偶联剂改性的 T-ZnOw 则大大改善复合材料的冲击强度；适量的偶联剂可以提高复合材料的热变形温度，却降低熔体的流动性；T-ZnOw 可以诱导聚丙烯形成β晶，且随着晶须含量的增加，聚丙烯的β晶相对含量增大，结晶温度和结晶速率提高，但总结晶度和熔融温度下降；此外，偶联剂改性有利于增强晶须和聚丙烯间的界面相互作用。

(9) 将 2-对羟基苯基-2-噁唑啉与烯丙基溴在一定条件下发生取代反应生成含有噁唑啉基团和碳碳双键的高分子单体，用过硫酸铵引发碳碳双键聚合成含有多个噁唑啉基团的大分子扩链剂 POXA。R-PET 的特性黏度随着 POXA 含量的增加先增大后减小；少量加入 POXA 扩链剂会导致 R-PET 的 MFR 迅速下降。大分子扩链剂与小分子扩链剂联用是一种有效的扩链方法，固定扩链剂添加量为 1wt%条件下，当 POXA 和 PMDA 质量比为 3∶1 时，改性 R-PET 的特性黏度达到最大值，为 0.89dL/g，比单一使用 POXA 扩链提高了 14.4%，比纯 R-PET 提高了 45.9%。

(10) 利用 Hummers 法制备了 GO，并运用偶联剂接枝法，利用硼酸对其进行改性处理。经 FT-IR、XRD、FE-SEM 等分析结果显示，GO 成功被改性为 B-GO。将 GO、B-GO 分别应用于充油 SEBS/PP 复合材料体系中，研究其对体系阻燃性能、耐磨性能及力学性能的影响。结果表明：B-GO 的热稳定性好于 GO，且燃烧时 B-GO 更利于体系脱水成炭，形成致密炭层。添加量相同时，B-GO 阻燃效果更佳，当 B-GO 添加量为 10phr 时，体系的极限氧指数为 26.1%，对应垂直燃烧等级达到 V-1 级。当 B-GO 添加量为 8phr 时，体系 DIN 磨耗量为 270mm^3。适量的 B-GO 可以提升体系的综合力学性能，当添加量为 4phr 时力学性能较好，其拉伸强度、断裂伸长率、回弹性、硬度、撕裂强度分别为 17.47MPa、735%、60.98%、58HA、27.4N/mm。其中拉伸强度、断裂伸长率、邵氏 A 硬度和撕裂强度分别较未添加之前提高了 21.07%、10.69%、9.43%、22.32%。

(11) 利用硅烷偶联剂 KH-550 对 APP 进行改性，得到接枝有 Si—O—C 的 MAPP，分别将 APP、MAPP 协同 B-GO 组成膨胀型阻燃剂，应用于充油 SEBS/PP 复合材料体系中，研究其对体系阻燃性能和力学性能的影响。结果表明：相较于 APP，经 KH-550 改性后的 MAPP 的热稳定性更佳，对体系阻燃性的提升更大。当 MAPP 的添加量为 25phr 时，体系的极限氧指数为 28.3%，对应阻燃等级达到 V-0 级。燃烧时 MAPP 更有利于促进体系形成致密、规整的炭层。除了硬度外，体系的力学性能随 APP、MAPP 添加量的增加而降低，而 APP 对体系力学性能的降低作用尤为明显，这是因为过量的 APP 难以在体系中均匀分散。

(12) 选用将还原氧化石墨烯(RGO)原位生长在二氧化硅(SiO_2)上面，然后用硅烷偶联剂(KH-550)对其进行表面改性，将改性后的 RGO-SiO_2 应用于 PET 的原位聚合中，并利用 XRD、FT-IR、FE-SEM 等表征方法对 RGO-SiO_2 进行分析，表明改性 RGO 成功负载到 SiO_2 上。当 RGO-SiO_2 的添加量为 1.0wt%时，其在 PET 的原位聚合中分布得比较均匀，团聚现象最少，综合力学性能最好。总体来说，其拉伸强度达到 44.9MPa，断裂伸长率为 50.7%，邵氏 A 硬度为 86HA，冲击强度为 2.82kJ/m^2。经过改性的 RGO-SiO_2/PET 复合材料，其透湿性和氧气透过率得到了大幅度的降低，当 RGO-SiO_2 的添加量为 1.0wt%时，透湿性和氧气透过率降到了最低值，其氧气透过率为 34.1cm^3/(m^2 · 24h · MPa)，相比于单纯的 PET 降低了 42.4%，其水蒸气透过率为 7.82g/(m^2 · 24h)，相比于单纯的 PET 降低了 57.3%。

(13) 通过正交实验，得出制备高取代度磷酸酯淀粉的最佳反应条件：酯化温度为 160℃，磷酸盐溶液 pH 为 5.5，磷酸盐用量为 15g/100g 木薯淀粉(磷酸氢二钠与磷酸二氢钠物质的量比为 1 : 1)，酯化时间为 3h；此条件下制得的磷酸酯淀粉取代度在 0.07 以上。

(14) 采用不同取代度的磷酸酯淀粉作为黏结剂进行混砂，发现芯砂干态抗拉强度随磷酸酯淀粉取代度的提高而增大，最高可达 2.27MPa；芯砂抗吸潮性较使用糊化淀粉作为黏结剂有大幅度提高，在相对湿度为 90%的空气中吸湿 72h 后抗拉强度最高可达 0.85MPa。

(15) 通过不同有机改性剂制备了有机高岭土，并将其按比例混合糊化淀粉制备了糊化淀粉/有机化高岭土复合黏结剂。有机高岭土的添加可以显著改善芯砂的流动性，使芯砂变得柔软，易于成模；但是会在某种程度上降低黏结剂的芯砂抗拉强度。通过大量实验得出了最佳改性剂及其用量：选取 YDH-201 为有机改性剂，当其用量为高岭土质量的 1.0%时，芯砂干态抗拉强度达到 2.48MPa，吸湿后抗拉强度达 0.4MPa。此时既能满足芯砂流动性的要求，又能保持较高的抗拉强度，而且节省偶联剂用量，降低了成本。

(16) 通过正交实验获得了性能最佳的糊化磷酸酯淀粉/有机高岭土复合黏结剂混砂配方：磷酸酯淀粉与有机高岭土的质量比为 8∶2、黏结剂总加入量(占砂量)为 4%、加水量(占砂量)为 12%。该黏结剂在使用时抗拉强度高，抗吸潮性好，芯砂流动性良好，可以成功应用于铸造行业中。

(17) 利用有机蒙脱土改性苯酚-淀粉酚醛树脂，得到了有机蒙脱土改性苯酚-淀粉酚醛树脂。该树脂固化温度低，固化时间短，游离酚含量低，并且用其制备的试样具备较高的常温抗拉强度和热态抗拉强度。另外该树脂分解温度高，在 800℃时的残余质量高达 42%，耐高温性能良好，有望广泛应用于铸造行业。

(18) 以淀粉替代传统的甲醛，在酸性催化下与苯酚加热缩聚，合成一种新型的苯酚-淀粉树脂。通过对合成反应条件的优化，确定实验条件参数为：苯酚/淀粉物质的量比 2.0∶1，pH 为 2.5，树脂化温度 170℃，树脂化时间 2.0h。其制备的树脂覆膜砂材料在冷态、热态的抗拉强度与抗弯强度均达到标准规定值，与普通酚醛树脂相比力学性能相近，有望代替传统的酚醛树脂应用于铸造用覆膜砂材料。苯酚-淀粉树脂除含有呋喃环结构外，结构与键接方式与普通酚醛树脂相近，合成反应机理相近，固化反应比普通酚醛树脂更容易进行，但耐热性能比酚醛树脂略差，需进一步考虑对其改性以提高其耐热性能。

(19) 木质素磺酸盐的酚化改性的最优反应条件为：木质素对苯酚的替代率为 30wt%，硫酸催化剂用量 8wt%，酚化温度 140℃，酚化时间为 1.0h。酚化后的磺木盐活性有所提高，以其为原料之一合成的木质素-苯酚-淀粉树脂性能良好，游离酚含量、软化点、凝胶时间、固含量等理化性能均符合标准要求。以该树脂为芯砂黏结剂制备的树脂覆膜砂在冷态、热态的抗拉与抗弯均表现出较为优异的强度值。酚化磺木盐与淀粉水解产物发生了类似于酚醛树脂的缩合交联反应，酚化磺木盐的加入使树脂的热稳定性略有降低，但在 800℃时木质素改性树脂表现出更高的残炭率，且固化温度更低，固化反应更容易进行。

参 考 文 献

[1] 王宏岗, 郑安呐, 戴干策. 聚丙烯与玻璃纤维界面结晶行为的研究. 高分子材料科学与工程, 1999, 15(4): 99.

[2] Liu Z H, Kwok K W, Li R W Y, et al. Effect of coupling agent and morphology on the impact strength of high density polyethylene/$CaCO_3$ composites. Polymer, 2002, 43(8): 2501-2506.

[3] Demjen Z, Pukansky B. Effect of surface coverage of silane treated $CaCO_3$ on the tensile properties of polypropylene composites. Polymer Composites, 1997, 18(3): 741-747.

[4] Fillon B, Thierry A, Wittmann J C, et al. Self-nucleation and recrystallization of polymers, isotactic polypropylene, β phase: β-α conversion and β-α growth transitions. Journal of Polymer Science Part B: Polymer Physics, 1993, 31(10): 1407-1427.

[5] Lotz B, Wittmann J C. Isotactic polypropylene: Growth transition and crystal polymorphism. Progress in Colloid and Polymer Science, 1992, 87: 3-7.

[6] 闵敏, 高勇, 戴厚益. PPS/$CaSO_4$晶须/GF复合材料的研究. 塑料工业, 2009, 37(9): 13-15.

[7] Néry L, Lefebvre H, Fradet A. Chain extension of carboxy-terminated aliphatic polyamides and polyesters by arylene and pyridylene bisoxazolines. Macromolecular Chemistry and Physics, 2004, 205(4): 448-455.

[8] Incarnato L, Scarfato P, Maio L D, et al. Structure and rheology of recycled PET modified by reactive extrusion. Polymer, 2000, 41(18): 6825-6831.

[9] 毛晨曦, 张惠芳, 王克智. 噁唑啉基扩链剂的合成及其应用研究. 塑料助剂, 2014(1): 6-9.

[10] Somani R H, Hsiao B S, Nogales A, et al. Structure development during shear flow induced crystallization of i-PP: *In situ* wide-angle X-ray diffraction study. Macromolecules, 2001, 34(17): 5902-5909.

[11] Huo H, Jiang S C, An L J, et al. Influence of shear on crystallization behavior of the β phase in isotactic polypropylene with β-nucleating agent. Macromolecules, 2004, 37(7): 2478-2483.

[12] Li J X, Cheung W L. On the deformation mechanisms of β-polypropylene: 1. Effect of necking on β-phase PP crystals. Polymer, 1998, 39(26): 6935-6940.

[13] Liu M X, Guo B C, Du M L, et al. Halloysite nanotubes as a novel β-nucleating agent for isotactic polypropylene. Polymer, 2009, 50(13): 3022-3030.

[14] Bai H W, Wang Y, Zhang Q, et al. A comparative study of polypropylene nucleated by individual and compounding nucleating agents. Ⅰ. Melting and isothermal crystallization. Journal of Applied Polymer Science, 2009, 111(3): 1624-1637.

[15] Zhang P Y, Liu X X, Li Y Q. Influence of β-nueleating agent on the mechanics and crystallization characteristics of polypropylene. Materials Science and Engineering A, 2006, 434(1-2): 310-313.

[16] Li J X, Cheung W L. Conversion of growth and recrystallisation of β-phase in droped iPP. Polymer, 1999, 40(8): 2085-2088.

[17] Liu M X, Guo B C, Du M L, et al. Halloysite nanotubes as a novel β-nucleating agent for isotactic polypropylene. Polymer, 2009, 50(13): 3022-3030.

[18] Avella M, Dell'Erba R, Martuscelli E, et al. Influence of molecular mass, thermal treatment and nucleating agent on structure and fracture toughness of isotactic polypropylene. Polymer, 1993, 34(14): 2951-2960.

[19] Dai X, Zhang Z, Wang C, et al. A novel montmorillonite with β-nucleating surface for enhancing β-crystallization of isotactic polypropylene. Composites Part A: Applied Science and Manufacturing, 2013, 49: 1-8.

[20] MacEwan D M C, Wlison M J. Interlayer and intercalation complexes of clay minerals. Crystal Structures of Clay Minerals and Their X-Ray Identification, 1980(3): 495.

[21] Jones A T, Aizlewood J M, Beckett D R. Crystalline forms of isotactic polypropylene. Macromolecular Chemistry & Physics, 1964, 75 (1): 134-158.

[22] 李根, 王峰, 王锐, 等. 纳米二氧化钛的制备、修饰及其在 PET 中的应用研究进展. 高分子通报, 2015(7): 7-16.

[23] Barros A L D, Domingos A A Q, Fechine P B A, et al. PET as a support material for TiO_2, in advanced oxidation processes. Journal of Applied Polymer Science, 2014, 131(9): 1017-1022.

[24] Zhu J, Ren J, Huo Y, et al. Nanocrystalline Fe/TiO_2 visible photocatalyst with a mesoporous structure prepared via a nonhydrolytic sol-gel route. Journal of Physical Chemistry C, 2007, 111(51): 18965-18969.

[25] 程沧沧, 付洁媛, 岳茜, 等. TiO_2薄膜光催化降解双酚 A 的研究. 环境工程学报, 2005, 6(7): 37-39.

[26] 熊剑, 何禄英. 奥斯瓦尔德熟化机制对 Ag/TiO_2复合薄膜中银离子释放速率的影响. 真空科学与技术学报, 2017, 37(12): 1160-1165.

[27] 胡学青, 黄理军. NaOH溶液浓度对水热合成TiO_2薄膜形貌和光催化性能的影响. 化工新型材料, 2016(1): 183-185.

[28] Yusoff A R B M, Wilson J D S, Kim H P, et al. Extremely stable all solution processed organic tandem solar cells with TiO_2/GO recombination layer under continuous light illumination. Nanoscale, 2013, 5: 11051-11057.

[29] Bogdanowicz R, Sobaszek M, Ryl J, et al. Improved surface coverage of an optical fibre with nanocrystalline diamond by the application of dip-coating seeding. Diamond & Related Materials, 2015, 55: 52-63.

[30] Jafry H R, Liga M V, Li Q, et al. Simple route to enhanced photocatalytic activity of p25 titanium dioxide nanoparticles by silica addition. Environmental Science and Technology, 2011, 45(4): 1563-1568.

[31] 张双虎, 董相廷, 徐淑芝, 等. 静电纺丝技术制备 TiO_2/SiO_2 复合中空纳米纤维与表征. 复合材料学报, 2008, 25(3): 138-143.

[32] Besinis A, Peralta T D, Handy R D. The antibacterial effects of silver, titanium dioxide and silica dioxide nanoparticles compared to the dental disinfectant chlorhexidine on streptococcus mutans using a suite of bioassays. Nanotoxicology, 2014, 8(1): 1-16.

[33] Todorov L V, Martins C I, Viana J C. *In situ* WAXS/SAXS structural evolution study during uniaxial stretching of poly(ethylene therephthalate) nanocomposites in solid state: Poly(ethylene therephthalate)/montmorillonite nanocomposites. Journal of Applied Polymer Science, 2013,

128(5): 2884-2895.

[34] Favoriti P, Monticone V, Treiner C. Coadsorption of naphthalene derivatives and cetyltrimethylammonium bromide on alumina/water, titanium dioxide/water, and silica/water interfaces. Journal of Colloid and Interface Science, 1996, 179(1): 173-180.

[35] Mendive C B, Hansmann D, Bredow T, et al. New insights into the mechanism of TiO_2 photocatalysis: Thermal processes beyond the electron-hole creation. Journal of Physical Chemistry C, 2011, 115(40): 19676-19685.

索 引 词

B

苯乙烯单体 51

C

层状硅酸盐 3
差示扫描量热 90
成核机制 9

D

淀粉 19
淀粉糊化 21
淀粉黏结剂 19

E

噁唑啉类扩链剂 6

F

酚醛树脂 225
辐射接枝 2

G

改性聚丙烯 4
固相接枝 3

H

核磁共振谱表征 46
核磁共振氢谱 249
红外光谱表征 212
糊化淀粉/有机高岭土复合黏结剂 211
糊化磷酸酯淀粉/有机高岭土复合黏结剂 219
化学反应控制的动力学模型 49
环氧类扩链剂 5

J

接枝率 27
结晶性能 73
晶须增强 8
聚丙烯 48
聚磷酸铵 167
均相成核 9

K

扩链剂 5
扩散吸附控制的动力学模型 49

L

力学性能表征 62
磷酸酯淀粉黏结剂 204

M

木质素-苯酚-淀粉树脂黏结剂 239

Q

气体阻隔 17

R

热变形温度 88
热塑性苯酚-淀粉树脂黏结剂 225
热重分析 141

溶剂热接枝　3
溶液插层法　4
溶液接枝　2
熔融接枝　2
熔体插层法　4
熔体质量流动速率　67

S

双单体悬浮法　39
水蒸气阻隔　18
酸酐类扩链剂　6

T

特性黏度　71

X

相容剂　1，26，39
悬浮接枝　3
悬浮接枝反应动力学研究　48

Y

异氰酸酯类扩链剂　6
异相成核　9
有机蒙脱土改性　265
有机膨润土　53
原位插层聚合法　4

Z

酯化淀粉　22
阻隔剂　15
阻隔性机理　16

其他

充油 SEBS　157
蒙脱土负载型α晶成核剂　136
蒙脱土负载型β晶成核剂　111
四针状 ZnO 晶须　76
GO/充油 SEBS 改性剂　157
RGO-SiO_2　177
SEBS 弹性体　13
XRD 表征　37，48，59，60，160，170
β成核剂　9，94

主要符号表

英文简称	中文名称
APP	聚磷酸铵
B-GO	硼酸改性氧化石墨烯
CS	壳聚糖
EG	乙二醇
GO	氧化石墨烯
KH-550	γ-氨丙基三乙氧基硅烷，一种硅烷偶联剂
LOI	极限氧指数
MAPP	改性聚磷酸铵
PET	聚对苯二甲酸乙二醇酯
PP	聚丙烯
PTA	对苯二甲酸
RGO	还原氧化石墨烯
RGO-SiO_2	还原氧化石墨烯负载的二氧化硅
SEBS	聚苯乙烯-乙烯-丁二烯-苯乙烯共聚物